陈丹丹　赵赶超　钱宇　刘峰　编著

直升机空气动力学与性能

清華大學出版社
北　京

内容简介

本书是航空航天工程专业(直升机维修工程专业方向)的教材。全书共 9 章内容,分别介绍空气动力学的基础知识,低速空气动力学,高速空气动力学,旋翼空气动力学,直升机的平衡、稳定性和操纵性,直升机的基本机动飞行,直升机的特殊飞行状态,重量与平衡等。

本书主要供直升机维修工程专业方向学生使用,也可作为飞行器制造工程专业(飞机结构维修)学生、直升机驾驶员等其他从业人员的参考用书。

图书在版编目(CIP)数据

直升机空气动力学与性能/陈丹丹等编著. —北京:清华大学出版社,2023.12
ISBN 978-7-302-64908-3

Ⅰ. ①直… Ⅱ. ①陈… Ⅲ. ①直升机—空气动力学 Ⅳ. ①V211.52

中国国家版本馆 CIP 数据核字(2023)第 222619 号

责任编辑:王 欣 赵从棉
封面设计:常雪影
责任校对:欧 洋
责任印制:沈 露

出版发行:清华大学出版社
网 址:https://www.tup.com.cn,https://www.wqxuetang.com
地 址:北京清华大学学研大厦 A 座 **邮 编**:100084
社 总 机:010-83470000 **邮 购**:010-62786544
投稿与读者服务:010-62776969,c-service@tup.tsinghua.edu.cn
质量反馈:010-62772015,zhiliang@tup.tsinghua.edu.cn
印 装 者:三河市天利华印刷装订有限公司
经 销:全国新华书店
开 本:185mm×260mm **印 张**:16.5 **字 数**:403 千字
版 次:2023 年 12 月第 1 版 **印 次**:2023 年 12 月第1 次印刷
定 价:56.00 元

产品编号:091679-01

PREFACE 前言

《直升机空气动力学与性能》是一本面向航空航天工程专业(直升机维修工程专业方向)的教材。在本教材的编写过程中,参考、吸收了国内外同类教材的优点,把握民航直升机维修保障人员需要掌握的直升机知识主线,着重从物理概念的角度讲清楚基本原理,为以后实际工作应用打下基础。本书难易适当,可作为直升机维修工程专业方向学生的教材,也可供直升机驾驶员等其他从业人员参考。

本书共 9 章,第 1 章绪论,介绍了直升机的概念、直升机的发展历史、直升机分类,并简要介绍了直升机的组成。第 2 章空气动力学基础,首先介绍了空气动力学相关基础理论,包括连续介质假设、空气的基本物理性质、流体模型化以及国际标准大气的概念,然后在此基础上通过对流体微团运动分析,引出空气动力学基本方程,包括质量方程、动量方程以及能量方程。第 3 章是低速空气动力学,主要介绍机翼形状、相对气流与迎角的概念,进而介绍桨叶升力、阻力的产生,升阻比以及极曲线的概念。第 4 章是高速空气动力学,包括热力学基础知识、高速空气动力学基础理论和翼型的高速空气动力特性。第 5 章是旋翼空气动力学,首先介绍直升机的旋翼系统,然后介绍旋翼拉力的产生、拉力公式和拉力方向,最后介绍桨叶的挥舞运动和旋翼锥体的倾斜以及桨叶的摆振运动。第 6 章从直升机的平衡、稳定性和操纵性三方面介绍直升机的基本特性。第 7 章是直升机的基本机动飞行,包括平飞、上升、下降、垂直飞行、盘旋、起飞、着陆以及风对滑行、接地飞行及着陆的影响,主要介绍各飞行状态对应的运动方程、基本性能和操纵原理。第 8 章为直升机的特殊飞行状态,主要介绍直升机自转下滑、旋翼失速、涡环状态、地面共振、尾桨失效、动态翻滚等内容。第 9 章为重量与平衡,主要介绍直升机重心位置的确定原理以及计算方法。

在本教材编写过程中,编者得到了中国民用航空飞行学院刘小磊老师、中国民航局飞行标准司陈曦光处长的倾力帮助以及中国民用航空飞行学院飞行技术学院飞行力学教研室的大力支持，并参阅了许多学者的著作，在此深表感谢。

由于编者的水平和时间有限，参考资料不足，在本教材的编写中难免有疏漏和不妥之处，恳请广大读者批评指正。

作　者
2023.9

CONTENTS

目录

第1章

绪　论

人类的飞行始于梦想。《山海经》中“羽人飞天”的传说诉说了人类对自由飞行的向往。梦想中的飞行方式多数是原地腾空而起、踏云而去。直升机的发明和使用，扩展了人类飞行的方式。本章主要介绍直升机的概念及发展、根据不同标准的分类、直升机的基本组成等，为学习后续内容奠定基础。

直升机由于其独特的飞行特性，在军事和民用等领域都得到了广泛的应用。随着科学技术的日益进步，直升机无论在技术还是应用方面都得到迅速的发展，综合运用了一系列基础科学、应用科学和工程技术的最新成果。直升机飞行原理与性能是一门建立在空气动力学基础上的应用性强的课程，涉及空气动力学、飞行动力学、航空发动机、控制理论等多学科和专业技术领域。

1.1　直升机的概念

直升机是在大气层内飞行的航空器。它在旋翼旋转产生的升力和操纵力的作用下，不仅可以前飞，还可以垂直起落。凭借升力克服自身重力，从而腾空而起，借助升力得以向前、后、左、右各个方向运动，在一定高度下还能悬停于空中。

直升机的突出特点是可以作低空、低速和机头方向不变的机动飞行。特别是能垂直起落，所以起飞、着陆所需场地很小，对场地要求也不高。这些特点使其具有广阔的用途及发展前景。因此，它能承担其他交通工具所无法完成的某些任务。在民用方面的应用主要有载客飞行、医疗救护、抢险救灾、紧急营救、吊装设备、地质勘探、护林灭火和空中摄影等。

1.2　直升机的发展

人类第一次尝试旋转翼飞行始于大约公元前400年一种叫“竹蜻蜓”的玩具，如图1-1所示。它是由一根主轴及连接其上的叶片构成的。通过双手旋转主轴，快速一搓，便可产生升力，从而实现短时间的飞行。

15世纪，意大利人列奥纳多·达·芬奇(Leonardo da Vinci)展示了他最具里程碑影

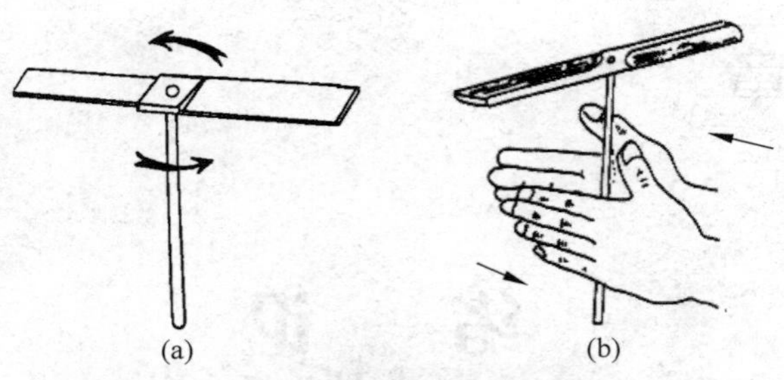

图 1-1　中国古代玩具竹蜻蜓

响力的作品——旋转翼飞行器，如图 1-2 所示。该作品被视为直升机设计的雏形。1784 年，罗诺(Launoy)和卞福汝(Bienvenu)制造出一个双旋翼机械模型。该模型在同一个轴上加装了一对不同方向旋转的旋翼，通过操控弹簧和绳索得以飞行。此设计与现在的同轴双旋翼直升机结构比较接近。1810 年，乔治·凯利(George Cayley)发表了一篇奠定未来直升机发展基础的航空学论文。他设计的飞行器有两对反向旋转的旋翼，这对旋翼附着于帆布覆盖的主机身两侧，用来产生升力。旋翼桨叶为倾斜的扇形结构，无明显翼剖面。机身尾部装有一对螺旋推进器，用来提供前飞推力。现代旋翼飞机的许多特点，都源于该设计。由于缺少足够功率的发动机，这种设计理念只能停留在设计上，并不能使飞机真正飞离地面。

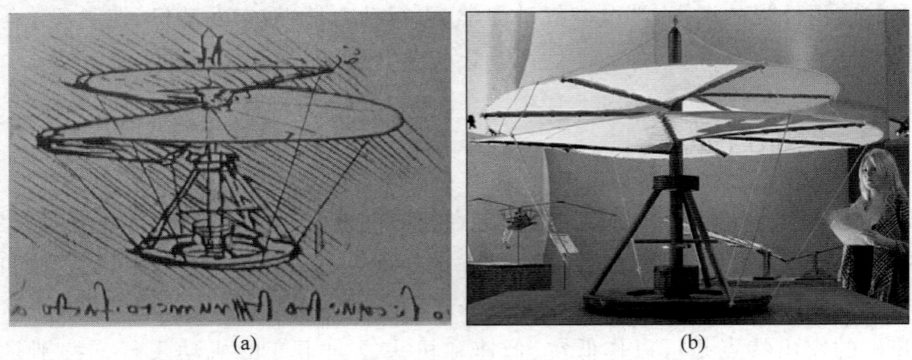

图 1-2　Leonardo da Vinci 的直升机设计理念

20 世纪初的直升机设计也常受制于缺乏强大的发动机这一难题。1907 年 9 月，路易斯·查尔斯·布雷盖(Louis Charles Breguet)设计了一架绑定旋转翼直升机，该直升机成功承载了一人，并进行了高度为 2 ft(1 ft=30.48 cm)的为时 1 min 的飞行。不过，为了保持稳定，需要 4 个助手在飞行过程中扶住飞机。同年 11 月，保罗·科尔尼(Paul Cornu)设计出了公认的第一架“真正飞行”的直升机，实现了自由飞行。该架直升机飞行高度在 1～5 ft 之间变化，飞行时间为 20 s，配有两个直径大约为 20 ft、纵向安装的旋翼，如图 1-3 所示。它是用一个 4 轮车型支架来支撑起前后两个长臂的 V 形双旋翼纵列式直升机。支架中部为动力装置，两个长臂中部各有一个自行车车轮模样的轮子与两片桨叶的旋翼相连，再通过皮带与中间的发动机相连，安装在旋翼桨盘下方的桨叶使旋翼产生向后、向下的气流，从而为飞机提供向前、向上的推力。

(a)

(b)

图 1-3 保罗·科尔尼设计的直升机

自保罗·科尔尼之后，英国、法国、德国、美国、丹麦、西班牙和俄国等国家的设计师们，分别以各自的思维方式探索直升机的飞行。1910 年，伊戈尔·伊万诺维奇·西科斯基(Igor Ivanovich Sikorsky)建造了一架共轴式 3 片桨叶的双旋翼直升机，它能升起 180 kg 的重物，但不能升起自身加上飞行员的重量。虽然该直升机不怎么成功，但在直升机的发展史上却是影响深远、具有开拓性的。1912 年，丹麦飞行员埃勒哈玛(Ellehammer)通过使用周期桨距，第一次成功实现了直升机的稳定可操控飞行。他所设计的直升机装有同轴的两个反向旋转的旋翼，用以提供飞行动力，桨叶被固定在这两个环形设计的旋翼上，如图 1-4 所示。处于下方的旋翼装有飞机翼布，用来增加飞机向上飞行的动力，同时通过安装常规推进器，来实现直升机前飞。

图 1-4 埃勒哈玛设计的直升机

第一次世界大战开始时，性能较好的发动机的出现部分解决了直升机动力不足的问题，但直升机的操纵问题越发突出，这使得发明者逐步明白，只要解决了直升机的操纵问题，就离实用直升机诞生不远了。随着人们对直升机探索的不断深入，直升机的许多技术问题得到了逐步解决，实用的直升机的问世离人们越来越近。

1939 年春，伊戈尔·伊万诺维奇·西科斯基完成了 VS-300 直升机的全部设计工作，在同年夏天制造出第一架原型机。VS-300 是 3 片桨叶单旋翼带尾桨的直升机，如图 1-5 所示。同年 9 月 14 日，伊戈尔·伊万诺维奇·西科斯基亲自驾驶 VS-300 进行了第一次系留飞行。之后伊戈尔·伊万诺维奇·西科斯基对 VS-300 进行了改进。1940 年 5 月 13 日，VS-300 进行了首次自由飞行。至 1941 年，伊戈尔·伊万诺维奇·西科斯基制造的 VS-300 逐步成熟。通过旋翼的周期变距对直升机进行横向和纵向操纵，通过尾桨进行航向操纵。1942 年，VS-300 的改进型 R-4（VS-316）制造出来，如图 1-6 所示。第二次世界大战期间，这个型号的直升机投入了生产并制造了数百架该型号的直升机。R-4 直升机通常被认为是第一架真正可供使用的直升机，它的成功主要是因为在机械上相对设计简单，又可操纵，并进行了批量生产且投入实际应用。至此，第一架实用的直升机胜利诞生了。

图 1-5　VS-300 直升机

图 1-6　Sikorsky R-4 直升机

自 VS-300 实现首飞以来，直升机得到了突飞猛进的发展。20 世纪四五十年代，直升机的生产与改进首先都是以满足军事用途为目的，然后把军用直升机的技术用于民用直升机，以此带动和促进民用直升机的发展。

1945 年 12 月 8 日，贝尔 47 直升机开始首飞，其对直升机发展具有深远影响，如图 1-7 所示。1946 年，贝尔 47 成为世界上第一种取得美国民航管理局（Federal Aviation Administration，FAA）适航证的民用直升机，这标志着民用直升机开始真正走向实用阶段。贝尔 47 直升机为两片桨叶式半刚性的全金属铰接结构，尾梁上装有两片全金属桨叶尾桨，垂直安装了一台莱康明 VO-540-B1B3 6 缸卧式对置风扇，用来冷却活塞发动机。机身分为座舱、中段和尾段 3 部分：座舱采用有机玻璃座舱盖，可并排乘坐 3 人；中段为焊接钢管结构，用于安装发动机和座舱；尾段也是钢管结构，三角形的横截面作为尾传动轴的支撑结构。传动系统采用离心式离合器和两级行星减速齿轮，起落装置采用管材滑橇式起落架，带小型地面操纵机轮。贝尔 47 直升机装有完善的目视飞行仪表和发动机仪表、液压助力操纵机构、28 V/50 A 规格的发电机、电动机和大容量电瓶等，可选装夜航设备、喷洒设备、货物托架、担架、灭火器及急救包等。该直升机空重为 814 kg，最大平飞速度为 169 km/h，航程为 402 km。于 1947 年 1 月开始交付贝尔 47 直升机的第一架生产型，其后共发展了贝尔 47A、贝尔 47B、贝尔 XH-13F 等 10 多个机型，并用涡轴发动机代替活塞发动机，取得 FAA 适航证。

图 1-7　贝尔 47 直升机

随着民用直升机引进速度的增快，中国内地民用直升机机队规模越来越大。根据《2021 年通用和小型运输运行概况》统计数据，截至 2021 年我国通用和小型运输航空公司 460 家，航空器 2 406 架，其中直升机运营公司 240 家，直升机 865 架，直升机飞行员 2 389 名，年度飞行量 229 021 h。我国内地各地区直升机主要分布在中南、华东和华北地区，这三个地区的直升机数量占全国直升机机队规模的 75.5%。2022 年我国直升机进口量为 46 架，同比 2021 年减少 33 架，进口金额为 2.78 亿美元，同比增长 12.33%。中直股份是国内直升机制造业中规模最大、产值最高、产品系列最全的主力军，核心产品既涉及直升机零部件制造业务，又涵盖民用直升机整机、航空转包生产及客户化服务，是国内最领先的直升机和通用飞机系统集成和整机产品供应商。

1.3 直升机的分类

目前，全世界大约有 4 万架直升机用于各个领域。直升机也因技术与应用的不同，被划分成各种类型。

1.3.1 按起飞重量分类

按起飞重量对直升机进行分类，能反映直升机在技术、经济、使用等方面的差别。人们尤其重视运输直升机的吨位（起飞重量）、空机重量、有效载荷、客（货）舱容积、外部吊挂能力、航程及续航时间等[①]。按最大起飞重量的不同，将直升机大致分为小型、轻型、中型、大型和重型五类。

小型直升机是指最大起飞重量在 2 t 以下的直升机，通常能载 2～4 人。这类直升机的特点是重量轻、机动性能好，除能执行运输任务外，主要用于观光旅游、交通指挥、抓捕等军/民用领域，大部分教练机属于小型直升机。

轻型直升机是指最大起飞重量为 2～4 t 的直升机，通常能载 4～10 人。这类直升机除执行运输任务外，主要用于执行空投、空降、后勤支援，以及抢险救灾、公务专机、医疗救护等任务，也可用于完成小型直升机所能承担的任务。

中型直升机是指最大起飞重量为 4～13 t 的直升机，通常能载 10～30 人。这类直升机执行的任务与轻型直升机相似，但由于其运载能力更强，因此使用范围更广。

大型直升机是指最大起飞重量为 13～20 t 的直升机，通常能载 30～50 人。主要用于人员、装备的运输，以及旅客和货物运输等军/民用领域。

重型直升机是指最大起飞重量在 20 t 以上的直升机，通常能载 50 人以上。这类直升机主要用于庞大笨重装备以及旅客运输等，具有外部吊运能力，同时可用于森林灭火、建筑安装以及大型机械设备吊装等。

1.3.2 按用途分类

直升机的性能、构造和外形基本上是由它的用途所决定的。直升机按照用途可以分为军用直升机和民用直升机两大类。

军用直升机是以执行军事任务为目的的直升机的统称。根据执行的任务不同，主要分为武装直升机、运输直升机和战斗勤务直升机三个类别。

民用直升机是指用于客运、货运、吊装、公共事务、抢险救灾和医疗救护等民事活动的直升机。在国民经济建设和公共事务方面，民用直升机具有广泛用途，以执行运输任务为主，能担负多种多样的空中作业。按用途主要分为通用运输直升机、旅客运输直升机、公务服务直升机、特种作业直升机、起重直升机和教练直升机等。

1. 通用运输直升机

通用运输直升机既可内装与外挂物资，也可用于人员运送，必要时也可安装担架，用于

---

① 这里所说的重量，习惯上用来指质量（参见第 9 章）。

救护，或用绞车对遇险人员进行营救。该类直升机上装有执行任务所需的物资或设施，能够实施多种空中特种作业，如空中摄影、摄像和转播，护林灭火等。

2. 旅客运输直升机

旅客运输直升机机舱内设有较舒适的座椅及隔声、减振和其他设施，专门用于旅客运输。

3. 公务服务直升机

公务服务直升机安装有执行任务所需的设备，服务于各种公共事务，如公安执法、巡逻、观察、环保取样、消防救火、医疗救护、抢险救灾等。这类直升机与通用运输直升机的不同是，机上装有固定的任务设备，专门执行上述任务。

4. 特种作业直升机

特种作业直升机上装有执行特种任务所需的设备，专门执行各种空中特种作业。例如，地球物理探测，高压输电线路或石油、天然气管路巡检和维护，农业施肥或喷洒农药，畜牧和渔业应用等。

5. 起重直升机

起重直升机有很强的外部吊运能力，根据起飞重量的大小，可吊起数吨或十几吨的物资，可用于建筑、大型设备安装等起重吊运。

6. 教练直升机

教练直升机用于民用飞行员的训练。

1.3.3 按结构形式分类

根据直升机平衡旋翼反扭矩的方式、驱动旋翼的方式和提供升力和推进力的方式，按结构形式对直升机进行以下分类。

1. 单旋翼带尾桨式直升机

单旋翼带尾桨式直升机是技术最成熟、应用最广的构型。它具有一副旋翼和一个尾桨，旋翼同时产生升力和推进力，旋翼的反作用力矩是由尾桨产生偏转力矩来平衡的。同时，尾桨产生侧力，还用于控制直升机的航向。

2. 双旋翼共轴式直升机

双旋翼共轴式直升机具有绕同一轴线一正一反旋转的上下两副旋翼，由于转向相反，两副旋翼产生的扭矩在航向不变的飞行状态下相互平衡。通过上下旋翼转速差产生不平衡扭矩可实现航向操纵，共轴双旋翼在直升机的飞行中，既是升力面，又是纵横向和航向的操纵面。两副旋翼桨盘间有一段垂直的距离，以适应横向挥舞的需要。

3. 双旋翼纵列式直升机

双旋翼纵列式直升机机身前后各有一个旋翼塔座，两副旋翼分别安装在两个塔座上，两

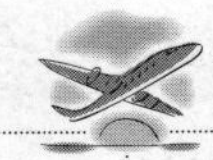

副旋翼完全相同，但旋转方向相反，它们的反作用扭矩可以互相平衡，因而无需尾桨。通常后旋翼稍高于前旋翼，以避免互相影响。双旋翼纵列式直升机的主要优势是：载重量大、空间尺寸小、利于舰载，同时具有很高的悬停效率。

4. 双旋翼横列式直升机

双旋翼横列式直升机的特征是两副旋翼一左一右分别安装在机身两侧的两个支架上。两副旋翼完全相同，但旋转方向相反，其旋转时反作用扭矩相互抵消。

双旋翼横列式直升机的最大优点是平衡性好，其缺点与双旋翼纵列式直升机差不多，操纵也比较复杂。双旋翼横列式直升机要在机身两侧增装旋翼支架，这无形中会增加许多重量，而且也加大了气动阻力。

此外，横列式直升机独特的旋翼/机翼构型，使其在悬停、低速前飞时，旋翼的下洗流会直接冲击机翼表面，产生较大的向下载荷，双旋翼下洗流在机翼处交汇还将产生“喷泉流效应”，从而导致部分向下载荷，这直接影响到横列式直升机的有效载重和操纵品质；同时，这些载荷以低频形式传递到驾驶室，又是噪声的主要来源。横列式直升机旋翼的桨毂结构、桨叶的负扭转及尖削，使其下洗流场特性与传统单旋翼直升机也有较大不同。

5. 双旋翼交叉式直升机

双旋翼交叉式直升机简称交叉式直升机，两副旋翼位于机身两侧，横向左右排列且横向轴距很小，两旋翼轴不平行，向外倾斜，呈 V 字形，两副旋翼交错方向协调旋转。

优点：机身短、外形小、稳定性好，适宜执行起重、吊挂作业。

缺点：由于双旋翼横向布置，气动阻力较大，转动系统复杂。

6. 倾转旋翼机

倾转旋翼机是一种将固定翼飞机和直升机融为一体的新型航空器。它是在类似固定翼飞机机翼的两翼尖处，各装一套可在水平位置与垂直位置之间转动的旋翼倾转系统组件，当飞机垂直起飞和着陆时，旋翼轴垂直于地面，呈横列式直升机飞行状态，并可在空中悬停、前后飞行和侧飞。在倾转旋翼机起飞达到一定速度后，旋翼轴可向前倾转 90°，呈水平状态，旋翼作为拉力螺旋桨使用，此时倾转旋翼机能像固定翼飞机那样以较高的速度进行远程飞行。它既具有普通直升机垂直起降和空中悬停的能力，又具有涡轮螺旋桨飞机的高速巡航飞行的能力。由于采用了新的思维方法来设计直升机的旋翼和总体布局，设计思想已突破了传统直升机的范畴，倾转旋翼机属于新原理旋翼构型。这是直升机技术突破性、跨越性的发展，是直升机行业革命性的一项高技术，也是直升机技术发展的必然结果。

优点：速度快、噪声小、航程远、载重量大、耗油率低、运输成本低、振动小。

缺点：技术复杂且不完全成熟、动力学复杂、过渡飞行控制技术难、桨盘载荷高、座舱容积率小。

1.4 直升机的基本组成

本书主要通过单旋翼带尾桨的直升机来阐述直升机的飞行原理及性能，这里只着重介绍单旋翼带尾桨直升机的主要组成部分：旋翼系统、反扭矩系统、动力装置、传动系统、操纵

系统、起落装置和机身。

1.4.1 旋翼系统

旋翼系统是直升机的核心部件，一般由两片或多片桨叶和桨毂组成。直升机上可以有单套主旋翼或双主旋翼系统。旋翼系统产生直升机飞行所必需的升力、拉力和操纵力。常见的旋翼系统有：全铰接式、半刚性式和刚性式。全铰接式旋翼的桨叶可以做挥舞、变距和摆振三种运动，半刚性旋翼桨叶可做挥舞和变距两种运动，刚性旋翼桨叶可做变距运动。

桨毂的结构形式、设计水平及制造工艺对直升机的性能、飞行品质、使用寿命、维修、安全和舒适性都有很大的影响。根据铰链的情况，桨毂可分为铰链式桨毂、无铰桨毂、星形柔性桨毂、无轴承桨毂等几种结构。

1.4.2 反扭矩系统

直升机运行时，旋翼系统的高速旋转提供升力、拉力和操纵力，同时也产生了旋转扭矩。反扭矩系统的作用是，平衡旋翼系统产生的旋转扭矩使直升机保持航向，并对直升机进行航向操纵。调整反扭矩系统的推力，可以在主旋翼力矩改变时控制航向，或者在悬停时改变机头的朝向。常见的反扭矩系统有：常规尾桨、涵道尾桨和无尾桨系统。

1. 常规尾桨

大多数单旋翼直升机需要一个单独的尾桨来克服主旋翼旋转产生的扭矩。常规尾桨由尾桨叶和尾桨毂组成。尾桨毂有轴向铰和水平铰：轴向铰允许尾桨叶转动，以增加或减小桨叶迎角；水平铰允许尾桨叶做挥舞运动。

2. 涵道尾桨

涵道尾桨常称为“尾翼中的风扇”，是另外一种反扭矩系统。它将尾桨叶和尾桨毂安装在筒形涵道中，利用涵道产生的附加气动力平衡旋翼扭矩。涵道尾桨由法国航宇公司首先研究，已成功应用在“海豚”等直升机上。涵道尾桨的功能与普通尾桨相同，优点在于：其结构可以减少前飞的阻力；安全性好，不易被杂物打桨；转子桨叶位于涵道内，旋翼下洗流干扰的影响较小，有利于低空飞行；振动小，噪声低。涵道尾桨也存在缺点：受外涵道结构影响，尾桨的直径受到限制，阻尼小，在垂直和悬停动作时的效率不如普通尾桨。同时涵道结构也使得达到同样要求时尾桨结构总重较大。

3. 无尾桨系统

在引擎的驱动下，无尾桨系统利用喷气引射和主旋翼下洗气流的有利交互作用形成反扭力。主旋翼产生的下洗气流从尾梁两侧流经尾梁，发动机产生的压缩空气通过尾梁一侧的向下开槽喷出，促使这一侧的下洗气流向尾梁表面吸附并加速（即所谓射流效应或Coanda效应），形成尾梁两侧气流的速度差，产生向一侧的侧推力，从而实现没有尾桨的反扭力。

通过控制旋转喷嘴，可以提供部分反扭力，还可以为直升机提供更精细的方向控制。不像一般露在外面的尾桨，无尾桨系统直升机尾梁上的喷气装置设置在机体内部，因此其优点主要有：降低了飞行噪声；消除了直升机在起降时因尾桨造成的人员伤害风险；因为消除了尾桨翼端产生的空气涡流，所以降低了机体飞行时的振动；由于降低了振动，也减轻了飞行员的疲劳程度。不足之处表现在：无尾桨系统比有尾桨机效率低；无尾桨系统的直升机的机动性稍差；由于尾梁太大，无尾桨系统直升机的空力特性稍差。

1.4.3 动力装置

动力装置为直升机提供动力，主要分为两类：活塞式发动机和涡轴发动机。发动机可以采用垂直安装或者水平安装的方式，通过传动系统将动力传递到主旋翼和尾桨上。典型的小型直升机使用的是活塞式发动机，如施瓦泽 300C。活塞式发动机具有耗油率低、价格便宜等优点。涡轴发动机具有功率重量比大、维修简单和振动小等优点。

1.4.4 传动系统

直升机的传动系统与动力系统、旋翼系统和反扭矩系统共同构成了直升机上完整的机械运动系统。直升机的传动系统主要由减速器(包括主减速器、中间减速器和尾减速器)、传动轴、自由行程离合器等部件组成。

主减速器是传动系统中最复杂的部件，一般采用齿轮式传动，包括发动机的功率输入端和与旋翼、尾桨传动轴相连的功率输出端。它将高转速小扭矩的发动机功率变成低转速大扭矩的功率传递给旋翼轴，同时按转速、扭矩要求将功率传递给尾桨等。中间减速器一般采用一对螺旋锥齿轮来传动，以改变传动方向。中间减速器安装在尾梁和垂尾结合部。尾减速器将功率传递给尾桨，用于改变传动轴的转速和传动方向，带动尾桨旋转，此外，还用于改变尾桨的桨距，以保证直升机的操纵。

传动轴是发动机与主减速器之间、主减速器和中间减速器之间、中间减速器和尾减速器之间，以及附件之间的连接件，用于传递功率。

自由行程离合器实际上是一个单向离合器。发动机通过它可以带动旋翼和尾桨转动，而旋翼不能反过来带动发动机转动。这样当发动机停车或直升机处于自转飞行状态时，自由行程离合器可以保证旋翼与发动机脱开，旋翼可以自由地进行自转。在直升机上安装多台发动机时，任何一台发动机停车，都不能影响其他发动机及旋翼系统的工作。

1.4.5 操纵系统

直升机操纵系统由三个部分组成：油门总距系统、脚操纵系统和周期变距操纵杆操纵系统。直升机操纵系统一般由周期变距操纵杆、脚蹬、油门变距杆、自动倾斜器、液压助力器、加载机构、卸载机构、旋翼刹车以及连杆摇臂等组成。飞行员驾驶飞机时，常用到的四种基本操纵装置为：驾驶杆、桨距杆、油门和脚蹬。

1.4.6 起落装置

直升机起落装置一般由主起落架、前起落架和尾撑等组成。起落架不仅用于地面滑行和停放，而且在直升机着陆时吸收垂直下降速度产生的能量，减小接地时的过载，起缓冲作用。另外，它还防止直升机在起飞、着陆以及地面开车时出现地面共振。

直升机起落装置形式一般有：轮式起落架、滑橇式起落架、浮筒式起落架以及同时装有浮筒和机轮的两用起落架等。

1.4.7　机身

机身一般由前机身、中机身和尾梁组成，用于装载空勤人员、旅客、货物、设备、燃油，以及支撑和固定发动机、旋翼、减速器、尾桨和起落装置等，起装载和连接的作用。

习题 1

1. 简述直升机的分类。
2. 简述直升机的基本组成及各部分的功用。
3. 简述直升机尾桨的作用。

第2章

空气动力学基础

空气动力学是在流体力学的基础上，随着航空工业和喷气推进技术的发展而成长起来的一个学科。因此，空气动力学中的很多基础理论都来自流体力学。本书在介绍空气动力学的基础知识时，将直接引用流体力学中的相关理论。所谓流体，是指与固体相对应的一种物体形态，是液体和气体的总称。流体力学研究在各种力的作用下，流体状态的保持和变化以及流体和固体界壁间有相对运动时的相互作用和流动规律。

2.1　空气动力学基础知识

空气动力是空气相对于物体运动时产生的。只要知道气流流过飞行器的具体流动情况，就能将飞行器表面分布的力计算出来。空气流动的具体情况不仅取决于飞行器的形状，也取决于流体的属性。因此，本章首先探讨空气的基本属性和流动的基本假设。

2.1.1　连续介质假设

连续介质假设最早由瑞士著名科学家欧拉于1753年提出，是流体力学的基本假设之一。连续介质假设认为流体是由连续的质点组成的。所谓质点，这里理解为微观上充分大、宏观上充分小的分子团(也叫流体微团)。一方面，分子团的尺度与分子运动的尺度相比应足够大，使得分子团中包含大量的分子，对分子团进行统计平均后能得到确定的值；另一方面，又要求分子团的尺度与所研究问题的特征尺度相比要足够小，使得一个分子团的平均物理量可看作均匀不变的，因而可以把分子团近似地看成几何上的一个点。质点所具有的宏观物理量(如质量、速度、压力、温度等)满足一切应该遵循的物理定律。有了连续介质假设，空间中每个点和每个时刻都有确定的物理量，这些物理量一般说来是空间坐标和时间的连续函数，从而可以利用微分运算等数学工具来描述流体的运动规律。

连续介质具有以下性质：①流体是连续分布的物质，它可以无限分割为具有均布质量的宏观微元体；②不发生化学反应和离解等非平衡热力学过程的运动流体中，微元体内流体状态服从热力学关系；③除了特殊面外，流体的力学和热力学状态参数在时空中是连续分布的，并且认为是无限可微的。

2.1.2 空气的物理性质

空气主要由氮气和氧气组成，分层覆盖在地球表面，无色，无味，看不见，摸不着，没有固定形状，占据一定空间，可自由运动，可以被压缩。直升机在大气层内飞行，直升机的空气动力、发动机工作的好坏都与空气密切相关，因此，有必要对空气的性质有个基本了解。下面介绍空气的物理特性。

1. 空气密度

空气密度是指在一定的温度和压力下单位体积内的空气质量，单位为 kg/m^3。空气和其他物质一样，主要是由分子等组成的。空气密度大，说明单位体积内的空气分子多，比较稠密；反之，空气密度小，说明空气比较稀薄。

空气的密度与气温、高度等因素有关：温度越高，高度越高，空气的密度越小。在国际标准海平面，压力为 1 013.25 hPa、温度为 15 ℃时，空气的密度为 1.225 kg/m^3；在海拔 22 000 ft① 的高空，空气密度降为海平面密度的一半。空气密度随高度的变化规律如图 2-1 所示。

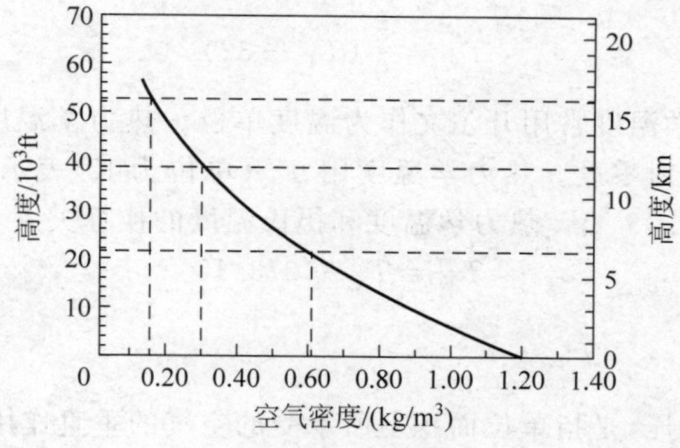

图 2-1 空气密度随高度的变化

2. 空气温度

空气温度是指空气的冷热程度。空气温度的高低，表明了空气分子做不规则运动的剧烈程度，表示空气分子运动平均动能的大小。气温会随着地区、时间和高度发生变化。在一天中，最高气温出现在午后 1:00—2:00，最低气温出现在日出前后。如图 2-2 所示，在高度 11 km 以下的对流层中，高度增加，气温降低，近似为线性变化，高度每增加 1 km，气温降低约 6.5 ℃；在平流层下半部分，在 11～25 km 的高度范围内，气温基本不变，保持在−56.5 ℃左右。

我国和大多数国家一样，使用摄氏温度 T_C（单位 ℃），在标准大气压下，水的冰点为 0 ℃，水的沸点为 100 ℃。个别国家和地区，如美国使用华氏温度 T_F（单位℉），在华氏温度中，水的冰点为 32 ℉，水的沸点为 212 ℉。两种单位的换算关系为

---

① 1 ft=0.304 8 m。

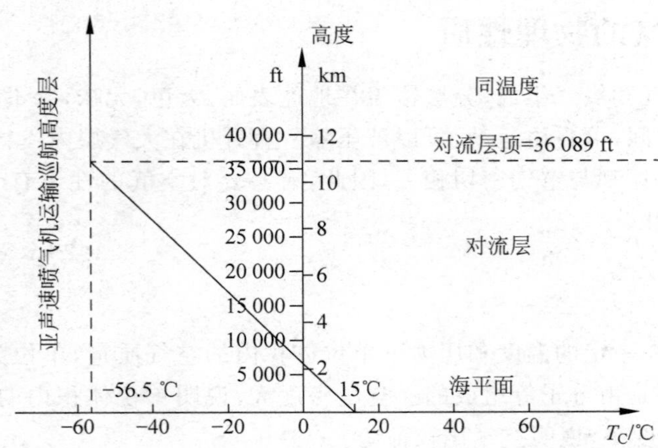

图 2-2　大气温度随高度的变化

$$T_F = \frac{9}{5} T_C + 32 \tag{2-1}$$

或

$$T_C = \frac{5}{9}(T_F - 32) \tag{2-2}$$

理论计算中,热力学温度常用开尔文作为温度单位。热力学温度把分子停止做不规则热运动时的温度作为绝对零度。热力学温度用 T_K(单位为 K)表示,以绝对零度为最低的极限温度,相当于−273.15 ℃。热力学温度和摄氏温度的换算关系为

$$T_K = T_C + 273.15 \tag{2-3}$$

3. 空气压强

空气的压强也叫气压,是指单位面积上所承受的空气的垂直作用力。在静止大气中,空气压强等于物体单位截面面积上向上延伸到大气上界的垂直空气柱的重量。气压的单位是帕斯卡,简称帕,符号为 Pa,常用的计量单位还有毫米汞柱(mmHg)、毫巴(mbar)等。一个标准大气压(简称大气压)为 1 013.25 hPa,等于 760 mmHg 产生的压强。本书后面常提到的压力,实际上也是指压强,因为我们研究的受力范围通常取单位面积。

气压的大小与高度、大气温度、大气密度等相关,高度增加,气压减小。在 18 000 ft 的高度上,气压约为海平面气压的一半,人体吸收的氧气也只有海平面的一半。在这个高度上,人的反应将明显低于正常水平,可能出现意识的丧失。实际上,在 10 000 ft 的高度上,大部分人的反应将受到缺氧的影响,因此在高空飞行时,必须使用氧气设备或增压座舱,以使气压和氧气维持在一个正常的范围。

对流层中大气压随高度的变化近似为线性变化,如图 2-3 所示,高度每增加 1 000 ft,气压降低约 1 inHg(英寸汞柱,1 inHg≈33.86 hPa)。实际中如果已知某点的气压值,可以用这一数值来估算高度值。

4. 空气湿度

空气湿度是指空气的干湿程度,表示空气中水汽含量和湿润程度。在一定的温度下、一

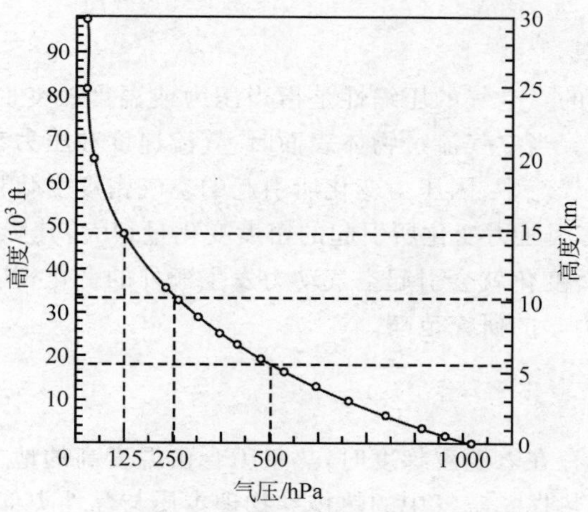

图 2-3 大气压力随高度的变化

定体积的空气里，含有的水汽越少，则空气越干燥；水汽越多，则空气越潮湿。湿度常见的三种基本形式，即水汽压、相对湿度、露点温度。水汽压表示空气中水汽的压强，以百帕(hPa)为单位，取一位小数；相对湿度用空气中实际水蒸气密度与当时气温下的饱和水蒸气密度之比的百分数表示，取整数；露点温度（也称露点）是表示空气中水汽含量和气压不变的条件下，未饱和空气因冷却而达到饱和时的温度，以摄氏温度(℃)表示，取一位小数。

5. 空气黏性

任何流体都是有黏性的，只是不同流体的黏性各不相同。空气和水的黏性都不大，在日常生活中不易察觉，但如果仔细观察，还是可以看到的。例如，河中间的水流得快，河岸边的水流得慢，这是因为水具有黏性，是水同河岸之间发生摩擦的结果。空气的黏性反映空气的内摩擦力。若相邻两部分气团以不同的宏观速度运动，由于气体分子的不规则运动，它们之间有许多分子相互交换，气团之间也存在相互牵扯的作用力，使气团的速度有平均化的趋势，这便是气体黏性的由来，这种作用力也称为空气的黏性力。造成空气黏性的主要原因是空气分子的不规则运动。空气黏性会对直升机的气动特性特别是阻力造成很大的影响。实验和研究表明，空气的黏性力的大小取决于以下几个方面：

(1) 速度梯度。相邻两层空气的速度差 Δv 与层间距 Δy 的比值$\left(\frac{\Delta v}{\Delta y}\right)$称为速度梯度。速度梯度越大，黏性力越大。

(2) 空气温度。气温越高，空气分子运动越剧烈，空气层间的分子越多，黏性力越大。

(3) 气体性质。不同类型的气体，分子运动速度不同，黏性力不同。

(4) 接触面积。空气层间接触面积越大，分子交换就越多，黏性力越大。

根据试验，气体的黏性力可以通过下式计算：

$$F=\mu \frac{\Delta v}{\Delta y}S \tag{2-4}$$

式中，μ 为气体的黏性系数，单位是 Pa · s；$\frac{\Delta v}{\Delta y}$为速度梯度；$S$ 为接触面积。

6. 空气的压缩性

气体是可以被压缩的。空气的压缩性是指当压力或温度改变时，一定量的空气的密度和体积发生变化的特性。当空气流过物体表面时，气流速度和压力都会发生变化，从而引起密度发生变化。在低速气流中，因压力变化所引起的空气密度变化量很小，其影响可以忽略不计；但在高速气流中，因压力变化所引起的密度变化量很大，其影响就不能忽略。在高速情况下，空气密度的显著变化就会引起空气动力发生额外的变化，甚至引起空气流动规律的改变，这是高速空气动力学的研究范畴。

7. 空气的传热性

当气体沿某个方向存在着温度梯度时，热量就会由温度高的地方向温度低的地方传递，这种性质称为气体的传热性。空气中的热传导物理本质与黏性类似。高温层内的气体分子的平均动能较大，低温层内的气体分子的平均动能较小，由于分子无规则的热运动，高温层内的分子与低温层内的分子相互碰撞，相互掺和，从热层到冷层，进行热量的传递。

2.1.3 流体模型化

流体模型化是指在研究流体运动规律时，根据所要研究问题的性质，抓住问题的主要方面，忽略次要方面的影响，建立相对简单的流体模型，以便于讨论研究。常用的流体模型有理想流体、不可压缩流体、绝热流体和定常流体。

1. 理想流体

理想流体又称为无黏流体，是忽略流体黏性作用的流体，不考虑黏性、热传导、质量扩散等特性。空气流过飞机时，一般只在贴近飞机表面的地方(附面层)考虑空气黏性的影响，其他地方则按理想流体处理。在研究飞机表面压力分布及升力产生时，理想流体模型与实验结果符合得很好。在研究飞机的阻力问题时，则必须考虑流体的黏性。需要考虑流体黏性作用的流体称为黏性流体。

2. 不可压缩流体

不可压缩流体是指忽略流体密度的变化，认为其密度为常量的流体。任何流体都是可以被压缩的，只不过可压缩的程度不同而已。液体的压缩性都很小，气体的压缩性都较大。空气流过飞机时，密度都要发生变化，其变化量的大小取决于马赫数 Ma 的大小。当 $Ma<0.4$ 时，可以忽略空气密度的变化，而把它视为不可压缩流体；当 $Ma>0.4$ 时，就必须考虑空气密度的变化对流动参数的影响。需要考虑密度变化作用的流体称为可压缩流体。

3. 绝热流体

不考虑热传导的流体，称为绝热流体。空气低速($Ma<0.4$)流动时，除了专门研究热问题(如发动机的散热)外，一般不考虑空气的热传导性，认为空气流过飞机时，温度是不变的；当空气高速($Ma>0.4$)流动时，则要考虑空气热传导性的影响，即要考虑温度的变化对流动的影响。

4. 定常流体

在流场中的任何一点处，如果流体微团流过时的流动参数(速度、压力、温度、密度等)不随时间变化，这种流体就称为定常流体。定常流体应满足的数学表达式为

$$\frac{\partial C}{\partial t}=0 \tag{2-5}$$

其中，C 指代速度、压力、密度或温度等任一物理量。

2.1.4　国际标准大气

飞行器的飞行性能与大气状态的主要参数(如气温、压力和密度)有密切关系。大气状态的变化，会使飞行器上产生的空气动力发生变化，从而使飞行器的飞行性能也随之改变。因此，同一架飞行器在不同的地点做飞行试验，所得出的飞行性能就会有所不同；即使同一架飞行器，在同一地点、同一高度试飞，若季节或时间不同，所得出的飞行性能也会有所不同。为了便于计算、整理和比较飞行试验数据并给出标准的飞行性能数据，就需要制订一个统一的大气标准，即国际标准大气。

国际标准大气(international standard atmosphere，ISA)是指人为地规定一个不变的大气环境，包括大气温度、密度、气压等随高度变化的关系，得出统一的数据，将其作为计算和试验飞机的统一标准。国际标准大气由国际民航组织(International Civil Aviation Organization，ICAO)制订，它是以北半球中纬度地区(北纬 35°～60°)大气物理特性的平均值为依据，加以适当修订而建立的。

国际标准大气规定如下：

海平面高度为 0 m，这一海平面称为 ISA 标准海平面；

海平面气压为 1 013.25 hPa，即标准海压；

海平面气温为 15 ℃(288.15 K)；

空气密度为 1.225 kg/m^3；

声音传播速度为 340.3 m/s。

对流层高度为 11 km，高度每升高 1 000 m，气温下降 6.5 ℃；高度每升高 1 000 ft，气温下降 2 ℃。在 11～20 km 的平流层底部气体温度为常值：−56.5 ℃或 216.65 K。国际标准大气参数见表 2-1。

表 2-1　国际标准大气参数

高度 h /ft	温度 t /℃	压　力			压力比 $\delta=p/p_0$	密度比 $\sigma=\rho/\rho_0$	声速 v /kt[①]	高度 H /m
		p/hPa	p/psi	p/inHg				
40 000	−56.5	188	2.72	5.54	0.185 1	0.246 2	573	12 192
39 000	−56.5	197	2.58	5.81	0.194 2	0.258 3	573	11 887
38 000	−56.5	206	2.99	6.10	0.203 8	0.271 0	573	11 582
37 000	−56.5	217	3.14	6.40	0.213 8	0.284 4	573	11 278

① 1 kt=1 n mile/h=1.852 km/h。

续表

高度 h /ft	温度 t /℃	压　　力			压力比 $\delta=p/p_0$	密度比 $\sigma=\rho/\rho_0$	声速 v /kt	高度 H /m
		p/hPa	p/psi	p/inHg				
36 000	−56.3	227	3.30	6.71	0.224 3	0.298 1	573	10 973
35 000	−54.3	238	3.46	7.04	0.235 3	0.309 9	576	10 668
34 000	−52.4	250	3.63	7.38	0.246 7	0.322 0	579	10 363
33 000	−50.4	262	3.80	7.74	0.258 6	0.334 5	581	10 058
32 000	−48.4	274	3.98	8.11	0.270 9	0.347 3	584	9 754
31 000	−46.4	287	4.17	8.49	0.283 7	0.360 5	586	9 449
30 000	−44.4	301	4.36	8.89	0.297 0	0.374 1	589	9 144
29 000	−42.5	315	4.57	9.30	0.310 7	0.388 1	591	8 839
28 000	−40.5	329	4.78	9.73	0.325 0	0.402 5	594	8 534
27 000	−38.5	344	4.99	10.17	0.339 8	0.417 3	597	8 230
26 000	−36.5	360	5.22	10.63	0.355 2	0.432 5	599	7 925
25 000	−34.5	376	5.45	11.10	0.371 1	0.448 1	602	7 620
24 000	−32.5	393	5.70	11.60	0.387 6	0.464 2	604	7 315
23 000	−30.6	410	5.95	12.11	0.404 6	0.480 6	607	7 010
22 000	−28.6	428	6.21	12.64	0.422 3	0.497 6	609	6 706
21 000	−26.6	446	6.47	13.18	0.440 6	0.515 0	611	6 401
20 000	−24.6	466	6.75	13.75	0.459 5	0.532 8	614	6 096
19 000	−22.6	485	7.04	14.34	0.479 1	0.551 1	616	5 791
18 000	−20.7	506	7.34	14.94	0.499 4	0.569 9	619	5 406
17 000	−18.7	527	7.65	15.57	0.520 3	0.589 2	621	5 182
16 000	−16.7	549	7.97	16.22	0.542 0	0.609 0	624	4 877
15 000	−14.7	572	8.29	16.89	0.564 3	0.629 2	626	4 572
14 000	−12.7	595	8.63	17.58	0.587 5	0.650 0	628	4 267
13 000	−10.8	619	8.99	18.29	0.611 3	0.671 3	631	3 962
12 000	−8.8	644	9.35	19.03	0.636 0	0.693 2	633	3 658
11 000	−6.8	670	9.72	19.79	0.661 4	0.715 6	636	3 353
10 000	−4.8	697	10.10	20.58	0.687 7	0.738 5	638	3 048
9 000	−2.8	724	10.51	21.39	0.714 8	0.762 0	640	2 743
8 000	−0.8	753	10.92	22.22	0.742 8	0.786 0	643	2 438
7 000	+1.1	782	11.34	23.09	0.771 6	0.810 6	645	2 134
6 000	+3.1	812	11.78	23.98	0.801 4	0.835 9	647	1 829
5 000	+5.1	843	12.23	24.90	0.832 0	0.861 7	650	1 524
4 000	+7.1	875	12.69	25.84	0.863 7	0.888 1	652	1 219
3 000	+9.1	908	13.17	26.82	0.896 2	0.915 1	654	914
2 000	+11.0	942	13.67	27.82	0.929 8	0.942 8	656	610
1 000	+13.0	977	14.17	28.86	0.964 4	0.971 1	659	305
0	+15.0	1 013	14.70	29.92	1.000 0	1.000 0	661	0
−1 000	+17.0	1 050	15.23	31.02	1.036 6	1.029 5	664	−305

飞机飞行手册中列出的性能数据常常是根据国际标准大气(ISA)制订的，而实际的大气很少有和国际标准大气完全吻合的。因此，在使用飞机性能图表时，常常需要进行实际大

气与国际标准大气的相互换算。

实际大气与国际标准大气相互换算的主要工作是确定实际大气与国际标准大气的温度偏差，即 ISA 偏差(ISA deviation)。ISA 偏差是指确定地点的实际温度与该处 ISA 标准温度的差值，常作为飞行活动中确定飞行器性能的已知基本条件。下面举例说明 ISA 偏差的计算方法。

例 2-1 已知某机场压力高度为 2 000 ft，温度为 20 ℃，求机场高度处 ISA 偏差。

解 压力高度 2 000 ft 处 ISA 标准温度为

$$T_{标准}=15\ ℃-[(2\ ℃)/1\ 000\ \text{ft}]\times 2\ 000\ \text{ft}=15\ ℃-4\ ℃=11\ ℃$$

实际温度为

$$T_{实际}=20\ ℃$$

ISA 偏差为

$$T_{实际}-T_{标准}=20\ ℃-11\ ℃=9\ ℃$$

表示为 ISA+9 ℃。

例 2-2 已知某飞机巡航压力高度为 3 000 m，该高度处气温为−10 ℃。求该高度处 ISA 偏差。

解 高度 3 000 m 处的 ISA 标准温度为

$$T_{标准}=15\ ℃-[(6.5\ ℃)/1\ 000\ \text{m}]\times 3\ 000\ \text{m}=15\ ℃-19.5\ ℃=-4.5\ ℃$$

实际温度为

$$T_{实际}=-10\ ℃$$

ISA 偏差为

$$T_{实际}-T_{标准}=-10\ ℃+4.5\ ℃=-5.5\ ℃$$

表示为 ISA−5.5 ℃。

2.2 空气动力学和运动学基础

空气流过物体时，要产生空气动力。空气流过不同物体表面的流动情形不同，则产生的空气动力也不相同。本节首先介绍研究空气流动的基本方法，然后将根据自然界的三大定律，推导空气动力学中的三个基本方程(基于一维定常流动)，并说明各方程的物理意义、使用条件以及实际应用。这三个方程建立了气体各状态参数(如流管截面面积 A、流速 v 和压强 p 等)之间的数量关系，根据这些关系，就有可能从理论上研究和计算一些基本的低速流动特性问题。

2.2.1 流场

流场是指充满流体的空间区域。流体力学中将表示流体运动特征的物理量称为流动参数，如速度、密度、压强等。所以流场又是表示上述物理量的场。为了更直观、更形象地研究空气流动的情形，一般用流线和流线谱来描述。

1. 流线

流线是流场中的一条空间曲线，在该曲线上每点的流体微团的速度与曲线在该点的切线重合，如图 2-4 所示。流线是为了描述流体运动而引入的一条假想曲线。在定常流体中，流体微团的运动轨迹与流线重合。由于空气具有不可见性，正常情况下，肉眼是看不到流线的，为了更好地观察空气流动的流态，可以使用丝线法、烟流法、油流法及全息照相等方法来显示流线的形状。烟风洞就是常用的方法。

流线有以下特点：

(1) 在定常流中，流体微团流动的路线与流线重合。

(2) 由流线的定义可知，一般情况下流线不能相交，也不会分叉。因为流线上每点的流体微团只有一个运动方向，如果两条流线相交，则流体微团将有两个运动方向。

2. 流管

流管是由一系列相邻的流线围成的(图 2-5)。根据流线的性质——流线既不能相交也不会分叉，可以得出，流体不能穿出或穿入流管表面。二维流管是由相邻的两条流线组成的，两条流线间的距离表示了流管截面面积的大小：距离缩小，表示流管收缩或变细；距离增大，表示流管扩张或变粗。

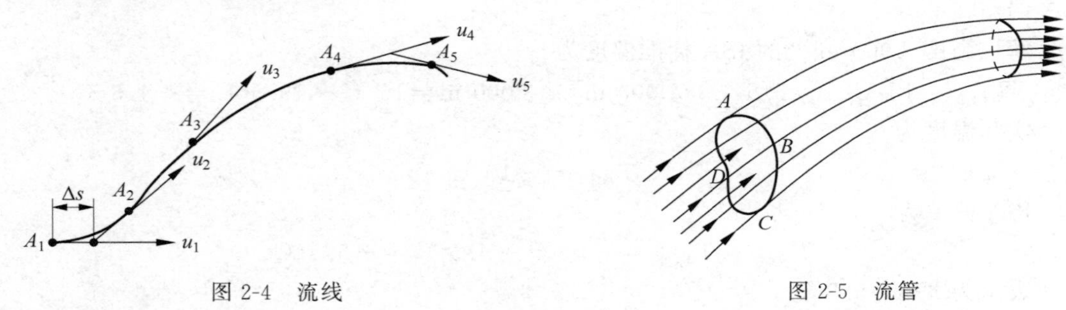

图 2-4 流线

图 2-5 流管

3. 流线谱

流线谱是所有流线的集合，反映了流体流过物体时的流动情况。流线谱的形状主要由物体的外形特征及物体与流体的相对位置决定。在烟风洞实验中可以直接观察到流线和流线谱的具体情况。图 2-6 所示为空气流过几种典型物体时的流线谱。

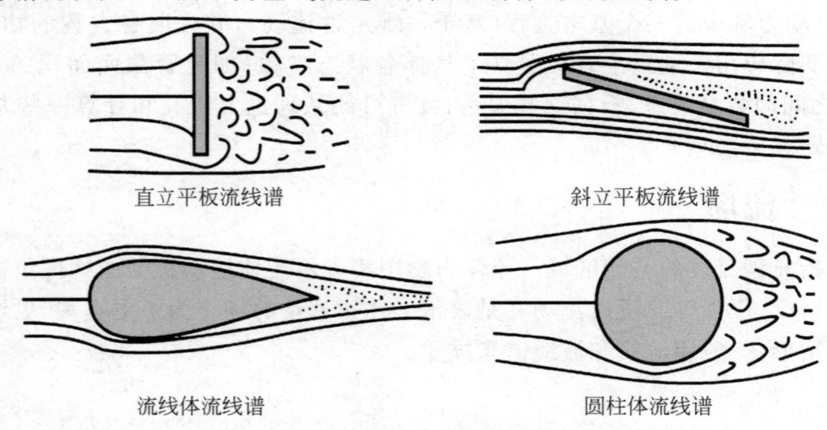

图 2-6 空气流过几种典型物体时的流线谱

由流线、流线谱的定义，并比较图 2-6 中的流线谱图，可以得到流线谱的一些特点：

(1) 物体的形状不同，流线谱也不同；物体与空气的相对位置(迎角)不同，流线谱也不同。

(2) 气流受阻，流线间的间距增大，流线变稀疏；气流流过物体外凸处或受挤压，流线间的间距减小，流线变密集。

(3) 气流流过物体时，在物体的后部都要形成涡流区。

(4) 流线谱的形状与流速大小无关。

2.2.2　流体微团运动分析

本节以二维流动和三维流动为例分析流体微团的运动，由此提出散度、旋度、速度位等概念。二维流动可以看作平面流动，即流动的一切参数只跟 x 和 y 两个坐标相关，与坐标 z 无关。因此，可以取任何一个 Oxy 平面上的流动来研究。

1. 流体微团的运动分解

本小节主要以平面二维流动为例来分析流体微团的运动，且所做的流体微团运动分析仅考虑了流场上各点的流速不相同。在流场中取图 2-7 所示的微团，在微团中取一质点 A，再取两个相邻质点 P 和 Q，假定 t 时刻 A 点的坐标是 (x_0, y_0)，P 在 A 之右，其坐标为 $(x_0+\Delta x, y_0)$，Q 点在 A 之上，坐标为 $(x_0, y_0+\Delta y)$。假定此时质点 A 在 x，y 方向上的速度分别是 u_A 和 v_A，则 P 和 Q 两质点的速度可以表示为

$$u_P = u_A + \left(\frac{\partial u}{\partial x}\right)_A \Delta x,\quad v_P = v_A + \left(\frac{\partial v}{\partial x}\right)_A \Delta x \tag{2-6}$$

$$u_Q = u_A + \left(\frac{\partial u}{\partial y}\right)_A \Delta y,\quad v_Q = v_A + \left(\frac{\partial v}{\partial y}\right)_A \Delta y \tag{2-7}$$

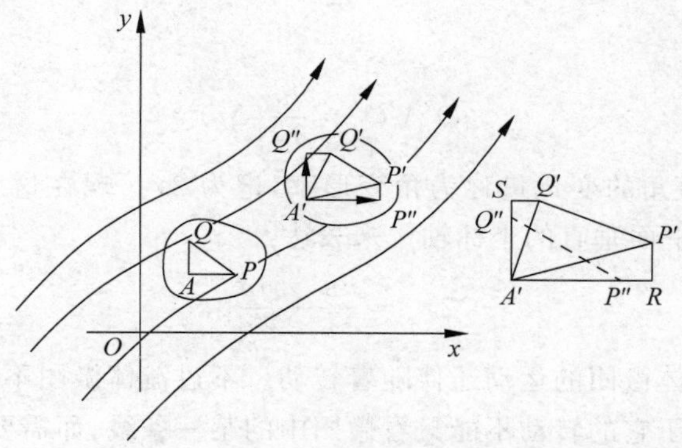

图 2-7　流体微团的运动分析(二维流动)

这里假设流场上的速度分布是坐标的连续函数，邻点 P 和 Q 的速度可以用泰勒级数在 A 点的展开式来表达，而且 Δx 和 Δy 都是微量，展开式只取到一次微量。经 Δt 时间后，整个微团运动到了一个新的位置，A 到了 A'点，P 和 Q 分别到了 P'和 Q'点。如果当初 P 和 Q 的速度和 A 点完全一样，那么这时 P 和 Q 应该在 P''和 Q''的位置；但当初 P 和 Q 的速度与 A 的有所不同，现在这两点对 A 点而言的相对位置也就变了，P''成了 P'，Q''成了 Q'。原来的 AP 线段(增量 Δx)现在成了 $A'P'$，$A'P'$与 $A'P''$之差为

$$A'P'-A'P''=A'R-A'P''=\left[u_A+\frac{\partial u}{\partial x}(\Delta x)\right](\Delta t)-u_A(\Delta t)=\frac{\partial u}{\partial x}(\Delta x)(\Delta t) \tag{2-8}$$

式(2-8)中,用 $A'R$ 代替 $A'P'$ 是因为 Δt 很小,$\angle P'A'R$ 很小。这是 AP 线段在 Δt 时间内的变形量,单位时间内单位长度的变形量称为线变形率,可表示为

$$\theta_x=\frac{\frac{\partial u}{\partial x}(\Delta x)(\Delta t)}{(\Delta x)(\Delta t)}=\frac{\partial u}{\partial x} \tag{2-9}$$

同理可得 AQ 线段的线变形率:

$$\theta_y=\frac{\partial v}{\partial y} \tag{2-10}$$

经过 Δt 时间后,$A'P''$转了一个角度$\angle P''A'P'$,这是因为当初 P 点的速度 v_P 和 A 点的速度 v_A 有所不同。这个角可以表示为

$$\angle P''A'P'=\tan\angle P''A'P'=\frac{P'R}{A'R} \tag{2-11}$$

而式(2-11)中,$P'R$ 可表示为

$$P'R=\left[v_A+\frac{\partial v}{\partial x}(\Delta x)\right](\Delta t)-v_A(\Delta t)=\frac{\partial v}{\partial x}(\Delta x)(\Delta t) \tag{2-12}$$

$A'R$ 可表示为

$$A'R=\Delta x+\frac{\partial u}{\partial x}(\Delta x)(\Delta t)=\left[1+\frac{\partial u}{\partial x}(\Delta t)\right]\Delta x\approx\Delta x \tag{2-13}$$

将式(2-12)与式(2-13)代入式(2-11),可得

$$\angle P''A'P'=\frac{\frac{\partial v}{\partial x}(\Delta x)(\Delta t)}{\Delta x}=\frac{\partial v}{\partial x}(\Delta t) \tag{2-14}$$

同理可得

$$\angle Q''A'Q'=\frac{\partial u}{\partial y}(\Delta t) \tag{2-15}$$

单位时间内一个直角的变化量称为角变形率,记为 2γ。现在这个角变形率在 Oxy 平面内,γ 的下标用与该平面垂直的坐标轴 z 来表达:

$$2\gamma_z=\frac{\partial v}{\partial x}+\frac{\partial u}{\partial y} \tag{2-16}$$

除了变形之外,流体微团的运动还伴随着转动。不过流体微团不是刚体,它在运动中还在不断地变形,所以对于它的转动不能只看微团中的某一条线,而需要考察两条互相垂直的线。现在 $A'P''$线转了一个正角度$\angle P''A'P'$(按右手螺旋定则规定正向,Oxy 平面上的转动符合正 z 向的称为正角度),而 $A'Q''$线则转了一个负角度$\angle Q''A'Q'$。此处定义整个微团的转动为微团上两条互相垂直线的转角之平均值。单位时间内的转角是角速度,记为 ω。在 Oxy 平面中的转动,即围绕 z 轴的转动,用下标 z 来表示:

$$\omega_z=\frac{1}{2}\left(\frac{\partial v}{\partial x}-\frac{\partial u}{\partial y}\right) \tag{2-17}$$

由以上分析得到了平面流动的流体微团线变形率 θ、角变形率 2γ 和转动角速度 ω 的表达式,这些量都取决于 A 点的各项速度导数。所以,如果知道了一个流场的全部速度分布,

就可以得到这些导数，从而可以计算流场上任何一点的变形率和角速度。

与二维流动类似，对三维流动做微团的运动分析，仍然从线变形、角变形和角速度出发，只不过多了一维，从而多了一个线变形率、两个角变形率和两个角速度。

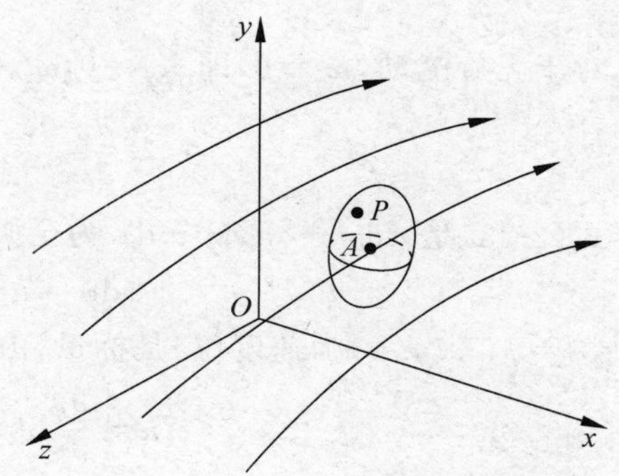

图 2-8 流体微团的运动分析(三维流动)

取任意形状的一块流体微团，如图 2-8 所示，在 t 时刻取微团中的 A 点作为中心，其速度为 u_A、v_A、w_A，则其邻点 P(坐标相对于 A 点而言是 Δx、Δy、Δz)在 x 方向上的速度可表示为

$$
\begin{aligned}
u_P &= u_A + \frac{\partial u}{\partial x}(\Delta x) + \frac{\partial u}{\partial y}(\Delta y) + \frac{\partial u}{\partial z}(\Delta z) \\
&= u_A + \frac{\partial u}{\partial x}(\Delta x) + \frac{1}{2}\left(\frac{\partial u}{\partial y} + \frac{\partial v}{\partial x}\right)(\Delta y) + \frac{1}{2}\left(\frac{\partial u}{\partial z} + \frac{\partial w}{\partial x}\right)(\Delta z) + \\
&\quad \frac{1}{2}\left(\frac{\partial u}{\partial z} - \frac{\partial w}{\partial x}\right)(\Delta z) - \frac{1}{2}\left(\frac{\partial v}{\partial x} - \frac{\partial u}{\partial y}\right)(\Delta y) \\
&= u_A + \theta_x(\Delta x) + \gamma_z(\Delta y) + \gamma_y(\Delta z) + \omega_y(\Delta z) - \omega_z(\Delta y)
\end{aligned}
\tag{2-18}
$$

同理，P 点的另两个分速也可以表示为类似的式子：

$$
v_P = v_A + \theta_y(\Delta y) + \gamma_x(\Delta z) + \gamma_z(\Delta x) + \omega_z(\Delta x) - \omega_x(\Delta z) \tag{2-19}
$$

$$
w_P = w_A + \theta_z(\Delta z) + \gamma_y(\Delta x) + \gamma_x(\Delta y) + \omega_x(\Delta y) - \omega_y(\Delta x) \tag{2-20}
$$

式(2-18)～式(2-20)中，第 1 项为流体微团的整体运动速度，第 2 项是线变形率，第 3、4 项是角变形率，第 5、6 项是角速度。

2. 散度

三个方向的线变形率之和称为速度 $\boldsymbol{V}$ 的散度，记为 div $\boldsymbol{V}$，即

$$
\operatorname{div} \boldsymbol{V} = \frac{\partial u}{\partial x} + \frac{\partial v}{\partial y} + \frac{\partial w}{\partial z} \tag{2-21}
$$

流体微团在运动中不论形状和体积怎么变，质量始终不变，而质量等于体积与密度的乘积，所以在密度不变的不可压流里，速度散度等于零，即

$$
\operatorname{div} \boldsymbol{V} = 0 \tag{2-22}
$$

如果是密度有变化的流动，那么速度散度一般不等于零。

3. 旋度

由流体微团的运动分析，已经得到了 ω_x、ω_y、ω_z 三个角速度分量的表达式，合角速度是某点上某个微团的瞬时角速度 $\boldsymbol{\omega}$，这个值可记为(1/2)rot $\boldsymbol{V}$，称为 $\boldsymbol{V}$ 的旋度。

如果流场中各处的 $\boldsymbol{\omega}$ 都不等于零，这种流场称为有旋流场，其流动称为有旋流。如果流场中各处的 $\boldsymbol{\omega}$ 都等于零，这种流场称为无旋流场，其流动称为无旋流。

4. 速度位

对于无旋流动，$\boldsymbol{\omega}=\mathbf{0}$，即 $\omega_x=0,\omega_y=0,\omega_z=0$，可得

$$\frac{\partial u}{\partial y}=\frac{\partial v}{\partial x},\quad \frac{\partial v}{\partial z}=\frac{\partial w}{\partial y},\quad \frac{\partial w}{\partial x}=\frac{\partial u}{\partial z} \tag{2-23}$$

式(2-23)是 $u\mathrm{d}x+v\mathrm{d}y+w\mathrm{d}z$ 为全微分的必要和充分条件，令

$$\mathrm{d}\phi=u\mathrm{d}x+v\mathrm{d}y+w\mathrm{d}z \tag{2-24}$$

式中，$\phi=\phi(x,y,z)$为速度位，是标量，由式(2-24)可得

$$u=\frac{\partial\phi}{\partial x},\quad v=\frac{\partial\phi}{\partial y},\quad w=\frac{\partial\phi}{\partial z} \tag{2-25}$$

由式(2-25)可知，速度位函数在某个方向的偏导数就是速度在某个方向的分量。对于一个无旋流场，一旦速度位函数 $\phi(x,y,z)$确定了，就可以算出流场中任意一点的流速。

2.3 一维定常流动的基本方程

一维定常流动是一种最简单的理想化的流动模型。由于流体在空间内的实际流动一般都不是真实的一维流动，可以将整个流场划分为许多流管，在每一个十分细小的流管中，流体的流动就可以近似看作一维的。另外，严格地讲，在同一坐标对应的截面上的各状态参数也不一样，但对于截面上的不同参数，可以通过取平均值的方法，将实际流动当作一维流动来近似处理。

本节将根据自然界的三大定律，推导空气动力学中的三个基本方程（基于一维定常流动），并说明各方程的物理意义、使用条件以及实际应用。这三个方程建立了气体各状态参数（如流管截面面积 A、流速 v 和压强 p 等）之间的数量关系，根据这些关系，就有可能从理论上研究和计算一些基本的低速流动特性问题。

2.3.1 一维定常流动质量方程

连续方程是把质量守恒定律应用于运动流体所得到的数学关系式，故又称为质量守恒方程。它是空气动力学中最基本和最常用的方程之一。

在化学反应中，参加反应的各物质的质量总和等于反应后生成的各物质的质量总和，这个规律叫作质量守恒定律。它是自然界普遍存在的基本定律之一。在任何与周围隔绝的体系中，无论发生何种变化或过程，其总质量始终保持不变。将质量守恒定律用于一维定常的管道流动中，具体表现为：当流体流过流管时，流体将连续不断并稳定地在流管中流动，在同一时间流过流管任意截面的流体质量相等。因此，质量守恒定律在流体力学中的应用也称为连续性定理。

1. 连续性方程的推导

图 2-9 所示为流体流过一个收缩扩张管道——文丘里管的示意图。空气流过截面Ⅰ—Ⅰ（截面面积为 A_1）时的速度为 v_1，密度为 ρ_1；空气流过截面Ⅱ—Ⅱ（截面面积为 A_2）时的速度为 v_2，密度为 ρ_2；根据连续性定理，同一时间流过任意截面的流体质量相等，则有

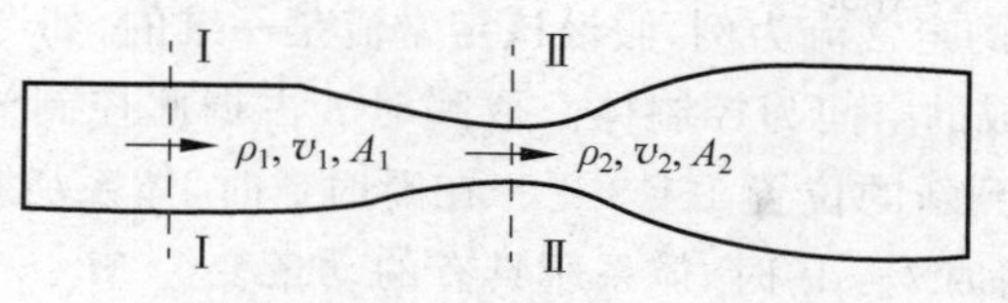

图 2-9　文丘里管示意图

$$\rho_1 v_1 A_1 = \rho_2 v_2 A_2 \tag{2-26}$$

或

$$\rho v A = C(\text{常量}) \tag{2-27}$$

式(2-26)和式(2-27)是一维定常流动的连续性定理的数学表达式——连续性方程。当空气低速流动时，可以认为密度是常量，则式(2-26)和式(2-27)中的密度可以消去，可得

$$v_1 A_1 = v_2 A_2 \tag{2-28}$$

或

$$v A = C(\text{常量}) \tag{2-29}$$

2. 连续性方程的物理意义

式(2-28)和式(2-29)反映了低速流动时流管面积与流速的关系：在不可压缩的一维定常流动中，单位时间通过同一流管任一截面的流体质量都是相等的，流管截面面积和流速成反比关系，流管截面面积增大时，流速减小；流管截面面积减小时，流速增大。

日常生活中的很多现象都是连续性定理的体现。比如，两栋高楼之间的风比开阔地段更大；在河道变窄的地方河水更加湍急；用橡皮管接在水龙头上冲洗地板时，捏住橡皮管出口的一部分，水流速度会大大加快等。

3. 连续性方程的适用条件

根据连续性方程的推导过程，式(2-28)和式(2-29)仅适用于不可压缩流体，而式(2-26)和式(2-27)对于可压缩和不可压缩流体都适用。另外，在推导方程时，对流体的黏性未加限制，因此，它既适用于理想流体，也适用于黏性流体。

2.3.2　一维定常流动动量方程

动量方程是把牛顿第二定律应用于运动流体所得到的数学表达式。动量方程有微分形式和积分形式两种。微分形式的动量方程是对微团所受的力和它的加速度建立的关系。积分形式的动量方程则是划定一个有限大小的控制区，并对区内那些流动的动量变化和控制区边界上的作用力建立的关系式。

牛顿第二定律：在质量一定的情况下，物体加速度的大小与所施加的作用力成正比，与物体的质量成反比，且与物体质量的倒数成正比；加速度的方向与作用力的方向相同。如果将牛顿第二定律用于一维管道的定常流动，可以表述为：对于一个确定的控制体，在某一瞬时，体系的动量对时间的变化率等于该瞬时作用在该体系上全部外力的合力，而且动量的时间变化率的方向和合力的方向一致。接下来推导一维定常流动的动量方程。

以一个流管或管道的定常流为例，假设该定常流是一维的，如图 2-10 所示，取图中截面 1—1 和截面 2—2 所围成的空间为控制体。取瞬时 t 占据此控制体内的流体为体系，经过时间 $\mathrm{d}t$ 后，此体系运动到新的位置 $1'1'2'2'$。在瞬时 t 时，体系所具有的动量用 $\boldsymbol{M}_{(1122)}$ 表示，经过时间 $\mathrm{d}t$ 后，在瞬时 $t+\mathrm{d}t$ 时，体系所具有的动量变为 $\boldsymbol{M}_{(1'1'2'2')}$。于是，体系经过 $\mathrm{d}t$ 时间后，动量变化为：$\boldsymbol{M}_{(1'1'2'2')}-\boldsymbol{M}_{(1122)}$。由于流场是定常的，因此在图 2-10 中的空间区域Ⅲ内的流体动量是不随时间变化而变化的，因此有 $\boldsymbol{M}_{(1'1'2'2')}-\boldsymbol{M}_{(1122)}=\boldsymbol{M}(222'2')-\boldsymbol{M}_{(111'1')}=\mathrm{d}m_2\boldsymbol{v}_2-\mathrm{d}m_1\boldsymbol{v}_1$。

由此可以得到体系的动量随时间变化的变化率：

$$\frac{\boldsymbol{M}_{(1'1'2'2')}-\boldsymbol{M}_{(1122)}}{\mathrm{d}t}=\frac{\mathrm{d}m_2}{\mathrm{d}t}\boldsymbol{v}_2-\frac{\mathrm{d}m_1}{\mathrm{d}t}\boldsymbol{v}_1=\dot{m}_2\boldsymbol{v}_2-\dot{m}_1\boldsymbol{v}_1=\dot{m}(\boldsymbol{v}_2-\boldsymbol{v}_1) \tag{2-30}$$

把环境对瞬时占据控制体内流体的全部作用力，即合力，记为 $\sum\boldsymbol{F}$，则根据牛顿第二定律，可以得到

$$\sum\boldsymbol{F}=\dot{m}(\boldsymbol{v}_2-\boldsymbol{v}_1) \tag{2-31}$$

式(2-31)就是牛顿第二定律适用于控制体形式的表达式。它表示在定常流中，作用在控制体上全部外力的合力等于控制体出口流体动量的流出率与控制体入口流体动量的流入率的差值。动量方程是流体力学中最常用的基本方程之一，只要知道所划定的控制体上流体的流动情况，就能够直接确定出作用在控制体上的力，而不涉及流体在控制体内流动过程的详细情况。简单地说，通过动量方程可以把流体运动速度与作用力联系起来。

式(2-31)可以进一步展开。在定常流动中，沿着一个一维流管的轴线 S 方向，取截面 a—a 和 b—b，它们之间的距离为无穷小量 $\mathrm{d}S$，如图 2-11 所示。在截面 a—a 上，面积为 A，各流动参数分别为压强 p、密度 ρ、速度 v；在截面 b—b 上，面积为 $A+\mathrm{d}A$，各流动参数分别为压强 $p+\mathrm{d}p$、密度 $\rho+\mathrm{d}\rho$、速度 $v+\mathrm{d}v$。取 $aabba$ 为控制体，沿着 S 方向，控制体外的物质作用在控制体流体的外力有：

(1) 作用在截面 a—a 处流体压强的合力 pA。

(2) 作用在截面 b—b 处流体压强的合力 $(p+\mathrm{d}p)(A+\mathrm{d}A)$。

(3) 作用在流管侧壁表面上的平均压强的合力在 S 方向上的分量：

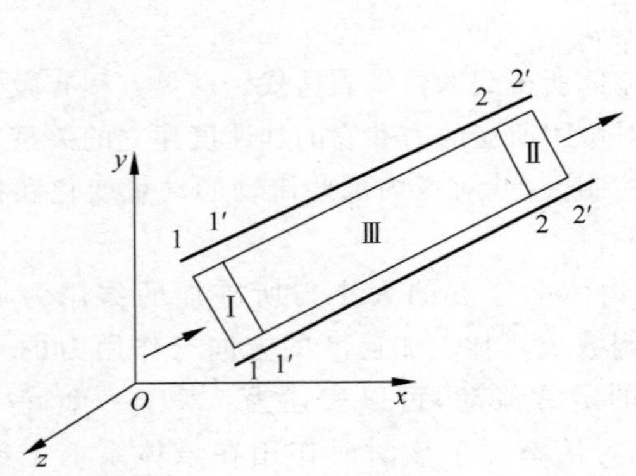

图 2-10　一维定常流动控制体示意图

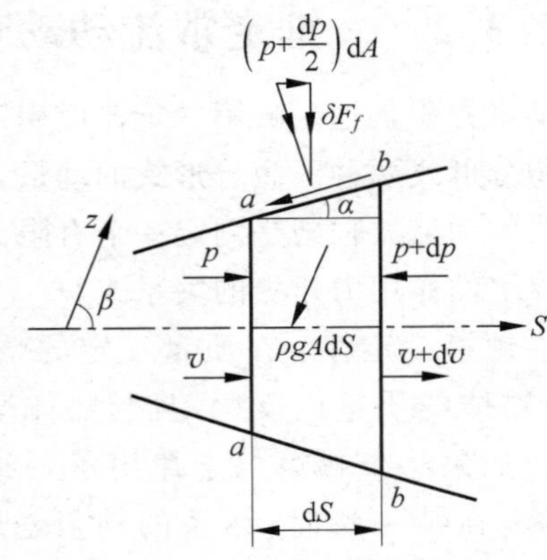

图 2-11　一维定常流微元体示意图

$$\left(p+\frac{\mathrm{d}p}{2}\right)\frac{\mathrm{d}A}{\sin\alpha}\sin\alpha=\left(p+\frac{\mathrm{d}p}{2}\right)\mathrm{d}A \tag{2-32}$$

其中，α 为管壁与轴线的夹角。

(4) 作用在流管侧壁表面上的摩擦力在 S 方向的分量 δF_f，其方向沿着 S 轴的负方向。

(5) 作用在控制体内流体的质量力，这里仅考虑重力，其方向沿 z 轴负方向，大小为 $\rho gA\mathrm{d}S$。

设 z 轴与 S 轴的夹角为 β，则质量力在 S 方向的分量为

$$\rho gA\mathrm{d}S\cos\beta=\rho gA\mathrm{d}z \tag{2-33}$$

流体在单位时间内从截面 a—a 流入控制体的动量为 mv；流体在单位时间内从截面 b—b 流出控制体的动量为 $m(v+\mathrm{d}v)$。则根据动量方程(2-31)可以得到

$$-\rho gA\mathrm{d}z+pA-(p+\mathrm{d}p)(A+\mathrm{d}A)+\left(p+\frac{\mathrm{d}p}{2}\right)\mathrm{d}A-\delta F_f=m\left[(v+\mathrm{d}v)-v\right] \tag{2-34}$$

略去高阶无穷小量，则式(2-34)可以简化为

$$-A\mathrm{d}p-\rho gA\mathrm{d}z-\delta F_f=m\mathrm{d}v \tag{2-35}$$

式(2-35)就是一维微分形式的动量方程。对于低速流动，摩擦阻力 $\delta F_f=0$，将连续性方程 $m=\rho vA$ 代入式(2-35)，可以得到

$$\rho g\mathrm{d}z+\mathrm{d}p+\rho v\mathrm{d}v=0 \tag{2-36}$$

沿着管道流动的方向，忽略微小距离的变化，则 $\mathrm{d}z=0$，式(2-36)可以变为

$$\mathrm{d}p+\rho v\mathrm{d}v=0\quad 或\quad \mathrm{d}p=-\rho v\mathrm{d}v \tag{2-37}$$

式(2-37)是无黏性流体一维定常流动的微分方程，也称为欧拉方程。该公式表达了沿着任意一条流线，流体质点的密度、压强和速度之间的变化关系。

2.3.3　一维定常流动能量方程

流体在运动时，除了遵循质量守恒定律外，还应遵循能量守恒定律。流体的能量守恒定律称为伯努利定理，它是由瑞士物理学家丹尼尔·伯努利(Daniel Bernoulli)于1738年首先提出来的。伯努利定理的具体表述为：不可压缩理想流体做定常流动时，流场中任何一点处单位体积流体的压力能、重力势能及动能之和守恒。

1. 伯努利方程的推导

将无黏性流体一维定常流动的微分方程(2-36)沿整个流管积分，可以得到

$$gz+\int\frac{\mathrm{d}p}{\rho}+\frac{v^2}{2}=C\quad（常量） \tag{2-38}$$

式(2-38)同样适用于无黏性一维定常流动。对于不可压缩流体，$\rho=$常量，则式(2-38)可以变为

$$\frac{p}{\rho}+\frac{v^2}{2}+gz=C\quad（常量） \tag{2-39}$$

两边同时除以重力加速度 g，可得

$$\frac{p}{\rho g}+\frac{v^2}{2g}+z=C\quad（常量） \tag{2-40}$$

如果流体在同一水平面内流动，或者流场中坐标 z 的变化与流动参数相比可以忽略不计，那么式(2-40)可进一步化简为

$$p+\frac{1}{2}\rho v^2=p_0 \tag{2-41}$$

式(2-41)是不可压缩流体的伯努利方程。其中，$\frac{1}{2}\rho v^2$ 是动压，这是一种附加的压力，是空气在流动中受阻时，流速降低所产生的压力；p 是静压，在静止的空气中，静压等于当时当地的大气压；p_0 是总压(全压)，它是动压和静压之和。总压可以理解为，气流速度减小到零时的静压。

从力学观点看，伯努力方程可以看作能量守恒定律在低速空气动力学中的应用。也可以将能量守恒定律用于一维管道流动的气体来推导伯努利方程。下面简要介绍从能量守恒的角度来推导伯努利方程。

根据能量守恒定律可知：能量不会消失，它只能从一种形式转换为另一种形式，其总能量不变。空气稳定流动时，主要有四种能量：动能、热能、压力能、重力势能，这四种能量之间相互转换，其总和为常量。当空气低速流动时，可以认为没有额外热量产生，与外界也没有热能的交换，热能为常量。当流管高度变化很小时，可以认为重力势能为常量。因此，不可压缩理想气体低速流动时只有压力能和动能参与能量转换，此时，能量转换的关系可以表示为

$$\text{动能}+\text{压力能}=\text{总能量}=\text{常量}$$

由物理学可知：动能 $E_k=\frac{1}{2}mv^2$，其中，质量 m 可以表示为 $m=\rho Av\Delta t$，则流过任意截面的动能为 $E_k=\frac{1}{2}\rho Av\Delta tv^2$；压力能为压力所做功的大小，则流过任意截面的压力能可以表示为 $E_{\text{压力}}=pAv\Delta t$。若取单位体积的空气，即 $Av\Delta t=1$，则动能可以表示为 $E_k=\frac{1}{2}\rho v^2$，压力能可以表示为 $E_{\text{压力}}=p$。若用常量 p_0 表示可转换能量之和，则不可压缩理想气体做定常流动时的能量转换关系式可以表示为：$p+\frac{1}{2}\rho v^2=p_0$。其中，$p$ 是静压，代表单位体积空气所具有的压力能；$\frac{1}{2}\rho v^2$ 是动压，代表单位体积空气所具有的动能；p_0 是总压(全压)，是动压和静压之和，代表总的能量。因此，伯努利方程也称为低速能量方程。

2. 伯努利方程的适用条件

伯努利方程反映了不可压理想流体一维定常流动的速度与压强之间的关系。严格来说，伯努利定理在满足下列条件下才适用：

(1) 气流是连续、稳定的，即气流是定常流。

(2) 气流与外界没有热能交换，即空气是绝热的。

(3) 空气没有黏性，即空气为理想流体。

(4) 空气密度不变，即空气为不可压缩流体。

(5) 气流在同一条流线或同一条流管上。

3. 伯努利方程的物理意义

根据伯努利方程的数学表达式可知：稳定气流中，在同一流管的任意截面上，空气的动压和静压之和保持不变。由此可见：动压大，则静压小；动压小，则静压大。即流速大，压力小；流速小，压力大；流速减小到零，压力增大到总压值。这个结论也称为伯努利定理。流体力学中流速减为 0 的点称为驻点。因此，驻点处的静压等于总压。图 2-12 中的 A 点即为驻点，在流场中 1、2、3 点的总压都相等，即

$$p_1+\frac{1}{2}\rho v_1^2=p_2+\frac{1}{2}\rho v_2^2=p_3+\frac{1}{2}\rho v_3^2 \tag{2-42}$$

伯努利定理可以解释许多现象，在图 2-13 所示的吹纸实验中，往间隔一定距离的两张纸中间吹气，两张纸会紧贴在一起，这是因为吹气使两张纸中间的气流速度加快，压力（静压）减小，而在纸的另外两侧，空气相对静止，压力保持不变，这样就产生由两侧指向中间的压力，从而使两张纸紧贴在一起。伯努利定理还可以用来解释机翼升力的产生原理，第 3 章将详细介绍这方面的具体内容。

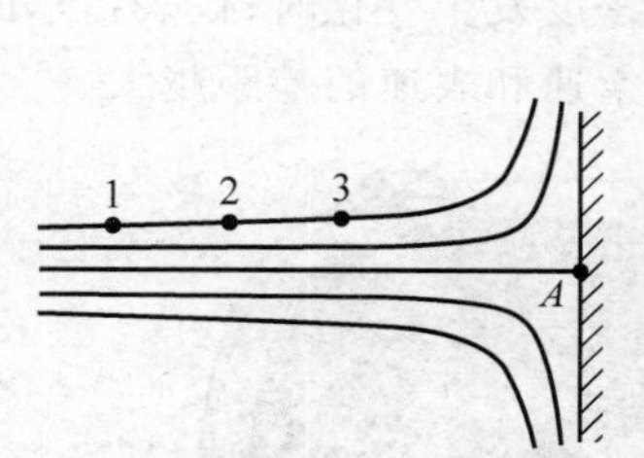

图 2-12　伯努利定理在流动中的体现

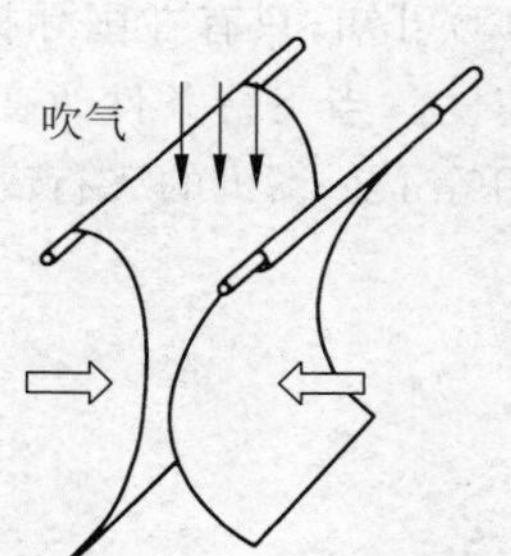

图 2-13　吹纸实验

4. 伯努利方程的应用

空速表是测量和显示航空器相对周围未扰动空气的速度的仪表。它的测量原理就是基于伯努利定理。图 2-14 是空速管（又称为皮托管）示意图。空速管的头部有一小孔 A 正对主来流，将来流速度记为 v_∞，压力记为 p_∞，由于气流在此处完全滞止，速度为零，根据伯努利定理，此处静压等于总压，所以孔 A 称为总压孔。在空速管的侧壁上距端头有一定距离的地方开另一个测压孔 B，此孔开口方向垂直于主流速度，故此处没有气流流入，所测到的是气流的静压，孔 B 就称为静压孔。将总压孔和静压孔分别与压力传感器相接，便可测出总压 p_0 和静压 p 的差值，从而计算出动压。根据伯努利方程（2-14）可知，动压 $\frac{1}{2}\rho v^2=p_0-p$。

用导管将总压孔与空速表膜盒的内腔连接，静压孔与膜盒的外部相接，如图 2-15 所示，空速表膜盒在总压与静压之差（即动压）的作用下膨胀，并相应地带动指针转动。为了得到动压表达式 $\frac{1}{2}\rho v^2$ 中的速度值，还需知道当前空气的密度 ρ 的大小。而 ρ 随着高度的变化而变化，且不容易即时测量。因此，飞机上空速表的刻度是按照国际标准大气条件下的标准

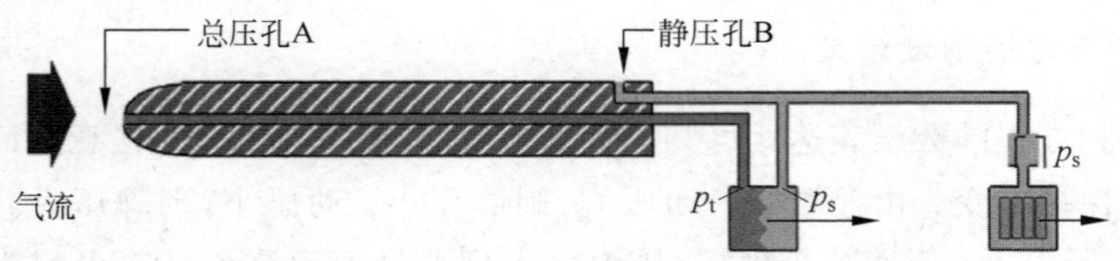

图 2-14　空速管的测速原理

海平面的密度值 ρ_0 制定的，即空速表实际上对应的是动压 $\frac{1}{2}\rho_0 v_{\mathrm{IAS}}^2$，空速表根据动压大小指示的速度称为表速，记为 v_{IAS}。实际飞行中，飞机相对于空气的真实运动速度称为真空速 v_{TAS}。如果飞机的飞行高度为 H，该高度上的空气密度为 ρ_H，则该高度上的实际动压应为 $\frac{1}{2}\rho_H v_{\mathrm{TAS}}^2$。由于 $\frac{1}{2}\rho_0 v_{\mathrm{IAS}}^2 = \frac{1}{2}\rho_H v_{\mathrm{TAS}}^2$，可以得出真空速和表速的关系：

$$v_{\mathrm{TAS}} = \sqrt{\frac{\rho_0}{\rho_H}}\, v_{\mathrm{IAS}} \tag{2-43}$$

根据式(2-43)可知，只有在国际标准大气海平面高度上飞行时，表速的大小才能反映飞机的真实飞行速度。当飞行条件改变时，尤其是密度发生变化时，仪表指示的速度与飞机的真实速度就不相等了。飞机的飞行高度越高，真空速和表速的差距越大。

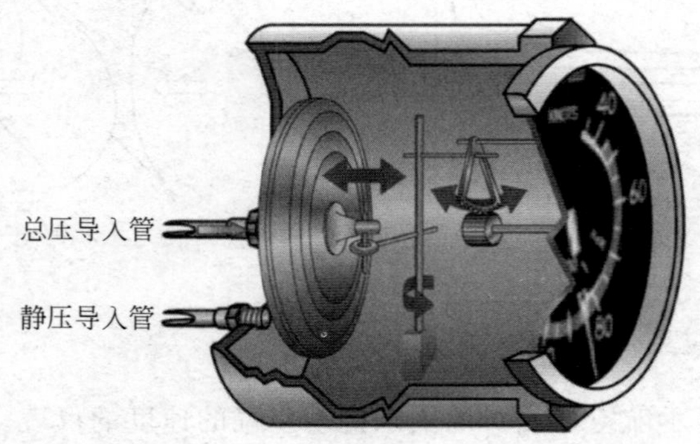

图 2-15　空速表内部结构示意图

习题 2

1. 理解流线、流线谱、流管的概念，说明其含义。
2. 简述空速管的测速原理。
3. 用连续性方程解释“穿堂风”现象。

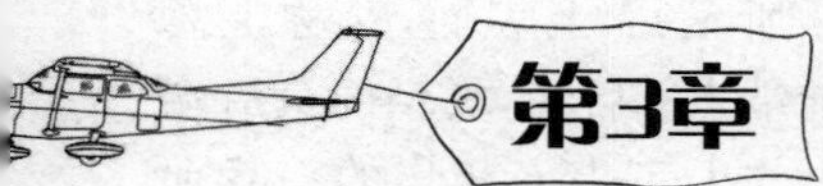

第3章 低速空气动力学

航空器在大气中飞行时，将受到升力、阻力等的作用，空气动力的大小与机翼的形状有很大的关系。通过第 2 章的学习，我们已经有了空气动力学和运动学基础，本章将利用空气动力学原理来介绍升力和阻力的形成原因及影响因素。首先介绍描述机翼形状的相关概念。

3.1 机翼形状

3.1.1 机翼的剖面形状

机翼的剖面简称翼型。翼型研究是空气动力学研究的一个重要部分。对翼型的研究最早可追溯到 19 世纪后期，那时的人们已经知道，带有一定安装角的平板能够产生升力。有人研究了鸟类的飞行之后提出，弯曲的更接近于鸟翼的形状能够产生更大的气动力。翼型发展到今天，已出现了很多不同系列，如美国的 NACA 系列、德国的 DVL 系列、英国的 RAF 系列等。图 3-1 所示是一些典型的翼型。

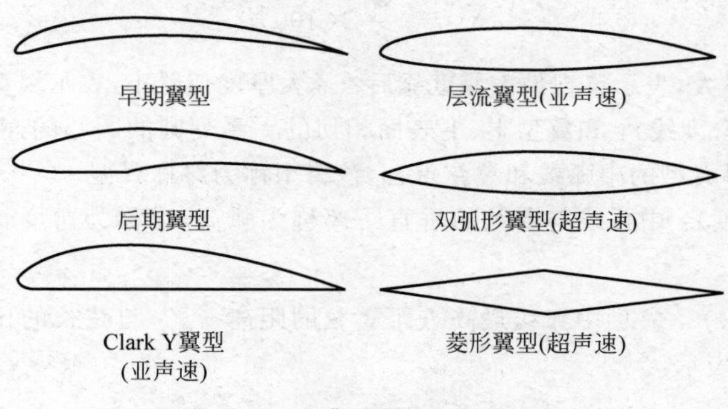

图 3-1 一些典型翼型的剖面形状

对于不同的飞行速度，机翼的翼型形状是不同的。例如，对于低亚声速飞机，为了提高升力系数，翼型形状为圆头、尖尾形；而对于高亚声速飞机，为了提高阻力发散马赫数，采用超临界翼型，其特点是前缘丰满、上翼面平坦、后缘向下凹；对于超声速飞机，为了减小激波阻力，采用尖头、尖尾形翼型，如菱形翼型、双弧形翼型等。

尽管不同翼型形状各异，但都包含以下相同部分（如图 3-2 所示）：上表面，又称上翼面、上缘曲线；下表面，又称下翼面、下缘曲线；前缘，翼型的最前端点；后缘，翼型的最后端点；翼弦，前缘与后缘的连线；中弧线，上下表面中点的连线，为与上下表面相切的一系列圆的圆心连线。如果中弧线为直线（与翼弦重合），则翼型对称。各种翼型的形状特点，可以通过一些数据进行描述，这些数据统称为翼型参数。下面介绍一些常用的翼型参数。

(1) 翼弦：翼型前缘到后缘的连线称为翼弦。翼弦的长度称为弦长(c)。

(2) 相对厚度($\bar{C}$)：翼型最大厚度与弦长的比值，又称为厚弦比。最大厚度指翼型上下表面间的最大距离，用符号 C_{max} 表示。相对厚度用百分数表示：

$$\bar{C}=\frac{C_{max}}{c}\times 100\% \tag{3-1}$$

相对厚度表示翼型的厚薄程度，现代飞机的相对厚度一般为 4%～16%。相对厚度大，表示翼型厚；相对厚度小，表示翼型薄。为了改善机翼的气动特性，机翼不同剖面的相对厚度可以不一样，一般从翼根到翼尖，相对厚度逐步减小。

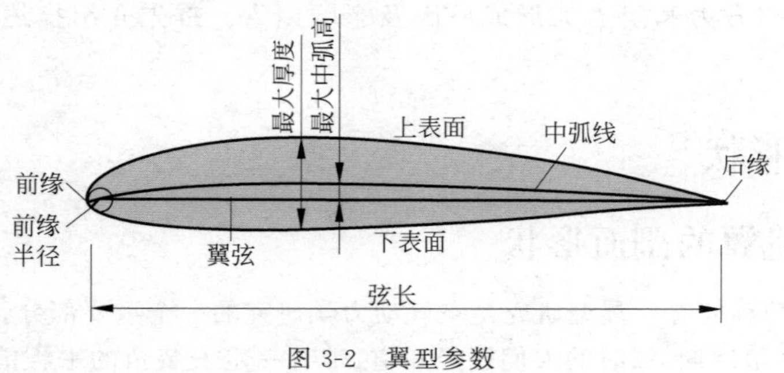

图 3-2 翼型参数

(3) 最大厚度位置 $\bar{X}_C$：翼型最大厚度到前缘的距离(X_C)与弦长的比值称为翼型的最大厚度位置，用百分数表示：

$$\bar{X}_C=\frac{X_C}{c}\times 100\% \tag{3-2}$$

最大厚度位置大，表示翼型最大厚度靠后；最大厚度位置小，表示翼型最大厚度靠前。

(4) 中弧线（弯度线）：和翼型上、下表面相切的一系列圆的圆心的连线称为中弧线，也称为弯度线。如果翼型的中弧线和翼弦重合，该翼型称为对称翼型。

(5) 弧高（弯度）：中弧线与翼弦的垂直距离称为弧高，也称为弯度。对称翼型的弧高为 0。

(6) 相对弯度 $\bar{f}$：翼型中弧线最高点距翼弦的距离 f_{max} 与弦长的比值称为翼型的相对弯度，用百分数表示：

$$\bar{f}=\frac{f_{max}}{c}\times 100\% \tag{3-3}$$

相对弯度的大小表示翼型上、下表面外凸程度的大小。如果上翼面外凸的程度大于下翼面的，则称该翼型是正弯度翼型。

(7) 前缘曲率半径(r_0)：翼型前缘内切圆的半径。前缘曲率半径大，表示翼型前缘圆钝；前缘曲率半径小，表示翼型前缘尖锐。

(8) 后缘角:在翼型的后缘处上、下表面的切线夹角。

3.1.2 机翼的平面形状

通过飞机的俯视图所看到的体现飞机特征的机翼形状称为机翼的平面形状。机翼的平面形状随飞机的飞行速度范围等参数变化而变化,各种机翼平面形状的设计都有其优点和缺点。机翼的平面形状也是决定飞机气动性能好坏的重要因素。

低速、高速飞机采用不同的平面形状,如图 3-3 所示。直机翼有着极好的低速特性,而且便于制造,广泛地应用于早期和现代的低速飞机中,如椭圆形机翼、梯形机翼和矩形机翼。后掠翼飞机和三角翼飞机具有很好的高速性能,这两种平面形状的机翼能够提高临界马赫数,推迟激波的产生,进而减小波阻,目前广泛应用于高亚声速飞机和超声速飞机中,但它们的低速性能没有其他平面形状的机翼好。

不同平面形状的机翼的升力、阻力有差异,这与机翼平面形状的参数有关。描述机翼平面形状的各种参数如图 3-4 所示。

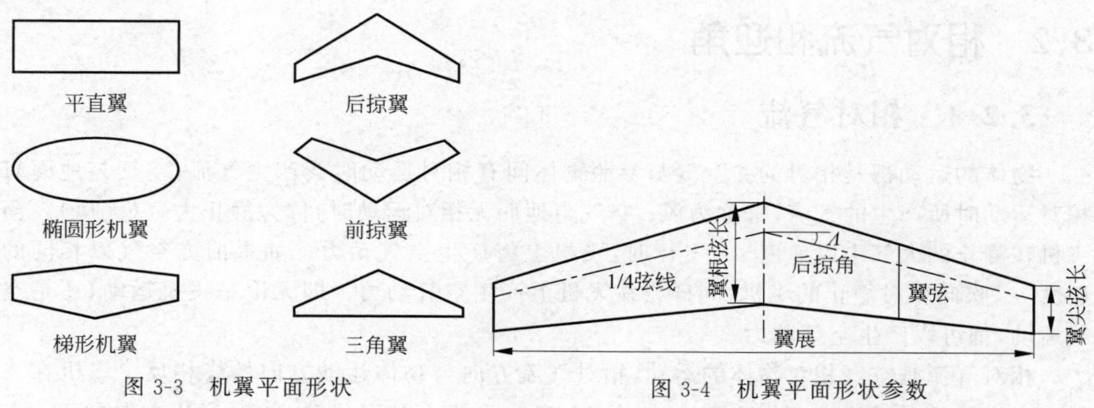

图 3-3 机翼平面形状

图 3-4 机翼平面形状参数

(1) 翼展(span):机翼翼尖之间的距离,用 b 表示。

(2) 展弦比(aspect ratio):机翼翼展与平均弦长的比值,用符号 AR 表示。它表示机翼平面形状长短和宽窄的程度。低速飞机通常采用大展弦比机翼,如滑翔机;高速飞机可以采用小展弦比机翼,如超声速飞机。现代飞机的展弦比为 2~10。如果已知机翼面积 S,则可用公式 $AR=b^2/S$ 来计算展弦比。

(3) 梢根比(taper ratio):机翼翼尖弦长 C_t 与机翼翼根弦长 C_r 的比值,用符号 λ 表示。梢根比表示机翼翼尖到翼根的收缩度。显然,矩形机翼的梢根比等于 1;梯形机翼的梢根比小于 1;三角形机翼的梢根比等于 0。现代飞机机翼的梢根比为 0~0.5。

(4) 后掠角(sweep angle):机翼 1/4 弦线与机身纵轴垂直线之间的夹角,用符号 Λ 表示。它表示机翼的平面形状向后倾斜的程度。也有用前缘后掠角表示机翼后掠角的,此时称为前缘后掠角。现代飞机机翼的后掠角,大到 60°左右。

表 3-1 给出了几个大型机的机翼参数。

(5) 上反角/下反角(dihedral/anhedral):机翼基准面和水平面的夹角。如果机翼基准面在水平面上方,对应的夹角称为上反角;如果机翼基准面在水平面下方,对应的夹角称为下反角。机翼的上反角/下反角在飞机的稳定性中发挥了重要作用。

表 3-1　典型民航客机的部分机翼参数

项　　目	机　　型			
	A320-200	B737-300	B757-200	B747-400
展弦比 AR	9.39	9.17	7.82	7.39
梢根比 λ	0.240	0.240	0.243	0.275
1/4 弦线后掠角 Λ	25°	25°	25°	37.5°

(6) 安装角(angle of incidence)：翼弦与机身纵轴的夹角称为机翼的安装角。同理，也存在平尾安装角的概念。

(7) 机翼的几何扭转：机翼翼根处的安装角与翼尖处的安装角不相等，称为机翼的几何扭转。翼尖安装角小于翼根安装角，称为机翼的负扭转。现代大部分飞机的机翼均设计为负扭转，这是为了延缓翼尖先失速。例如，波音 B767 飞机的翼根剖面安装角为 4.25°，翼尖剖面的安装角为 1.3°。

3.2　相对气流和迎角

3.2.1　相对气流

物体的运动都是相对的。空气与参照物体间有相对运动时会产生气流，空气与地面有相对运动时所产生的气流，常称为风；空气与地面无相对运动时，称为静止大气(无风)。当飞机在静止的大气中以速度 v_∞ 飞行时，飞机上将产生空气动力。如果前方空气以相同的速度 v_∞ 吹向相对静止的飞机，同样将在飞机上产生空气动力。即无论是飞机运动，还是空气运动，都可以产生空气动力。

相对气流是空气相对物体的运动，相对气流方向与物体运动方向始终相反。飞机在飞行中产生的相对气流方向与飞行速度方向相反：飞机上升飞行时，相对气流方向向下；飞机下降飞行时，相对气流方向向上。

空气、物体(飞机)还存在两者都在运动而产生相对气流的情况，即空气相对地面运动(有风)，物体也相对地面运动，空气与物体间也存在相对运动，可分为以下两种形式：

(1) 顺风：指物体运动方向与风向一致，顺风使得相对气流速度减小。

(2) 逆风：指物体运动方向与风向相反，逆风使得相对气流速度增大。

只要相对气流速度相同，在物体上产生的空气动力就相同。根据相对气流的原理，在研究飞机空气动力的产生和变化情况时，可以把飞机看作不动，让空气以与飞行速度相同的速度流过飞机，将飞机运动问题转化为空气流动问题，从而使飞机空气动力问题的研究得以简化。这便是在飞机研制过程中非常重要的“风洞实验”的原理，其本质是运动的相对性原理。在风洞实验中，再根据相似性原理，可以将飞机按比例做成几何形状相似的小尺寸模型，气流速度在一定范围内也可以低于飞行速度，然后进行针对飞机(机翼)外形的吹风实验，根据实验结果可以推算出飞行时作用于飞机上的空气动力，如图 3-5、图 3-6 所示。

尽管风洞实验有局限性，但有以下几个方面的优点：①能比较准确地控制风洞实验的实验条件，如气流的速度、压力、温度等；②实验在室内进行，受气候条件和时间的影响小，模型和测试仪器的安装、操作、使用比较方便；③实验项目和内容多种多样，实验结果的精

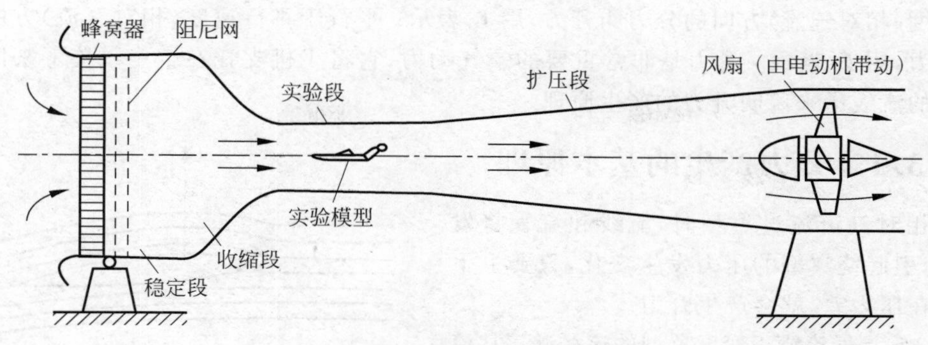

图 3-5　低速风洞示意图

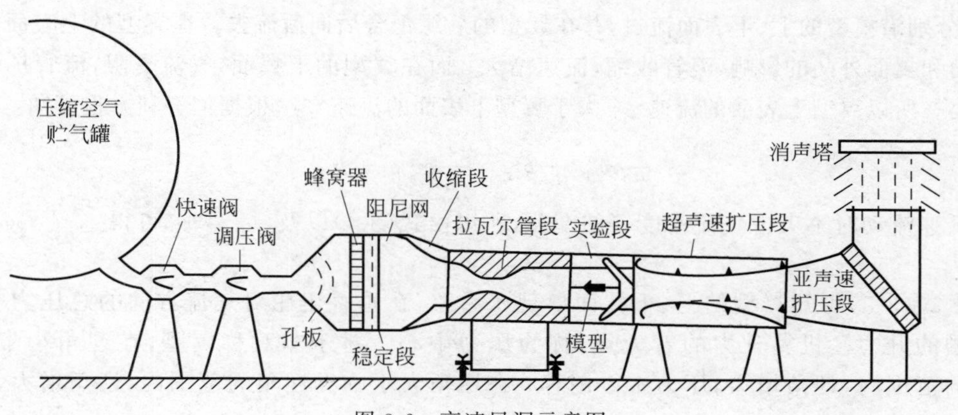

图 3-6　高速风洞示意图

确度较高；④实验比较安全，而且效率高、成本低。因此，风洞实验在空气动力学的研究、各种飞行器的研制方面，以及在工业空气动力学、建筑空气动力学的领域中都有广泛应用。

3.2.2　迎角

机翼上产生的空气动力大小不仅取决于机翼的形状，还和机翼与气流的相对位置有关。在空气动力学中，常用迎角的概念来表示机翼与气流的相对位置关系。迎角是相对气流方向与翼弦之间的夹角，用 α 表示，如图 3-7 所示。相对气流方向指向翼弦下方为正迎角；相对气流方向指向翼弦上方为负迎角；相对气流方向与翼弦平行为零迎角。飞行中经常使用的是正迎角。

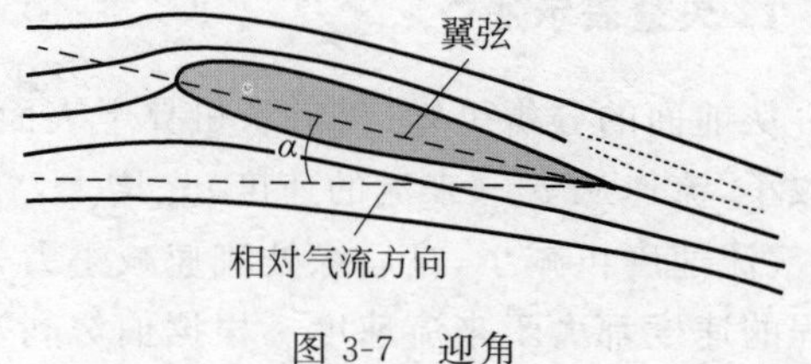

图 3-7　迎角

3.3　升力

飞机在空中飞行时，相对气流流过飞机，并产生作用于飞机的空气动力。一般情况下，飞机的总空气动力是向上并向后倾斜的，根据它所起的作用，将飞机的总空气动力(R)分解为垂直于飞行速度(相对气流)方向和平行于飞行速度(相对气流)方向的两个分力。垂直于

飞行速度(相对气流)方向的分力叫升力,用 L 表示;平行于飞行速度(相对气流)方向的分力叫阻力,用 D 表示。升力是非常重要的空气动力,它将飞机支托在空中。接下来以气流绕翼型的流线谱来说明升力的产生原理。

3.3.1 升力产生的基本原理

当相对气流流过翼型时,流线和流管将发生变化,引起绕翼型的压力发生变化,只要上下翼面存在压力差,就会产生升力。

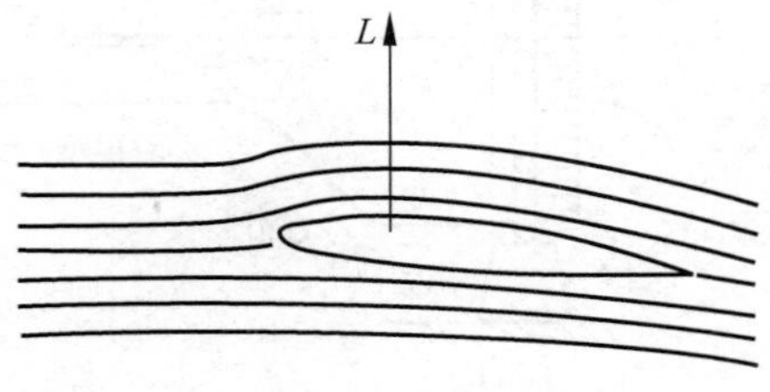

图 3-8 相对气流绕流翼型

图 3-8 是气流绕正弯度翼型的流线谱。从流线谱可以看出,空气流到翼型的前缘,分成上、下两股,分别沿翼型的上、下表面流过,并在翼型的后缘汇合后向后流去。在翼型的上表面,由于正迎角和翼面外凸的影响,流管收缩,流速增大;而在翼型的下翼面,气流受阻,流管扩张,流速减小。所以翼型上表面的流速 $v_{上}$ 大于翼型下表面的流速 $v_{下}$,根据伯努利方程可知:

$$\frac{1}{2}\rho v_{上}^{2}+p_{上}=\frac{1}{2}\rho v_{下}^{2}+p_{下} \tag{3-4}$$

低速流动时不考虑气流密度 ρ 的变化,所以由式(3-4)以及 $v_{上}>v_{下}$ 可得

$$p_{下}>p_{上} \tag{3-5}$$

由式(3-5)可知翼型的上、下翼面出现压力差,在垂直于相对气流方向的总压力差,就是翼型的升力。机翼升力的着力点,称为压力中心。对于非对称翼型,在迎角小于临界迎角的范围内,迎角增大,压力中心前移;在迎角大于临界迎角的范围内,迎角增大,则压力中心后移。

3.3.2 压力分布的表示方法

机翼的升力是由上、下翼面的压力差产生的,分布作用于整个翼面上。翼面上所产生的压力差并不是均等的,不同部位的压力差对机翼升力的贡献不同。为了更深入地了解机翼升力产生的机理,需要研究翼型不同位置的压力差对升力的贡献情况,即翼型的压力分布。描述翼型压力分布情况常用矢量表示法和坐标表示法。

1. 矢量表示法

从前面的分析可知,气流从机翼上表面流过时,受翼型外凸的上表面影响,流管截面面积减小,流速从 v_{∞}(来流的速度)先增大,在最外凸处达最大值,然后随着流管截面面积增大,气流速度再减小,在后缘处流速减小为 v_{∞},气流经历一个"先加速后减速"的过程,整个过程的速度都大于来流速度。根据伯努利定理,机翼上表面的压力会随流速发生变化,其规律为先减小后增大,但都小于来流的静压力 p_{∞}。气流从机翼下表面流过时,流速从 v_{∞} 先减小,然后再增大,在后缘处流速增大为来流速度 v_{∞},气流经历一个"先减速后加速"的过程。机翼下表面的压力会随流速发生变化,其规律为先增大后减小,但都大于来流的静压力 p_{∞}。在描述机翼压力分布时,通常将机翼上各处的静压 p 与来流的静压 p_{∞} 做比较,两者的差值 Δp ($\Delta p=p-p_{\infty}$) 称为压力差。压力差为正值,称为压力(正压力);压力差为负值,称为吸力(负压力)。

矢量表示法是指用矢量来表示翼型表面的吸力和压力。矢量的长度表示吸力或压力的大小。矢量方向与翼面垂直,箭头由翼面指向外,表示负压(吸力);箭头指向翼面,表示正压。将各点矢量的外端用光滑的曲线连接起来,就得到了矢量表示的机翼压力分布图,如图 3-9 所示。

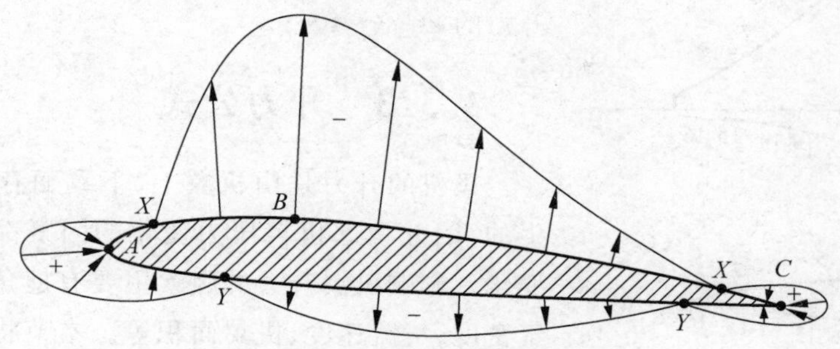

图 3-9 翼型压力分布的矢量表示

在翼型压力矢量分布图中,存在正压力最大点和吸力最大点,分别称为驻点和最低压力点。驻点处气流受阻最严重,流速最小(等于 0),静压力最大,一般位于机翼前缘附近,如图 3-9 中的 A 点;最低压力点处气流速度最大,静压力最小,一般位于机翼最大厚度附近,如图 3-9 中的 B 点。需要说明的是,机翼的压力分布并不是一成不变的。翼型不同或迎角改变,流线谱会不同,压力分布情况、驻点和最低压力点的位置都会发生变化。

2. 坐标表示法

在用坐标表示机翼压力分布时,一般采用压力系数 C_p,其定义为

$$C_p = \frac{\Delta p}{\frac{1}{2}\rho v_\infty^2} = \frac{p - p_\infty}{\frac{1}{2}\rho v_\infty^2} \tag{3-6}$$

其中,p_∞ 表示来流的压强,v_∞ 表示来流的速度。根据伯努利方程有

$$\frac{1}{2}\rho v^2 + p = \frac{1}{2}\rho v_\infty^2 + p_\infty \tag{3-7}$$

所以翼面上各点的静压为

$$p = \frac{1}{2}\rho v_\infty^2 + p_\infty - \frac{1}{2}\rho v^2 \tag{3-8}$$

将式(3-8)代入压力系数的定义式(3-6),可得

$$C_p = \frac{\frac{1}{2}\rho v_\infty^2 + p_\infty - \frac{1}{2}\rho v^2 - p_\infty}{\frac{1}{2}\rho v_\infty^2} = 1 - \left(\frac{v}{v_\infty}\right)^2 \tag{3-9}$$

C_p 是无量纲参数。在气流低速流动时,当翼型的形状一定(翼型参数不变)、迎角不变时,翼型的流线谱不变,翼面某处的流速与来流速度的比值 v/v_∞ 为一确定值,将其代入式(3-9)可计算出翼面上该处的压力系数也是一确定值。这表明,翼面上各处的压力系数主要取决于翼型参数和迎角,而与流速无关。图 3-10 所示是某翼型在某迎角下压力分布的坐标表示,图中的 $C_p=1$ 的点(点 9 处)是驻点,值最小的点(点 1 处)是最低压力点。

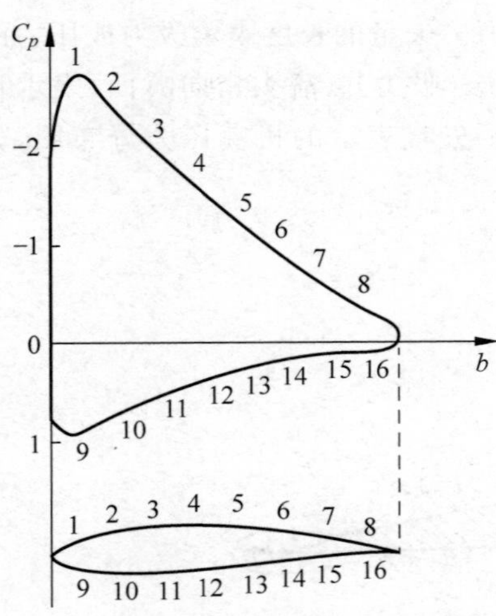

图 3-10　机翼压力分布的坐标表示

从图 3-10 可以看出，机翼升力的产生主要靠机翼上翼面吸力的作用，尤其是上翼面的前段。据统计分析可知：由上翼面吸力作用产生的升力，一般占总升力的 60%～80%；而下翼面正压力所产生的升力只占总升力的 20%～40%。

3.3.3　升力公式

飞机的升力是由机翼上、下翼面存在压力差而产生的，因此引起机翼压力变化的因素都会引起升力的变化。影响机翼升力的因素主要有迎角、机翼形状、空气密度、气流速度、机翼面积等。本节将通过升力公式来具体探讨这些因素对机翼升力的影响。

1. 升力公式的推导

飞机的升力是由机翼上、下翼面存在压力差而产生的。上、下翼面所产生压力差的大小，根据伯努利方程进行计算：

$$\frac{1}{2}\rho v_{上}^2 + p_{上} = \frac{1}{2}\rho v_{\infty}^2 + p_{\infty} \tag{3-10}$$

$$\frac{1}{2}\rho v_{下}^2 + p_{下} = \frac{1}{2}\rho v_{\infty}^2 + p_{\infty} \tag{3-11}$$

整理后可得

$$\Delta p_{上} = p_{上} - p_{\infty} = \frac{1}{2}\rho v_{\infty}^2\left(1 - \frac{v_{上}^2}{v_{\infty}^2}\right) = \frac{1}{2}\rho v_{\infty}^2 \cdot C_{p上} \tag{3-12}$$

$$\Delta p_{下} = p_{下} - p_{\infty} = \frac{1}{2}\rho v_{\infty}^2\left(1 - \frac{v_{下}^2}{v_{\infty}^2}\right) = \frac{1}{2}\rho v_{\infty}^2 \cdot C_{p下} \tag{3-13}$$

根据机翼的压力分布可知，$\Delta p_{上}$ 和 $\Delta p_{下}$ 沿翼弦方向是变化的，求翼面上升力的大小需要沿翼弦方向进行积分。如图 3-11 所示，在单位翼展上，沿翼弦方向（x 轴）取积分微元 $\mathrm{d}x$，设其对应上表面的弧长为 $\mathrm{d}s_{上}$，下表面弧长为 $\mathrm{d}s_{下}$，它们的切线与 x 轴的夹角分别为 $\delta_{上}$ 和 $\delta_{下}$，则上、下翼面在该微元上所产生的升力分别为

$$\mathrm{d}L_{上} = \Delta p_{上} \cdot \mathrm{d}s_{上} \cdot \cos\delta_{上} \cdot \cos\alpha \tag{3-14}$$

$$\mathrm{d}L_{下} = \Delta p_{下} \cdot \mathrm{d}s_{下} \cdot \cos\delta_{下} \cdot \cos\alpha \tag{3-15}$$

式中，要求升力方向与相对气流垂直，则在该微元上的升力微元为

$$\mathrm{d}L = \mathrm{d}L_{下} - \mathrm{d}L_{上} = (\Delta p_{下} \cdot \mathrm{d}s_{下} \cdot \cos\delta_{下} - \Delta p_{上} \cdot \mathrm{d}s_{上} \cdot \cos\delta_{上}) \cdot \cos\alpha \tag{3-16}$$

取 $\mathrm{d}s_{上} = \mathrm{d}s_{下}$，则作用在单位翼展上的升力为

$$L_{型} = \int_0^b (\Delta p_{下} \cdot \cos\delta_{下} - \Delta p_{上} \cdot \cos\delta_{上}) \cdot \cos\alpha \cdot 1 \cdot \mathrm{d}x \tag{3-17}$$

将式(3-12)和式(3-13)代入式(3-17)可得

$$L_{型} = \frac{1}{2}\rho v_{\infty}^2 \int_0^b (C_{p下}\cos\delta_{下} - C_{p上}\cos\delta_{上}) \cdot \cos\alpha \cdot 1 \cdot \mathrm{d}x \tag{3-18}$$

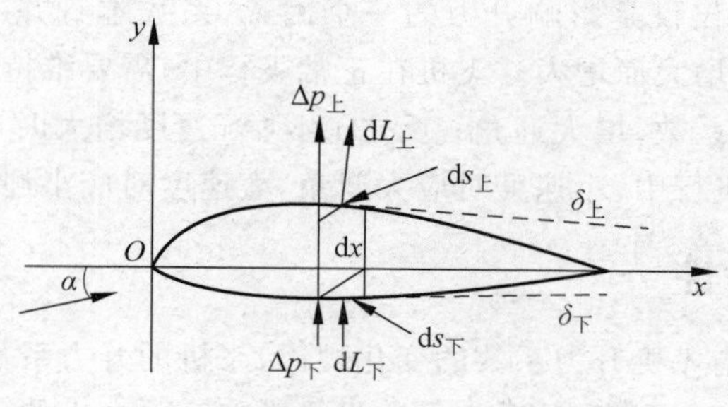

图 3-11　升力微元

令 $\bar{x}=\dfrac{x}{b}$，则式(3-18)可表示为

$$L_{型}=\frac{1}{2}\rho v_{\infty}^{2}\cdot b\cdot 1\int_{0}^{1}(C_{p下}\cos\delta_{下}-C_{p上}\cos\delta_{上})\cdot\cos\alpha\cdot d\bar{x} \tag{3-19}$$

令

$$C_{L型}=\int_{0}^{1}(C_{p下}\cos\delta_{下}-C_{p上}\cos\delta_{上})\cdot\cos\alpha\cdot d\bar{x} \tag{3-20}$$

则式(3-19)可以表示为

$$L_{型}=C_{L型}\cdot\frac{1}{2}\rho v_{\infty}^{2}\cdot b\cdot 1 \tag{3-21}$$

式(3-21)即翼型的升力公式，$C_{L型}$ 称为翼型的升力系数，$b\cdot 1$ 为沿翼展上的单位面积 $\bar{S}$。

基于相同的方法，可以求解沿翼展方向的升力公式，其求解过程与机翼平面形状有很大关系，这里不再详述其推导过程。最终可以将飞机(机翼)的升力公式表示为

$$L=C_{L}\cdot\frac{1}{2}\rho v^{2}\cdot S \tag{3-22}$$

式中，C_L 为飞机(机翼)的升力系数；$\dfrac{1}{2}\rho v^{2}$ 为来流动压；S 为机翼面积。

2. 升力公式的物理意义

从式(3-22)可见，飞机的升力与升力系数、飞行动压和机翼面积成正比。升力的大小由升力系数 C_L、空气密度 ρ、相对气流速度 v 以及机翼面积 S 四个参量决定，这四个参量中，ρ 和 S 在飞机平飞时是相对不易变的参量。空气密度会随大气特性、高度发生变化，但飞机在水平飞行时，高度不变，可以认为空气密度基本不变。除非使用某些增升装置，否则机翼面积在正常飞行过程中也基本保持不变。而升力系数和气流速度是相对易变的参量，它们会随飞行条件随时发生变化，为了维持正常飞行，它们的变化是相互关联的。

由式(3-20)可以看出，升力系数与机翼形状以及机翼的压力分布有关，一般可认为 $\cos\delta_上$ 和 $\cos\delta_下$ 近似等于 1，于是式(3-20)可以简化为

$$C_{L型}=\cos\alpha\int_{0}^{1}(C_{p下}-C_{p上})\,d\bar{x} \tag{3-23}$$

式(3-23)中的 $C_{L型}$ 等于用坐标法表示的机翼上、下翼面压力系数曲线所围成的面积在垂直于相对气流方向上的分量。低速飞行时，机翼的压力分布主要随机翼形状和迎角变化。因此，升力系数综合表达了机翼形状、迎角等对飞机升力的影响。升力系数是无量纲参数。

应该注意的是，升力系数仅仅是影响升力的一个因素，系数本身并不是升力。在一定范围内，飞机升力系数随迎角增大而增大。飞机在正常飞行中，需要维持升力的稳定：当飞行速度变小时，需要增大升力系数，增大迎角；反之，当飞行速度增大时，需要减小升力系数，减小迎角。即飞机在正常飞行中，小速度对应大迎角，大速度对应小迎角。

3.3.4 升力特性

飞机的升力特性是指飞机升力系数的变化规律，飞机的升力系数反映飞机的迎角、机翼形状对飞机升力的影响。需要指出，升力系数只是影响升力大小的一个因素，它本身并不是升力，而是一个无量纲参数。

1. 升力系数随迎角的变化规律

升力系数随迎角的变化规律，称为升力系数曲线。图 3-12 所示为某型飞机的升力系数曲线。

从升力系数曲线可以看出，升力系数 C_L 随迎角 α 的变化规律可分为三段：①在中小迎角范围内，升力系数随迎角呈线性变化，即升力系数随迎角的增大线性增大；②当迎角较大时，升力系数随迎角增大还在增大，但增长势头渐渐减缓，升力系数随迎角已呈非线性变化；③当迎角达到某个角度时，升力系数达最大值，超过这个角度后，升力系数随迎角增大而减小。

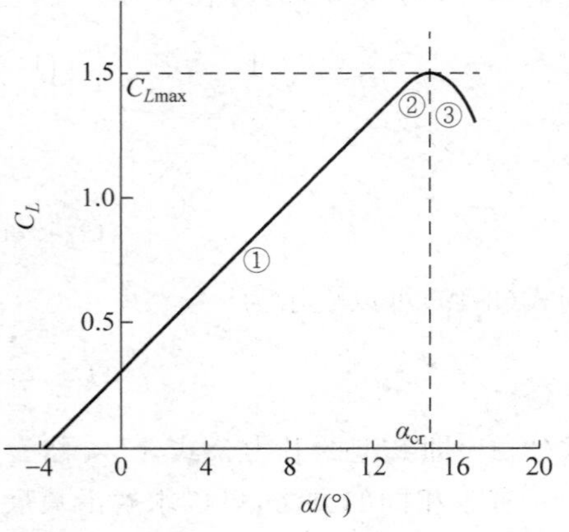

图 3-12　升力系数曲线

造成升力系数曲线这种变化的原因如下：①在中小迎角范围内，随迎角增大，上翼面更加弯曲，流速更快，压强更低，吸力更大，与此同时，下翼面的气流受阻作用更强，流速更慢，压强更高，压力更大，从而使升力系数呈线性增大；②当迎角继续增至较大时，上翼面的后部出现气流分离，使涡流区扩大，它对整个翼型的压力分布都有影响，除前缘附近很小一段上翼面的吸力仍增长较快外，上翼面大部分区域的吸力和下翼面的压力的增长都很缓慢，从而使得升力系数增长缓慢；③ 当迎角达到某个角度时，机翼上出现了严重的气流分离，涡流区迅速扩大，影响整个流场，此时，上翼面前段流线变稀，流速减慢，吸力陡降，涡流区所在一段翼面，吸力虽稍有增加，但不足以补偿前段吸力的丧失，因而升力系数减小，如图 3-13 所示。

2. 升力特性参数

升力系数曲线中以下几个参数是比较特殊的，它们对升力性能有重要的影响，是升力系数曲线中的关键点。

1）临界迎角(critical angle of attack)

临界迎角是指升力系数曲线最高点所对应的迎角，用 α_{cr} 来表示。临界迎角是一个非常重要的空气动力性能参数，它决定飞机的失速特性。当迎角达到临界迎角时，升力系数达最大值；当迎角超过临界迎角，升力系数会突然下降，飞机将会进入失速状态而不能保持正常的飞行状态。因此，临界迎角又称为失速迎角。飞机正常飞行时，要求迎角要小于临界

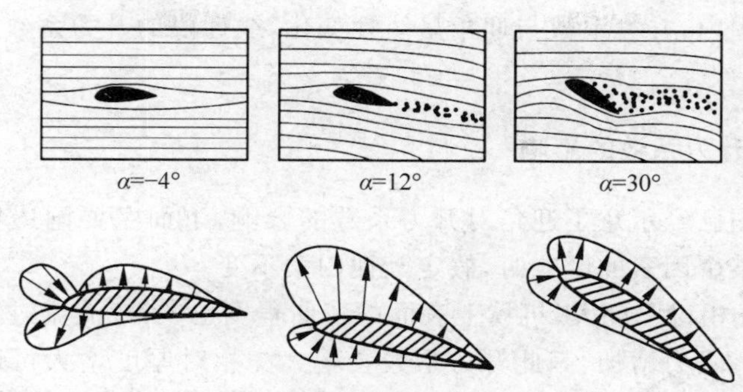

图 3-13　不同迎角下翼型压力分布的变化

迎角。

2）最大升力系数

最大升力系数是指升力系数曲线最高点对应的升力系数，用 $C_{L\max}$ 来表示。最大升力系数是决定飞机起飞和着陆性能的重要参数。根据升力公式可知，升力系数 C_L 越大，维持升力所需速度就越小。速度越小，所需的滑跑距离就越短，飞机起飞和着陆性能就越好。

3）零升迎角

零升迎角是指飞机升力系数等于零时的迎角，用 α_0 表示。当飞机处于零升迎角时，上、下翼面产生的升力大小相等，方向相反，整个机翼的升力为零，如图 3-14 所示。对于非对称机翼，如果相对弯度大于零，零升迎角为负值。这是因为：当 $\alpha=0°$时，上、下翼面的流线不对称，有一定的上、下压力差，升力系数大于零；当升力系数等于零时，迎角必然小于零。对于对称机翼，零升迎角等于零。这是因为：当 $\alpha=0°$时，对称翼型上、下翼面的流线对称，没有压力差，升力系数等于零。

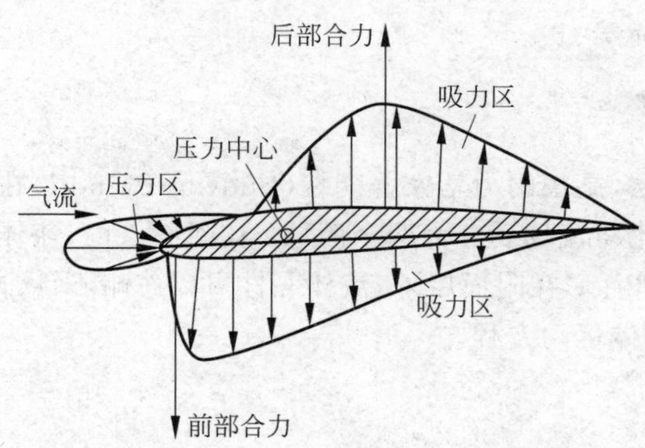

图 3-14　翼型零升迎角时的压力分布

4）升力系数曲线的斜率

升力系数曲线斜率 C_L^α 是指升力系数变化量与迎角变化量之比的极限值，即

$$C_L^\alpha=\frac{\partial C_L}{\partial \alpha} \tag{3-24}$$

升力系数曲线的斜率反映迎角改变时升力系数变化的程度，是影响飞机稳定性和操纵性的重要参数。

在中小迎角范围内，升力系数与迎角呈线性变化，线性段的升力系数可由下式估算：

$$C_L = C_L^{\alpha} \cdot (\alpha - \alpha_0) \tag{3-25}$$

3. 机翼参数对升力系数的影响

升力系数曲线图已经示意了迎角对升力系数的影响，下面主要阐述机翼参数对升力系数的影响。在阐述某个因素的影响时，假定其他因素不变。

(1) 相对厚度。相对厚度大，机翼上表面的弯曲程度也大，气流流过上翼面流速加速更厉害，压力降低更多，吸力增加，因此升力系数会增大。相对厚度增大可以使得在大迎角时气流分离更严重，从而使得临界迎角减小。相对弯度对升力系数也有基本相似的影响。

(2) 最大厚度位置。最大厚度位置靠前，机翼前缘部分弯曲程度增大，气流加速快，吸力增加，升力系数有所增大。但这会使气流的分离点靠前，涡流区域增大。

(3) 前缘半径。前缘半径越小，在大迎角时，上翼面与气流的相对角度大，使得气流容易发生分离；前缘半径越大，在大迎角时，能使气流较平顺流过上翼面，可以延缓气流分离，使临界迎角增大。一般认为，前缘半径较大的翼型，其低速特性较好，但高速特性变差。

(4) 展弦比。展弦比越高，升力系数越大，但临界迎角会减小。

(5) 后掠角。后掠角越大，升力系数越小，但临界迎角会增大。平直机翼的低速空气动力性能比后掠翼要好；大后掠角的飞机，低速空气动力性能相对会比较差，但高速特性好。

3.4 阻力

当飞机在空中飞行时，阻力阻碍飞机的飞行，但没有阻力飞机又无法稳定飞行。飞机以任何速度飞行时都存在阻力，在讨论飞机阻力前，首先需要了解与阻力的形成原因联系非常紧密的一个概念——附面层。

3.4.1 附面层

附面层又称为边界层，是德国力学家普朗特(Ludwig Prandtl)在 1904 年提出的流体力学重要理论。附面层理论将流场划分为两个区域：在附面层内，流体运动受黏性影响，物体所受的大部分阻力由此产生；在附面层外，流体黏性可以忽略不计，即可以把流体看成理想流体，因此极大地简化流体运动方程。

1. 附面层的形成

流体沿物体表面流动或物体在流体中运动时，附于物体表面附近受黏性影响显著的薄流层称为附面层，又称边界层(boundary layer)。空气流过物体时，由于物体表面不是绝对光滑的，加之空气具有黏性，所以，紧贴物体表面的一层空气会受到阻滞和吸附作用，流速减小为零。这层流速为零的空气又通过黏性作用影响上一层空气的流动，使上层空气流速减小。如此一层影响一层，在紧贴物体表面的地方，就出现了流速沿物面的法线方向逐渐增大的薄层空气。从物体表面向外，流速由零逐渐增大，距物体表面一定距离后，流速才与主来流的气流速度一样。物体表面这一层气流流速从零逐渐增加到 99%主流速度、很薄的流动空气层称为附面层，如图 3-15 所示。

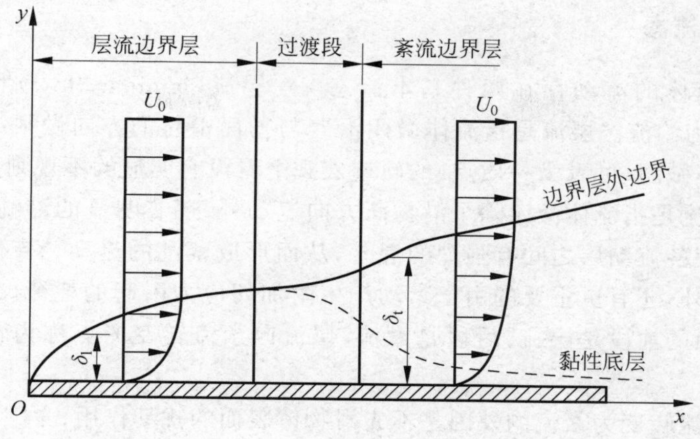

图 3-15　平板表面附面层

2．附面层的特点

(1) 附面层内沿物面法线方向压强不变且等于法线主流压强。

在附面层内有一极其重要的特点：如果沿物面法线方向(以 y 表示)测量附面层沿着 y 方向的静压强 p 的变化，其结果是压强 p 在附面层内沿 y 方向几乎不变，即

$$\frac{\partial p}{\partial y}=0 \tag{3-26}$$

因为附面层内沿物面法线方向的压强不变且等于法线主流压强，因此，只要测出了附面层边界主流的静压强，便可得到物面上各相应点的静压强，它使理想流体的结论有了实际意义。

(2) 附面层的厚度随气流流经物面距离的增加而增加。

由物面沿法向到附面层边界(速度为主流速度的 99%处)的距离称为附面层的厚度，用 δ 表示，见图 3-16。附面层的厚度随空气流经物面距离的增加而增加，这是因为空气沿物面流动时，紧贴附面层的一层空气要不断受到附面层内空气黏性的影响，逐渐减速变为附面层内的气流，因而空气沿物面流过的距离越长，附面层的厚度也就越厚。对飞机而言，从机翼前缘开始，翼面附面层厚度逐渐增加，距机翼前缘 1～2 m 处的附面层的厚度从数毫米增加到数十毫米。

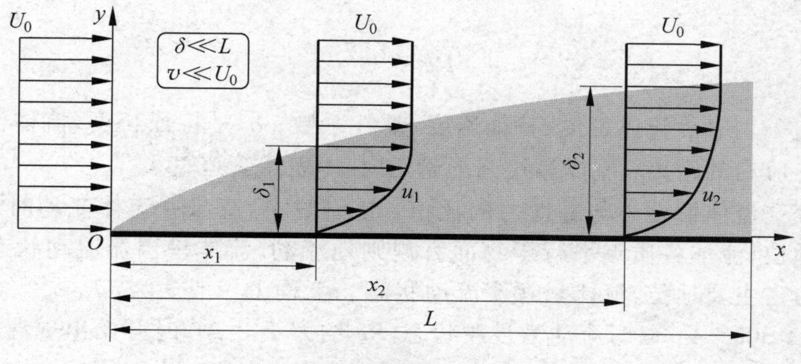

图 3-16　附面层厚度沿流动方向增加

3. 附面层的流态

实验发现，流体的流动存在两种基本流态——层流（laminar flow）和紊流（turbulent flow），紊流也称为湍流。层流是指流体微团沿着与物面平行的方向做平滑的分层流动，在这种流态中，流体微团（可看为一质点）的轨迹宏观上看没有明显的不规则脉动，各流动层之间互不掺混。紊流是指流体微团除了沿物面方向流动外，还有明显的沿物面法线方向上下运动的现象，这使各流动层之间有强烈的混合，从而形成紊乱的流动。流体在这种流态中，除了黏性力耗能外，还有更主要的由于紊动产生附加切应力引起的耗能。流体沿物体表面流动时，一般物面的前段是层流，后段是紊流，层流向紊流转变的点称为转捩点，如图 3-15 所示。

附面层由层流转变为紊流的外因是不光滑物体表面的扰动作用；内因是层流本身不稳定，缺少一种自动恢复平衡的能力。如图 3-17 所示，取相邻的三条流线，分别记为流线 a、流线 b 和流线 c，如果流线 b 受到扰动而变形，则截面 1 和截面 2 之间，ab 间的流线间距变小，根据伯努利定理可知，ab 间的流体流速将增大，压强降低；而 bc 间的流线间距变大，流速减小，压强升高。流线 b 在上下两侧压力差的作用下，不但不能自动恢复到原来位置，而且还要继续增大变形，直至流动层被破坏，和相邻的流线 a、c 发生掺混。同理，流线 a、c 在两侧压力差作用下也要发生变形，可见层流本身是不稳定的。

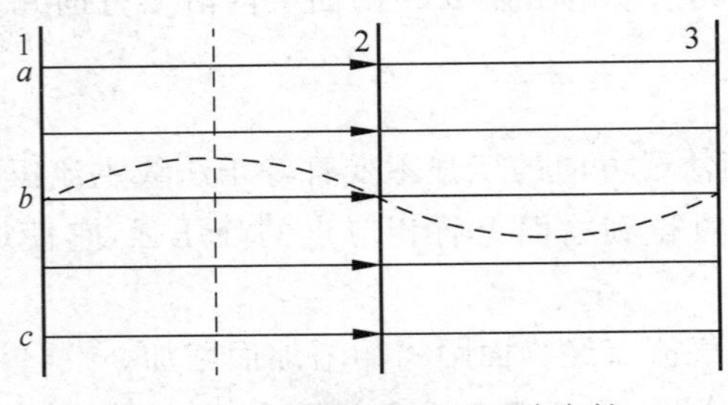

图 3-17　层流附面层的不稳定性

另外，层流向紊流转变受物体表面光滑度的影响，凹凸不平的物体表面使靠近物面的流动层出现上下脉动，随着流体流过物体表面距离的增加，紧靠物面的流动层上的流体不断受到扰动，且越来越剧烈，当脉动增大到一定程度时，层流附面层就转变为紊流附面层。

流体的流态可以用雷诺数来表征。雷诺数是判定黏性流体流动情况的一个无量纲数，用 Re 表示。Re 定义为

$$Re=\frac{\rho v d}{\mu_{黏}} \tag{3-27}$$

式中，ρ、v、$\mu_{黏}$ 分别表示流体密度、特征速度、黏性系数；d 是特征长度，流体流过平板时，d 表示在平板上流动的距离；流体流过圆形管道时，d 表示管道直径。

雷诺数表征流体惯性力与黏性力的比值：雷诺数小，意味着流体流动时各质点间的黏性力占主要地位，流体各质点平行于物面有规则地流动，流体呈层流流动状态；雷诺数大，意味着惯性力占主要地位，流体呈紊流流动状态。工程上一般认为：$Re<2\,300$ 时流动为层流状态；$Re=2\,300\sim4\,000$ 时流动为过渡状态，Re 约大于 2 300 时开始出现湍流；$Re>4\,000$ 时流动为紊流状态。

层流附面层与紊流附面层的厚度不同，前者较薄，后者较厚；两者的速度场也不同，与层流附面层相比，由于空气微团上下脉动，紊流附面层的相邻流动层之间有动量交换，因此，相邻各层的流速差较小。在紊流附面层靠近物体表面部分，由于受到物体表面的限制，仍保持为层流(称为紊流底层的层流)，其占整个紊流附面层厚度的1%左右。在紧贴附面层的层流内，速度沿物面法线方向都会发生变化，其变化量可以用速度梯度来描述，但紊流区段的速度梯度要比层流区段的大得多，即

$$\left(\frac{\partial v}{\partial y}\right)_{y\text{紊}\to 0} > \left(\frac{\partial v}{\partial y}\right)_{y\text{层}\to 0} \tag{3-28}$$

4. 附面层的分离

流体流过光滑连续的曲面，如机翼的上、下翼面时，由于受到曲面弯曲度的影响，流体的流速(动压)不同，流体沿流动方向的静压也不同，压强会发生变化，即存在压强梯度。如果流动方向以 x 表示，则压强梯度可表示为$\frac{\partial p}{\partial x}$。压强梯度对附面层的流动将产生很大的影响。

以气流沿图3-18所示的曲面流动为例来分析，由前面对流体分析的知识可知：从 A 到 B 流动的过程中，受外凸曲面的挤压，流管截面面积逐渐减小，流速增加，压强降低，压强梯度$\frac{\partial p}{\partial x}<0$，其压力差的方向与流速一致，称为顺压梯度；气流从 B 到 D 流动的过程中，流管截面面积逐渐增大，流速减小，压强升高，压强梯度$\frac{\partial p}{\partial x}>0$，其压力差的方向与流速相反，称为逆压梯度。图3-18中，B 点附近的压强是最低的，A 点与 D 点附近的压强都比 B 点的高，即 $p_A>p_B$，$p_D>p_B$。

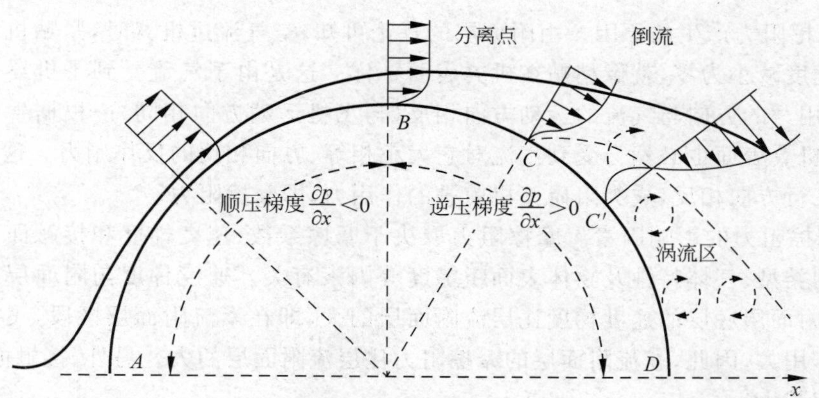

图3-18 顺压梯度与逆压梯度

由于存在顺压梯度和逆压梯度，流体沿物体表面流动时，运动情况将变得更复杂。在图3-18中，从 A 到 B，流体处于顺压梯度段，虽然黏性的作用会使气流减速，但在顺压压力差作用下气流加速，总的来说，附面层内的气流还是加速流动的。然而，从 B 到 D，气流处于逆压梯度段。附面层的气流在空气黏性和逆压压力差的双重作用下减速，以致在 C 点处的速度减小到零。在 C 点之后，附面层底层的气流在逆压压力差的作用下发生倒流现象。倒流而上的气流与顺流而下的气流在 C' 点处相遇，使附面层气流拱起而脱离物体表面，并

被主流卷走，从而产生了旋涡，使附面层下部产生了气流分离现象。这些旋涡一方面连续不断地从物体表面产生，一方面又被(上层)主流吹散，如此周而复始地运动，这样就在分离点后形成了涡流区。

涡流区的旋涡运动是周期性的，是一种强烈的摩擦形式，它是引起飞机机翼、尾翼和其他部分产生颤动的重要原因之一。在涡流区内流体在运动过程中，除了黏性耗能外，更主要的是由于气流分离而产生的附加切应力引起的耗能。这部分额外的耗能是通过牺牲静压(静压减小)的方式进行补充的，它导致附面层出现气流分离后，涡流区的压强会降低(相对于没有涡流现象的压强)。气流流过机翼会出现气流分离的现象，气流流过汽车也存在相似的问题。气流在车身后部容易形成涡流区，使得该区域的空气压强比其周围的大气压强要低，从而产生了由四周指向汽车后部的作用力，这就是为什么汽车的后部容易积灰的原因。此外，实验结果表明，涡流区内各处的压强几乎是相等的，且等于分离点处的压强。

3.4.2 气动阻力的基本形成

在飞机低速飞行时，根据阻力的形成原因，可把阻力分为摩擦阻力、压差阻力、干扰阻力和诱导阻力。其中摩擦阻力、压差阻力、干扰阻力是由于空气的内摩擦力作用而形成的，与空气的黏性有关，称为废阻力；而诱导阻力是由升力诱导出来的，称为诱导阻力。

为方便理解，本节仅以二维翼型为例来探讨摩擦阻力和压差阻力的形成原因及影响因素，翼型没有诱导阻力和干扰阻力，诱导阻力和干扰阻力是有限翼展机翼和全机所产生的，是个三维问题。

1. 摩擦阻力

(1) 摩擦阻力产生的原因。由附面层的理论可知，空气流过机翼时，紧贴机翼表面的一层空气的速度减小为零，就像粘贴在机翼表面一样。这是由于气流受到了机翼表面对它的作用力，作用力的方向与气流的运动方向相反(与飞机运动方向相同)。根据牛顿第三运动定律可知，机翼表面也必然会受到气流对它大小相等、方向相反的反作用力。这个反作用力的方向与飞行方向相反，成为阻碍飞机前进的作用力，即摩擦阻力。

(2) 摩擦阻力的影响因素。摩擦阻力取决于摩擦系数、速度梯度和接触面积。摩擦系数与气体的类型、气体特性及物体表面粗糙度等因素有关。速度梯度与附面层的类型密切相关，紊流附面层底层的速度梯度比层流附面层的大，即在紊流附面层区段，飞机表面对气流的阻滞作用大，因此，紊流附面层的摩擦阻力比层流附面层的大。另外，接触面积越大，摩擦阻力也就越大。

(3) 摩擦阻力的减小措施。根据摩擦阻力的影响因素，减小摩擦阻力，可以采用以下几个方面的措施。①降低摩擦系数。降低摩擦系数主要可以通过控制物体表面粗糙度的方法来实现(现代飞机的蒙皮连接用平头或沉头铆钉来取代圆头或普通钢钉，使外表面平滑)；还可以通过减小飞机表面(蒙皮)的不正常凹陷或凸起，严格控制蒙皮装配时的阶差(公差)来实现，尤其是要严格控制装配逆差。②控制气流的流场。尽量减少或延缓紊流附面层的产生，从而减小机翼表面的速度梯度。③在保持升力足够的前提条件下，尽可能减少气流与飞机的接触面积，但这取决于飞机的构型。

2. 压差阻力

(1) 压差阻力产生的原因。由附面层的理论可知，气流流过机翼后，由于黏性和逆压梯度的作用，在机翼后缘部分会产生附面层分离，从而形成涡流区，如图 3-19 所示。涡流会消耗额外的能量，这导致该区域的压强降低。在图 3-18 中，不同点之间的压强满足 $p_A > p_C = p_D$（涡流区压强相等）。这使得机翼前缘的压强大于机翼后缘的压强，作用于机翼的迎风面上，机翼的前后缘就会产生压力差，方向由前缘指向后缘，与飞机的运动方向相反，这就是机翼产生的压差阻力。飞机其他部分产生压差阻力的原理与此相同。

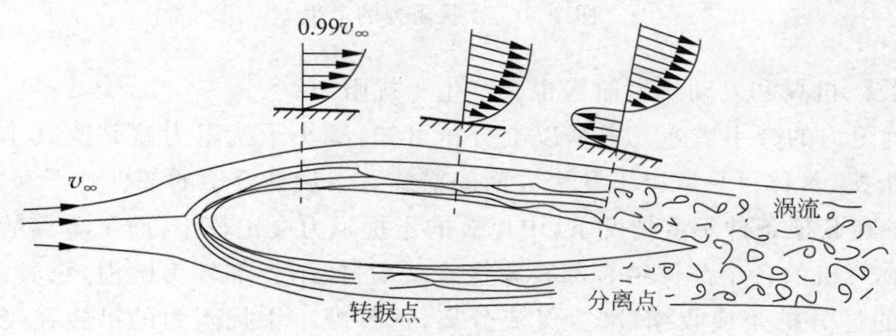

图 3-19　气流绕流机翼流场图

(2) 压差阻力的影响因素。根据压差阻力的成因可知，压差阻力的大小取决于机翼前后缘的压力差和迎风面积的大小。压力差的大小又取决于气体的黏性和涡流区气流分离所消耗的能量。涡流区越大、作用越强烈，压差阻力就越大；反之，压差阻力就越小。总的来说，飞机的压差阻力与迎风面积、形状和迎角有关。

(3) 压差阻力的减小措施。根据以上分析可知，减小压差阻力的最有效措施是，减小或延缓气流分离，尽量减小涡流区，具体可以采用以下几个方面的措施。①减小飞机的迎风面积。迎风面积越小，压差阻力就越小。②改善物体（机翼）的构型，使物体更具流线型。流线型佳的物体，涡流区域比较小，压差阻力小。③控制迎角。迎角越大，分离点越靠近机翼前缘，涡流区越大，压差阻力就会增大；反之，压差阻力就会减小。④采用边界层控制技术（参考边界层控制增升技术），改善气流的流场。通过减小或延缓气流分离，从而减小压差阻力。

3. 干扰阻力

(1) 干扰阻力产生的原因。飞机的各个部件，如机翼、机身、尾翼等，单独与气流发生作用所产生的阻力的总和小于把它们组合成一个整体时所产生的阻力。这种飞机各部分之间由于气流的相互干扰而产生的额外阻力，称为干扰阻力。它产生于飞机上各个部件的结合部。下面以机翼与机身结合为例，阐述干扰阻力的产生原理，如图 3-20 所示。气流流过机翼和机身结合部时，在结合部中段，由于机翼表面和机身表面都向外凸起，流线变密，流速加快，压强降低；而在后段，由于机翼和机身表面都向内弯曲，流线变稀，流速减小，压强增大。这样使得在机翼和机身的结合部的逆压梯度增大，促使气流分离点前移，使得结合部的涡流区扩大，从而产生额外的阻力。

(2) 干扰阻力的影响因素。干扰阻力是由于飞机各部分相互结合、相互干扰，影响气体的流场，出现了更多的涡流区域，而额外产生的阻力。不但机翼和机身结合部会产生干扰阻

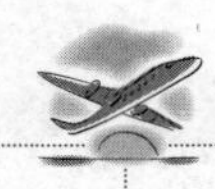

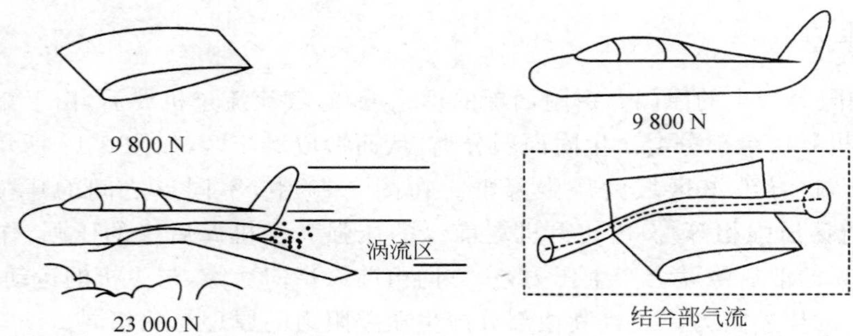

图 3-20　干扰阻力的产生

力，机身与尾翼、机翼和发动机短舱等也会产生干扰阻力。

(3) 干扰阻力的减小措施。根据以上分析可知，减小干扰阻力就是要减小飞机各部分之间的相互干扰，具体可采取以下几个方面的措施。①设计合适的部件外形和安装位置，如有实验表明：在其他条件不变情况下，中单翼的干扰阻力会比较小，而下单翼的干扰阻力会比较大。②在飞机的各个部件结合部安装整流蒙皮，使结合部较为圆滑，更具流线型特征，以减小气流的过分扩张或收缩，减少气流分离，这种减小干扰阻力的措施在飞机中被大量使用。

4. 诱导阻力

前面阐述的三种阻力产生的根本原因都与空气的黏性有关。除了这三种阻力，飞机在飞行时还要产生另外一种与空气黏性无关的诱导阻力。诱导阻力是由升力诱导出来的，与翼尖涡和下洗流有关。

1) 翼尖涡

当机翼产生正升力时，下翼面的压强比上翼面的高。因为机翼不可能是无限长的，所以在上、下翼面压力差的作用下，下翼面的气流就会绕过翼尖流向上翼面，如图 3-21(a)所示。它们的旋转方向刚好是相反的，这样就使得下翼面的流线由翼根向翼尖倾斜；而上翼面的流线由翼尖偏向翼根，在翼尖处形成了涡流，如图 3-22 所示。在飞行过程中，翼尖涡在旋转的同时向后流动便形成了翼尖涡流，如图 3-21(b)所示。机翼上、下翼面的压力差越大，产生的升力越大，翼尖涡的作用也就越强。

翼尖涡流的旋转是有规律的：靠近翼尖内侧，气流向下；靠近翼尖外侧，气流向上。日常生活中所见到的两种现象与翼尖涡流有关：①有时在飞机飞过的空间会产生涡旋状的云；②大雁飞行时，常排成“人”字形或“斜一”字形的队伍，领飞的大雁排在中间，幼弱的小

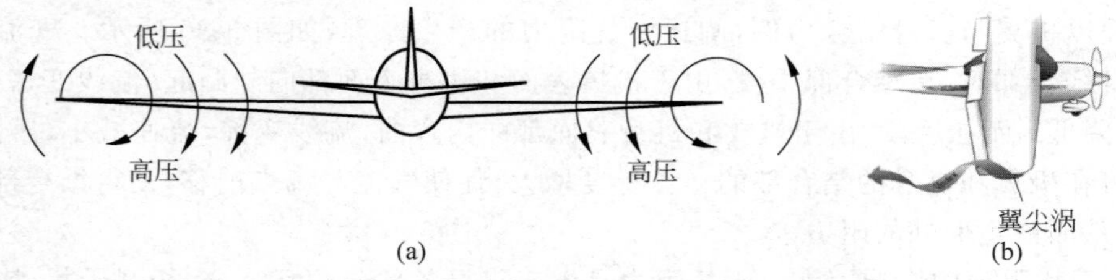

图 3-21　翼尖涡的形成

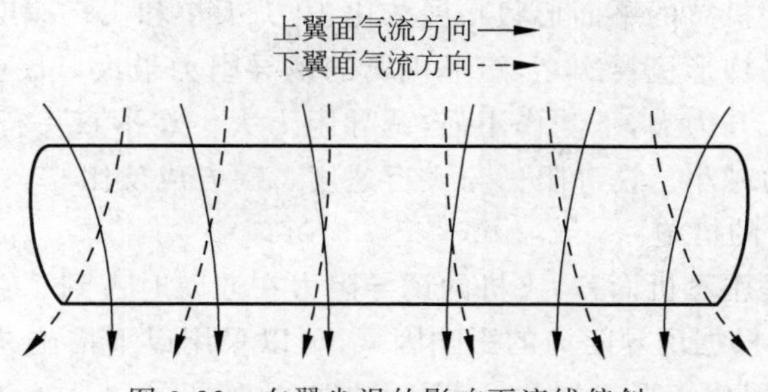

图 3-22　在翼尖涡的影响下流线偏斜

雁常排在队伍的外侧，这样使得后雁处于前雁翅梢处所产生的翼尖涡流的上升气流之中，可节省体力，有利于长途飞行。

2）下洗流和下洗角

由于机翼后缘存在翼尖涡流，翼尖涡流的旋涡在机翼剖面会产生沿竖直方向（垂直于相对气流方向）的诱导速度，该速度用 v'' 表示，它的指向在整个机翼展长范围内都是向下的，称为下洗速度。下洗速度的分布是不均匀的，为了简单起见，可用一个平均下洗速度来代替整个翼型的下洗速度。

下洗速度的存在，影响了翼型的气流方向，使流过翼型的气流向下倾斜，这个向下倾斜的气流称为下洗流，其速度用 v' 表示。下洗流与相对气流之间的夹角称为下洗角，用 ε 表示。下洗流与翼弦之间的夹角称为有效迎角，用 α' 表示，如图 3-23 所示。有效迎角与机翼迎角 α 以及下洗角之间的关系满足

$$\alpha' = \alpha - \varepsilon \tag{3-29}$$

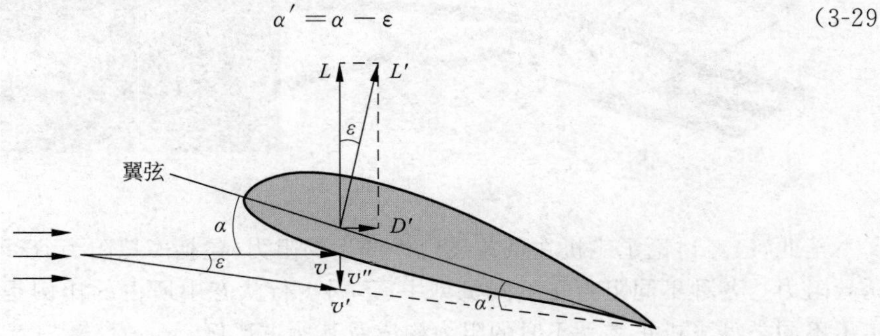

图 3-23　诱导阻力的产生原因

3）诱导阻力产生的原因

机翼产生的升力方向与相对气流方向垂直。如果没有下洗作用，机翼上的升力 L 垂直于相对气流速度 v；有了下洗作用后，实际升力 L' 与受下洗影响的气流 v' 垂直，如图 3-23 所示。因此，实际升力 L' 的方向与原升力 L 相比向后倾斜了一个角度 ε。将实际升力 L' 分解，可得到两个方向的分力：①垂直于相对气流方向的分力 $L = L' \cdot \cos\varepsilon$，此分力起着克服飞机重力的作用；②平行于相对气流、与运动方向相反的分力 $D' = L' \cdot \sin\varepsilon$，此分力的作用是阻碍飞机前进，这个阻力称为诱导阻力。

4）诱导阻力的影响因素

根据诱导阻力的成因可知，诱导阻力的大小取决于下洗流作用的大小。下洗流的作用

受到机翼形状(特别是机翼的平面形状)、展弦比、升力大小和飞行速度等因素的影响。椭圆机翼的诱导阻力最小,梯形机翼次之,矩形机翼的诱导阻力最大。展弦比大(翼展长),下洗作用弱,诱导阻力小。升力大,下洗作用强,诱导阻力大。在平直飞行中,飞行速度越快,下洗作用越弱,诱导阻力越小。诱导阻力与飞行速度二次方成反比。

5)减小诱导阻力的措施

对于低、亚声速民用飞机而言,飞机的诱导阻力在巡航时占到了总阻力的50%左右,在上升时则大于50%。根据诱导阻力的影响因素,可以采用以下措施减小诱导阻力:①使用椭圆机翼或梯形机翼取代矩形机翼;②使用大展弦比的机翼;③提高飞行速度。在实际使用时,这三种措施要受到其他因素的制约,例如,理论上尽可能采用大展弦比机翼是直接减小诱导阻力的有效措施,但实际使用时大展弦比机翼在结构强度上受到极大限制。目前,减小诱导阻力的最有效措施是在机翼上安装翼梢小翼。

在机翼的翼尖处安装翼梢小翼,如图3-24所示。翼梢小翼使翼尖涡的流动受到限制,由于翼尖涡的强度会直接影响诱导阻力的大小,因此,削弱翼尖涡的强度能够大大减小诱导阻力。美国空气动力学家R.T.惠特科姆于20世纪70年代中期,最先提出翼梢小翼的概念,有单上小翼、单下小翼、上下小翼等多种布局形式,它们能起到提高展弦比的作用。风洞实验和飞行试验结果表明,翼梢小翼能使全机诱导阻力减小20%~35%。翼梢小翼作为提高飞行经济性、节省燃油的一种先进空气动力设计措施,已在多种机型上得到了应用。

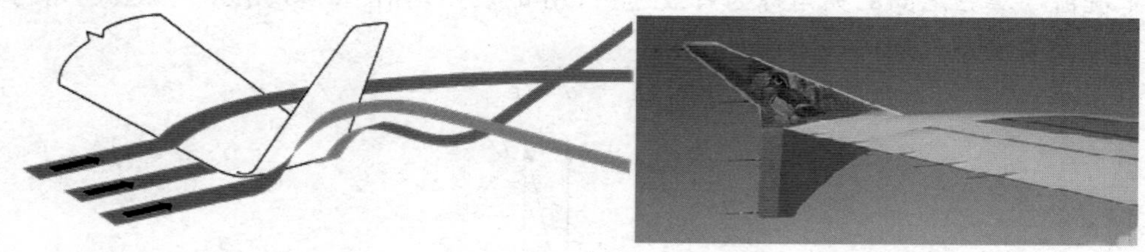

图3-24 翼梢小翼

至此,已经讨论了飞机在低速飞行中产生的阻力,包括摩擦阻力、压差阻力、干扰阻力和诱导阻力。各种不同阻力在不同机型中、不同飞行状态中所占的比例是不同的。表3-2列出了不同类型飞机正常平飞时的阻力构成及其所占比例。

表3-2 不同类型飞机平飞时的阻力构成及其所占比例

阻力名称	飞机类型		
	亚声速运输机	超声速战机	单旋翼直升机
摩擦阻力	45%	23%	25%
诱导阻力	40%	29%	25%
干扰阻力	7%	6%	40%
激波阻力	3%	35%	5%
其他阻力	5%	7%	5%

3.4.3 直升机的阻力分类

与固定翼飞机相比，直升机的阻力主要来源于旋翼的旋转阻力。旋转阻力用符号 Q 表示。旋转阻力与桨毂旋转平面平行，且方向与旋转方向相反。按产生的原因不同，旋翼旋转阻力可分为翼型旋转阻力、诱导旋转阻力、废阻旋转阻力和上升旋转阻力。

1. 翼型旋转阻力

旋翼旋转时，空气沿相对气流合速度 W 的方向流过各段桨叶。由于空气具有黏性，同时桨叶表面不光滑，在桨叶表面会产生摩擦阻力。此外，相对气流在桨叶前缘会受到阻滞，流速减慢，压力增大；在桨叶后缘还会形成涡流，压力减小，桨叶前后出现压差阻力。这种摩擦阻力和压差阻力所构成的桨叶空气阻力 $X_{叶}$，就是各段翼型阻力之和，其方向与相对气流合速度 W 方向平行。桨叶空气阻力在桨毂旋转平面上的分力，称为翼型旋转阻力，以 $Q_{型}$ 表示，如图 3-25 所示。

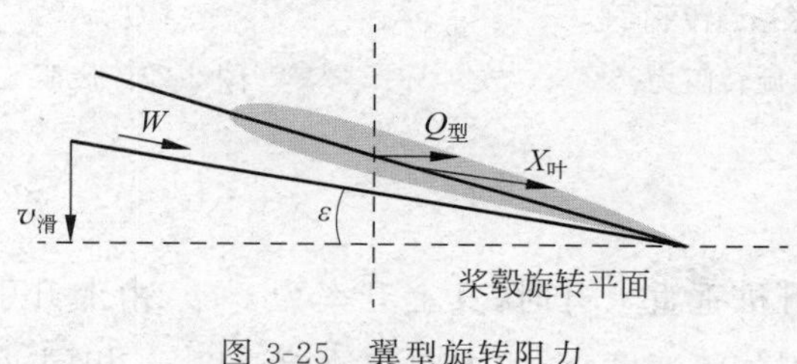

图 3-25 翼型旋转阻力

一般情况下，桨叶升力与桨毂旋转平面不垂直，桨叶升力 $L_{叶}$ 在桨毂旋转平面上的分力 Q_L 通常也起阻碍旋转的作用，这是桨叶旋转阻力形成的又一个重要原因。

根据相对气流合速度偏离桨毂旋转平面的原因不同，即来流角形成原因不同，由桨叶升力在桨毂旋转平面上的分力所形成的旋转阻力 Q_L 可分为诱导旋转阻力、废阻旋转阻力和上升旋转阻力。

2. 诱导旋转阻力

旋翼旋转产生拉力时，桨毂旋转平面内就会有诱导速度 v_1，诱导速度会使来流角增大一个角度 ε_1，如图 3-26 所示。这时，相对气流合速度偏离桨毂旋转平面，引起桨叶升力向桨叶后缘倾斜。由此产生的旋转阻力，称为诱导旋转阻力，用 $Q_{诱}$ 表示。

3. 废阻旋转阻力

以直升机水平飞行为例，分析废阻旋转阻力的形成。为了克服机身、起落装置等所产生的空气阻力 X，旋翼锥体必须相应地向前倾斜一个角度，这时，相对气流速度 v 在旋翼锥体轴线方向的分速度 $v_{垂}$ 的方向与旋翼的诱导速度 v_1 的方向相同，使桨叶的来流角增大 ε_3，桨叶的相对气流和速度 W 更加偏离桨毂旋转平面而引起旋转阻力增大。由此所产生的旋转阻力称为废阻旋转阻力，用 $Q_{废}$ 表示，如图 3-27 所示。

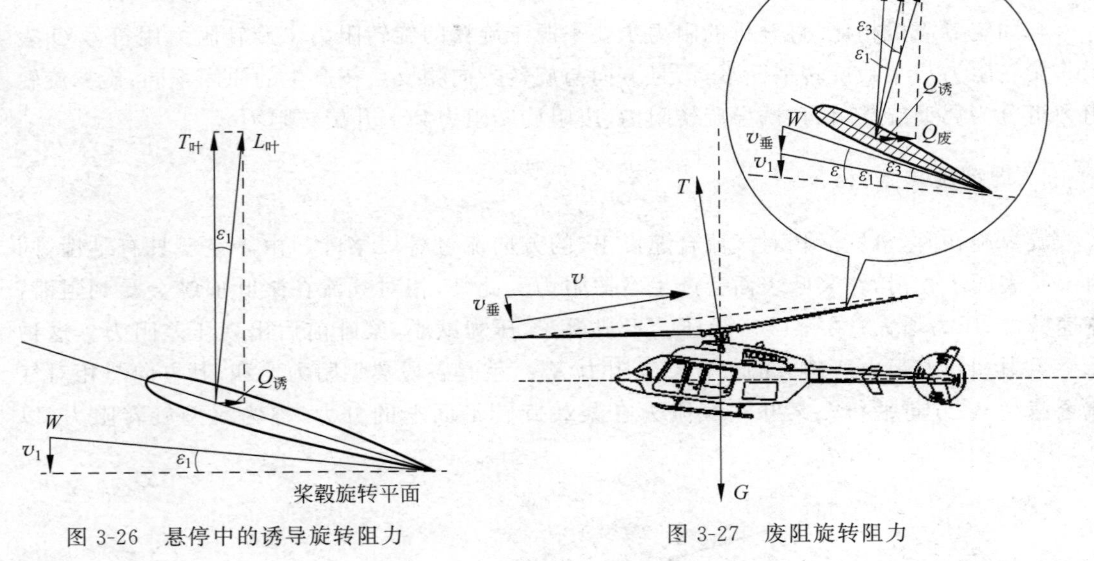

图 3-26　悬停中的诱导旋转阻力　　　　图 3-27　废阻旋转阻力

4. 上升旋转阻力

如图 3-28 所示，直升机垂直上升时，其上升率为 $v_{y上}$，由上升引起的相对气流以速度 v_y 流向旋翼。这时，相对气流速度 v_y 的方向与诱导速度 v_1 相同，引起桨叶切面相对气流合速度 W 更加偏离桨毂旋转平面，使桨叶升力向后的倾斜角增大 ε_2，旋转阻力 Q_L 增大。由此所增加的旋转阻力，称为上升旋转阻力，用 $Q_{升}$ 表示。

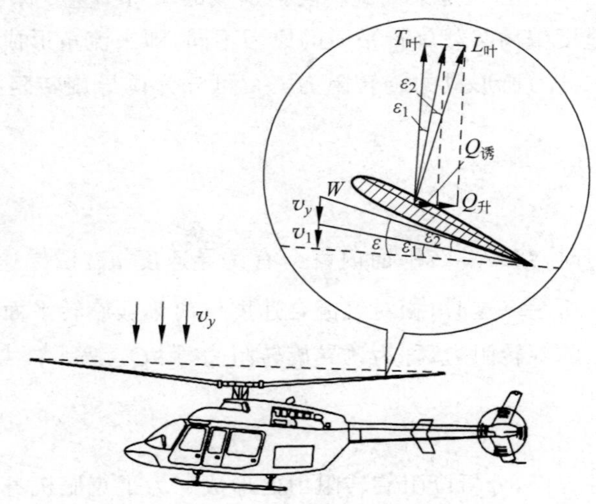

图 3-28　上升旋转阻力

综上所述，桨叶的旋转阻力 $Q_{叶}$ 为桨叶的翼型旋转阻力 $Q_{型}$、诱导旋转阻力 $Q_{诱}$、上升旋转阻力 $Q_{升}$、废阻旋转阻力 $Q_{废}$ 之和。可用下式表示：

$$Q_{叶} = Q_{型} + Q_{诱} + Q_{升} + Q_{废} \tag{3-30}$$

式(3-30)中的第一项$Q_{型}$是由桨叶空气阻力$X_{叶}$在桨毂旋转平面上的分力形成的，后三项是由桨叶升力$L_{叶}$在桨毂旋转平面上的分力Q_L形成的，即

$$Q_L = Q_{诱} + Q_{升} + Q_{废} \tag{3-31}$$

3.4.4 阻力公式

与升力相比较，阻力的种类更多，产生过程更复杂，受多种因素的影响，严格推导阻力的产生以及阻力公式将是一个复杂的过程，在此不进行详细阐述。综合以上分析可知，飞机的阻力主要与机翼形状及其表面粗糙程度、飞机迎角、机翼面积、飞行(速度)动压有关。其中机翼形状及其表面质量、飞机迎角将会影响到飞机上气流的流场。其影响过程非常复杂，把它们的影响作用都归结为阻力系数，这样就可以得到与升力公式类似的阻力公式，如下式所示：

$$D = C_D \cdot \frac{1}{2}\rho v^2 \cdot S \tag{3-32}$$

式中，C_D是飞机(机翼)的阻力系数，它综合表达了飞机迎角、机翼形状及表面质量对飞机阻力的影响。从式(3-32)可以看出，飞机的阻力大小与阻力系数、来流动压及作用面积成正比。

3.4.5 阻力特性

阻力特性是指阻力系数随飞机迎角、机翼形状及表面质量的变化规律。在此重点讨论飞机迎角变化对阻力系数的影响。阻力系数只是影响阻力大小的一个因素，它本身并不是阻力，是一个无量纲参数。

1. 阻力系数随迎角的变化规律

图3-29所示为某机型的阻力系数随迎角变化的曲线，称为阻力系数曲线。从图3-29可以看出，阻力系数随迎角的增大而增大，阻力系数曲线近似于开口向上的抛物线。

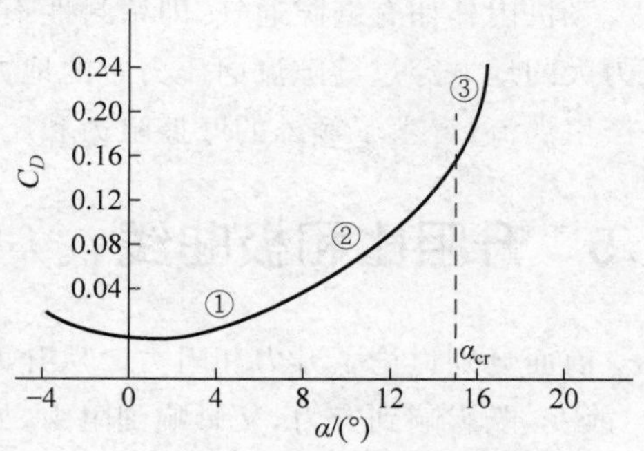

图3-29 阻力系数曲线

从阻力系数曲线可以看出，阻力系数C_D随迎角α的变化规律可分为三段。①在中小迎角范围内，随迎角增大，阻力系数增加缓慢。这是因为机翼后缘气流分离较小，压差阻力小，同时飞行速度会较大，诱导阻力也小。此时，起主导作用的是摩擦阻力，迎角变化对其影响较小。②当迎角较大时，随迎角增大，阻力系数增加较快，这是因为机翼后缘气流分离较严重，压差阻力增大，同时飞行速度会较小，诱导阻力也增大。此时，起主导作用的是压差阻力和诱导阻力，迎角变化对它们影响较大。③在接近或超过临界迎角时，阻力系数会急剧增大，这是因为此时气流分离严重，涡流区急剧扩大，压差阻力急剧增大，从而使阻力系数急剧增大。

2. 阻力特性参数

(1) 最小阻力系数。飞机飞行过程中必然存在阻力,阻力系数永远都大于零,但它存在一个最小值,称为最小阻力系数,用 $C_{D\min}$ 表示。

(2) 零升阻力系数。零升阻力系数是指当升力系数为零时对应的阻力系数,用 C_{D0} 表示。零升阻力系数非常接近最小阻力系数,一般认为零升阻力系数等于最小阻力系数,即有 $C_{D0}=C_{D\min}$。

3. 影响阻力系数的其他因素

阻力系数受飞机迎角、机翼形状及表面质量的影响。前面已经讨论了迎角对阻力系数的影响,下面将简单讨论机翼形状及表面质量对阻力系数的影响。

(1) 飞机的翼型和平面形状。飞机是否具有流线型的外形,直接影响着压差阻力的大小。机翼的相对厚度大,使翼面上分离点靠前,涡流区变大,阻力增大;最大厚度位置靠前,使机翼前缘弯曲的更加厉害,后缘涡流区扩大,阻力增大;翼面中弧线曲度大,涡流区大,阻力也增大。

机翼平面形状中椭圆机翼的诱导阻力最小,而矩形机翼最大;增大展弦比,可以减小诱导阻力。

(2) 飞机的变形、表面光洁度和密封性。飞机蒙皮如有凹凸变形,就会破坏空气的平顺流动,容易产生气流分离,导致阻力增加。导致飞机外形改变的原因有很多,例如,飞机蒙皮会在过大的空气动力作用下变形,产生波纹;飞机蒙皮连接不牢靠,以致舱口盖和整流罩有可能在飞行中被吹开;飞机的维护不当、碰撞、敲击等都会使飞机变形。

飞机表面光洁与否,对摩擦阻力的影响很大。飞机表面不够光洁,附面层中的流层就容易变乱,层流附面层缩短,紊流附面层增加,从而导致摩擦阻力增大。

飞机内外如有缝隙通气,即密封性不良,也会额外增大阻力。在飞行过程中,气流将从压力大的地方穿过缝隙流向压力小的地方,会绕过本来不必要经过的部件,从而发生摩擦,并产生涡流,产生了额外的摩擦阻力和压差阻力。

3.5 升阻比和极曲线

前面分别讨论了升力和阻力。从升力公式(3-22)及阻力公式(3-32)可知,某个因素(参数)改变,既影响到升力,又影响到阻力,如迎角、动压、作用面积增大,会使升力和阻力都增大。一般认为,升力增大对飞行是有益的,而阻力增大对飞行是无益的。也就是说,在飞机设计或使用中,改变某一参数会带来相互矛盾的结果。为了更全面地判断飞机空气动力特性的好坏,通常采用升阻比 K 和性质角 θ 作为判断的标准。而升阻比和性质角的大小及有关的性能参数,又可以通过极曲线进行全面描述。

3.5.1　升阻比

1. 升阻比的定义

升阻比是在同一迎角下，升力与阻力之比，用 K 表示，即

$$K=\frac{L}{D}=\frac{C_L\cdot\frac{1}{2}\rho v^2\cdot S}{C_D\cdot\frac{1}{2}\rho v^2\cdot S}=\frac{C_L}{C_D}\tag{3-33}$$

由式(3-33)可知，飞机的升阻比的大小就是飞机升力系数 C_L 与阻力系数 C_D 之比，与空气密度、飞行速度、作用面积的大小无关。升阻比大，说明在同一迎角下，升力大，阻力小。升阻比越大，飞机的空气动力性能越好，对飞行越有利。

2. 升阻比随迎角的变化规律

由于升力系数和阻力系数的大小主要随迎角及翼型参数变化，所以升阻比也随之发生变化。这里主要讨论升阻比随迎角的变化规律。

图 3-30 所示是某机型的升阻比曲线，它呈现了升阻比随迎角的变化规律。从升阻比曲线可以看出，随迎角增大，升阻比先增加后减小。当升阻比达到最大值 K_{max} 时对应的迎角称为最小阻力迎角(也称为有利迎角)，用符号 α_{op} 表示。

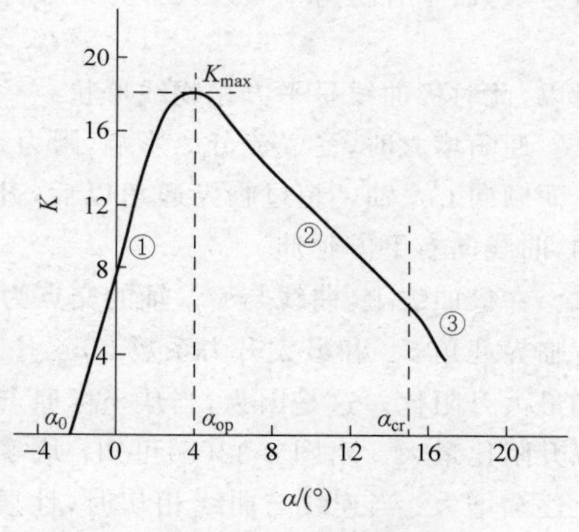

图 3-30　升阻比曲线

升阻比 K 随迎角 α 的变化规律可分为三段：①从零升迎角到有利迎角，升阻比随迎角增大而快速增大。这是因为此时升力系数随迎角线性增加，而阻力系数缓慢增加，升力系数随迎角的增加量超过阻力系数的增加量(分子增加快，分母增加慢)，致使升阻比增大；达到有利迎角时，升阻比增至最大值。②从有利迎角到临界迎角，升阻比随迎角增大而减小，这是因为此时阻力系数随迎角的增加量超过升力系数的增加量(分子增加慢，分母增加快)，致使升阻比减小。③超过临界迎角后，升阻比随迎角增大而急剧减小，这是因为升力系数随迎角不增反降，而阻力系数则随迎角急剧增大(分子减小，分母急剧增加)，致使升阻比急剧下降。

3.5.2　性质角

性质角 θ 是指飞机升力与飞机总空气动力的夹角，如图 3-31 所示。性质角越大，说明飞机的总空气动力向后倾斜得更厉害，阻力越大，空气动力性能越差。性质角与升阻比满足以下关系：

$$\tan\theta=\frac{D}{L}=\frac{C_D}{C_L}=\frac{1}{K}\tag{3-34}$$

由式(3-34)可知，飞机的升阻比越大，性质角越小。

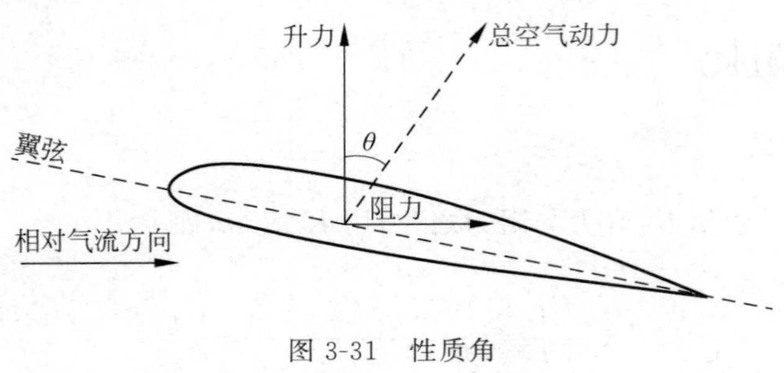

图 3-31　性质角

3.5.3　极曲线

为综合衡量飞机的空气动力性能，需要将飞机的升力系数、阻力系数、升阻比随迎角变化的关系用一条曲线表示出来，此曲线就是飞机的极曲线。图 3-32(a)是某飞机的极曲线。极曲线中横坐标为阻力系数，纵坐标为升力系数，曲线上的每一点代表一个升力系数和阻力系数所对应的迎角。

从零升迎角开始，随迎角增大，升力系数和阻力系数也逐渐增加。在中小迎角范围内，阻力系数、零升阻力系数以及升力系数符合下式所示的关系：

$$C_D = C_{D0} + AC_L^2 \tag{3-35}$$

所以，此时极曲线呈平方抛物线形状。

迎角增大时，受气流分离影响，阻力系数增加快，升力系数增加变缓，曲线偏离平方抛物线而倾向 C_D 轴。超过临界迎角以后，升力系数随迎角的增大而减小，但阻力系数继续增加，曲线向右下方延伸。

在极曲线上，曲线与 C_D 轴的交点为零升迎角 α_0 和零升阻力系数 C_{D0}；曲线最高点对应临界迎角 α_{cr} 和最大升力系数 $C_{L\max}$。从坐标原点向曲线引切线，切点对应最小阻力迎角和最大升阻比。这是因为，当从坐标原点向极曲线引的射线与曲线相切时，性质角最小，所以升阻比最大。由图 3-32(b)可知：从零升迎角起，随迎角逐渐增大，性质角逐渐减小，升阻比逐渐增大；当连线与曲线相切时，性质角最小，升阻比最大，对应迎角为最小阻力迎角；当迎角大于最小阻力迎角时，随迎角增大，性质角增大，升阻比减小。

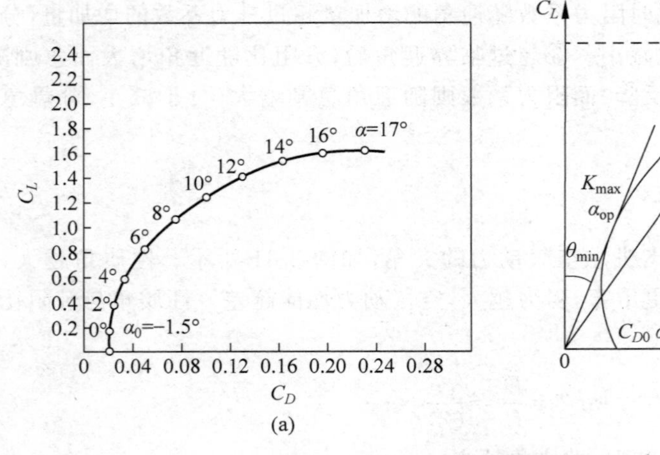

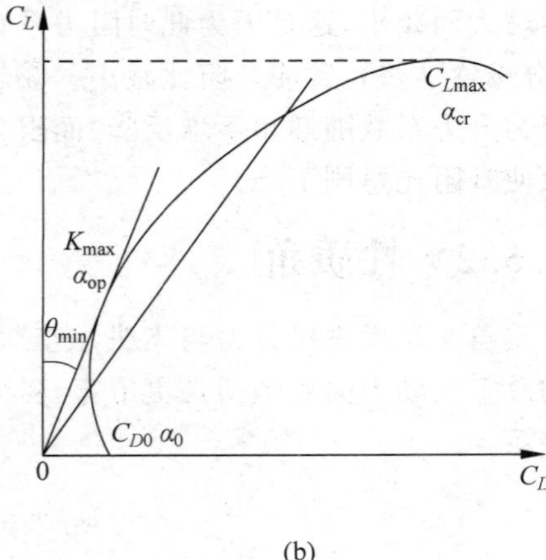

图 3-32　飞机的极曲线

习题3

1. 理解迎角的概念，说明出现正迎角与负迎角的情况。
2. 解释相对气流的概念。
3. 简述升力产生的原因。
4. 简述阻力的分类和各自产生的原因。
5. 说明层流附面层与紊流附面层对摩擦阻力的影响。
6. 简述附面层分离的原因。
7. 画图说明升力系数随迎角的变化规律。
8. 画图说明阻力系数随迎角的变化规律。
9. 画图说明升阻比随迎角的变化规律。
10. 画图简述在极曲线上找最大升阻比的方法并说明原因。

第4章

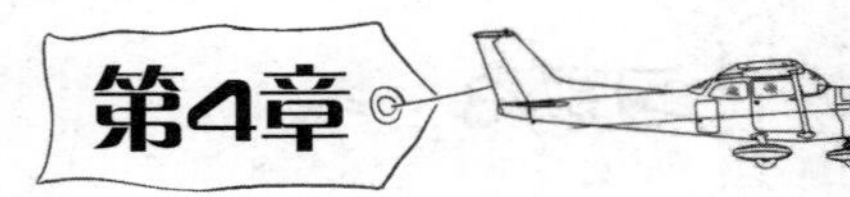

高速空气动力学

与低速流动相比，高速流动最大的特点就是空气密度的变化量非常大，因此这种流动也称为可压缩流动。除密度变化量比较大之外，高速流动另一个重要特征就是能量转换。高速流动是一种高能量的流动，能量的转换及温度的变化是需要重点考虑的问题，这属于热力学问题。因此热力学的基础知识是研究高速流动必不可少的。第2、3章已经讨论了低速空气动力的基本特性。低速流动和高速流动的最大区别就是空气压缩性的影响。低速流动时，空气受压缩的程度很小，常常可以忽略，即把空气看作不可压缩的介质，密度不变，这样可以使复杂问题变得非常简单。一旦进入高速流动，空气压缩性的影响将变得非常明显，如果再忽略密度变化对空气动力的影响，就会使得计算结果与实际流动结果相差非常大。同时，考虑空气的压缩性后，会出现一系列与低速飞行时截然不同甚至相反的现象，如高速流动规律与低速流动规律存在差异。此外，飞机的高速空气动力特性与低速空气动力特性也存在差异，这种差异在亚声速飞行阶段就已表现出来，到了跨声速和超声速阶段表现得尤为突出，而这种差异源于高速流动中的特有现象——激波的出现。本章着重讨论热力学的一些基础知识、高速气流的流动特性、激波的产生及分类等。

4.1 热力学的基础知识

热力学是一门研究热能和机械能之间互相转换以及各种工作介质有关特性的学科。热力学的理论基础是热力学第一定律和第二定律。在研究高速空气动力学时，热力学的概念和有关定律仍可以应用到微团运动上，但此时关心的是流动过程的热力学性质和各流动参数的变化规律。下面介绍热力学基础知识。

4.1.1 完全气体假设和状态方程

气体是由分子、原子、离子、电子等微小粒子组成的，它们都在不停地做无规则运动。这些粒子的电子结构使得周围出现一个空间力场。一个粒子产生的力场将与其他的粒子相互作用，这些相互作用的力称为分子间的作用力。但是，如果组成气体的这些粒子距离足够远，分子间作用力的相互影响就会非常小，可以忽略不计。忽略分子间作用力的气体称为理想气体，也称完全气体。虽然理想气体并不可能存在，但许多实际气体，特别是那些不容易液化、凝华的气体，如氦气、氢气、氧气、氮气等，在常温常压下的性质十分接近于完全气体，空气也是如此。因此,在处理问题时,可以认为空气是完全气体。

气体流动时,其内部各点处的温度可以不同。根据热力学知识,任何状态下的气体,其压强 p、密度 ρ 和温度 T 不是互相独立的,而是存在一定的函数关系,即 $f(p,\rho,T)=0$,该关系式称为气流的状态方程。

对于完全气体,状态方程可以表示为

$$p=\rho RT \tag{4-1}$$

式中,R 称为气体常量,对于不同的气体其数值不同。对于标准情况下的大气,$R\approx 287\ \mathrm{J/(kg\cdot K)}$。

4.1.2 内能和焓

考虑空气中的单个分子,当其在空中做无规则运动,并与邻近的分子相互碰撞时,由于分子有运动速度,因此分子具有平均平动动能。另外,分子是由单个原子组成的,根据原子的模型特点,这种分子还有空间的转动,因此分子还具有转动动能。同时,组成分子的原子也沿着或跨过分子轴前后振动,因此具有振动动能和振动势能。此外,分子中绕原子核运动的电子也对分子贡献了电子能。故一个给定分子的能量包含平均平动动能、转动动能和电子能。对于由大量分子组成的气体,所有分子所具有的能量的总和称为气体的内能。对于完全气体,分子间无作用力,因此单位质量气体的内能 U 仅是温度的函数,即

$$U=U(T) \tag{4-2}$$

在热力学中,常常引入另一个代表热含量的物理量——焓 H,其表达式为

$$H=U+\frac{p}{\rho} \tag{4-3}$$

式中,$\frac{p}{\rho}$表示单位质量气体的压力能。

焓 H 反映了单位质量气体的内能和压力能的总和。对于完全气体,焓只取决于温度,故焓也是一个状态参数,与过程无关。

4.1.3 热力学第一定律

热力学第一定律是热力学基本定律之一,是能量守恒定律在热力学中的应用。该定律表明:外界传给一个封闭系统的热量等于系统内能的增量和系统对外界所做的机械功的总和。

对于单位质量气体的微小变化过程,热力学第一定律可表示为

$$\mathrm{d}q=\mathrm{d}U+p\,\mathrm{d}V=\mathrm{d}U+p\,\mathrm{d}\frac{1}{\rho} \tag{4-4}$$

其中,$\mathrm{d}q$ 表示外界传给单位质量气体的热量;$\mathrm{d}U$ 表示单位质量气体内能的增量;$\frac{1}{\rho}$表示单位质量气体的体积,称为比容;$p\,\mathrm{d}\frac{1}{\rho}$表示单位质量气体所做的机械功。在国际单位制中,式(4-4)中各项的单位均为 J/kg。下面简单介绍热力学第一定律在几种过程中的应用。

1. 等容过程

对于等容过程，$\mathrm{d}\frac{1}{\rho}=0$，根据式(4-4)可知，外界传给系统的热量都用于增加气体的内能，即

$$\mathrm{d}q=\mathrm{d}U=c_V\mathrm{d}T \tag{4-5}$$

式中，c_V 称为等容比热容，表示单位质量气体在等容过程中温度每升高 1 K 所需的热量，单位为 J/(kg·K)。通常，$c_V=717.6$ J/(kg·K)。由式(4-5)可知，取 $T=0$ K 时，$U=0$，则

$$U=\int_0^T c_V\mathrm{d}T=c_VT \quad 或 \quad U_2-U_1=c_V(T_2-T_1) \tag{4-6}$$

2. 等压过程

对于等压过程，$\mathrm{d}p=0$，根据式(4-3)和式(4-4)可知：

$$\mathrm{d}q=\mathrm{d}U+p\mathrm{d}V=\mathrm{d}U+\mathrm{d}\frac{p}{\rho}=\mathrm{d}H \tag{4-7}$$

令 $\mathrm{d}q=c_p\mathrm{d}T$，其中 c_p 称为等压比热容，表示单位质量气体在等压过程中温度每升高 1 K 所需的热量。通常 $c_p=1\,004.7$ J/(kg·K)。取 $T=0$ K 时，$H=0$，则有

$$H=c_pT=(c_V+R)T \tag{4-8}$$

因此，焓值又可视为等压条件下气体温度从零升到 T 所需的热量。

定义比热容比 $\gamma=\frac{c_p}{c_V}$，则 H 可以表示为

$$H=\frac{\gamma}{\gamma-1}\frac{p}{\rho} \tag{4-9}$$

3. 绝热过程

对于绝热过程，$\mathrm{d}q=0$，根据式(4-4)可知：

$$c_V\mathrm{d}T+p\mathrm{d}\frac{1}{\rho}=0 \tag{4-10}$$

将完全气体方程进行微分，得

$$p\mathrm{d}\frac{1}{\rho}+\frac{1}{\rho}\mathrm{d}p=R\mathrm{d}T \tag{4-11}$$

由以上两式可得

$$c_pp\mathrm{d}\frac{1}{\rho}+c_V\frac{1}{\rho}\mathrm{d}p=0 \tag{4-12}$$

积分可得

$$\frac{p}{\rho^\gamma}=C \tag{4-13}$$

对于完全气体，$\gamma=1.4$。

4.1.4 热力学第二定律

由生活经验可知，将一块冰与烧热的铁放在一起，冰会慢慢融化，而铁板会逐渐变凉，但

是式(4-4)并不能说明这一变化规律。事实上,热力学第一定律可以允许冰块越来越凉,而铁板变得越来越热,只要保证过程中能量守恒即可。显然这种情况在现实中是不会自动出现的。因此,这就要求在过程中有另外一个条件,一个可以决定过程朝哪个方向进行的条件。

热力学第二定律指明了能量相互转换是有条件的、有方向性的,即朝着一个方向的变化过程可以实现,而反方向的变化过程不能实现或者有条件实现。据此,在热力学上有可逆过程和不可逆过程之分。如果将变化过程一步一步倒回去,介质的一切热力学参数均回到初始值且外界情况也复旧如初,则是可逆过程,否则就是不可逆过程。

热力学第二定律的表示方法有很多,本书引入熵的概念来表示热力学第二定律。定义单位质量气体的熵 s 满足

$$\mathrm{d}s=\frac{\mathrm{d}q}{T} \tag{4-14}$$

将式(4-4)代入式(4-14),可得

$$\mathrm{d}s=\frac{\mathrm{d}q}{T}=\frac{1}{T}\left(\mathrm{d}U+p\,\mathrm{d}\frac{1}{\rho}\right)=\mathrm{d}\left(c_V\ln T+R\ln\frac{1}{\rho}\right) \tag{4-15}$$

故

$$s=c_V\ln T+R\ln\frac{1}{\rho}+C$$

其中,C 为常量。由式(4-15)可知,熵 s 也是一个状态参数。

在热力学研究过程中,熵值的绝对大小没有什么实际意义,通常关注的是熵的增量,即从初始状态 1 变化到状态 2 的 Δs 值。由式(4-15)可得

$$\Delta s=\int_1^2\mathrm{d}s=c_V\ln\frac{T_2}{T_1}+R\ln\frac{\rho_1}{\rho_2} \tag{4-16}$$

将 $R=c_p-c_V$,$p=\rho RT$ 代入式(4-16),可得

$$\Delta s=c_V\ln\left[\frac{T_2}{T_1}\left(\frac{\rho_1}{\rho_2}\right)^{\gamma-1}\right] \tag{4-17}$$

或

$$\Delta s=c_V\ln\left[\frac{p_2}{p_1}\left(\frac{\rho_1}{\rho_2}\right)^{\gamma-1}\right] \tag{4-18}$$

由此可知:在孤立系统的绝热变化过程中,如果过程可逆,则熵值保持不变,即 $\Delta s=0$,该过程称为等熵过程;如果过程不可逆,熵值必增加,即 $\Delta s>0$。因此,热力学第二定律也称为熵增原理。一旦引入熵的概念,就提供了判断过程是否可逆的标准和衡量不可逆程度的尺度。

对于等熵流动,$\Delta s=0$。根据式(4-17)和式(4-18)得

$$\frac{p_2}{p_1}=\left(\frac{\rho_2}{\rho_1}\right)^{\gamma}=\left(\frac{T_2}{T_1}\right)^{\frac{\gamma}{\gamma-1}} \tag{4-19}$$

式(4-19)称为等熵关系式,它将等熵过程中的压力、密度、温度联系起来,是热力学等熵过程的一个基本热力学方程。等熵过程要求很严格,必须是绝热并且可逆的。那么为什么还要重点研究等熵过程呢?原因是绝大多数实际的可压缩流体问题可以假设为等熵的。例

如，对于绕翼型的流动，在靠近翼型表面处会形成附面层，其中的黏性和耗散很强，且附面层中的熵是增加的。然而，对于附面层以外的流动，黏性和传热引起的耗散影响非常小，可以忽略不计。因此，附面层以外的流动是绝热可逆过程，即等熵流动。对于绝大多数实际流动，黏性附面层的厚度相对于整个流场是非常薄的，所以大部分流动可以看作等熵流动。

4.2 高速气流特性

研究空气高速流动的基本规律是为了研究飞机的高速空气动力特性。高速气流与低速气流的流动规律有共同点，也有很大的差异。飞机高速（$Ma>0.4$）飞行时，会出现一些不同于低速飞行时的现象，如产生激波、音障现象、热障现象等。这些现象的产生，直接导致作用于飞机上的空气动力发生变化。例如，升力系数、最大升力系数和临界迎角会发生变化；激波的产生，导致飞机的阻力系数急剧增加；压力中心会前后移动等。下面介绍一些高速空气动力学的基本理论，分析这些现象产生的原因。

4.2.1 空气的压缩性

高速与低速空气动力学理论的根本差别是空气的压缩性，即密度的变化量大小。空气的压缩性是指空气的压力、温度等条件改变而引起密度发生变化的属性。当空气流过飞机各个部件时，密度变化的程度主要取决于气流速度（外因）相对于当前飞行高度上声速（内因）的大小。

1. 空气的压缩性与气流速度的关系

无论是低速飞行还是高速飞行，空气流过机翼翼面上各处时的速度和压力均发生变化，从而引起空气密度发生变化。飞行速度越大，空气流过机翼各处时的速度和压力变化越大。空气密度变化的程度可以用空气密度变化的百分比 $\Delta\rho/\rho\times100\%$ 表示，$\Delta\rho$ 是空气密度的变化量，ρ 是空气原来的密度。表 4-1 给出了在标准大气条件下，不同气流速度时，机翼前缘驻点处空气密度增加的百分比。

表 4-1　空气密度随气流速度变化的关系

气流速度/(km/h)	200	400	600	800	1 000	1 200
空气密度变化的百分比（$\Delta\rho/\rho\times100\%$）	1.3%	5.3%	12.2%	22.3%	45.8%	56.5%

从表 4-1 中可以清楚地看出，在速度为 200～400 km/h 的低速流动中，空气密度的变化量很小，可以忽略不计。可是在高速飞行中，空气密度的变化量很大，因此，必须考虑空气压缩性的影响。

2. 空气的压缩性与声速的关系

声速（也称为音速），是指声波在介质中扰动的传播速度，如声音的传播等，其大小因介质的性质和状态而异。空气中的声速在标准大气条件下约为 340 m/s。下面来推导微弱扰动传播的速度——声速的表达式。

如图4-1所示，如果活塞静止，则密封容器内的空气没有受到任何扰动，速度为0。若活塞向右移动，则紧挨着活塞的空气受到扰动，将以声速向右移动，受到扰动的气体与未受扰动的气体之间的分界面称为波。凡是这道波(分界面，波前)到达之处，气体压强、密度和速度都发生一个改变量。假设在某瞬时 t，波在1—1截面处，经过 $\mathrm{d}t$ 时间后，波移动到2—2截面。当波在1—1截面时，1—1截面与2—2截面之间的气体质量是 $\rho A\mathrm{d}x$；而当波移到2—2截面时，原先在1—1截面左边的气体推进到了3—3截面，但3—3截面与2—2截面之间的气体质量仍然是 $\rho A\mathrm{d}x$。其中，A 是截面面积，$\mathrm{d}x$ 是1—1截面与2—2截面之间的距离。

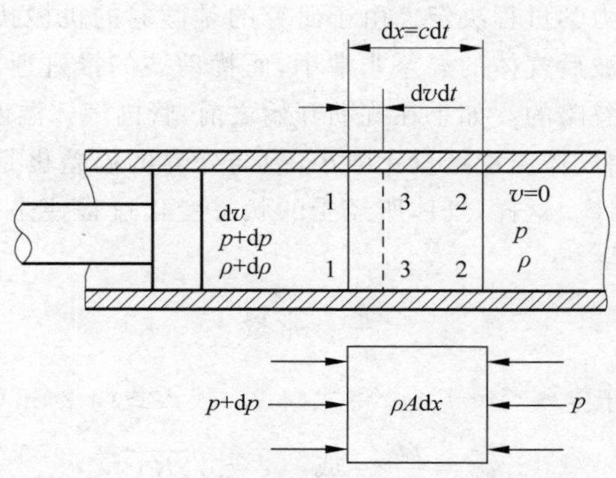

图4-1 弱扰动波的声速推导示意图

当波到达2—2截面时，1—1截面与2—2截面之间的气体质量是 $(\rho+\mathrm{d}\rho)A\mathrm{d}x$，因而，在 $\mathrm{d}t$ 时间内，1—1截面与2—2截面之间的质量增量为：$\mathrm{d}m=\mathrm{d}\rho\cdot A\mathrm{d}x$。根据质量守恒定律，这部分质量不可能凭空产生，是由1—1截面左侧被活塞所推动的气体中流进来的。在 $\mathrm{d}t$ 时间内，由左边流入1—1截面右边的气体质量为 $\mathrm{d}m=(\rho+\mathrm{d}\rho)A\mathrm{d}v\mathrm{d}t$。以上两个 $\mathrm{d}m$ 应该是一样的，即 $\mathrm{d}\rho\cdot A\mathrm{d}x=(\rho+\mathrm{d}\rho)A\mathrm{d}v\mathrm{d}t$。因 $\mathrm{d}x$ 是波在 $\mathrm{d}t$ 时间内走过的距离，所以 $\mathrm{d}x/\mathrm{d}t$ 就是波的传播速度。以符号 c 表示微弱扰动波的传播速度，即以 c 表示声速，则 $\mathrm{d}x=c\mathrm{d}t$，可以得到

$$\mathrm{d}v=\frac{c\mathrm{d}\rho}{\rho+\mathrm{d}\rho} \tag{4-20}$$

再以波位于1—1截面时1—1截面与2—2截面之间的气体质量为研究对象，根据动量定理，这么多质量的气体在 $\mathrm{d}t$ 时间内沿管轴方向的动量变化，应等于沿着该方向作用于这块气体上的外力的冲量。现在外力只有压力，故得

$$A[(p+\mathrm{d}p)-p]\mathrm{d}t=\rho A\mathrm{d}x(\mathrm{d}v-0) \tag{4-21}$$

由此可得

$$\mathrm{d}p=c\rho\mathrm{d}v \tag{4-22}$$

将式(4-20)代入式(4-22)，可得

$$\mathrm{d}p=\frac{c^2\mathrm{d}\rho}{1+\dfrac{\mathrm{d}\rho}{\rho}} \tag{4-23}$$

式(4-23)中，$\mathrm{d}\rho/\rho$ 远远小于1，故在分母中可以略去 $\mathrm{d}\rho/\rho$，所以最后得到

$$c^2=\frac{\mathrm{d}p}{\mathrm{d}\rho} \tag{4-24}$$

由式(4-24)可知，在气体中，声速的平方由气体的压强改变量与密度改变量之比所决定。从式(4-24)可以看出：在同样的压强改变量 $\mathrm{d}p$ 下，如果某种介质中的声速大，则该介质中的 $\mathrm{d}\rho$ 必小，说明该介质不易被压缩；反之，若在同样的 $\mathrm{d}p$ 下，如果某种介质中的声速小，则该介质中的 $\mathrm{d}\rho$ 必大，说明该介质容易被压缩。因此，声速 c 是介质压缩性的一个指标。

从式(4-24)可以看出，要想确定声速 c 的具体表达式，就必须知道 p 与 ρ 的关系，而这个关系由扰动传播的热力学过程决定。由于研究的是微弱的机械扰动，所有物理参数的改变是无限微小的，波前、波后气体的温差非常小，而扰动波的推进速度又很快，因此，气体之间的热传导是完全可以忽略的。如果在扰动开始之前，管内气体温度与管外介质温度相同，则在扰动发生后，因管内气体温度增量无限小，故与外界的温差也是无限小，因而通过管壁的热传导也可以忽略不计。这样，气体所经受的状态变化过程便是等熵过程。在等熵过程中，压强与密度的关系是

$$\frac{p}{\rho^\gamma}=\text{常量} \tag{4-25}$$

式中，γ 是比热容比，对于空气，$\gamma\approx1.4$。将式(4-25)代入式(4-24)，可得

$$c^2=\frac{\gamma p}{\rho}\quad \text{或} \quad c=\sqrt{\gamma RT} \tag{4-26}$$

式(4-26)就是微弱扰动传播速度——声速的表达式。需要说明的是，式(4-26)是按一维扰动导出的。对于二维及三维的微弱扰动，其传播速度仍然是声速，这里不另行推导。从式(4-26)可以看出，声速的大小只与 γ、R 和 T 值相关，即只与气体的种类和气体的热力学温度有关。对于空气，声速的大小仅取决于温度，温度越低，则声速越小，空气越容易被压缩。

4.2.2 马赫数及其物理意义

由前面分析可知，空气压缩性的大小取决于密度变化的程度，而密度的变化量又主要取决于相对气流速度相对于声速的大小，为了综合反映压缩性的大小，引入马赫数的概念。相对气流速度(飞机飞行速度)与飞机当前飞行高度上声速 c 的比值，称为飞行马赫数，用 Ma 表示，即

$$Ma=\frac{v}{c} \tag{4-27}$$

式中，Ma 为飞行马赫数；v 为飞机的飞行空速(相对于静止大气的速度)；c 为流场中飞机所在高度处的声速。

马赫数分为飞行马赫数和局部马赫数。飞行马赫数是指飞机飞行的空速与当前飞行高度上声速的比值。局部马赫数是指飞机周围流场中任意一点的气流速度与该点局部声速的比值。飞行马赫数的大小可以说明空气流过飞机沿途的密度变化程度，即衡量空气被压缩的程度。马赫数大，表明飞机的飞行速度大或声速小。飞行速度快，则说明空气流过飞机沿途的压力变化大，密度变化也大，即空气压缩得厉害；声速小，则说明空气容易压缩，在相同

的压力变化量的作用下，空气密度变化大。马赫数越大，表明空气的压缩性影响越显著。由此可见，马赫数的大小是衡量空气被压缩程度的标志。飞行实践表明：$Ma<0.4$ 时，空气压缩性的影响不大，可以不考虑空气压缩性的影响；$Ma>0.4$ 时，空气压缩性的影响较大，必须考虑空气压缩性的影响。除了低速飞行外，研究飞机的空气动力大小时必须考虑空气的可压缩性影响。

通常以马赫数 $Ma=0.4$ 为界，将空气流动分为低速流动和高速流动。$Ma<0.4$ 时的空气流动称为低速流动；$Ma>0.4$ 时的空气流动称为高速流动。高速流动还可以做如下划分：$0.4<Ma<Ma_{cr}$，称为亚声速流动；$Ma_{cr}<Ma<Ma_{cr上}$，称为跨声速流动；$M_{cr上}<Ma<5$，称为超声速流动；$Ma>5$，称为高超声速流动。还有另外一种更为简单的分类法，以 Ma_1（即 $Ma=1$）为界，$0.4<Ma<1$ 时的空气流动称为亚声速流动；$1<Ma<5$ 时的空气流动称为超声速流动；$Ma>5$ 时的空气流动称为高超声速流动。在 4.3 节中将以此种分类方法为基础对气流运动规律进行讨论。

4.3 高速定常一维流动

密度 ρ、压力 p、温度 T 和流速 v 是空气流动特性的重要参数。在空气动力学中，一项重要的任务就是求解这些参数。第 2 章已经建立一维定常流的基本方程。对于低速流动，可以忽略温度的变化，因此，通过 2.3 节建立的低速一维连续性方程和动量方程，再加上本章介绍的状态方程，可以求出密度 ρ、压力 p 和流速 v。但是对于高速可压缩流动，除了密度 ρ、压力 p 和流速 v 之外，还必须考虑温度 T。为了求解出这 4 个流动参数，必须新增一个方程——能量方程。本节重点讨论高速一维定常绝热流的连续性方程和能量方程。

4.3.1 一维定常绝热流的连续性方程

连续性方程是为了说明面积和速度的关系。对式(2-27)取微分，得到 $\mathrm{d}(\rho vA)=0$，将其展开并同除以 ρvA，可得

$$\frac{\mathrm{d}\rho}{\rho}+\frac{\mathrm{d}v}{v}+\frac{\mathrm{d}A}{A}=0 \tag{4-28}$$

为了得到面积 A 和速度 v 的关系，需要将式(4-28)中的 $\mathrm{d}\rho/\rho$ 用 $\mathrm{d}v$、$\mathrm{d}A$ 的函数来表示。将式(2-37)改写成

$$\frac{\mathrm{d}p}{\rho}=\frac{\mathrm{d}p}{\mathrm{d}\rho}\frac{\mathrm{d}\rho}{\rho}=-v\mathrm{d}v \tag{4-29}$$

将式(4-24)代入式(4-29)，可得

$$c^2\frac{\mathrm{d}\rho}{\rho}=-v\mathrm{d}v \tag{4-30}$$

将式(4-30)进一步表示为

$$\frac{\mathrm{d}\rho}{\rho}=-\frac{v\mathrm{d}v}{c^2}=-\frac{v^2}{c^2}\frac{\mathrm{d}v}{v}=-Ma^2\frac{\mathrm{d}v}{v} \tag{4-31}$$

将式(4-31)代入式(4-28)，可得

$$\frac{\mathrm{d}A}{A}=(Ma^2-1)\frac{\mathrm{d}v}{v} \tag{4-32}$$

其中，A 表示流管原来的截面面积，$\mathrm{d}A$ 表示流管截面面积的变化量，$\mathrm{d}A/A$ 为流管截面面积的变化程度；v 表示流管截面面积变化前空气原来的流速，$\mathrm{d}v$ 表示流速的变化量，$\mathrm{d}v/v$ 表示流速的变化程度。

式(4-32)反映了流速与流管截面面积之间的关系。从式(4-32)可以看出，流速与流管截面面积变化的关系与马赫数的大小相关，下面分别讨论亚声速和超声速两种情况。

1. 亚声速气流($Ma<1$)

在式(4-32)中，$Ma^2-1<0$，说明 $\mathrm{d}A/A$ 与 $\mathrm{d}v/v$ 的符号是相反的，而 A 和 v 总是正的，所以 $\mathrm{d}A$ 与 $\mathrm{d}v$ 的符号相反：当 $\mathrm{d}A>0$ 时，$\mathrm{d}v<0$，即流管截面面积增加，速度减小；反之，当 $\mathrm{d}A<0$ 时，$\mathrm{d}v>0$，即流管截面面积减小，速度增加。可见，当气流以亚声速流动时，流速与流管截面面积之间的关系是：流管收缩，流速增加；流管扩张，流速减小。这与低速流动($Ma<0.4$)完全相同。

2. 超声速气流($Ma>1$)

此时在式(4-32)中，$Ma^2-1>0$，说明 $\mathrm{d}A/A$ 与 $\mathrm{d}v/v$ 的符号相同。这说明，在超声速气流中，流速与流管截面面积一同增大或减小，即流管扩张，流速增加；流管收缩，流速减小。这和低速、亚声速流动时的情形正好相反。

根据上面的分析，要产生超声速气流，除了压力差以外，必须选择恰当的管道形状，即先收缩后扩张。这种产生超声速气流的方法是瑞典工程师拉瓦尔在 19 世纪末首先实现的，因此，这种先收缩后扩张管道称为拉瓦尔喷管或超声速喷管，该喷管中截面面积最小处称为喉部，如图 4-2 所示。当压力差驱动低速或亚声速气流从左向右在拉瓦尔喷管中流动时，低速或亚声速气流在收缩管道中加速，到喉部产生 $Ma\approx1$ 的等声速气流；紧接着用扩张管道使等声速气流继续加速变成超声速气流。通过选择不同的出口截面面积与喉部截面面积的比值，就可以在出口截面处得到不同速度的超声速气流。

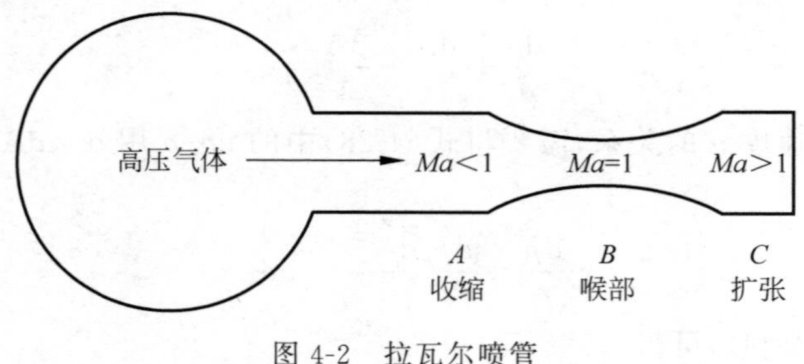

图 4-2　拉瓦尔喷管

4.3.2　一维定常绝热流的能量方程

对于不计黏性作用的高速一维定常绝热流，空气微团的运动是等熵过程。此时的能量方程可由欧拉方程利用等熵关系沿流线积分求出。根据式(2-38)并利用等熵关系式 $p/\rho^{\gamma}=C$ 可得

$$\int\frac{\mathrm{d}p}{\rho}=\int\frac{\gamma}{\gamma-1}R\,\mathrm{d}T=\frac{\gamma}{\gamma-1}RT \tag{4-33}$$

将式(4-33)代入式(2-38)，得到一维等熵流的能量方程(空气密度小，忽略重力势能 gz)：

$$\frac{v^2}{2}+\frac{\gamma}{\gamma-1}RT=C \quad (沿流线) \tag{4-34}$$

或

$$\frac{v^2}{2}+\frac{c^2}{\gamma-1}=C \quad (沿流线) \tag{4-35}$$

或

$$\frac{v^2}{2}+\frac{\gamma}{\gamma-1}\frac{p}{\rho}=C \quad (沿流线) \tag{4-36}$$

或

$$\frac{v^2}{2}+c_pT=C \quad (沿流线) \tag{4-37}$$

将 $c_p=R+c_V$ 代入式(4-37)，可得

$$\frac{v^2}{2}+c_VT+\frac{p}{\rho}=C \quad (沿流线) \tag{4-38}$$

又因为空气的内能 $U=c_V T$，因此式(4-38)可表示为

$$\frac{v^2}{2}+U+\frac{p}{\rho}=C \quad (沿流线) \tag{4-39}$$

式(4-34)～式(4-39)就是一维等熵流动能量方程的各种表达形式。式(4-39)中的 $v^2/2$、U 和 p/ρ 分别为单位质量空气的动能、内能和压力能。式(4-39)表明：在绝热过程中，流动空气的动能、内能和压力能可以相互转换，总和保持不变。空气沿流管从一截面流到另一截面，如果动能增加(流速增加)，则压力能和内能(焓值)之和必然同时减小(压力、温度、密度同时减小)；反之则同时增加。

高速能量方程与低速能量方程(伯努利方程)的区别在于：低速时，内能不参与转换，密度、温度保持不变，伯努利方程中只有动能和压力能相互转换；高速时，温度、密度的变化不能忽略，高速能量方程中有动能、内能和压力能三种能量参与转换。高速能量方程是在绝热无黏的条件下推导出来的。如果气体内部有摩擦现象，高速能量方程仍然适用，因为尽管气体摩擦做了功，但摩擦热保留在气体内部，所以也适用于黏性气体。

4.3.3 一维定常绝热流各气流参数间的关系

为了给出一维定常绝热流任意点处的气流参数(压力、温度、密度)之间的关系式，需要给定某一参考点，流动参数沿流线变化的关系式可用与参考点的比值表示，常用的参考点为驻点或物面临界点。

1. 以驻点为参考点的各参数关系式

驻点是指流速等熵地降为零的点。驻点处的温度称为驻点温度，也称为滞止温度或总温；驻点处的压力称为驻点压力，也称为滞止压力或总压；驻点处的焓称为驻点焓值，也称为滞止焓值或总焓。驻点处的压力、温度、密度、焓分别用 p_0、T_0、ρ_0、h_0 表示；流场中驻点之外的其他点的压力、温度、密度、焓分别用 p、T、ρ、h 表示，称为静参数。

根据式(4-37)可知

$$\frac{v^2}{2c_p}+T=T_0 \tag{4-40}$$

由此得到总温与静温之比为

$$\frac{T_0}{T}=1+\frac{v^2}{2c_pT}=1+\frac{\gamma-1}{2}Ma^2 \tag{4-41}$$

式(4-41)说明，在一维绝热流中总温与静温之比只取决于 Ma。由于直接测量静温 T 相当困难，而总温 T_0 容易测量，故通常用 T_0 和 Ma 计算 T。

将式(4-41)代入等熵关系式(4-19)，可得

$$\frac{p_0}{p}=\left(1+\frac{\gamma-1}{2}Ma^2\right)^{\frac{\gamma}{\gamma-1}} \tag{4-42}$$

$$\frac{\rho_0}{\rho}=\left(1+\frac{\gamma-1}{2}Ma^2\right)^{\frac{1}{\gamma-1}} \tag{4-43}$$

需要注意的是，式(4-41)的应用条件是一维绝热流，而式(4-41)、式(4-42)和式(4-43)仅对等熵流同时适用。若以上等熵流动关系式中的 Ma 为飞行马赫数，温度、压力、密度为飞机当前飞行高度上的大气温度、密度和压力，当飞行高度一定时，驻点处各气流参数随着飞行马赫数的增加而增加。若以上等熵流动关系式中的 Ma 为局部马赫数，当飞行高度和速度一定时，驻点处的参数一定，此时，机翼表面各点的气流参数只随该点局部马赫数的变化而变化，局部马赫数增加，则该点处的温度、压力、密度减小，反之则增加。

2. 以临界点为参考点的各参数关系式

在一维绝热流中，沿流线某点处的流速恰好等于当地声速时的点称为临界点。临界参数用上标加“*”表示。由一维绝热流能量方程，有

$$\frac{T^*}{T_0}=\left(\frac{c^*}{c}\right)^2=\frac{2}{\gamma+1} \tag{4-44}$$

对于等熵流还有

$$\frac{p^*}{p_0}=\left(\frac{2}{\gamma+1}\right)^{\frac{\gamma}{\gamma-1}} \tag{4-45}$$

$$\frac{\rho^*}{\rho_0}=\left(\frac{2}{\gamma+1}\right)^{\frac{1}{\gamma-1}} \tag{4-46}$$

式(4-44)中的 c^* 为临界声速，可表示为 $c^*=\sqrt{\frac{2}{\gamma+1}}c_0$，故 c^* 也可以代表一维绝热流的总能量，可将能量方程表示为

$$\frac{v^2}{2}+\frac{c^2}{\gamma-1}=\frac{\gamma+1}{\gamma-1}\cdot\frac{c^{*2}}{2} \tag{4-47}$$

在气流参数计算中，有时用马赫数作为自变量并不方便，因为流线上各点处声速一般并不相同，按流速计算马赫数或根据马赫数计算流速都需要计算声速。但从式(4-44)可知，当 T_0 一定时，c^* 也是个定值，故也可作为参考速度。定义速度系数

$$\lambda=\frac{v}{c^*} \tag{4-48}$$

由上述定义可知

$$\lambda^2=\frac{v^2}{c^{*2}}=\frac{v^2}{c^2}\frac{c^2}{c^{*2}}=\frac{(\gamma+1)Ma^2}{2+(\gamma-1)Ma^2} \tag{4-49}$$

则

$$Ma^2=\frac{\frac{2}{\gamma+1}\lambda^2}{1-\frac{\gamma-1}{\gamma+1}\lambda^2} \tag{4-50}$$

将式(4-50)代入式(4-41)、式(4-42)和式(4-43)，可得用 λ 表示的一维等熵流总参数与静参数之比的关系式：

$$\begin{cases}\dfrac{T}{T_0}=1-\dfrac{\gamma-1}{\gamma+1}\lambda^2\\ \dfrac{p}{p_0}=\left(1-\dfrac{\gamma-1}{\gamma+1}\lambda^2\right)^{\frac{\gamma}{\gamma-1}}\\ \dfrac{\rho}{\rho_0}=\left(1-\dfrac{\gamma-1}{\gamma+1}\lambda^2\right)^{\frac{1}{\gamma-1}}\end{cases} \tag{4-51}$$

4.4　激波和膨胀波

亚声速流场和超声速流场有许多差别，其中很重要的一个差别就是小扰动的传播范围。

4.4.1　扰动的概念

在流场中，任一点的流动参数与自由流(即远前方来流)中对应流动参数之差，称为扰动。如流场中某点的密度、压强和速度分别为 ρ、p、v，而远前方来流的密度、压强、速度分别为 ρ_∞、p_∞、v_∞，则流场上该点的流动参数可表示为 $\rho=\rho_\infty+\Delta\rho$、$p=p_\infty+\Delta p$、$v=v_\infty+\Delta v$，式中 $\Delta\rho$、Δp、Δv 分别称为该点对流场的扰动密度、扰动压强和扰动速度。当 $\Delta\rho$、Δp、Δv 的值很小时，这种扰动称为弱扰动；反之，称为强扰动。飞机在空中飞行时，如对周围的空气产生作用，使空气的密度、压强、速度等参数发生变化，则说明飞机对空气产生了扰动。空气是可压缩的弹性介质，一处受到扰动，这个扰动便通过空气一层一层相互作用，向四面八方传播。

4.4.2　弱扰动的传播

要了解激波的产生，可以从扰动波在气流中的传播谈起。假设有一个扰动源扰动了平静的空气，产生了声波，并以声速 c 向四面八方传播。根据扰动源运动的速度，下面分别对扰动源静止、扰动源以亚声速运动、扰动源以等声速运动、扰动源以超声速运动四种情况讨论弱扰动的传播，如图 4-3 所示。

1. 扰动源静止($v=0$)

如图 4-3(a)所示，假设弱扰动源 O 每隔 1 s 发出一次弱扰动波，图示为 4 s 后的一

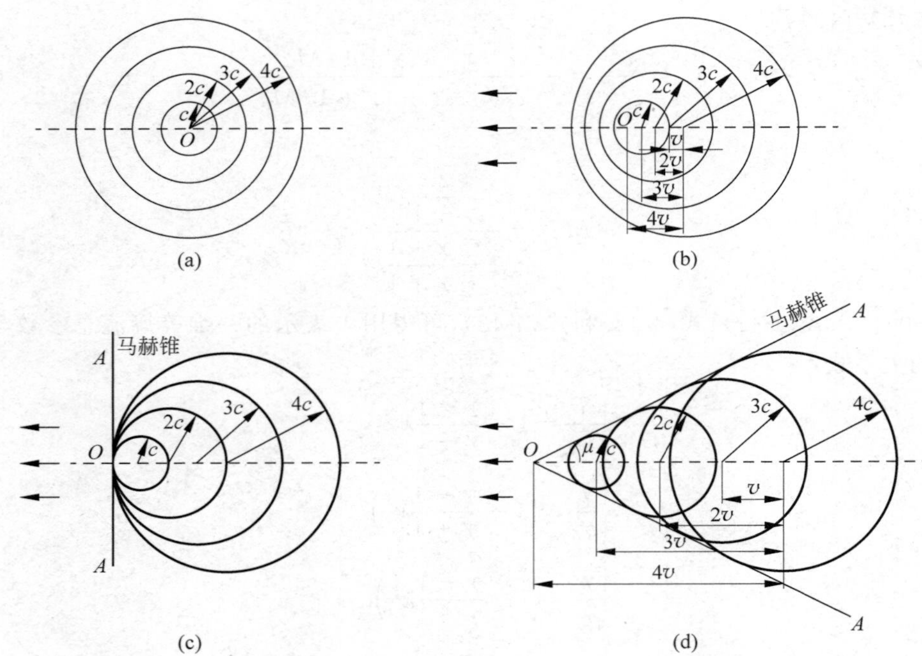

图 4-3　弱扰动波的传播

(a) $v=0$ 的情况；(b) $v<c$ 的情况；(c) $v=c$ 的情况；(d) $v>c$ 的情况

瞬间弱扰动波的 4 个波面位置，它们是 4 个同心的球面。最外边的球面半径是 $4c$（$4c$ 表示以速度 c 运动 4 s走过的距离），即 4 s前发出的一个弱扰动波经过 4 s后到达的位置。最里面的球面半径是 c，即 1 s前发出的弱扰动波经过 1 s后到达的位置。由于扰动源速度 $v=0$，因此每个扰动波面都以扰动源 O 为球心向四周传播。球面内的空气都已受到扰动，而球面外的空气尚未受到扰动，但只要有足够的时间，弱扰动波会波及整个空间。

2. 扰动源以亚声速运动（$v<c$）

如图 4-3(b)所示，每次从弱扰动源 O 发出的弱扰动波仍以声速 c 进行传播，但由于扰动波本身还跟随扰动源以速度 v 向左运动，所以，弱扰动波的运动是以上两个运动的叠加。因此，在运动方向上弱扰动波面的相对运动速度要慢一些，而在运动的反方向上的相对运动速度要快一些。此时弱扰动波的传播对扰动源 O 而言已不再是球对称的了，而是向扰动源运动方向偏，但只要时间足够，弱扰动波仍然会波及整个空间。

3. 扰动源以等声速运动（$v=c$）

如图 4-3(c)所示，因为 $v=c$，因此在运动方向上弱扰动波的相对运动速度等于零，这样，每次从弱扰动源 O 发出的弱扰动波就不能波及全部空间。它的分界面是由弱扰动波面构成的公共切平面 AOA，切平面右侧的半个空间是弱扰动源的影响区，切平面左侧的半个空间是无扰区，弱扰动源对切平面左侧的空间不能产生干扰。因此，扰动源以亚声速和声速运动时对空气的干扰是有本质区别的。

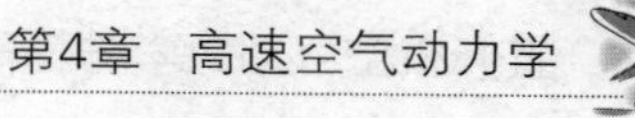

4. 扰动源以超声速运动($v>c$)

如图 4-3(d)所示,在第 4 秒末可以看到第 1 秒发出的弱扰动波面的球面半径已扩展为 $4c$,球心则随扰动源向左移动了 $4v$ 的距离,由于 $v>c$[①],因此,弱扰动源 O 必然在球面左边界的左侧。同样,第 4 秒初发出的扰动波的球面半径是 c,该球心随扰动源向左移动的距离为 v,由于 $v>c$,弱扰动源 O 也必然会处在弱扰动波球面的左边界的左侧。因此,经过 4 s 后,这些被扰动源扰动的球面波的公切面将是一个母线为直线 OA 的圆锥波面,这个圆锥面称为马赫锥面,简称马赫锥。随着扰动源运动速度的增大,马赫锥将减小,扰动影响区也将缩小。在超声速扰动源运动过程中,扰动源 O 的影响区只在马赫锥面内;而在马赫锥外面,都是非干扰区的空间,空气完全没有受到干扰。因此可以说马赫锥是把被干扰的空气和未被干扰的空气分开来的分界面。这个分界面是由一系列互相邻近的弱扰动波组成的,因此称为弱扰动边界波。空气通过弱扰动边界波之后,压力、密度只发生非常微小的变化。由图 4-3(d)可知

$$\sin\mu = c/v = 1/Ma \quad 或 \quad \mu = \arcsin(1/Ma) \tag{4-52}$$

其中,μ 为马赫角。

飞行器上和气流接触的每一个点都是一个扰动源。通过上面的分析,可以得出这样的结论:如果飞行器的飞行速度小于声速,它所引起的扰动可以传到飞行器的前面去;如果飞行速度等于或大于声速,则扰动就不能传到飞行器的前面去,而只能在飞行器后面一定范围内传播,飞行速度比声速大得越多,这个范围就越狭小。低速飞机还没有飞到,我们就早已听到了它的轰鸣声,而超声速飞行器飞行时,飞过我们头顶很远,才能听到它的呼啸声,道理就在这里。

4.4.3 激波的基本概念

了解了弱扰动波在空气中的传播情况,飞机飞行时所造成的强扰动(即引起的压强和密度比声波大)在空气中的传播情形也基本一样。在飞机跨声速或超声速飞行时,同样也会出现边界波。所不同的是,这时的边界波是由无数较强的波叠加而成的,在边界波面处受到强烈压缩,波前波后空气的物理性质发生突变。由较强压缩波组成的边界波称为激波。

1. 激波的形成

前面谈到,飞机以超声速飞行时,扰动不能够传到其前面去。对于亚声速飞行,周围的空气在飞机到来前就感受到了飞机的扰动,当飞机到来时,空气已经让开;以超声速飞行时,周围的空气还没有感受到飞机扰动的影响时,飞机就已经到来了,空气来不及让开,因而突然遭到强烈的压缩,其压力、密度和温度都突然升高,流速突然减小,这种因飞机做跨声速或超声速飞行时,压力、密度、温度、速度从无变化到突然发生变化形成的分界面称为激波。

2. 激波的分类

飞机在空中以超声速飞行时,相当于气流以超声速流过飞机,因此在机身和机翼前缘部

---

① 这里 c、v 是以速度 c 和 v 运动 1 s 走过的距离。

分气流受到阻滞，即不断受到压缩而形成激波。因飞机外形、飞行马赫数的不同，激波形状也是不同的，如图 4-4 所示。图 4-4(a)、(b)中的激波称为脱体激波，图 4-4(c)中的激波称为附体激波。激波面与运动方向垂直的部分称为正激波(见图 4-4(a)、(b)中激波的局部，只是小部分)；激波面与运动方向不垂直的部分称为斜激波。激波可以是平面的，也可以是曲面的或锥面的，如果超声速气流流过圆锥，则所形成的激波称为圆锥激波。

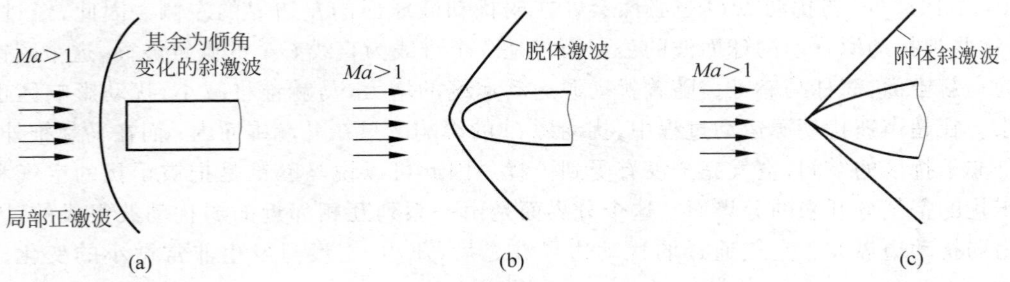

图 4-4　脱体激波与附体激波

(1) 正激波。正激波是指激波面与来流方向接近于垂直的激波。气流流过正激波时，其压力、密度和温度都突然增加，且流速由原来的超声速降为亚声速，经过激波后的流速方向不变。在同一马赫数下，正激波是最强的激波，气流穿过正激波的能量损失也是最多的。

(2) 斜激波。斜激波是指激波面与来流方向不垂直的激波。气流流过斜激波时，压力、密度和温度都会突然增加，但在同一超声速来流马赫数下，它们的变化程度不像通过正激波那样剧烈。波后的流速可能降为亚声速，也可能仍为超声速，这取决于激波倾斜的程度。气流经过斜激波时方向会发生偏转。

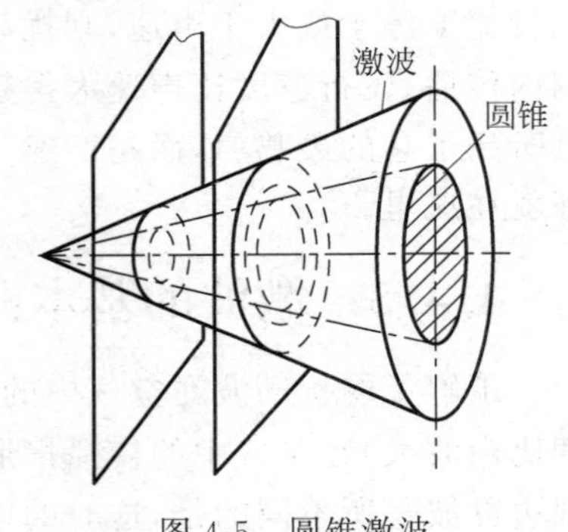

图 4-5　圆锥激波

(3) 圆锥激波。超声速气流流过圆锥，则从圆锥的顶点处开始产生一道圆锥激波，如图 4-5 所示。圆锥激波的特点是其强度比平面激波弱，气流流过圆锥激波后，气流方向并不立刻与锥面平行，而是不断改变其速度大小和方向，所以圆锥激波后的流线是弯曲的，而平面激波后的流线立刻与楔形体表面平行，保持一直线。

4.4.4　膨胀波的基本概念

超声速气流绕凹角流动将产生斜激波，这种流动与绕楔形体的流动相类似。由图 4-6(a)可以看到，凹角的顶点 A 对气流产生一个扰动，扰动的边界波为激波。波后气流受到 A 处转折角 δ 的影响，气流受到压缩。如果转折角 δ 无限小，则扰动的边界波退化为马赫波，这是一种弱压缩波，见图 4-6(a)。如果物面有两个连续的微小转折，则产生两道马赫波。由于压缩波后气流速度与马赫数减小，所以后一道马赫波的马赫角 μ_2 将大于前一道波的马赫角 μ_1。因此，这两道波必然会在气流中某处相交，形成压缩强度较大的波。如果转折点很多，如图 4-6(b)中的 A、B、C 所示，则最后形成的压缩波强度必然很大，这就是激波。这说明了激波是无数弱扰动波(压缩)的叠加。超声速气流遇到压缩扰动时就会产生激波。

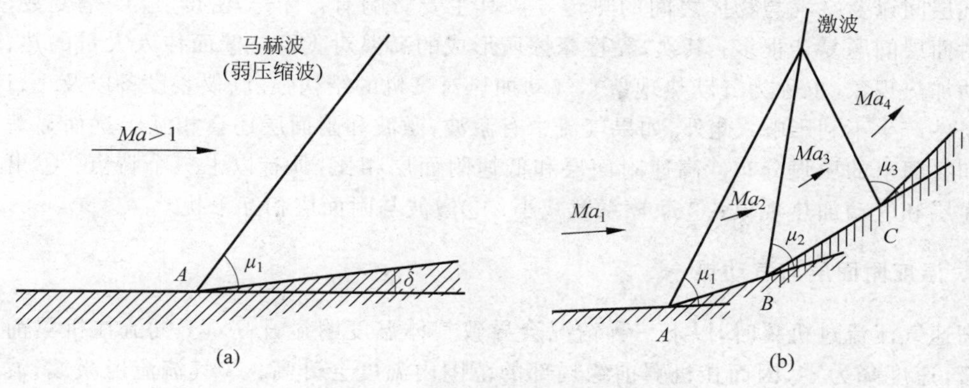

图 4-6　弱扰动叠加形成激波

与上述情况相反，超声速气流绕凸角流动时，气流将产生膨胀。如果转折角很小，则扰动传播界面也将是一道马赫波，见图 4-7(a)。图中用虚线表示膨胀的马赫波，用实线表示压缩的马赫波。由于气流膨胀后，ρ、p、T 减小，速度 v 增大，因此波后马赫数增加，即 $Ma_2>Ma_1$。如果壁面有几个转折，则后一道波的马赫角将小于第一道波的马赫角，见图 4-7(b)。如果这些转折点无限接近，形成了一个有限大的转折角，则这些膨胀的马赫波将形成一个扇形的膨胀区域，如图 4-7(c)所示。气流通过扇形膨胀区时，连续不断地膨胀，气流方向不断偏转，最后与转折点后的物面平行。

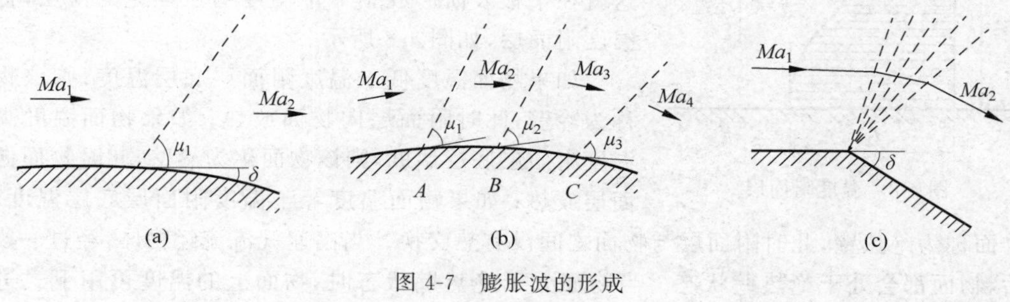

图 4-7　膨胀波的形成

综上所述，由于空气的压缩性，在超声速时，气流因阻滞而产生激波，因扩张而产生膨胀波。或者说，激波是超声速气流减速时通常产生的现象；膨胀波是超声速气流加速时必然产生的现象。激波使波前、波后参数发生突跃式变化，气流穿过激波时受到突然的压缩，压力、密度和温度增加，而速度和马赫数下降；而膨胀波波前、波后参数发生的是连续变化。此外，两者还有一个区别：激波虽然厚度很小(约为 10^{-7} m 量级)，但气流经过激波时，在激波内部气体黏性引起的内摩擦很强烈，气流的部分机械能会因消耗于摩擦变成热能而使自身温度急剧升高，膨胀波则没有上述损失。

4.4.5　高速附面层

通常，求解物体绕流问题的步骤一般是先按无黏流计算，然后计及黏性的影响。然而，附面层内速度梯度很大，黏性内摩擦引起动能损失并产生大量的摩擦热，使层内温度升高。层内的温度升高不仅使空气的密度和黏性系数变为常数，还会因法向温度梯度的出现而形成空气层间以及空气与物体之间的热传导。其主要影响有：首先，密度、温度是变数，使得高速附面层问题复杂很多；其次，黏性摩擦所形成的高温对飞行器壁面传入大量的热，并出现气动加热现象（也称为气动热现象），气动加热对飞机的结构强度、仪表设备以及飞行员的工作条件产生不利影响；此外，如果气流中有激波，激波和附面层还会相互干扰而显著改变流场和物面上的压强分布。高速附面层和低速附面层相比，具有以下三个特点：①出现温度附面层和气动加热现象；②摩擦系数减小；③激波与附面层相互干扰。

1. 温度附面层与气动热

高速气流流过机翼时，以下三种情况会导致气体温度明显升高：①气流在机翼前缘受到阻滞，速度降为零，因而在机翼前缘局部的范围内温度会升高；②气流流经激波，波后气体温度会突然升高；③附面层中气流的黏性力作用使气流速度减小而温度升高。凡因气流受阻滞产生的热，统称为气动热。

现代高速飞机具有良好的气动外形，机翼前缘的阻滞作用较小，激波强度通常也不会很大，因此附面层内的增温是气动热的主要成分。

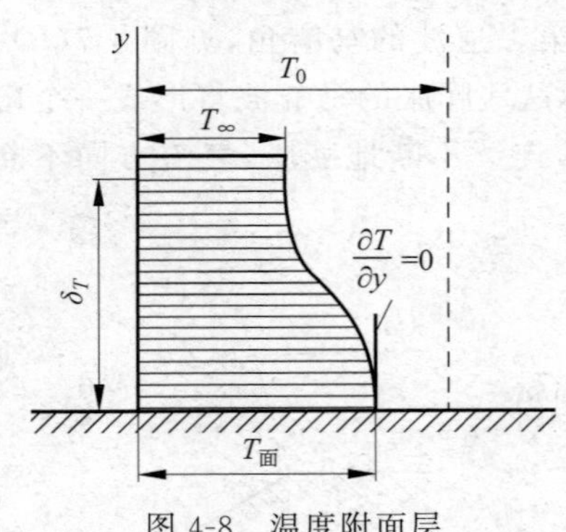

图 4-8　温度附面层

为简便起见，以高速气流流经平板情况为例。在平板附面层中，速度梯度是自下而上逐渐减小的，这说明气流各层间的内摩擦力也是自下而上逐渐减小的，因而气流动能转换为热能从而使温度升高的规律也应该相同，这就在平板表面形成了一个温度明显变化的薄层，称为温度附面层，如图 4-8 所示。

如果物面温度低于温度附面层底层温度，则该物面称为冷壁，此时附面层向物面放热；如果物面温度高于温度附面层底层温度，则该物面称为热壁，此时物面向附面层放热；如果物面温度等于温度附面层底层温度，则该物面称为绝热壁，此时附面层与物面之间没有热交换。当高速气流流经物体，经过一段时间后，物面都会处于绝热壁状态。当物面处于绝热壁状态时，物面上的温度可用下式进行估算：

$$T_{物面}=T_\infty\left(1+R\,\frac{\gamma-1}{2}Ma^2\right) \tag{4-53}$$

式中，R 表示恢复系数。在层流附面层中，$R=0.85$；在紊流附面层中，$R=0.89$。

由此可知，随着飞行马赫数增加，飞机表面温度迅速升高。

2. 气动热对摩擦系数的影响

气动热是通过改变附面层底层的速度梯度和空气的黏性系数影响摩擦系数的。对于绕平板的流动，一方面，由于壁面温度升高，黏性系数随之增大，使壁面剪应力有增大的趋势；另一方面，根据气体状态方程，在压力不变条件下，密度与温度成反比，气动热的产生使得附面层温度增加，引起密度减小，导致附面层增厚，从而使壁面处速度梯度减小，剪应力下降。两方面的影响以后者为主，故随着马赫数增加，壁面摩擦系数减小。

3. 激波与附面层的干扰

空气以超声速流过机翼表面时,附面层按其速度可分为两层:一层贴近机翼表面,速度小于声速,是亚声速底层;另一层稍靠外,流速大于声速,是超声速外层。在这两层的分界线上,流速等于声速,是声速线。机翼表面的激波只能出现在超声速的外层,而达不到附面层的亚声速底层,激波实际上并不与机翼表面直接接触,如图 4-9 和图 4-10 所示。

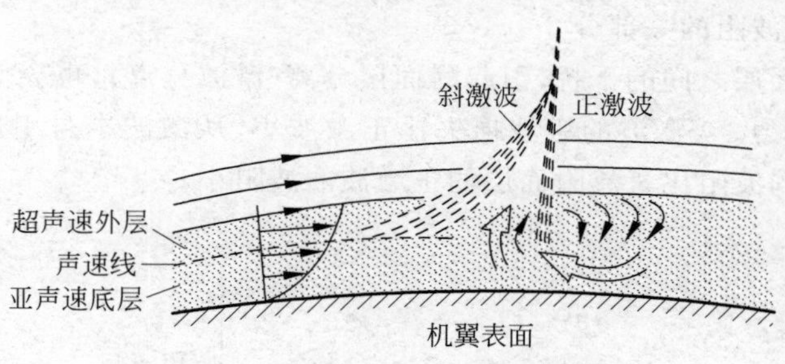

图 4-9　层流附面层与 λ 激波

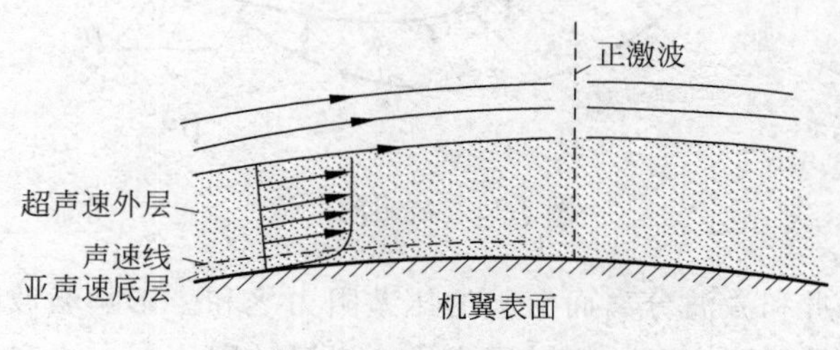

图 4-10　紊流附面层与正激波

激波与层流附面层的干扰,不同于激波与紊流附面层的干扰。层流附面层受到激波影响要产生气流分离,激波形状也改变为“λ”形;紊流附面层受激波影响一般不产生分离,激波形状为正激波。其原因是:层流附面层虽然厚度较薄,但其流速分布由附面层外到机翼表面是逐渐减小的。底层的速度梯度最小,所以附面层的亚声速底层较厚。激波后面突然升高的压强,通过附面层的亚声速底层可以逆气流传到激波前面,使得附面层亚声速底层气流受到阻滞,并产生倒流,形成气流分离。气流分离波及附面层的超声速外层,引起超声速气流向离开翼面方向偏斜,像流过内凹曲面一样,在原来正激波之前又产生一系列的斜激波,激波形状像字母“λ”,故称为 λ 激波,如图 4-9 所示。

飞行马赫数增加,激波处附面层的气流分离加剧。紊流附面层底层的速度梯度大,靠近机翼表面的流速,比起邻近外层的流速小得多,附面层大部分是超声速外层,而亚声速底层很薄。在这种情况下,激波后面突然升高的压强,不容易通过亚声速底层传到激波前面去,这样激波前的气流不会受到强烈的阻滞,也就不会产生气流分离,当然也不会产生斜激波,只有一道较强的正激波,如图 4-10 所示。

4.4.6　激波阻力

激波阻力是指由于出现激波而额外产生的阻力,简称波阻。下面以迎角为零的对称翼型的压力分布来详细说明波阻的物理本质。

如图 4-11 所示，上翼面表示局部超声速区和激波，下翼面表示压力分布（注意，不是压力系数分布。对称翼型零度迎角的上下翼面的压力分布是一样的）。前驻点处压力最大，等于 p_0，从 O 到 B，随流速增大，压力降低。在 A 点达到声速时，激波在 B 处出现，该处压力突增，速度降到亚声速。压力分布如折线 $DKBGH$ 所示。如没有激波，压力分布应如 $DKG'H'$ 曲线所示。可见，激波的出现使翼型后半部的压力比无激波时的低，从而产生了附加的压差阻力，这是波阻的一部分。

局部激波与附面层之间的干扰，引起附面层分离（激波分离），也会使翼型前后压力差增大，从而形成附加阻力。λ 激波的激波损失比正激波小，从激波本身引起压差阻力来看，层流附面层的 λ 激波的波阻比紊流附面层的正激波的波阻小。

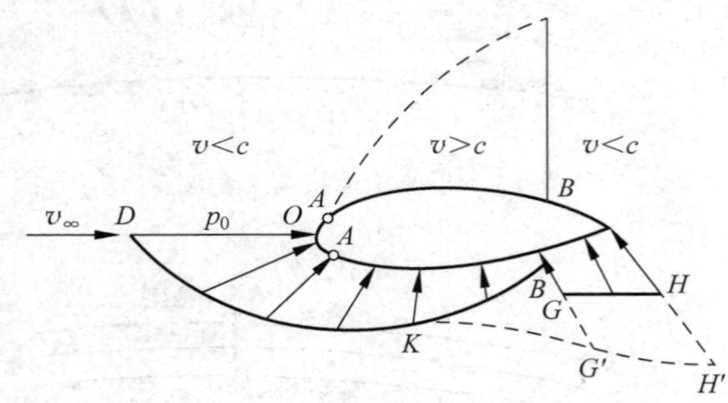

图 4-11　波阻的产生

波阻是指激波本身和激波分离而引起的压差阻力之和。影响激波阻力大小的因素有很多，飞行马赫数、迎角及翼型表面的粗糙程度均会对激波阻力的大小产生影响。飞行马赫数越大，激波阻力越大。在飞行马赫数小于 1.0 的跨声速阶段，Ma 增加，激波强度增加，从而导致激波阻力增加；迎角越大，激波阻力越大。由于迎角增大，临界马赫数减小，翼型表面会更早地出现局部超声速区和局部激波。迎角增大，翼型上表面的吸力增大，且更加向后倾斜，致使前、后压力差增大，阻力系数增加。此外，翼型表面越粗糙，激波阻力越大。翼型表面越粗糙，层流附面层越容易变为紊流附面层，这也将导致波阻增加。

4.5　翼型的高速空气动力特性

当飞机高速飞行时，流场中的密度、压力、温度等气体状态参数都将发生显著变化，飞行速度越大，参数变化越显著。空气压缩性的影响会使得飞机的高速空气动力特性与低速时明显不同。本章在高速气流特性的基础上，分别从机翼的剖面形状（翼型）和平面形状入手，讨论亚声速、跨声速两个阶段的飞机高速空气动力特性。

4.5.1　翼型的亚声速空气动力特性

亚声速是指飞行马赫数 Ma 大于 0.4，流场各点的气流的马赫数都小于 1 的情况。这时，空气的压缩性影响已不容忽视。例如，气流速度的变化 $dv/v=1\%$，根据 $d\rho/\rho=-Ma^2dv/v$，可以计算出：当 $Ma=0.4$ 时，$d\rho/\rho=-0.16\%$；而当 $Ma=0.6$ 时，$d\rho/\rho=$

-0.49%。高速飞行时空气密度的显著变化，导致翼型表面的压力分布和空气动力特性发生显著变化。当 $Ma<0.4$ 时，速度变化时空气密度的相对变化量很小，可以不考虑压缩性的影响，因此，$Ma<0.4$ 的气流称为不可压流体；而当 $Ma>0.4$ 时，空气压缩性影响很明显，不能忽略，此时的气流称为压缩性流体。

1. 亚声速阶段翼型压力分布的特点

对于不可压流动，翼型表面的压力分布仅取决于翼型和迎角，与来流马赫数无关。而对于亚声速阶段的可压流动，由于空气密度显著变化，根据一维定常绝热流的连续性方程和能量方程可知：在负压区，流速加快，密度减小，压力会额外减小，即吸力会额外增加；同样，在正压区，流速减慢，密度增加，压力会额外增大。因此，当翼型、迎角一定，气流速度从低速增加到亚声速时，受空气压缩性的影响，与低速流动时相比，在亚声速阶段翼型的压力分布呈"吸处更吸，压处更压"的特点，且飞行马赫数 Ma 越大，压缩性的影响越明显，则正压区压力更大，负压区吸力更大，如图 4-12 所示。

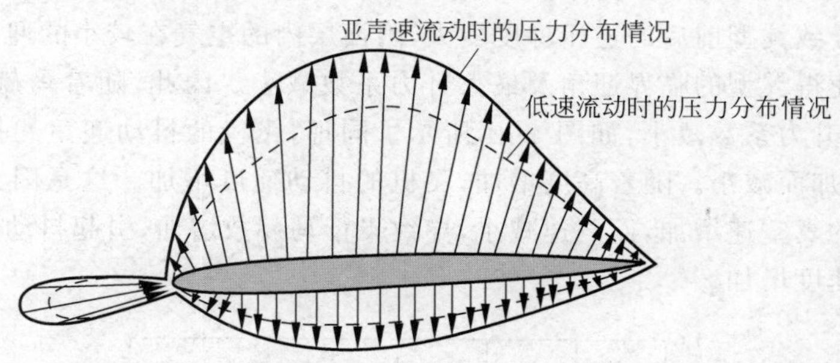

图 4-12　翼型低速和亚声速阶段的压力分布比较

2. 翼型的亚声速空气动力特性参数

亚声速阶段翼型表面的压力分布呈现出"吸处更吸，压处更压"的特点，导致随着马赫数的增加，升力系数曲线斜率 C_L^α 和同一迎角下的升力系数增加，临界迎角 α_{cr} 和最大升力系数 $C_{L\max}$ 减小，翼型的阻力系数 C_D 基本不变，压力中心位置前移。

1）飞行马赫数增加，C_L 和 C_L^α 增加

由伯努利方程可知，高速和低速流动相比，当亚声速气流流经同一迎角和同一翼型时，上翼面的负压值更大，吸力更大，下翼面的正压值也更大。因此，在亚声速阶段，随着马赫数增加，翼型的升力系数和升力系数曲线斜率均增加。

根据压缩性修正公式，在可压缩性气流中，机翼上、下表面的压力系数可表示为

$$C_{p\text{上可压}}=\frac{C_{p\text{上不可压}}}{\sqrt{1-Ma^2}}\quad \text{及}\quad C_{p\text{下可压}}=\frac{C_{p\text{下不可压}}}{\sqrt{1-Ma^2}} \tag{4-54}$$

将式(4-54)代入升力系数公式，可得

$$C_{L\text{可压}}=\int_0^1\frac{1}{\sqrt{1-Ma^2}}(C_{p\text{下不可压}}-C_{p\text{上不可压}})\mathrm{d}\bar{x}=\frac{C_{L\text{不可压}}}{\sqrt{1-Ma_\infty^2}} \tag{4-55}$$

将式(4-55)对 α 求导，可得

$$C_{L可压}^{\alpha}=\frac{\mathrm{d}C_{L不可压}}{\mathrm{d}\alpha}\cdot\frac{1}{\sqrt{1-Ma_{\infty}^{2}}}=C_{L不可压}^{\alpha}\cdot\frac{1}{\sqrt{1-Ma_{\infty}^{2}}}\tag{4-56}$$

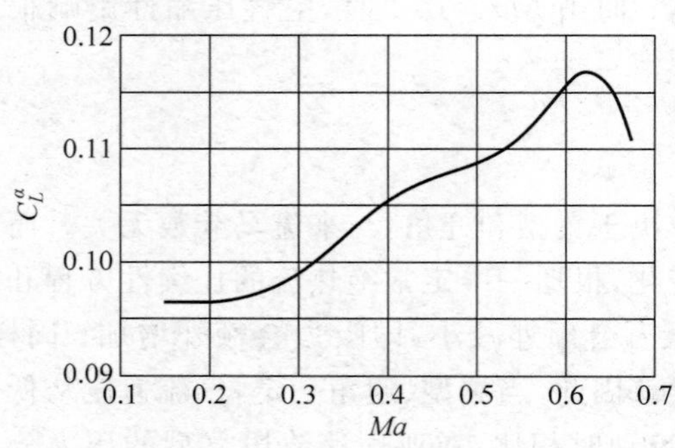

图 4-13　升力系数曲线斜率与马赫数的关系

式(4-55)和式(4-56)表明，在亚声速阶段，随着马赫数增加，翼型的升力系数和升力系数曲线的斜率均增加，如图 4-13 所示。

2）飞行马赫数增加，$C_{L\max}$ 和 α_{cr} 减小

同样，根据伯努利方程可知，高速和低速流动相比，当亚声速气流流经同一迎角和同一翼型时，上翼面的负压值更大，吸力更大，下翼面的正压值也更大。虽然翼型表面压力系数与$\frac{1}{\sqrt{1-Ma^2}}$成比例增长，但各点增长的绝对值不同。在最低压力点处，由于流速增加多，负压值更大，吸力增加得更多，之后的部分增长幅度较小，导致翼型前后的逆压梯度变大，附面层内的空气在较小的迎角下就出现了严重的气流分离，使得翼型的临界迎角及最大升力系数减小。因此，随着马赫数增加，翼型的临界迎角及最大升力系数减小，如图 4-14 所示。同理，飞机的抖动迎角和抖动升力系数也随着马赫数的增加而减小。随着高度增加，飞机的抖动速度增加。这是因为随着高度的增加，相同表速时的真空速增加，而声速减小，导致飞行马赫数增加，引起抖动迎角和抖动升力系数减小，抖动速度增加。

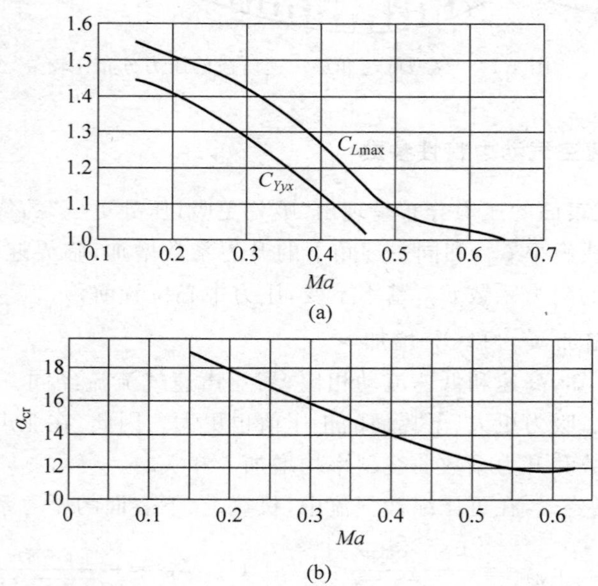

图 4-14　最大升力系数和临界迎角与马赫数的关系

3）飞行马赫数增加，C_D 基本不变

在亚声速阶段，随着飞行马赫数的增加，作用在翼型前缘的压力增加，使得翼型的压差阻力系数变大；根据高速附面层的特点，摩擦系数会减小。因此，随着马赫数的增加，翼型

的摩擦系数基本不变。

4）飞行马赫数增加，翼型的压力中心前移

按压缩性修正公式，亚声速飞行受空气压缩性影响，整个翼型表面的压力系数都放大$\frac{1}{\sqrt{1-Ma^2}}$倍，可以认为翼型压力的中心位置基本保持不变。

压缩性修正公式是一个近似计算公式，在低亚声速时比较准确，在高亚声速时，误差较大。更精确的理论表明，压缩性使翼面各点的压力系数放大的倍数，并不都等于$\frac{1}{\sqrt{1-Ma^2}}$，而是与各点的压力系数的大小有关，可表示为

$$C_{p可压}=\frac{C_{p不可压}}{\sqrt{1-Ma_\infty^2}+\frac{1}{2}\cdot\left(1-\sqrt{1-Ma_\infty^2}\right)C_{p不可压}} \tag{4-57}$$

式(4-57)称为卡门-钱学森公式。由式(4-57)可知，在上翼面前段，因$C_{p不可压}$较大，压力系数放大倍数较大，在翼面后段，$C_{p不可压}$较小。因此，随着Ma_∞的增加，压力中心位置逐渐向前移动。

4.5.2 翼型的跨声速空气动力特性

高速飞行中，随着飞行速度的增加，可能飞行速度还没有达到声速，但由于翼型的影响，机翼表面的局部区域就有可能出现超声速气流并伴随激波产生，此时，机翼周围的流场有亚声速气流，也有超声速气流，这表明飞机进入跨声速阶段飞行。这种超声速气流和激波是在翼型表面的局部区域出现，故称为局部超声速气流和局部激波。翼型表面出现局部超声速气流和局部激波，会显著改变翼面的压力分布，使翼型的空气动力特性发生变化。下面先分析翼型局部超声速气流和局部激波的形成和发展，再在此基础上讨论翼型的跨声速空气动力特性。

1. 临界马赫数 Ma_{cr}(critical mach number)

飞机以一定速度飞行时，来流流经翼型上表面凸起的地方，流管收缩，局部流速加快，局部温度降低，局部声速也随之减小。飞行速度不断增大，翼型上表面最低压力点处的局部流速不断加快，局部声速不断减小，局部流速逐渐接近局部声速。当飞行马赫数增加时，翼型上表面的流速也会增加，当翼型表面流速最快的点即最低压力点处的气流速度等于该点的局部声速时，对应的飞行马赫数称为临界马赫数，用Ma_{cr}表示。因此，临界马赫数是指，当翼型上表面首先出现等声速点(即翼型上表面最低压力点处的流速等于声速)时对应的飞行马赫数。

例如，在2 000 m高度上，声速c=1 200 km/h，当某飞机飞行速度(v)增大到900 km/h时，机翼表面最大流速为1 150 km/h，而该点的声速也降低到1 150 km/h，这时的飞行速度(900 km/h)就是该飞机在此高度上的临界速度，这时的飞行马赫数就是该飞机在该高度上的临界马赫数，即

$$Ma_{cr}=v_{cr}/c=900/1\ 200=0.75 \tag{4-58}$$

飞行马赫数小于Ma_{cr}时，翼面各点的气流速度低于声速；飞行马赫数大于Ma_{cr}后，翼面即出现局部超声速区，并产生局部激波。临界马赫数的大小，可说明翼面上出现局部超声

速区的早晚，可作为翼型空气动力特性将发生显著变化的标志。

临界马赫数的大小由翼型和迎角的大小决定。翼型的相对厚度和相对弯度增加时，则翼型上表面最低压力点的气流速度更快，局部声速更小，在较小的飞行速度下，翼型上表面就可能出现等声速点，临界马赫数减小；翼型的相对厚度和相对弯度减小时，则临界马赫数增加。迎角增大时，翼型上表面最低压力点处的流速更快，局部声速更小，在较小的飞行速度下，翼型上表面就可能出现等声速点，临界马赫数减小；迎角减小时，临界马赫数增加。

飞机的临界马赫数除与翼型有关外，还与机翼的平面形状有关，如后掠翼能够增加临界马赫数。

2. 局部激波的形成和发展

1）局部激波的形成

当飞行马赫数增加到 Ma_{cr} 时，翼型上表面首先出现等声速点。如飞行马赫数继续增加，等声速点后面的流管扩张，空气膨胀加速，出现局部超声速区。在局部超声速区内，压力下降，比远前方大气压小得多，但翼型后缘处的压力接近大气压力，于是这种压力差必然从翼型表面后部以较强的压缩波形式逆超声速气流向前传播。由于是强扰动波，传播速度大于当地声速。随着压缩波向前传播，压强增量和传播速度逐渐减小，当其传播速度等于迎面的局部超声速气流速度时，就稳定在该位置上，形成一道压力突增的界面，即局部激波，如图 4-15 所示。

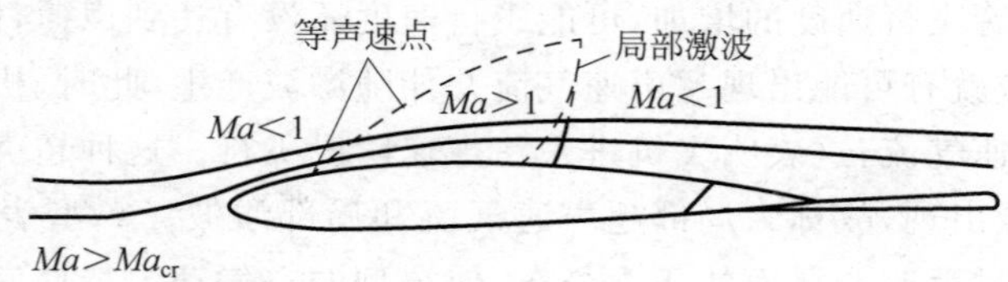

图 4-15　局部激波的形成

气流通过局部激波后，减速为亚声速气流向后流去，同时压力、密度、温度突然增加。局部激波前是等声速线（所有等声速点组成的线），局部激波后是超声速区，其他则是亚声速区。翼面的局部激波视翼面形状而定，可能是斜激波，也可能是正激波。

2）局部激波的发展变化规律

为便于分析机翼局部激波发展变化的一般规律，现以接近对称的薄翼型在 2°迎角下的实验结果为例进行说明。假设该翼型的 $Ma_{cr}=0.74$，如图 4-16 所示，说明了局部激波随 Ma 增大的变化过程。

（1）如果 $Ma=0.73<Ma_{cr}$，此时流场内任意一点的流动均为亚声速。

（2）如果 $Ma=0.75$，即 Ma 稍大于 Ma_{cr}，只在翼型上表面有很小的超声速区，尚未形成局部激波，如图 4-16(a)所示。

（3）如果 $Ma=0.81$，局部超声速区扩大，等声速点略前移，激波形成，如图 4-16(b)所示。

（4）如果 $Ma=0.85$，等声速点仍略向前移，上表面激波慢慢后移，激波强度增加；同时翼型下表面也形成超声速区并产生激波，如图 4-16(c)所示。

（5）如果 $Ma=0.89$，下表面激波迅速移到后缘，上表面的激波也仍向后移动，如图 4-16(d)所示。当 $Ma=0.98$（即略小于 1）时，上翼面的激波也移到了后缘，如图 4-16(e)所示。

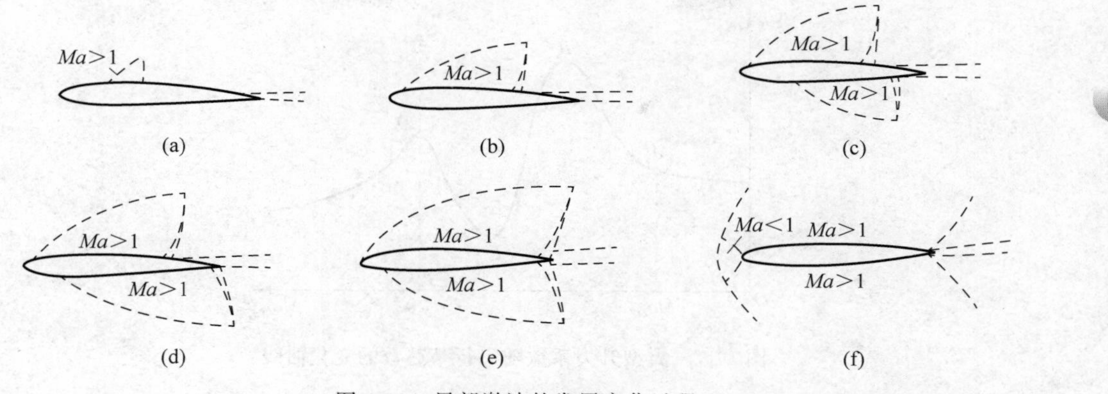

图 4-16 局部激波的发展变化过程

(a) 飞行马赫数 $Ma>Ma_{cr}$；(b) 飞行马赫数 $Ma=0.81$；(c) 飞行马赫数 $Ma=0.85$；(d) 飞行马赫数 $Ma=0.89$；(e) 飞行马赫数 $Ma=0.98$；(f) 飞行马赫数 $Ma=1.40$

(6) 如果 $Ma=1.40$，前缘出现脱体激波，后缘激波向后倾斜，除前缘附近 $Ma<1$ 外，翼面绝大部分 $Ma>1$，如图 4-16(f)所示。这时虽然 $Ma>1$，但仍处于跨声速流态。

根据局部激波发展过程，可归纳出以下几个特点：

(1) 翼型上表面先产生激波。通常飞行迎角是正迎角，等声速点先在上翼面出现，上表面先形成局部超声速区和局部激波。

(2) 随着马赫数增加，等声速点前移，局部激波后移，激波强度增强。这是因为，随着马赫数增加，翼型表面上各点的速度皆对应增大，故等声速点前移。局部激波之所以后移，是因为马赫数增大后，激波前的当地速度增大，迫使激波后移；随着激波后移，激波强度和激波传播速度增大，当激波传播的速度等于气流流动速度时，激波位置就会稳定下来。

(3) 下翼面的局部激波后移快。正迎角时，下翼面的最低压力点靠后，产生的激波位置靠后，又因下翼面后段的流管扩散较小，压力变化比上翼面小，激波弱，激波传播速度较小，所以下翼面的激波比上翼面先移到后缘。

上述关于局部激波在上、下翼面的形成和发展过程，只是某一翼型在一定的迎角下的实验结果，对于其他翼型和中小迎角，尽管在数值上有差别，但规律大体上是一致的。因此，研究翼型的跨声速空气动力特性，就以上述局部激波的发展趋势和过程作为依据。

3. 翼型的跨声速空气动力特性参数

1) 升力系数 C_L 和升力系数曲线斜率 C_L^{α} 随飞行马赫数的变化

在跨声速阶段，随着 Ma 的增加，升力系数先增加，后减小，接着又增加，而后又减小，如图 4-17 所示。从曲线可看出，升力系数“二起二落”，这是翼型上、下表面出现局部超声速区和局部激波的结果。

Ma 小于 Ma_{cr} 时，翼型上、下表面全是亚声速气流，升力系数按亚声速规律变化，如图 4-17 中 A 点前的一段曲线所示。

图 4-17 中 A 点所对应的 Ma 为 Ma_{cr}。超过 Ma_{cr} 后，翼型上表面已出现了局部超声速区和局部激波，并随着 Ma 的增加而不断扩大。在超声速区，压强减小，吸力增强，导致升力

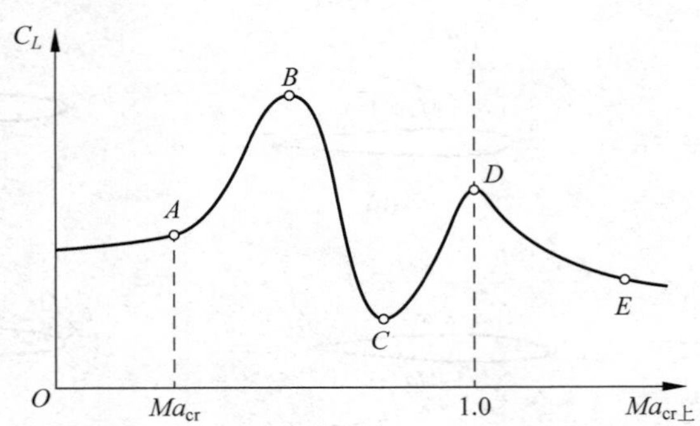

图 4-17　翼型升力系数随飞行马赫数的变化曲线

系数随 Ma 的增加而迅速增加，如图 4-17 中曲线 AB 段所示。

图 4-17 中 B 点所对应的 Ma 是翼型下表面开始出现等声速点时的飞行马赫数。飞行马赫数继续增加，翼型下表面也出现了局部超声速区和局部激波，产生向下的附加吸力，C_L 转为减小。随着 Ma 进一步增加，翼型下表面的局部激波迅速向后扩展，使翼型上、下表面的压力差急剧减小，因此 C_L 迅速减小，如图 4-17 中曲线 BC 段所示。

图 4-17 中 C 点所对应的马赫数为翼型下表面局部激波移至后缘时的飞行马赫数。飞行马赫数继续增加，C_L 又重新增加。这是因为，这时翼型下表面的局部激波已移至后缘，不再移动，而上表面局部激波仍随 Ma 的增加继续后移，超声速区扩展，压强继续减小，吸力继续增加，使翼型上、下表面的压力差增大，C_L 于是重新增加，如图 4-17 中曲线 CD 段所示。

图 4-17 中 D 点所对应的马赫数为翼型上表面局部激波移到后缘时的飞行马赫数。飞行马赫数继续增加，C_L 又转为减小。这是因为：翼型上表面局部激波移到后缘时，等声速点也接近前缘；而翼型下表面局部激波迅速后移，当局部激波移到后缘时，等声速点仍未移到前缘。所以随着 Ma 增加，翼型上表面超声速区不扩展，而翼型下表面的超声速区仍随等声速点前移而不断扩展，致使 C_L 减小，如图 4-17 中曲线 DE 段所示。

超过图 4-17 中 E 点所对应的马赫数时，翼面各点的局部马赫数都大于 1.0，翼型完全处于超声速流态，标志着跨声速阶段的终结，升力系数将按超声速规律变化。E 点对应的飞行马赫数称为上临界马赫数($Ma_{cr上}$)，临界马赫数可相应地称为下临界马赫数。从下临界马赫数到上临界马赫数的范围为跨声速流态范围。上、下临界马赫数的概念最初由我国科学家钱学森和郭永怀提出。对于超声速飞行，上临界马赫数具有重要意义。升力系数曲线的斜率随飞行马赫数的变化规律较复杂。基本规律是：小于临界马赫数时，随着 Ma 的增加，升力系数曲线的斜率增加；超过临界马赫数时，随着 Ma 的增加，升力系数曲线的斜率先增加，再减小，而后又增加。

2）最大升力系数 $C_{L\max}$ 和临界迎角 α_{cr} 随飞行马赫数的变化

在跨声速阶段，随着飞行马赫数的增加，$C_{L\max}$ 和 α_{cr} 均减小。

(1) 在小于 Ma_{cr} 范围内，$C_{L\max}$ 和 α_{cr} 按亚声速规律变化。

(2) 超过 Ma_{cr} 以后，翼型上表面出现了局部超声速区和局部激波。在局部激波前的超声速区，压力减小，在局部激波后，压力突然增大，逆压梯度增大，引起附面层分离。当激波增强到一定程度，发生严重气流分离时，阻力系数急剧增加，升力系数迅速减小，出现激波失

速。随 Ma 的增加，飞机将在更小的迎角(或升力系数)下开始出现激波失速，导致 $C_{L\max}$ 和 α_{cr} 均继续减小，如图 4-18 中马赫数大于 0.6 以后的一段曲线所示。

3) 阻力系数 C_D 随飞行马赫数的变化

在跨声速阶段，随着飞行马赫数 Ma 的增加，阻力系数 C_D 增加，Ma 增至 1.0 附近时，C_D 达到最大，之后减小。在翼型一定的条件下，翼型的阻力系数 C_D 随飞行马赫数 Ma 的变化如图 4-19 所示。在小于 Ma_{cr} 的范围内，C_D 按亚声速规律变化；超过 Ma_{cr} 以后，C_D 增加，这是由于，翼型表面产生了激波，激波阻力的增加导致 C_D 增加。

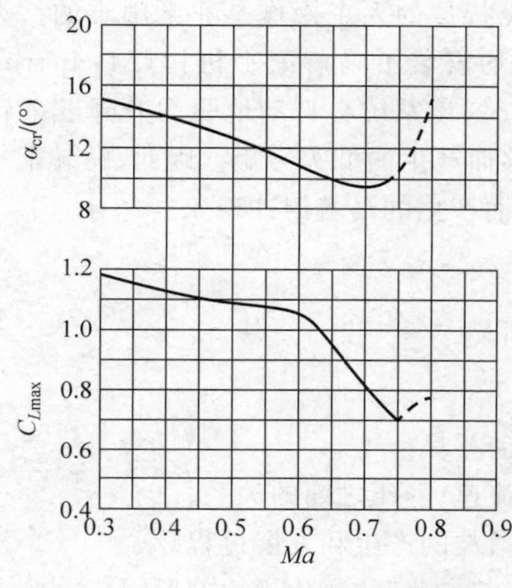

图 4-18　$C_{L\max}$ 和 α_{cr} 随飞行马赫数变化

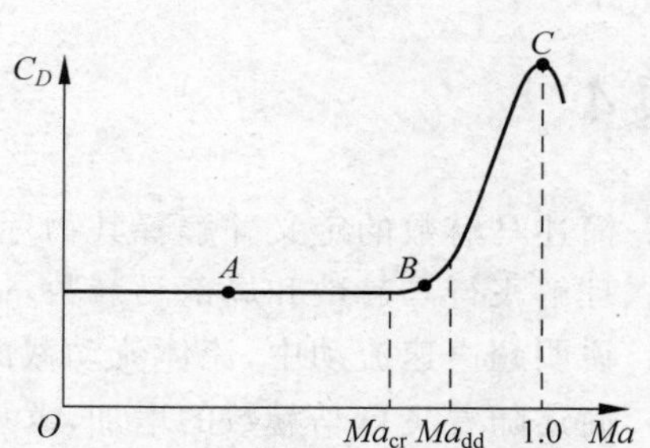

图 4-19　翼型阻力系数随飞行马赫数的变化

根据图 4-19 可知，超过临界马赫数后，阻力系数并不是立刻急剧增加。这是因为，刚超过临界马赫数时，激波并未形成或者说激波强度并不是很强，且激波分离没有开始，C_D 增加很少，如图 4-19 中 B 点所示。当飞行马赫数增加到一定程度时，激波强度增强，出现了激波分离，波阻便急剧增加。常把 C_D 随 Ma 变化曲线上 $dC_D/dMa=0.1$ 的点对应的马赫数定义为阻力发散马赫数(drag divergence Mach number)，用符号 Ma_{dd} 表示。在 $Ma_{cr}<Ma<1.0$ 的范围内，翼型的波阻系数大致与 $(Ma-Ma_{cr})^3$ 成正比。Ma 增加到 1.0 附近时，阻力系数达到最大，见图 4-19 中 C 点。Ma 继续增加，由于翼型压力分布基本不变，来流动压却变大，因而阻力系数渐渐减小。对于高亚声速民用飞机，飞机飞行的最大速度 Ma_{mo} 一般小于阻力发散马赫数 Ma_{dd}。

因此，增加 Ma_{dd} 能够提升飞机飞行的最大速度。增加 Ma_{dd} 有两种方式：①增加临界马赫数。通常阻力发散马赫数比临界马赫数大 10%～15%，如果临界马赫数增加了，阻力发散马赫数可随之增加。②使用超临界翼型，可以直接增加 Ma_{dd}。

4) 压力中心随飞行马赫数的变化

在跨声速阶段，随着飞行马赫数的增加，压力中心先后移，接着前移，而后又后移。当飞行马赫数超过临界马赫数后，翼型上表面首先出现局部超声速区和局部激波。随着马赫数的增加，激波后移，超声速区域扩大。局部超声速区域位于翼型中后段，且流速最快的区域位于激波前，这就引起翼型上表面中部和后部的吸力增大，压力中心后移。飞行马赫数继续增加，翼型下表面也出现了局部的超声速区域和激波，且下表面激波后移快，这将引起翼型下表面后半段吸力增大，产生负的附加升力，导致压力中心前移。当下表面激波移至最后缘时，随着飞行马赫数增加，上表面激波继续后移，超声速区域扩大，后半部分吸力增大，导致压力中心又后移。

一般情况下，飞机压力中心位于飞机重心之后，使飞机形成低头力矩。当飞机进入跨声速阶段时，压力中心的后移导致飞机出现低头的趋势，低头的趋势随着马赫数的继续增加越来越明显，这种现象称为马赫俯冲（Mach tuck under），这种现象通常出现在马赫数为0.80～0.98时。跨声速阶段压力中心的后移会严重影响飞行安全，需要采取措施来抵消压力中心后移所带来的额外的低头力矩，然而通过飞行员的人工操作是非常困难的。为了抑制马赫俯冲现象的发生，现代大型高亚声速飞机均安装了马赫配平机构（Mach trimming device）系统。当飞机的飞行马赫数增加至一定值时，该系统会自动地驱动升降舵偏转而产生抬头力矩，用于抵消跨声速阶段压力中心的后移而产生的低头力矩。因此，马赫配平机构系统的主要作用是抑制跨声速阶段压力中心后移而产生的马赫俯冲现象。

习题 4

1. 简述马赫数的定义并解释其物理意义。
2. 理解飞行马赫数和局部马赫数，说明二者的差异。
3. 说明超声速流动中，流体流动截面面积与流速、静压之间的关系。
4. 简述随着飞行马赫数的增加，翼型上局部激波的产生和发展过程。
5. 简述跨声速运动时，升力系数曲线呈现“二起二落”的变化规律的原因。

第5章

旋翼空气动力学

直升机空气动力学，实质上更多的是指它的旋翼空气动力学。对于具有旋转桨叶的直升机来说，其气动环境要比飞机复杂得多。到目前为止，直升机的研究之所以落后于固定翼飞机，很大程度上是因为对直升机旋翼的流场和气动力的认识不充分。从总体上来看，有三种基本的求旋翼气动力的理论：动量理论（momentum theory）、叶素理论（blade element theory）和涡流理论（vortex theory）。

动量理论采用均匀滑流的假设，把旋翼看成一个无限薄的桨盘，应用流体流动的基本定律来研究旋翼桨盘对气流的作用。动量理论是一种宏观上的分析，它的特点是计算模型简单，主要用于旋翼诱导气流及旋翼性能的初步估算，以及直升机性能计算、总体参数选择等分析。动量理论的缺点是，采用了均匀诱导速度的假设，且不能涉及旋翼桨叶的几何特性，因此，涉及桨叶几何特性的旋翼气动分析需考虑到桨叶叶素的气动特性。

桨叶叶素理论最早于19世纪末被提出，是机翼升力线理论在旋翼桨叶中的应用。它把桨叶看作由无限多的桨叶微段或叶素构成。假设每个桨叶剖面作为一个二维翼型来产生气动作用，通过诱导速度计入尾流（三维效应）的影响，因此在各桨叶微段上，可应用二维翼型特性来确定桨叶剖面的气动力和力矩，沿桨叶径向积分可得到一片桨叶进而得到整个旋翼的气动力和力矩。旋翼的气动性能取决于剖面的入流特性和升阻特性，而升阻特性和当地剖面迎角及当地诱导速度密切相关，因此，使用叶素理论来确定旋翼气动特性，准确计算当地诱导速度是关键。可采用动量理论、涡流理论来计算诱导速度，后者能给出较准确的诱导速度分布。桨叶叶素理论为旋翼空气动力学奠定了基础，它涉及桨叶的细节流动和载荷，使旋翼性能与设计参数相联系，可直接用于旋翼的设计中。但由于升力线建立在机翼或桨叶高展弦比的假设之上，在桨叶载荷和诱导速度梯度过大的区域，例如桨尖附近和涡桨干扰的附近，并不满足升力线假设，因而叶素理论在这些区域不是严格正确的。

由于动量理论只是根据整个气流的运动特性来描述桨盘的作用，无法涉及旋翼的几何形状，而叶素理论虽然从桨叶剖面受力情况来分析问题，但又不能很好地解决沿半径的诱导速度分布，因此，儒科夫斯基通过实际观察和基于机翼涡流理论的推理，创立了描述旋翼轴向气流的涡流理论。后来此理论不断发展，趋于完善。根据这一理论，可以求得旋翼周围任一点处的诱导速度，从而可以确定在叶素上的诸力，最后算出旋翼的拉力和功率。经典涡流理论包括桨盘涡系模型和桨叶涡系模型。前者旋翼被假设为具有无限片桨叶的桨盘，尾迹涡线连续地、规整地布置在圆柱涡面上；后者则由有限片桨叶后拖出的螺旋涡线组成，按来流速度和等效诱导入流确定其延伸方向的固定尾迹。固定尾迹计算可表达为解析式,便于理解,且发展成熟,20 世纪六七十年代在旋翼气动分析中曾得到相当广泛的应用。但固定尾迹未考虑尾迹的收缩和涡线的畸变,因而与实际尾迹的形状有一定的差别。1961 年,我国学者王适存教授考虑纵横向涡线一般情况,推导了广义涡流理论,为经典涡流理论做出了重要贡献。

5.1 直升机的旋翼系统

旋翼是直升机产生空气动力的主要部件,旋翼性能的好坏取决于旋翼的各种特性参数。本节介绍旋翼的结构形式和旋翼的几何参数等内容,为研究旋翼的空气动力奠定基础。

5.1.1 旋翼的结构形式

旋翼系统由桨叶和桨毂组成。旋翼形式是由桨毂形式决定的。它随着材料、工艺和旋翼理论的发展而发展。到目前为止,已在实践中应用的旋翼形式有铰接式、跷跷板式、无铰式和无轴承式,它们各自的结构形式如图 5-1 所示。

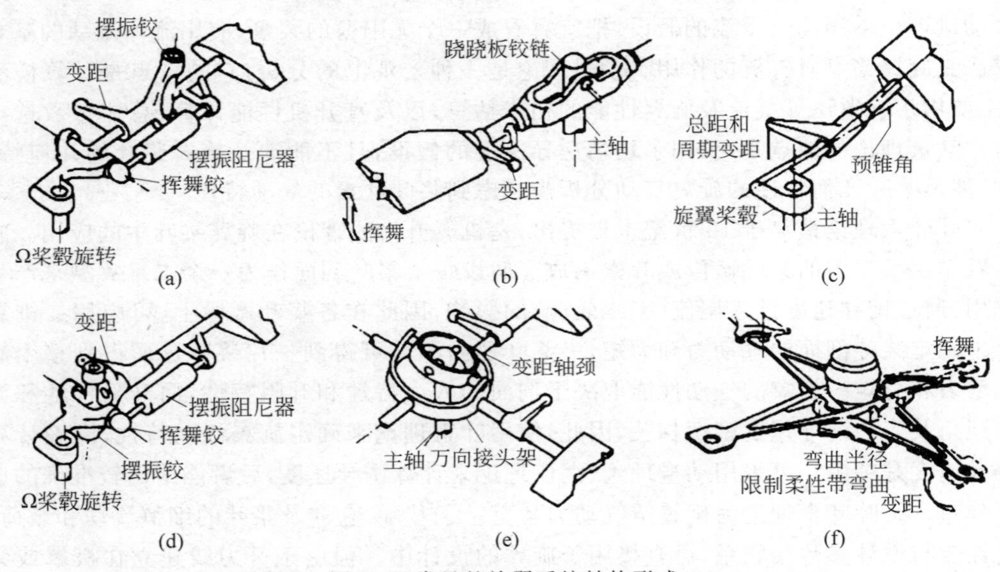

图 5-1 常见的旋翼系统结构形式

(a) 分开的铰链;(b) 跷跷板式;(c) BO-105 无铰旋翼;(d) 重合的铰链;(e) 万向接头式;(f) OH-6 柔性带

1. 铰接式旋翼

铰接式旋翼的桨叶通过轴向铰链、垂直铰链和水平铰链与桨毂轴套相连。在一般情况下,桨叶除旋转运动外,还有绕水平铰的上下挥舞运动、绕垂直铰的前后摆动(摆振运动)及通过操纵轴向铰的变距运动,如图 5-2 所示。这种形式的旋翼桨叶根部的弯曲载荷较小,但结构复杂,维护不便。

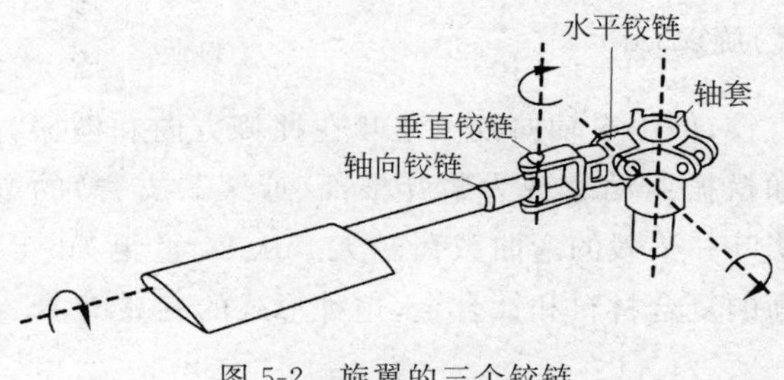

图 5-2 旋翼的三个铰链

(1) 桨叶能绕轴向铰链转动,改变桨叶安装角(图 5-3)。

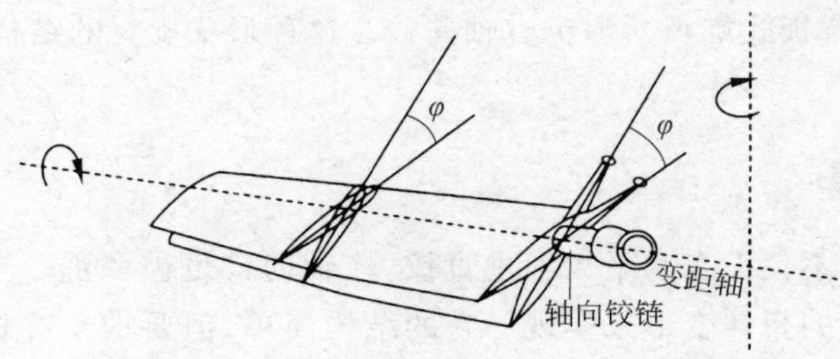

图 5-3 桨叶绕轴向铰链转动

(2) 桨叶能绕水平铰链进行转动,常称为挥舞(图 5-4)。桨叶向上或向下的最大挥舞角度,受到结构的限制。

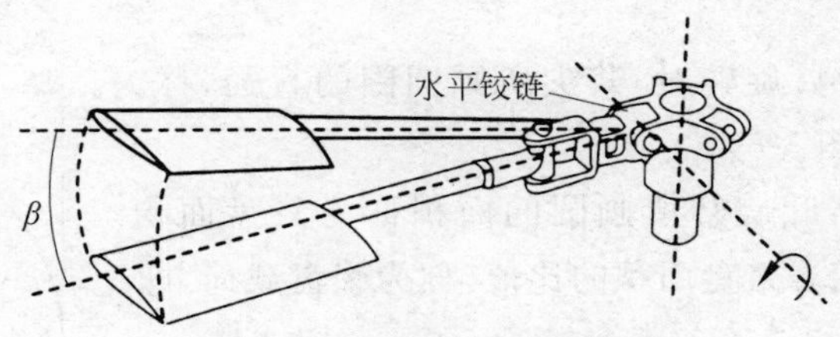

图 5-4 桨叶绕水平铰链挥舞

(3) 桨叶可绕垂直铰链前后摆动(图 5-5)。桨叶绕垂直铰链的摆动角度称为前摆角或后摆角。

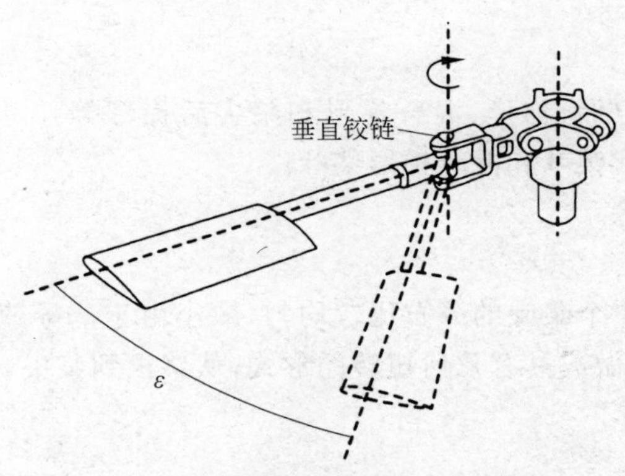

图 5-5 桨叶绕垂直铰链摆动

2. 无铰式(固接式)旋翼

取消水平铰和垂直铰,但仍有轴向铰。桨叶在挥舞方向和摆振方向相对于桨毂是固支的。桨叶的挥舞运动和摆振运动表现为桨叶根部(或桨毂支臂)的弯曲变形。与铰接式相比,它的结构简单,但桨叶和桨毂的弯曲载荷较大。从 20 世纪 70 年代初开始,由于在旋翼上应用了疲劳强度较高的复合材料和钛合金,这种形式的旋翼增多。

3. 半无铰式(半固接式)旋翼

它的特点是,只有两片桨叶,彼此连成整体,共用一个中心水平铰,没有垂直铰(好像一个跷跷板,常称为跷跷板式旋翼),但仍有轴向铰。这种形式旋翼的结构也比较简单,但操纵性较差。

4. 无轴承式旋翼

这种形式的旋翼不仅没有水平铰和垂直铰,连轴向铰也被取消。桨叶的变距运动靠桨叶根部(或桨毂支臂)的扭转变形来实现。它的结构简单,但要求桨叶根部的材料既有很高的弯曲强度和刚度,又有很低的扭转刚度。

5.1.2 旋翼的几何参数

1. 旋翼直径和桨盘载荷

(1) 旋翼直径。旋翼旋转时,桨尖所画圆圈的直径,称为旋翼直径,用 D 表示(图 5-6)。

(2) 桨盘载荷。桨叶旋转所画圆的面积称为桨盘面积。直升机的飞行重量与旋翼桨盘面积的比值,称为桨盘载荷,即

$$P=\frac{G}{F} \tag{5-1}$$

式中,P 为桨盘载荷;G 为直升机的飞行重量;F 为旋翼桨盘面积。

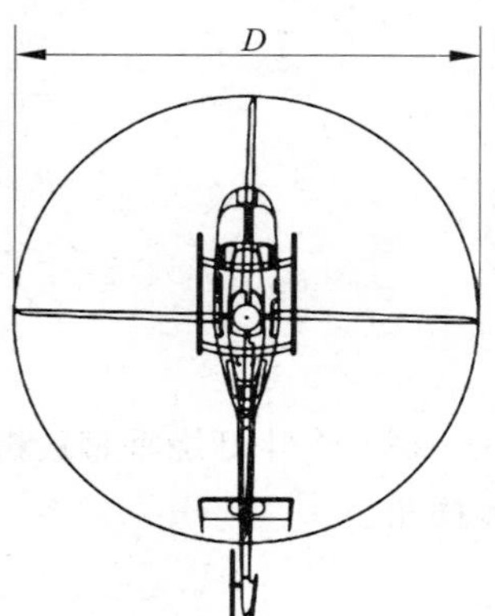

图 5-6 旋翼的直径

2. 桨叶平面形状

桨叶平面形状有:矩形、梯形、混合梯形和桨尖后掠形等几种。常见的桨叶有矩形桨叶和混合梯形桨叶。

3. 桨叶的几何扭转

为使空气动力沿着整个桨叶的分布比较均匀,减小由于诱导速度分布不均匀引起的附加功率损失,通常把桨叶做成具有几何扭转的形式,从桨根到桨尖,桨叶安装角逐渐减小,如图 5-7 所示。

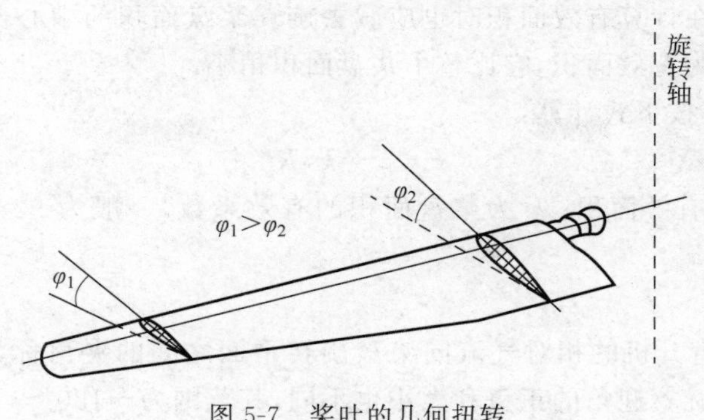

图 5-7　桨叶的几何扭转

4. 旋翼实度

桨叶面积之和同桨盘面积的比值称为旋翼实度，用 σ 表示：

$$\sigma = \frac{KF_{叶}}{F} \tag{5-2}$$

式中，K 为桨叶数量；$F_{叶}$ 为一片桨叶的面积；F 为旋翼的桨盘面积。

5.1.3　旋翼和桨叶的工作状态参数

1. 旋翼工作状态参数

1）旋翼转速和桨毂旋转平面

旋翼每分钟旋转的圈数称为旋翼转速，用 n 表示。

旋翼转动的快慢也可以用角速度表示，即每秒转过的弧度，单位为弧度/秒(rad/s)，用 Ω 表示。角速度与转速的关系为

$$\Omega = 2\pi\left(\frac{n}{60}\right) = \frac{\pi n}{30} \tag{5-3}$$

圆周速度表示桨叶某一截面在旋转中的切向速度(或称为周向速度)。其数值等于旋翼的旋转角速度 Ω 和该截面至旋转中心的距离 r 的乘积，即 Ωr。

桨毂旋转时与桨毂轴垂直的旋转平面，称为桨毂旋转平面。在研究问题中，桨毂旋转平面是旋翼和桨叶很重要的基准面。

2）旋翼的有效工作面积

旋翼工作时，整个桨盘面积并不能有效地产生拉力。这是因为，空气从高压区自下而上绕过桨尖，流向低压区，桨叶尖部的压差减小，可以认为旋翼桨盘外部一个狭窄的圆环处不产生拉力，在计算旋翼有效面积时应减去这一部分，如图 5-8 所示。

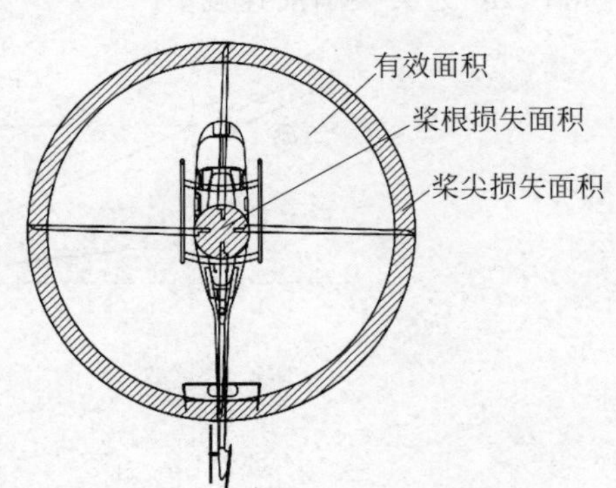

图 5-8　旋翼桨盘的有效面积

旋翼桨毂不产生拉力。在前飞中气流斜吹旋翼，桨盘中心部分和 180°～360°方位的桨叶靠近根部的某些部分，由于气流是从桨叶后缘吹来的，也

不产生拉力。所以,在计算有效面积时也应减去旋翼桨盘面积的中心部分。对旋翼产生拉力起作用的面积,称为有效面积,它比整个桨盘面积稍小。

桨盘有效面积可按下式计算:

$$F_{有效} = k\pi R^2 \tag{5-4}$$

式中,$F_{有效}$为桨盘的有效面积;k 为桨盘面积的有效系数,一般为 92%~96%;R 为旋翼半径。

3) 旋翼迎角

如图 5-9 所示,直升机的相对气流同桨毂旋转平面之间的夹角称为旋翼迎角,用 A 表示。飞行状态不同,旋翼迎角的正负和大小也不同,其范围为$-180°\sim+180°$。

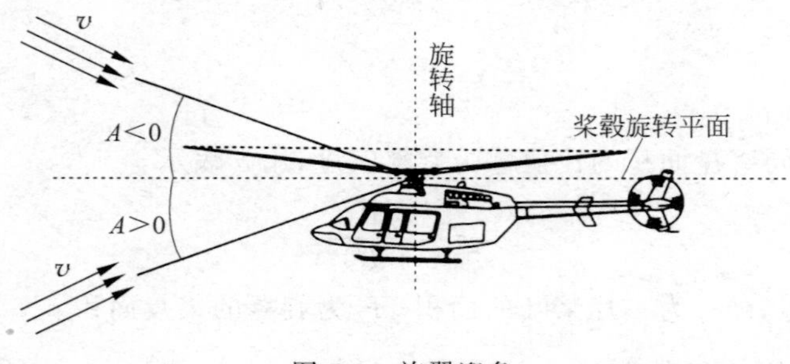

图 5-9 旋翼迎角

如果气流自下而上吹向桨毂旋转平面,旋翼迎角为正;如果气流自上而下吹向桨毂旋转平面,旋翼迎角为负。

4) 旋翼工作状态特性系数

直升机做垂直飞行(上升或下降)时,迎面气流沿旋转轴方向流动(也称为轴向气流)。在水平飞行或沿任意倾斜轨迹飞行时,气流斜吹旋翼,相对气流速度 v 可分解为两个分量,如图 5-10 所示。一个是沿桨毂旋转轴方向的分量 $v\sin A$;一个是沿桨毂旋转平面的分量 $v\cos A$。沿桨毂旋转平面的气流分速与桨尖圆周速度之比称为旋翼工作状态特性系数,即

$$\mu = \frac{v\cos A}{\Omega R} \tag{5-5}$$

式中,μ 为旋翼工作状态特性系数;$v\cos A$ 为相对气流沿桨毂旋转平面的分速;A 为旋翼迎角;ΩR 为桨尖圆周速度。

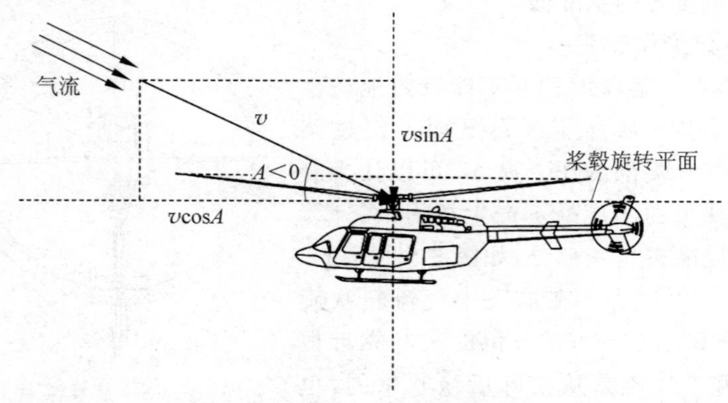

图 5-10 直升机飞行速度的分解

水平飞行时，旋翼迎角较小，其余弦值近似等于1，可近似地把飞行速度与桨尖圆周速度的比值当作 μ，即

$$\mu=\frac{v}{\Omega R} \tag{5-6}$$

式中，μ 的大小随飞行速度大小的改变而改变。在垂直飞行或悬停状态中，$\mu=0$。以最大速度平飞时，μ 可达到0.35～0.40。μ 值增大，就意味着飞行速度增大，或旋翼转速减小。μ 值过大会引起旋翼拉力降低，这对旋翼的工作是不利的。

5）旋翼入流系数

沿旋转轴方向的气流分速与桨尖圆周速度的比值称为入流系数，用 λ 表示：

$$\lambda=\frac{v\sin A-v_1}{\Omega R} \tag{5-7}$$

式中，v_1 为桨毂旋转平面的平均诱导速度。

入流系数也是表示直升机飞行状态的一个重要特性参数。

直升机在平飞和上升状态，旋翼迎角是负值，故 $v\sin A$ 为负，λ 为负。此时，周向气流自上往下流入旋翼。当直升机在下降状态，旋翼迎角为正，$v\sin A$ 为正。此时，当 $v\sin A>v_1$ 时，λ 为正；当 $v\sin A<v_1$ 时，λ 为负。

2. 桨叶工作状态参数

1）桨叶截面安装角和桨距

桨叶某一截面的翼弦与桨毂旋转平面之间的夹角称为桨叶在该截面的安装角，用 φ 表示，如图5-11所示。相对于桨毂旋转平面，桨叶前缘高于后缘，φ 为正。把桨叶半径等于 $0.7R$ 处的截面(该截面称为特性截面)的安装角称为该桨叶的桨距。各片桨叶的桨距的平均值称为旋翼的总距，用 φ_7 表示。

飞行员通过直升机的操纵系统可以改变旋翼的总距，根据不同的飞行状态，总距的变化范围为2°～14°。在同一飞行状态下，改变总距会相应地改变旋翼转速 n。桨叶安装角过大，容易发生气流分离；桨叶安装角过小，旋翼容易产生超转，惯性离心力增大，使结构载荷过大，而且会降低旋翼的效能。

2）桨叶截面迎角

桨叶旋转时，桨叶截面的相对气流合速度 W 与其翼弦之间的夹角，称为桨叶截面迎角，用 α 表示。相对气流从弦线下方吹来，迎角为正。通常特性截面的迎角称为桨叶迎角，用 α_7 表示。桨叶迎角和旋翼迎角是有根本区别的，要加以区别。

桨叶截面的相对气流合速度是由旋转相对气流速度 Ωr 和桨毂旋转平面的相对气流速度来确定的。利用速度合成方法，可以确定出相对气流合速度的大小和方向，如图5-12所示。

3）桨叶截面来流角

相对气流合速度 W 与桨毂旋转平面之间的夹角称为来流角，用 ε 表示。W 从上方吹向桨毂旋转平面，ε 为正；反之为负。

从图5-12可以看出，安装角、桨叶迎角和来流角三者之间的关系为

$$\alpha=\varphi-\varepsilon \tag{5-8}$$

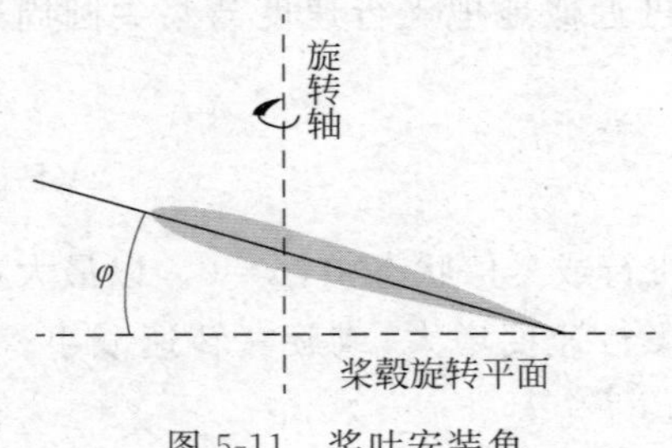

图 5-11　桨叶安装角

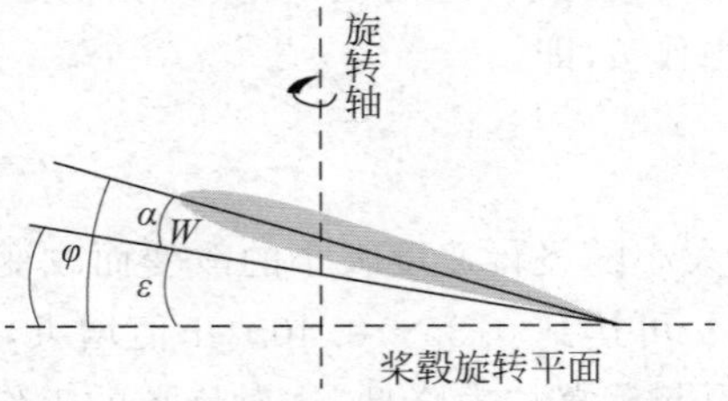

图 5-12　垂直上升中，桨叶安装角、迎角和来流角三者的关系

当安装角一定时，来流角的大小直接影响桨叶迎角的大小，因此它是影响旋翼空气动力的一个重要参数。

5.2　旋翼的拉力

旋翼拉力是支托直升机飞行的力量。飞行员操纵直升机来改变飞行状态，也是靠改变旋翼拉力的大小和方向来完成的。因此，必须研究旋翼拉力的产生及其变化规律。

5.2.1　旋翼拉力的产生(叶素观点)

旋翼的桨叶类似于一般飞机的机翼。旋翼产生拉力和机翼产生升力的道理大致相同。下面以垂直上升为例，从分析一小段桨叶的空气动力入手，来研究旋翼拉力的产生和变化。

从旋转的旋翼上取出一小段长度为 Δr 的桨叶来研究它与空气的相对运动和作用在它上面的空气动力。如图 5-13 所示，这段桨叶的相对气流(W)以一定的迎角(α)吹来，桨叶的长度为 Δr，弦长为 b，其投影面积为 $b \cdot \Delta r$。与机翼或翼型升力公式类似，可以写出作用于这段桨叶上的升力：

$$\Delta L = C_L \cdot \frac{1}{2}\rho W^2 \cdot b \cdot \Delta r \tag{5-9}$$

式中，ΔL 为小段桨叶的升力；Δr 为小段桨叶的长度；b 为小段桨叶的弦长；W 为小段桨叶的相对气流速度；C_L 为升力系数；ρ 为空气密度。

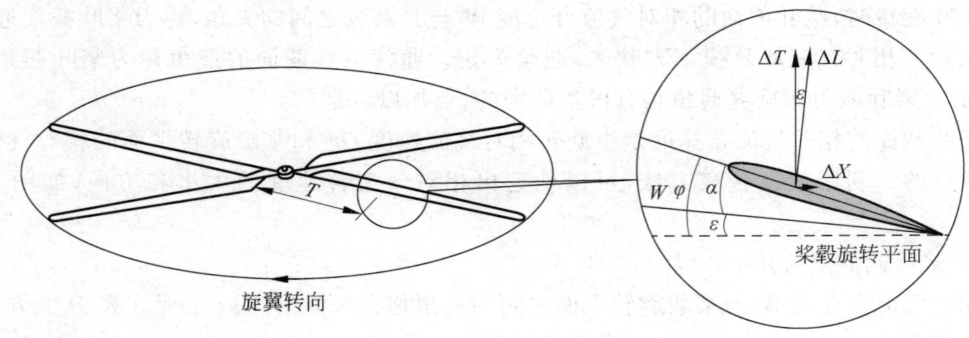

图 5-13　作用于小段桨叶上的升力和拉力

从式(5-9)可以看出，当空气密度和小段桨叶的投影面积一定时，作用在桨叶上的升力

ΔL 与相对气流速度 W 的平方成正比，与该段桨叶的迎角 α 成正比（在临界迎角范围内，ΔL 与 α 成正比）。这段桨叶的迎角又是其安装角 φ 与来流角 ε 之差。

对旋翼具有实际意义的是空气动力在旋转轴方向的分力，即小段桨叶的升力在旋转轴上的分力 ΔT，该分力称为这段桨叶的拉力。需要注意的是，各段桨叶的升力和它的拉力是不同的两个概念，二者的方向是不相同的。各段桨叶的升力 ΔL 垂直于它们的相对气流 W，而各段桨叶的相对气流与桨毂旋转平面的夹角 ε 一般是各不相同的。因此，它们的升力方向也不相同。然后，各段桨叶的拉力 ΔT 方向则是一致的，都与旋转轴方向平行。如图 5-12 所示，每段桨叶的升力与它的拉力有下式所示的关系：

$$\Delta T = \Delta L \cos\varepsilon \tag{5-10}$$

通常来流角 ε 很小，可以近似认为 $\cos\varepsilon = 1$，即各段桨叶的拉力在数值上近似等于它的升力 ΔL。因此，影响桨叶升力大小的因素也就是影响桨叶拉力大小的因素。必须说明的是，各段桨叶所产生的拉力（或升力）是不相等的。一般来说，越接近桨尖，桨叶的相对气流速度越大，产生的拉力（或升力）也越大。但是对于带有一定扭转角的桨叶来说，因为桨尖的安装角小，加之受桨尖涡流的影响，其截面迎角减小，故桨尖产生的拉力并非最大，一般桨叶拉力的分布情况大致如图 5-14 所示。

各段桨叶拉力 ΔT 的总和，就是该桨叶的拉力 $T_{叶}$。桨叶拉力的着力点，位于距旋翼旋转轴为旋翼半径的 70%～75% 的桨叶截面上。因此，通常认为拉力作用在桨叶的特性截面处。

旋翼所有桨叶的拉力之和就是该旋翼的总拉力 T。故旋翼拉力可以用下式表示：

$$T = KT_{叶} \tag{5-11}$$

式中，T 为旋翼拉力；K 为桨叶片数；$T_{叶}$ 为桨叶拉力。

旋翼产生拉力的原理，还可以用作用与反作用定律（牛顿第三运动定理）来说明：旋翼旋转时，不断地拨动空气，给空气向下的作用力，推动空气加速流动；与此同时，空气会给旋翼一个大小相等、方向相反的反作用力，这就是旋翼产生的拉力，如图 5-15 所示。与飞机机翼产生升力的原理一样，这时旋翼桨盘上表面的空气压力小，下表面的空气压力大，旋翼的拉力就是旋翼桨盘上、下表面压力差的总和。

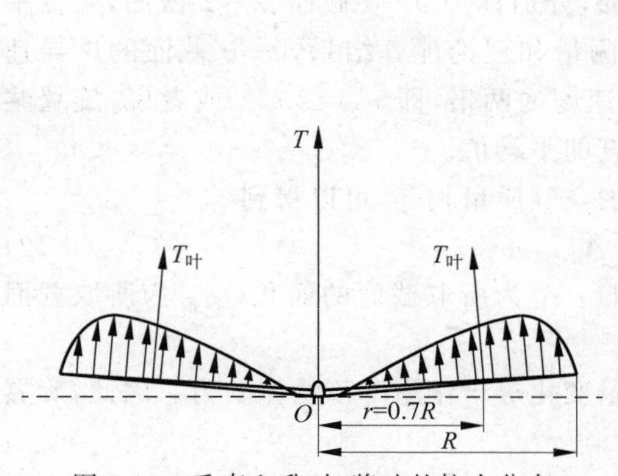

图 5-14 垂直上升时，桨叶的拉力分布

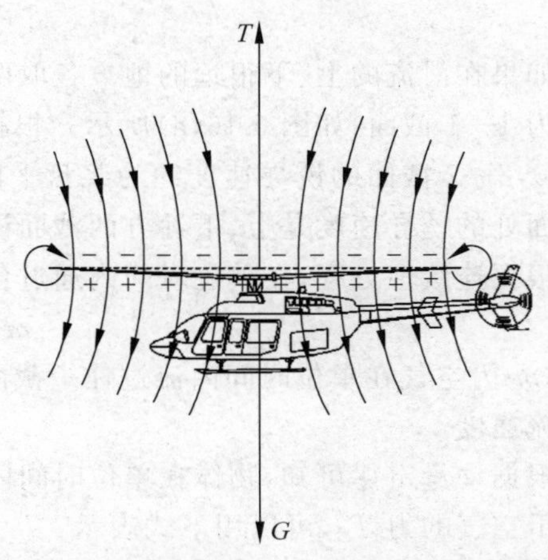

图 5-15 旋翼桨盘上、下表面的压力差和旋翼拉力

5.2.2 旋翼拉力的产生(动量观点)——滑流理论

旋翼旋转时,由于旋翼桨盘上面的空气压力小于大气压力,空气从上方被吸入桨盘时,空气通过桨盘受桨叶作用后向下加速流动。空气向下流动所增加的速度,称为诱导速度,以 v 表示。受旋翼作用的这股气流称为滑流。滑流速度为直升机的相对气流速度与诱导速度的矢量和,以 $v_{滑}$ 表示。图 5-16 示意了在垂直上升过程中,旋翼的滑流及诱导速度的情况。

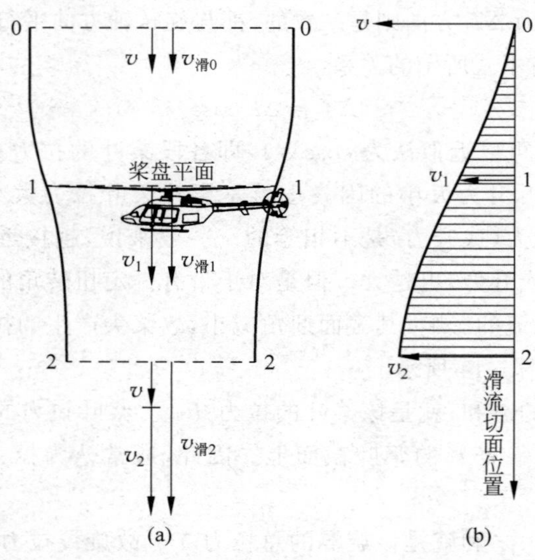

图 5-16 垂直上升过程中旋翼的滑流及诱导速度

如图 5-16(b)所示,滑流里各截面的诱导速度各不相同,在桨盘上方,越远的地方诱导速度越小,在桨盘下方一定范围内,诱导速度较大。即使在同一平面内,例如在桨盘平面内,诱导速度也是不均匀的,在前飞时,诱导速度不仅沿桨叶展向产生显著变化,而且还随方位角变化。旋翼桨盘上的诱导速度严重地影响桨叶的来流角,影响桨叶迎角的大小。因此,在桨盘平面内,诱导速度的大小及其分布不同,对桨叶的空气动力性能有很大的影响,在研究旋翼总空气动力特性时,通常以桨盘平面内的诱导速度的平均值(v_1)作为旋翼的诱导速度。

如果在滑流的上、下很远的地方各取两个截面,分别称为 0—0 截面、2—2 截面,桨盘平面称为 1—1 截面,如图 5-16(a)所示。根据实际测量和理论计算结果,0—0 截面的诱导速度为 0,2—2 截面的诱导速度约为桨盘平面诱导速度的两倍,即 $v_2=2v_1$。或者说,旋翼桨盘平面处的诱导速度是上、下远方两截面诱导速度的平均值。

根据连续性方程,在单位时间内通过各截面的空气质量相等,可以得到

$$m=\rho v_{滑} A \tag{5-12}$$

式中,m 为空气在单位时间内流过任一截面的质量;A 为所取截面的面积;$v_{滑}$ 为所取截面的滑流速度。

根据动量定律可知,物体在单位时间内的动量变化等于作用于该物体的力。因此,旋翼作用于空气的力 T',可以用下式表示:

$$T'=\rho v_{滑1} A_1 (v_{滑2}-v_{滑0})=\rho v_{滑1} A_1 v_2 \tag{5-13}$$

根据作用与反作用定律，旋翼对空气的作用力与空气对旋翼的反作用力大小相等，方向相反。将关系式 $v_2=2v_1$ 代入式(5-13)，可得旋翼拉力与桨盘平面诱导速度的关系式，如下式所示：

$$T=2\rho v_{滑1}A_1v_1 \tag{5-14}$$

或

$$v_1=\frac{T}{2\rho v_{滑1}A_1}=\frac{T}{2\rho v_{滑1}\pi R^2} \tag{5-15}$$

从式(5-15)可以看出：

(1) 旋翼拉力 T 越大，诱导速度越大。因为旋翼的拉力越大，旋翼对空气的作用力越大，故诱导速度也越大。

(2) 空气密度 ρ 越小，诱导速度越大。单位时间内流过桨盘的空气质量减少，在旋翼对空气作用力不变的情况下(即滑流的动量变化相同)，诱导速度增大。由此可见，在其他条件相同的情况下，飞行高度升高，诱导速度增大。

(3) 飞行速度越大，诱导速度越小。因为飞行速度增加，$v_{滑1}$ 也增大，即在单位时间内，流过桨盘的空气质量增多，故诱导速度减小，图 5-17 所示为诱导速度随飞行速度的变化情况。

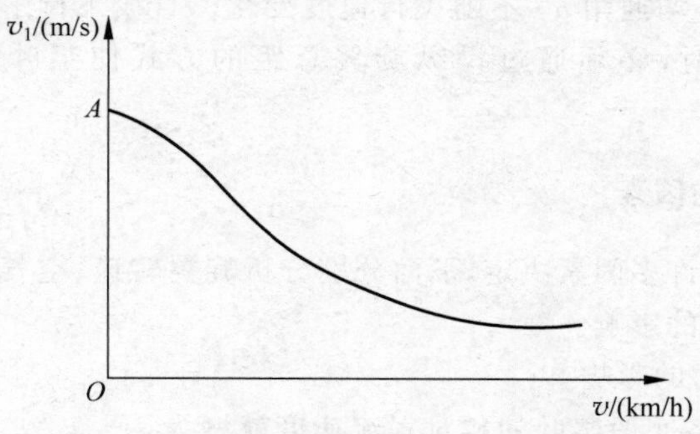

图 5-17　诱导速度随飞行速度的变化情况

在悬停状态下，飞行速度 $v=0$，桨盘平面内的滑流速度 $v_{滑1}$ 就是该平面的诱导速度 v_1。这时诱导速度的公式为

$$v_1=\sqrt{\frac{T}{2\rho\pi R^2}} \tag{5-16}$$

由于单位时间内流过桨盘平面的空气质量较少，故诱导速度较大，如图 5-17 中的 A 点。以某型直升机为例，当飞行重量为 7 200 kg，在海平面高度的标准大气条件下悬停时，根据式(5-16)可以计算出诱导速度

$$v_1=\sqrt{\frac{7\,200}{2\times 0.125\times 346}}\ \text{m/s}=9.1\ \text{m/s}$$

5.2.3　旋翼的拉力公式

1. 拉力公式

与机翼升力公式类似，旋翼拉力的公式为

$$T = C_T \frac{1}{2}\rho(\Omega R)^2(\pi R^2) \tag{5-17}$$

式中，C_T 为拉力系数；R 为旋翼半径；Ω 为旋翼的旋转角速度；πR^2 为桨盘面积；ΩR 为桨尖线速度。

机翼的升力系数 C_L 与机翼的翼型和机翼的迎角有关。旋翼的拉力系数 C_T 不仅与桨叶的翼型和桨叶的迎角有关，而且还与旋翼的实度成正比。对于一般旋翼来说，其拉力系数可用下式进行近似计算：

$$C_T = 0.3\sigma C_{L7} \tag{5-18}$$

式中，C_{L7} 为各桨叶的特性截面处升力系数的平均值，它取决于桨叶翼型和该截面平均迎角的大小；σ 为旋翼实度。

飞机在直线飞行中，随着飞行速度的改变，必须相应地改变机翼的迎角，以改变升力系数，才能保持其飞行轨迹。例如，飞行速度增大，迎角减小；飞行速度减小，迎角增大。对于直升机来说，飞行速度无论是增大还是减小，旋翼的拉力系数 C_T 应基本保持不变，这样旋翼的拉力与直升机的重量才能保持基本相等，直升机才能保持直线飞行。因为在直升机飞行中，其旋翼实度、半径一定，旋翼转速不变时，要保持旋翼拉力，必须使拉力系数保持不变。这就要求桨叶的平均迎角 α_7 不随飞行速度变化。直线飞行中，若某些因素的改变导致桨叶迎角发生改变时，必须通过操纵旋翼总距的方式使桨叶的平均迎角基本保持不变。

2. 影响拉力大小的因素

旋翼拉力的大小由许多因素决定，下面分别分析旋翼转速、空气密度、旋翼的几何参数和桨叶迎角对旋翼拉力的影响。

1）旋翼转速对拉力的影响

旋翼转速 n 增加，各小段桨叶的相对气流速度就增大，升力 ΔL 增大，桨叶的拉力也增大。旋翼拉力与旋翼转速的平方（n^2）成正比。即转速增大 1 倍，拉力增大到原来的 4 倍。

2）空气密度对拉力的影响

空气密度增大，各段桨叶的升力 ΔL 增大，桨叶的总拉力也增大。所以，旋翼拉力与空气密度成正比。

3）旋翼的几何参数对拉力的影响

（1）旋翼实度。从前面章节可知，旋翼实度为

$$\sigma = \frac{KbR}{\pi R^2} \tag{5-19}$$

当旋翼的半径 R 一定时，旋翼实度与桨叶的片数 K 和桨叶弦长 b 成正比。显然，桨叶弦长越长，各段桨叶的升力越大，这个桨叶的拉力也就越大。根据式(5-11)可知桨叶片数增加时，旋翼拉力也增大。因此，旋翼拉力与旋翼的实度成正比。

（2）旋翼半径。旋翼半径增大时，一方面桨叶的投影面积增大，使桨叶的拉力增大；另一方面，桨尖的圆周速度增大，桨叶的拉力也会有所增大。因此，旋翼拉力与旋翼半径的 4 次方成正比，即旋翼半径增大 1 倍，旋翼拉力增大到原来的 16 倍。

4）桨叶迎角对拉力的影响

通常桨叶特性截面处（$r=0.7R$）的迎角 α_7 称为桨叶迎角。各段桨叶的升力都与其迎角成正比。因此，桨叶拉力与桨叶迎角成正比。应该指出，当桨叶迎角超过临界迎角后，桨叶拉力随迎角的增大而减小。

前面为了分析问题简便，将旋翼转速、旋翼实度、桨叶半径、桨叶迎角等对拉力的影响单独地进行了分析，而且得出各影响因素数值增大时旋翼拉力也增大的结论。但在实际飞行中，由于受到空气动力特性、结构强度和发动机功率等条件的限制，旋翼转速、旋翼实度、桨叶半径及其迎角等影响因素的数值不可能很大，更不能认为影响拉力的各因素的数值越大越好。

5.2.4 旋翼的拉力方向

1. 旋翼锥体和拉力方向

在前面的分析中，假定桨叶在桨毂旋转平面内旋转。旋翼不旋转时，桨叶受到本身重力的作用而下垂，如图 5-18(a)所示。旋翼旋转时，每片桨叶上的作用力除自身重力外，还有空气动力和惯性离心力。空气动力中的拉力 T 的方向与重力相反，它绕水平铰链构成力矩，使桨叶上挥。惯性离心力 $F_{离心}$ 相对水平铰链所形成的力矩，力图使桨叶在桨毂旋转平面内旋转，如图 5-18(b)所示。在悬停或垂直飞行状态中，这三个力矩综合的结果使得桨叶保持在与桨毂旋转平面成某一个角度的位置上，旋翼形成一个倒立的锥体。桨叶从桨毂旋转平面扬起的角度称为锥角，一般为 3°～5°。

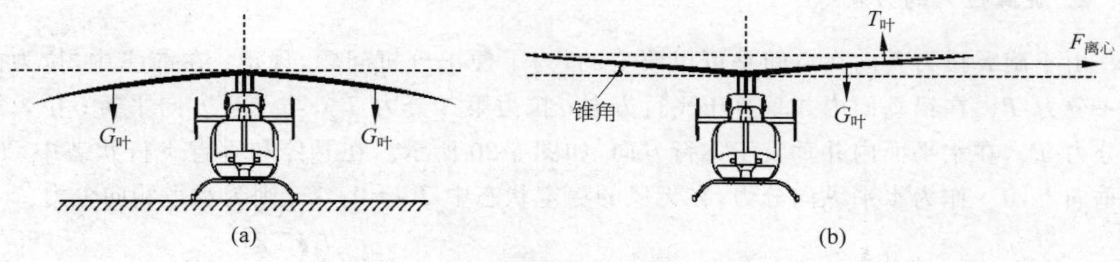

图 5-18 旋翼的锥角

旋翼的桨叶无论转到哪个方位，都是向上倾斜的，所以它的拉力也是向内侧倾斜。因此，可将拉力分为与桨尖旋转平面（即桨盘）平行和垂直的两个分力 $T_{平}$、$T_{垂}$，如图 5-19(a)所示。从图 5-19(a)可以看出，平行分力相互平衡，垂直分力与旋翼锥体轴方向一致。各桨叶垂直分力的合力，就是旋翼的拉力 T。

在轴向气流（悬停或垂直飞行状态）的情况下，桨盘与桨毂旋转平面平行，锥体轴与旋转轴一致。在其他情况中，例如，通过操纵或由于斜吹气流，使旋翼锥体向一侧倾斜时，虽然桨盘不再与桨毂旋转平面平行，但旋翼拉力的方向与锥体轴的方向总是大致相同。只要旋翼锥体向一侧倾斜，其拉力必然也要跟着向同一方向倾斜，如图 5-19(b)所示。

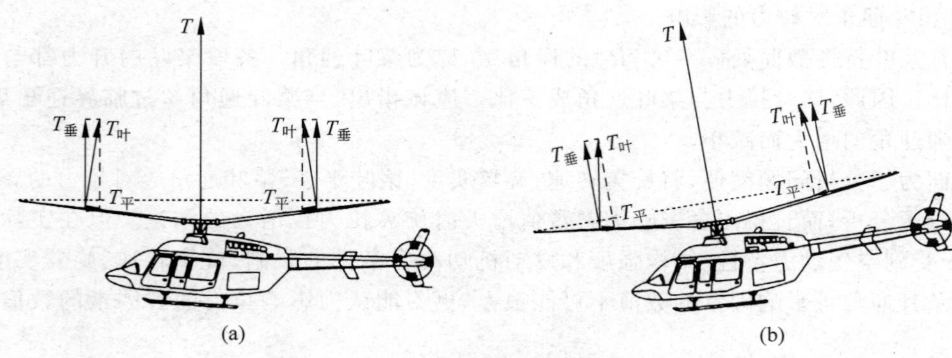

图 5-19　旋翼的拉力与锥体轴的方向一致

由上述分析可知：

(1) 直升机由于利用旋翼产生拉力，即使前进速度为零，只要旋翼处于正常工作状态，就能产生支托全机重量的拉力。所以，直升机不仅仅可以飞得很慢，还可以在空中悬停和垂直升降。

(2) 直升机起飞时，只要旋翼产生的拉力大于重力，直升机就能离地垂直升空。直升机着陆时，也主要通过操纵改变拉力的大小，使拉力小于重力，这样直升机就能降低高度，垂直降落。

(3) 要想让直升机向预定的方向运动，必须操纵旋翼锥体向预定方向倾斜，使旋翼拉力也跟着倾斜，以获得直升机向预定方向运动的力。

2. 旋翼拉力的分解

由于旋翼拉力方向在空间是可以改变的，为了便于分析问题，规定：在前飞中，拉力的第一分力 T_1，在铅垂面内并垂直于飞行方向；拉力第二分力 T_2，与飞行方向平行；拉力第三分力 T_3，在水平面内并垂直于飞行方向，如图 5-20 所示。在悬停和垂直飞行状态中，T_1 铅垂向上，T_2 作为水平纵向分力，在无风的稳定状态中 $T_2=0$；T_3 则为水平侧向分力。

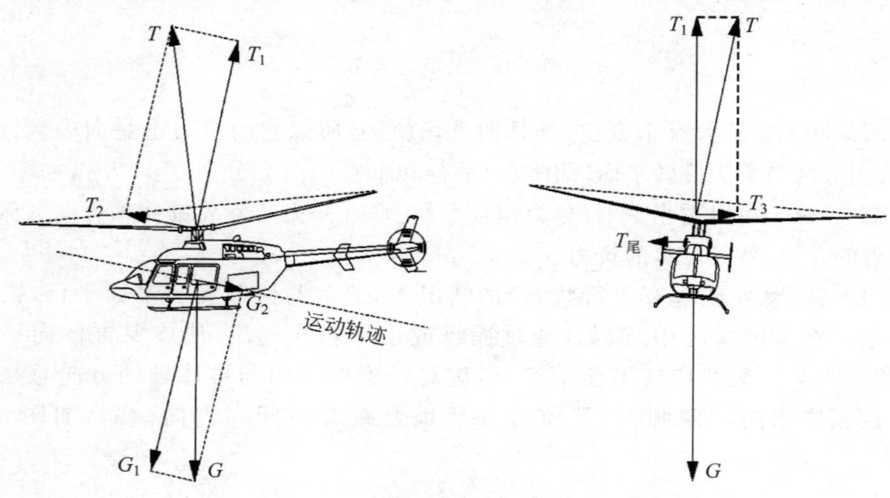

图 5-20　上升中旋翼拉力的分解

5.3 桨叶的挥舞运动和旋翼锥体的倾斜

直升机前飞时，旋翼既旋转又前进，旋翼周向性将导致气流出现不对称现象，这就是旋翼运动的特点。

5.3.1 前飞时旋翼相对气流的不对称性

1. 旋翼相对气流不对称产生的原因

直升机在前飞、后退或侧飞中，旋翼各桨叶的周向相对气流会出现明显的不对称现象。以前飞为例说明形成这一现象的原因。

为了便于说明桨叶所在的位置，从上方俯视旋翼，如图 5-21 所示，以桨叶在正后方为 0°方位，按顺旋转方向计算角度，即桨叶在正左方为 90°方位；在正前方为 180°方位；在正右方为 270°方位。

直升机在无风悬停或垂直升降的情况下，旋翼桨叶转到不同方位时，桨叶各截面的周向相对气流速度都没有变化，在数值上等于各截面旋转运动的圆周速度，如图 5-21(a)所示。

直升机前飞时，桨叶转到不同方位时，其周向相对气流速度有所不同，如图 5-21(b)所示。这时，桨叶除了受旋转所产生的相对气流影响外，还受到前飞所产生的相对气流的影响。例如，某直升机以 50 m/s 的速度前飞，并认为旋翼迎角很小，当桨叶在 90°方位时，旋翼旋转产生的相对气流与因直升机前飞所产生的相对气流方向是一致的，因此桨叶的相对气流速度最大；反之，当桨叶在 270°方位时，旋翼旋转产生的相对气流与因前飞所产生的相对气流方向是相反的，因此桨叶的相对气流速度最小。

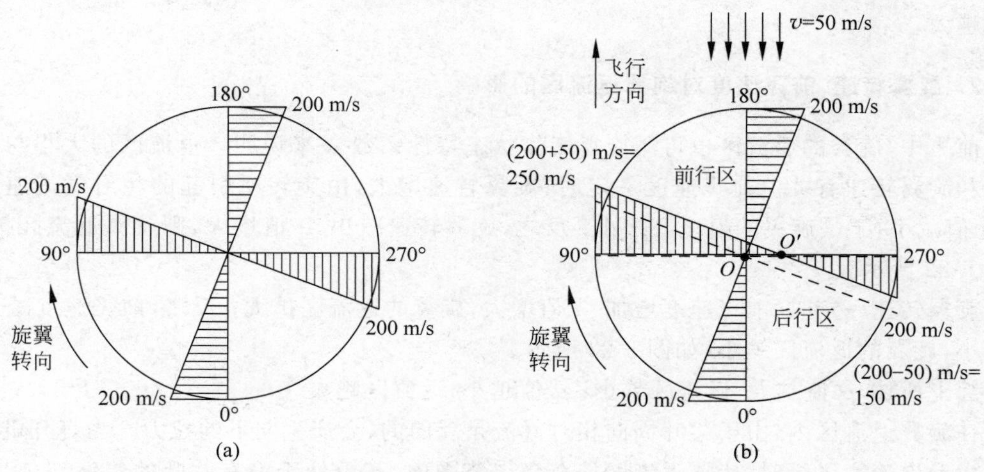

图 5-21 桨叶各截面的周向相对气流速度分布情况

以桨叶尖端的截面为例，如旋转所产生的相对气流速度 πR 为 200 m/s，则：

在 90°方位，桨叶尖端截面的相对气流速度为

$$W_{90^\circ}=\pi R+v_{\text{前飞}}=(200+50)\ \text{m/s}=250\ \text{m/s} \tag{5-20}$$

在 270°方位，桨叶尖端截面的相对气流速度为

$$W_{270^\circ}=\pi R+v_{\text{前飞}}=(200-50)\ \text{m/s}=150\ \text{m/s} \tag{5-21}$$

从图 5-21(b)可以看出，在 0°～180°方位内，桨叶各截面的周向相对气流都比 0°或 180°方位的周向相对气流速度要大。在 90°方位桨叶的周向相对气流速度最大。在 180°～360°方位内，桨叶各截面的周向相对气流速度都比 0°或 180°方位的周向相对气流速度要小。在 270°方位，桨叶的周向相对气流速度最小。这种桨叶的周向相对气流速度左右不等的现象称为旋翼相对气流的不对称性。旋翼相对气流不对称的情况，可以用旋翼工作状态特性系数 μ 来表示。μ 值越大，旋翼相对气流的不对称性越大；μ 值越小，旋翼相对气流的不对称性越小。

桨叶各截面因旋转而产生的相对气流速度大小，和该截面到旋转轴的距离(即半径)有关。越靠近桨叶根部，由旋转所引起的相对气流速度越小。这样，当桨叶从 180°方位转向 360°方位的过程中，由前飞所引起的相对气流速度，在桨叶根部某个区域内，将会大于因旋转所引起的相对气流速度。在这个区域内，桨叶各截面的相对气流不是由桨叶前缘流向后缘，而是自桨叶后缘流向前缘。这种自桨叶后缘流向前缘的气流称为“返流”。桨叶上存在“返流”的区域，称为返流区。

桨叶从 180°方位转向 270°方位的过程中，前飞所引起的相对气流对桨叶相对气流的影响不断增大，故桨叶上的返流区逐渐扩大。桨叶从 270°方位转向 360°方位的过程中，前飞速度对桨叶相对气流的影响不断减小，故桨叶上的返流区又逐渐缩小。

返流区与正流区的交界处，桨叶的相对气流速度为零，该点称为桨叶返流区的边界点。如图 5-21(b)中的 O'点，即为桨叶转至 270°方位时，桨叶上返流区的边界点。桨叶在 180°～360°不同的方位上返流区的边界点的连线，就是以 OO'为直径所画的圆，该圆所包括的区域，称为旋翼的返流区，如图 5-21(b)所示。旋翼的返流区越大，表明旋翼相对气流的不对称性越大。

2. 旋翼转速、前飞速度对旋翼返流区的影响

前飞中，旋翼的返流区也可用旋翼工作状态特性系数 μ 来说明。返流区的大小与飞行速度和旋翼转速有关。前飞速度一定时，旋翼转速增大，由旋转所引起的相对气流速度增大，μ 值减小，于是旋翼的返流区缩小；反之，旋翼转速减小，μ 值增大，则旋翼返流区扩大，如图 5-22 所示。

旋翼转速一定时，前飞速度增加，μ 值增大，旋翼的返流区扩大；反之，前飞速度减小，μ 值减小，旋翼的返流区缩小，如图 5-23 所示。

综上所述，μ 值越大，返流区越小；μ 值越小，返流区越大。

在旋翼返流区内，由于桨叶周向相对气流是反向的，会产生向下的拉力。当直升机不超过最大允许速度飞行时，旋翼返流区处在允许范围内，甚至处于没有桨叶的桨毂部分，这对飞行影响不大。例如，某型直升机保持 185 km/h 速度飞行，返流区约占旋翼桨盘面积的 2%。如果直升机超过最大允许速度飞行，返流区将超过允许范围。这不仅会使旋翼拉力降低，而且导致每片桨叶的空气动力产生显著的周期性变化。此时，若立即减小飞行速度或增大转速，即可恢复正常。

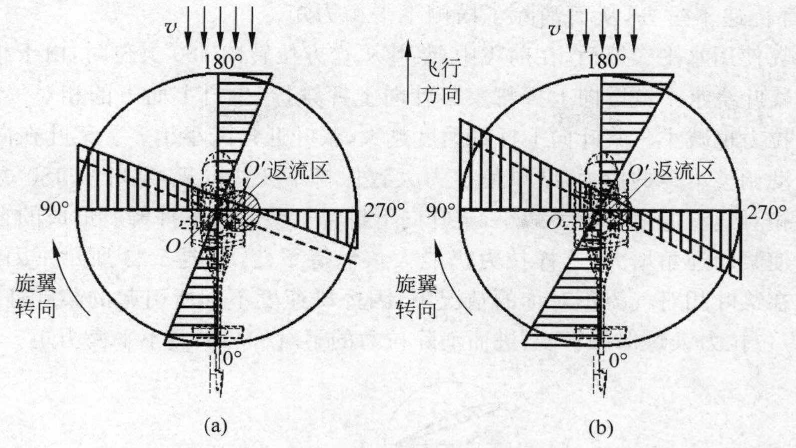

图 5-22 转速对旋翼返流区的影响

(a) 转速小,返流区大;(b) 转速大,返流区小

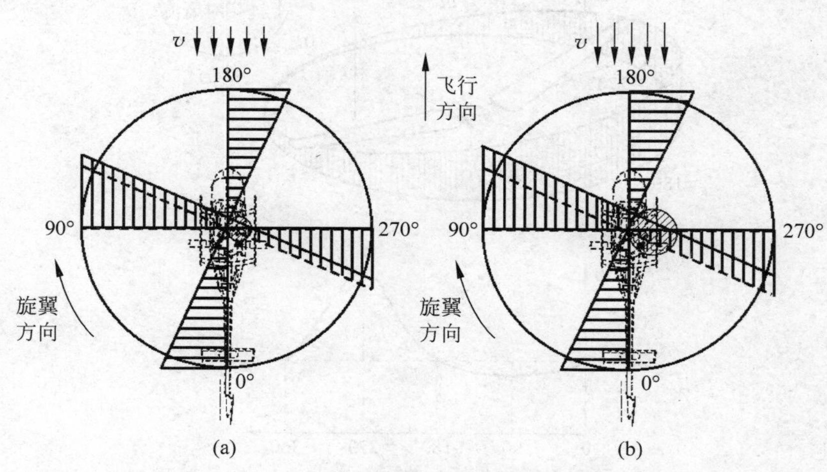

图 5-23 前飞速度对旋翼返流区的影响

(a) 前飞速度小,返流区小;(b) 前飞速度大,返流区大

5.3.2 桨叶的自然挥舞运动和受力平衡

直升机的旋翼如果没有水平铰链,前飞时由于旋翼相对气流的不对称,前行桨叶的相对气流速度大,产生的拉力大,后行桨叶的相对气流速度小,产生的拉力小,因而形成横侧不平衡力矩,使直升机向一侧倾斜,如图 5-24 所示。

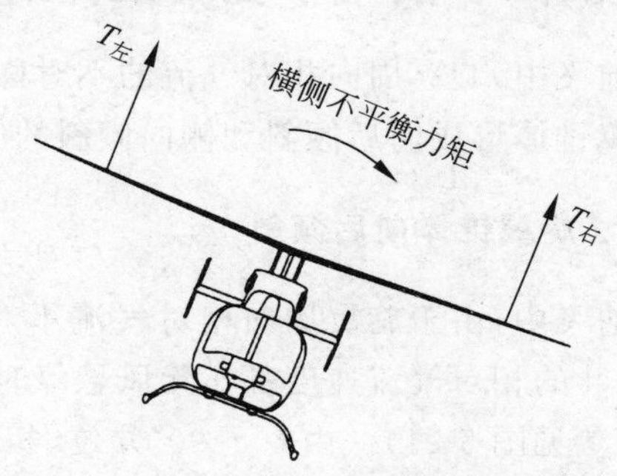

图 5-24 旋翼没有水平铰链前飞时拉力不对称

消除横侧不平衡力矩的一个有效方法就是在桨叶与桨毂轴套之间采用水平铰链。旋翼装有水平铰链后,桨叶一边旋转,一边可以绕水平铰链上下挥舞。这样桨叶绕水平铰链的力矩等于零,即拉力力矩以及在挥舞方向

的其他力矩都传递不过去，从而消除了横侧不平衡力矩。

另外，旋翼使用水平铰链后，在前飞中，桨叶从 0°方位转向 180°方位时，由于相对气流速度和拉力增大，桨叶绕水平铰链向上挥舞。桨叶向上挥舞，产生自上而下的相对气流，使桨叶迎角减小，于是拉力也减小。桨叶向上挥舞速度越大，桨叶迎角减小越多。桨叶在向上挥舞的过程中，可以自动调整本身的拉力，结果使拉力大致保持不变。同理，桨叶从 180°方位转向 360°方位时，由于相对气流速度和拉力减小，桨叶向下挥舞。桨叶向下挥舞所形成的自下而上的相对气流，又会使桨叶迎角增大，这样拉力仍能大致保持不变，如图 5-25 所示。因此，具有水平铰链的旋翼，在桨叶相对气流不对称的情况下，因挥舞速度不同所引起的桨叶迎角变化，可使桨叶在各个方位拉力大致保持不变，进而消除拉力的不对称和横侧不平衡力矩。

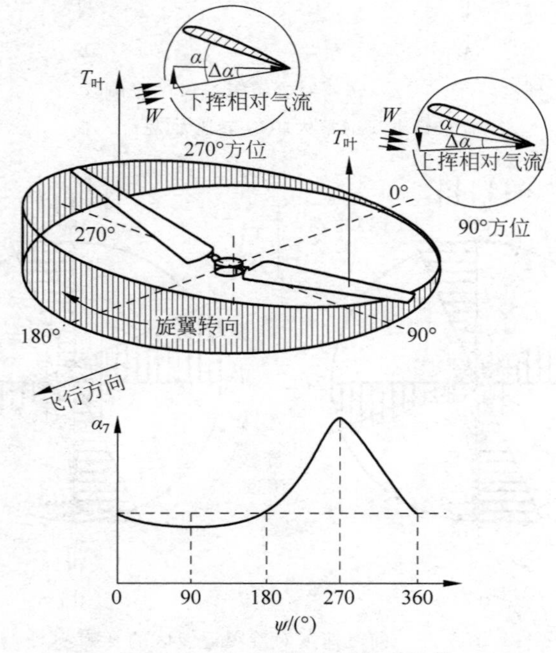

图 5-25　桨叶挥舞时迎角的变化

通常非人为操纵引起的桨叶挥舞运动称为桨叶的自然挥舞。本节研究的即是桨叶的自然挥舞运动。

5.3.3　前飞中旋翼锥体的倾斜

前飞中，旋翼周向相对气流的不对称，引起桨叶自然挥舞，会使旋翼锥体倾斜。下面分析旋翼锥体形成向后倾斜和侧向倾斜的原因和过程，并讨论其规律。

1. 旋翼锥体向后倾斜

前飞中，由于旋翼周向相对气流不对称，使桨叶产生自然挥舞运动。在 0°～180°方位内，桨叶的相对气流速度都比无风悬停时大，在 180°～360°方位内，相对气流速度都比悬停时小(参见图 5-21)。由 0°～90°方位，相对气流速度逐渐增大。桨叶相对气流速度增大越多，由于桨叶自动调整拉力，向上挥舞得就越快，在 90°方位桨叶相对气流速度增大最多，上

挥最快。由 90°～180°方位，相对气流速度的增量(与悬停时相比)逐渐减小，上挥速度逐渐减慢，但桨叶仍继续上挥，转至 180°方位时，相对气流速度的增量为零，桨叶不再继续上挥，但桨叶挥舞的位置最高。桨叶挥舞最快和挥舞最高不在同一方位，桨叶挥舞最快和挥舞最高的方位相差 90°。

由 180°～270°方位，相对气流速度逐渐减小，桨叶下挥(参见图 5-25)。270°方位桨叶相对气流速度减小到最小，下挥最快。由 270°～360°方位，桨叶下挥速度逐渐减慢，但仍继续下挥。转至 360°方位，桨叶下挥速度为零，其挥舞位置最低。

综上所述，桨叶由于相对气流速度不对称所产生的挥舞运动使其在 0°方位挥舞到最低位置，在 180°方位挥舞到最高位置。即该旋翼的锥体向后倾斜了一个角度，如图 5-26(b)所示。前飞速度越大，旋翼相对气流速度不对称性越大，旋翼锥体向后倾斜越多。

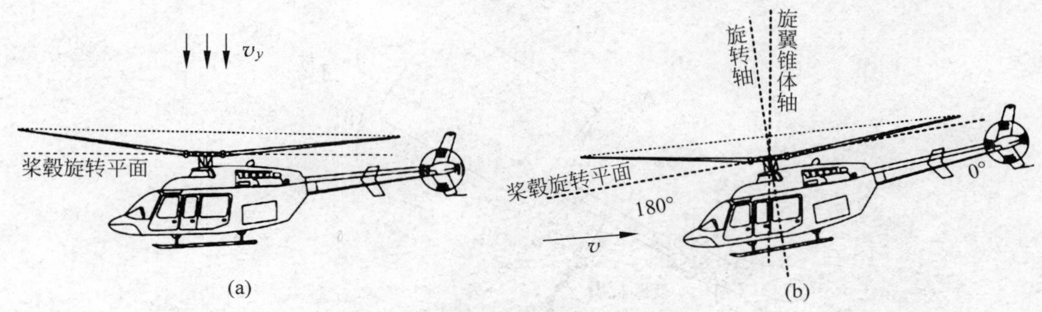

图 5-26 前飞时旋翼锥体向后倾斜

(a) 垂直飞行；(b) 前飞

2. 旋翼锥体侧向倾斜

桨叶自然挥舞形成旋翼锥体侧向(向 90°方位)倾斜，主要是由于旋翼前后桨叶迎角不对称的缘故。由于旋翼有水平铰链，旋翼稳定旋转时形成一个倒立的锥体。如图 5-27 所示，前飞中，旋翼的前半部(桨叶处在 90°→180°→270°方位)，由于旋翼原有锥角 α_0，相对气流速度 v 对桨叶的垂直分量 $v\sin\alpha_0$ 形成上吹气流，使来流角减小，桨叶迎角增大，桨叶拉力趋于增大，桨叶上挥。但当桨叶向上挥舞时，迎角减小，桨叶拉力立即回到平衡值。桨叶在 180°方位，迎角增大最多，向上挥舞速度也最快，而在 270°方位桨叶上挥到最高点。反之，在旋翼后半部(桨叶处在 270°→0°→90°方位)，由于旋翼有锥角 α_0，相对气流 v 对桨叶的垂直分量 $v\sin\alpha_0$ 形成下吹气流，使来流角增大，桨叶迎角减小，桨叶拉力趋于减小，桨叶下挥。但当桨叶向下挥舞时，迎角增大，桨叶拉力仍回到平衡值。桨叶在 0°方位迎角减小最多，向下挥舞速度也最快，而在 90°方位桨叶下挥到最低点。综上所述，旋翼整个锥体向 90°方向倾斜。例如，某型直升机的旋翼是左旋旋翼，前飞时，由于相对气流使旋翼前后两部分的桨叶迎角不对称，旋翼锥体向左倾斜。

3. 桨叶挥舞调节装置对旋翼锥体倾斜的影响

为了有助于发动机在空中发生停车时旋翼进入稳定自转，目前直升机上的操纵机构还具有挥舞调节装置，其组成如图 5-28 所示。

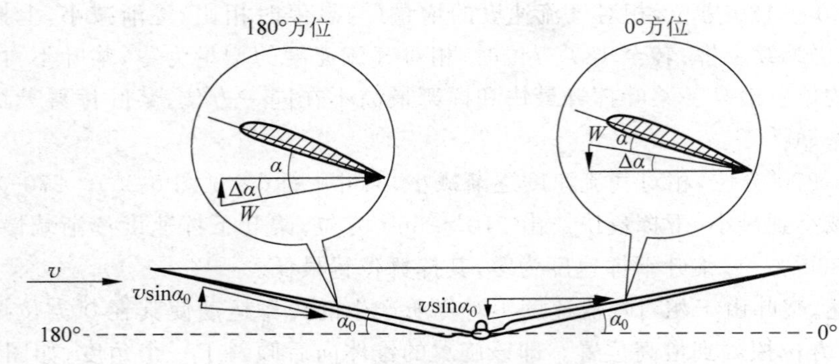

图 5-27　旋翼锥体侧向倾斜的原因

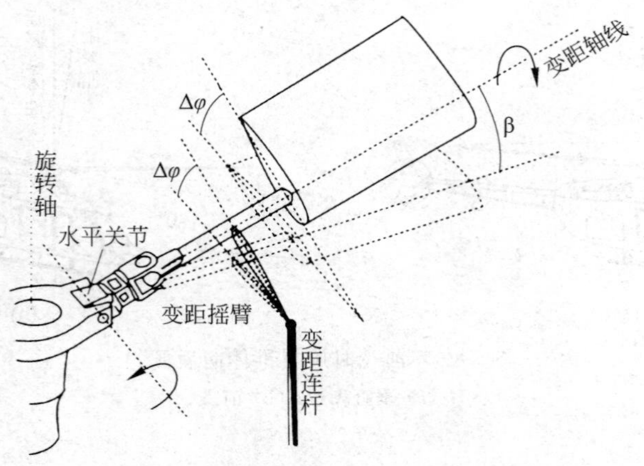

图 5-28　桨叶挥舞调节装置的作用

从图 5-28 可以看出：桨叶上挥时，变距连杆拉着摇臂，使桨叶绕轴向铰链转动，桨叶安装角减小；桨叶下挥时，变距连杆顶着摇臂，使桨叶安装角增大。这种由于挥舞而改变桨叶安装角的作用，称为挥舞调节作用。通常用挥舞调节系数 $\bar{k}$ 来表示挥舞调节作用的大小，它取决于桨叶的挥舞角 β 和挥舞调节作用所导致的桨叶安装角的改变量 $\Delta\varphi$ 的大小，即

$$\bar{k}=\frac{\Delta\varphi}{\beta} \tag{5-22}$$

目前直升机的挥舞调节系数的数值范围为 0～1。发动机空中停车以后，旋翼转速减小，桨叶的惯性离心力减小。同时，直升机下降率增大，桨叶迎角增大，拉力增大，桨叶变向上挥，由于挥舞调节装置的作用，在桨叶上挥的过程中桨叶安装角减小，从而防止桨叶上挥过高和旋翼转速减小过多。可见，发动机在停车后，挥舞调节装置的作用对保证旋翼进入自转是有利的。

由于挥舞调节装置的作用，又改变了桨叶挥舞的情况。直升机在前飞中，旋翼锥体在向后倾斜的同时，桨叶挥舞调节装置的作用，造成旋翼前后桨叶安装不对称，使旋翼锥体向 270°方向倾斜。下面分析旋翼锥体在向后倾斜的基础上，向 270°方位倾斜的原因。

旋翼锥体向后倾斜时，桨叶在 270°→0°→90°方位内向下挥，因挥舞调节装置的作用，使桨叶安装角有所增大。在 0°方位，桨叶下挥到最低点，桨叶安装角增大最多。桨叶在 90°→

180°→270°方位内向上挥，因挥舞调节装置的作用，桨叶安装角有所减小。在180°方位，桨叶上挥到最高点，桨叶安装角减小最多。在90°和270°两个方位，桨叶安装角保持不变。桨叶安装角的这种周期性变化引起了桨叶的附加挥舞运动。所谓附加挥舞，就是在旋翼锥体后倾基础上的挥舞。显然，在桨叶安装角变化最大的方位，附加挥舞速度最快；而在桨叶安装角没有变化的方位，附加挥舞速度为零，但附加挥舞得最高或最低。综上所述，这种附加挥舞，使桨叶在0°方位上挥速度最快；在90°方位挥舞到最高位置；在180°方位下挥速度最快；在270°方位挥舞到最低点。这样，旋翼锥体在向后倾的基础上，又向270°方位倾斜，左旋旋翼的直升机旋翼锥体向右倾斜。

旋翼锥体的侧向倾斜，取决于上述两方面的原因，而这两者的效果是相反的。旋翼锥体最终的侧倾方向，则取决于挥舞调节系数的大小。当挥舞调节系数为零时，也就是没有挥舞调节装置，锥体向90°方位倾斜，随着挥舞调节系数的增大，锥体向90°方位的倾斜量减小，甚至向270°方位倾斜。例如，某直升机旋翼的挥舞调节系数值比较大($\bar{k}=0.5$)，右倾斜量大于左倾斜量，因此，该型直升机在前飞时，迎面气流引起桨叶的不对称和挥舞调节装置的作用，旋翼锥体的侧向倾斜是向270°方位倾斜的。

前面只分析了由于旋翼相对气流速度不对称，使锥体后倾时，桨叶挥舞调节装置的作用。但在相对气流引起旋翼前后桨叶迎角不对称而使锥体向90°方位倾斜时，桨叶挥舞调节装置也起调节作用。

因为旋翼在向90°方位倾斜时，桨叶在270°方位上挥到最高位置，在90°方位下挥到最低位置，这时，由于挥舞调节装置的作用，270°方位的桨叶安装角减小最多；90°方位的桨叶安装角增大最多；在0°和180°方位的桨叶安装角保持不变。桨叶安装角的这种周期性变化，也要引起桨叶的附加挥舞运动。这种附加挥舞，使桨叶在270°方位向下挥舞速度最快；在0°方位下挥到最低位置；在90°方位上挥速度最快；在180°方位上挥到最高位置。这样，旋翼锥体在向90°方位倾斜的基础上，又增加了向0°方位的倾斜，即增大了后倾量。

综上所述，直升机在前飞中由于旋翼的相对气流速度和桨叶迎角(包括桨叶挥舞调节装置的作用)不对称，旋翼锥体倾斜。原因有以下4个方面：①相对气流速度不对称，使旋翼锥体向后倾斜；②旋翼前后桨叶迎角不对称，使旋翼锥体向90°方位倾斜；③旋翼锥体向后倾斜，因桨叶挥舞调节装置的作用改变了旋翼前后的桨叶安装角(桨叶迎角)，旋翼锥体向270°方位倾斜；④旋翼锥体向90°方位倾斜时，因桨叶挥舞调节装置的作用改变了旋翼左右桨叶的安装角(桨叶迎角)，旋翼锥体向后倾斜。总的来说，旋翼锥体的后倾斜量要大于侧倾斜量，所以直升机在前飞时旋翼锥体向侧后方倾斜。随着前飞速度的增大，旋翼锥体向侧后方倾斜量增大。

还须指出，桨叶挥舞调节装置的作用，不仅改变了旋翼锥体倾斜的方位，而且还使桨叶自然挥舞的角度有所减小，即整个旋翼的锥角有所减小。

通过上述分析，可以看出桨叶的自然挥舞具有以下规律：

(1) 前飞速度越大，旋翼锥体向侧后方倾斜越大。因此，随着前飞速度的增大，飞行员必须相应地向侧前方推杆，以保持飞行状态。

(2) 在桨叶迎角(或相对气流速度)增大最多的方位，桨叶上挥速度最大。桨叶上挥速度最大和挥舞最高不在同一个方位，它们之间相差90°，即从桨叶上挥速度最大的方位再继续转90°，就是桨叶挥舞最高的方位。

直升机的操纵原理，就是根据上述旋翼锥体的变化规律，周期性地改变桨叶安装角，以使旋翼锥体向预定的方向倾斜。

5.4 桨叶的摆振运动

前飞中，桨叶绕水平铰链上下挥舞，会使桨叶的旋转角速度发生变化，即桨叶向上挥舞时，旋转角速度要增大，向下挥舞时，旋转角速度要减小。这表明，桨叶在挥舞时，有一个力作用在桨叶上，这个促使桨叶转速改变的力称为哥氏力，如图 5-29 所示。哥氏力对旋转轴所形成的力矩称为哥氏力矩。桨叶上挥产生的哥氏力使桨叶加速旋转，桨叶下挥产生的哥氏力使桨叶减速旋转。由于桨叶的挥舞速度(大小和方向)是经常变化的，哥氏力的大小和方向也经常变化。当桨叶向上挥舞时，开始时上挥速度较小，使桨叶旋转的哥氏力也较小，随着上挥速度增大，哥氏力也增大。桨叶挥舞至最高位置处，挥舞速度为零，这时哥氏力也为零。之后，桨叶向下挥舞，哥氏力又力图使桨叶减速旋转，并随着下挥速度的改变而改变。

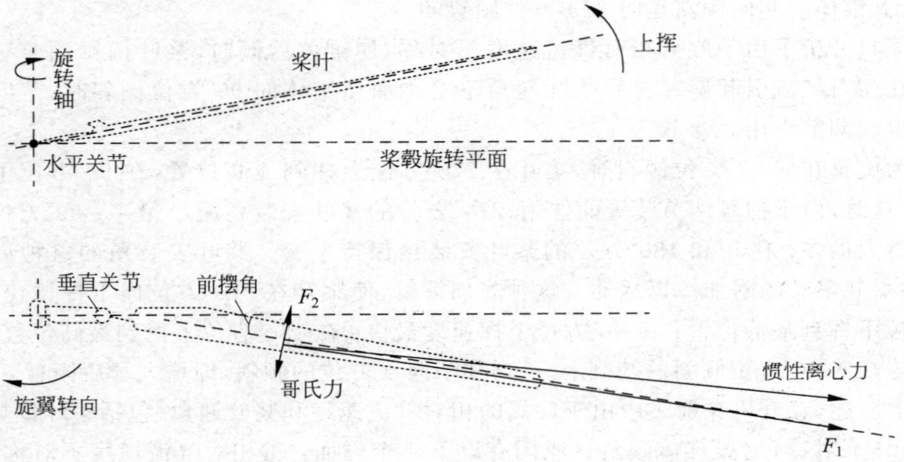

(a)

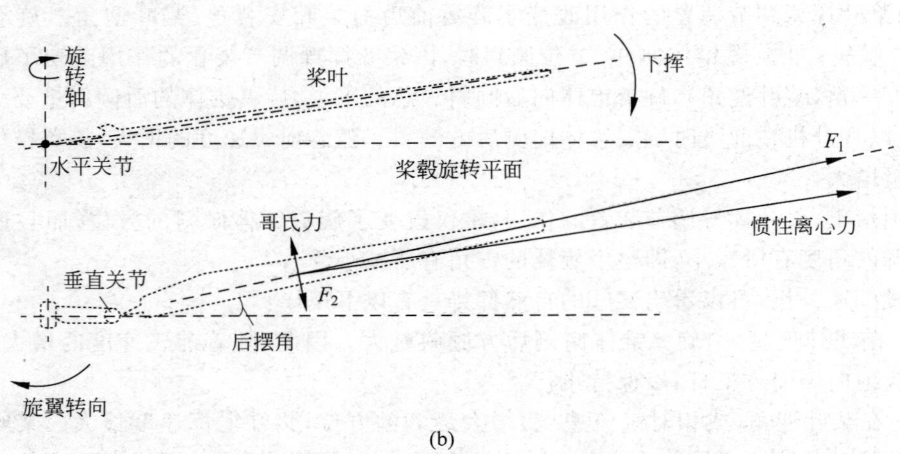

(b)

图 5-29 桨叶挥舞时，使桨叶绕垂直铰链摆动的哥氏力和惯性离心力

(a) 桨叶上挥；(b) 桨叶下挥

桨叶挥舞中，这个大小和方向经常变化的哥氏力对桨叶的强度极为不利。特别是桨根部分，受到的哥氏力矩很大，如不采取措施，将会因材料疲劳而损坏。为了解决这个矛盾旋翼采用了垂直铰链的设计。

装有垂直铰链的旋翼，其桨叶受哥氏力的作用后，可绕垂直铰链前后摆动，从而消除了桨根所受到哥氏力矩的影响。例如，桨叶上挥时，哥氏力使桨叶向前摆动，当桨叶前摆一定角度后，桨叶惯性离心力也会相对桨叶轴线向后偏一个角度，这时惯性离心力的分力 F_2 阻止桨叶向前摆动，如图 5-29(a)所示。桨叶下挥时，哥氏力使桨叶向后摆动，这时桨叶惯性离心力会相对桨叶轴线向前偏一个角度，产生的分力 F_2 阻止桨叶向后摆动，如图 5-29(b)所示。由于桨叶惯性离心力很大，所以桨叶在挥舞中，哥氏力能使桨叶先后摆动的角度很小，通常只有 $\pm 2°$。

为了防止直升机产生“地面共振”，在垂直铰链上又安装有减摆器，以阻止桨叶前后摆动。

习题5

1. 简述铰接式旋翼绕三个铰链的运动。
2. 描述旋翼与桨叶的工作状态的参数有哪些？
3. 简述旋翼拉力的产生原因。
4. 简述旋翼拉力公式及其影响因素。
5. 简述旋翼所需功率及其影响因素。
6. 简述桨叶的挥舞和摆振运动。
7. 简述桨叶的自然挥舞运动及其规律。

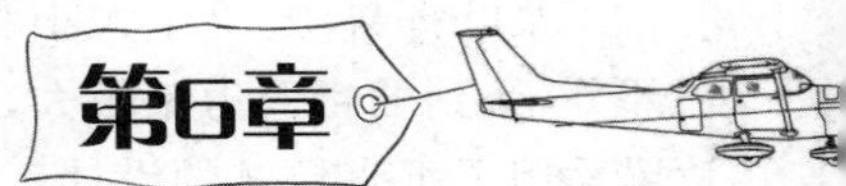

直升机的平衡、稳定性和操纵性

直升机飞行状态的变化，都是作用在其上的力和力矩的共同作用结果。力矩的作用效果是使物体发生转动。直升机的平衡、稳定性和操纵性是研究直升机在受到力和力矩的作用下飞行状态的保持和改变的基本原理。本章讨论直升机在力矩作用下的平衡、稳定性和操纵性。

6.1 直升机的重心和机体轴系

直升机的平衡、稳定性和操纵性与直升机的重心位置有着密切的关系。直升机装载后，其重心位置是否适当，将直接影响飞行状态的保持和性能的发挥。装货的位置、燃油的消耗、人员的搭乘等，都会改变直升机的重心位置。因此，必须了解直升机的重心位置及其变化规律。

直升机各部件、燃油、货物、乘员等重力（重量）的合力，称为直升机的重力。直升机重力的着力点称为直升机的重心。重力着力点所在的位置称为重心位置（图 6-1）。

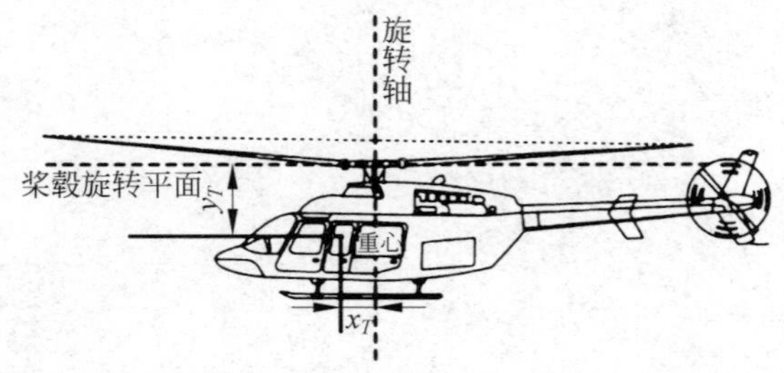

图 6-1 直升机重心位置表示方法

为确定直升机的姿态、运动轨迹、力和力矩的方向，就必须建立坐标系。在研究直升机的平衡、稳定性和操作性时，对机体建立坐标系更有利于分析。机体坐标系 $OXYZ$ 固连在直升机上，原点 O 位于直升机的重心，三条相互垂直的轴线分别为纵轴（OX）、立轴（OY）和横轴（OZ），如图 6-2 所示。

纵轴（OX）：位于直升机对称面内，通过直升机重心平行于机身轴，向前为正。

立轴（OY）：位于直升机对称面内，通过直升机重心与纵轴垂直，向上为正。

横轴（OZ）：通过直升机重心，与纵轴、立轴垂直，向右为正。

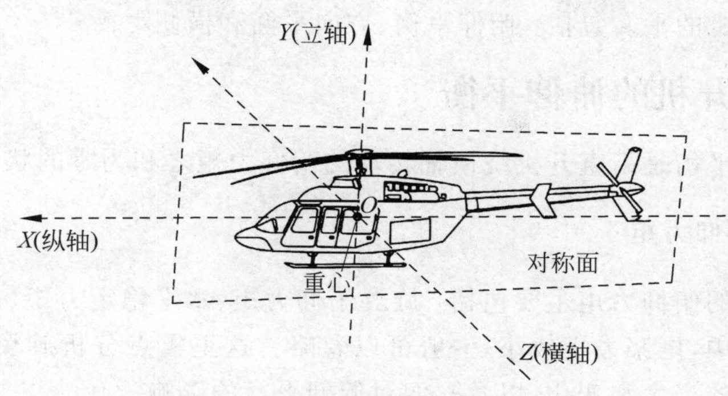

图 6-2　直升机机体坐标系

纵轴与水平面之间的夹角称为俯仰角，用 θ 表示。纵轴偏向水平面上方，其夹角为仰角；纵轴偏向水平面下方，其夹角为俯角，如图 6-3 所示。

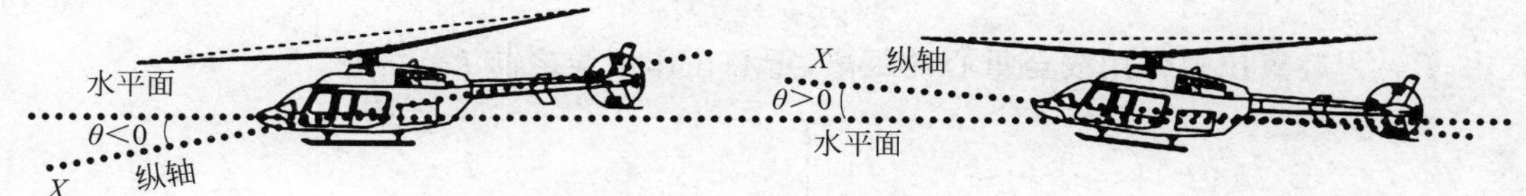

图 6-3　直升机的俯仰角

直升机对称面与纵轴所在的铅垂面之间的夹角称为坡度，用 γ 表示，如图 6-4 所示。

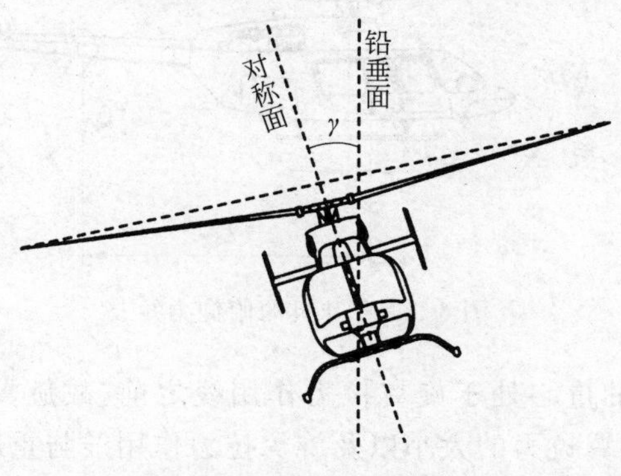

图 6-4　直升机的坡度

直升机绕纵轴转动称为滚转，绕立轴转动称为偏转，绕横轴转动称为俯仰转动。绕各轴转动的角速度分别称为滚转角速度、偏转角速度和俯仰角速度。绕机体轴的角速度和力矩均按右手螺旋定则判断其正负。

6.2　直升机的平衡

直升机的平衡是指作用于直升机的各力、各力矩之和均等于零的状态。此时，直升机的飞行速度和方向都能保持不变。直升机的平衡包括力的平衡和力矩的平衡，本节只分析力矩的平衡问题，认为力的平衡总是能够得到保证。研究直升机的平衡是分析其稳定性和操纵性的基础。直升机的平衡包括：俯仰平衡、方向平衡和横侧平衡。

6.2.1 直升机的俯仰平衡

直升机的俯仰平衡是指直升机绕横轴转动的俯仰力矩之和为零的状态。

1. 直升机的俯仰力矩

作用于直升机的俯仰力矩主要包括：旋翼俯仰力矩、水平稳定力矩、机身力矩和尾桨的反作用力矩等。其中，尾桨力矩较小，一般可以忽略。这里重点分析旋翼俯仰力矩、水平稳定力矩和机身力矩的产生和变化，以及它们对俯仰平衡的影响。

1）旋翼俯仰力矩

一般情况下旋翼的拉力不通过重心，旋翼拉力 T 绕重心形成的俯仰力矩，用 $M_{Z旋翼}$ 表示，如图 6-5 所示。

$$M_{Z旋翼}=TL_T \tag{6-1}$$

式中，L_T 为旋翼拉力作用线至重心的距离，重心在作用线之前 L_T 为正。

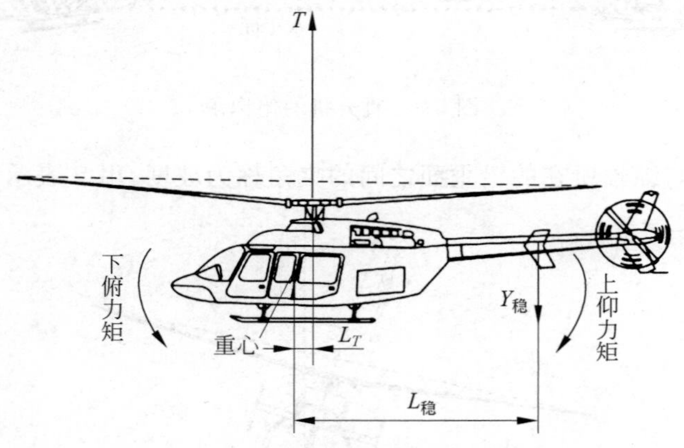

图 6-5 直升机的俯仰力矩

一般情况下，直升机的重心处于旋翼拉力作用线之前，故旋翼所产生的力矩为下俯力矩。旋翼力矩的大小与旋翼拉力的大小以及旋翼拉力作用线与重心的距离有关。旋翼拉力越大、旋翼拉力作用线与重心的距离越远，所产生的下俯力矩越大。

2）水平稳定力矩

水平稳定力矩是水平安定面产生的升力 $Y_稳$ 绕重心形成的俯仰力矩，用 $M_{Z稳}$ 表示，如图 6-5 所示。

$$M_{Z稳}=Y_稳 L_稳 \tag{6-2}$$

式中，$L_稳$ 为水平安定面升力至重心的距离。

由于水平安定面的迎角通常是负，产生向下的升力，故绕重心所形成的力矩为上仰力矩。水平安定面向下的升力越大，形成的上仰力矩越大。

3）机身力矩

直升机机身力矩（$M_{Z机身}$）的大小和方向与机身的形状和飞行状态有关。通常在悬停和小速度飞行时，机身力矩为上仰力矩；在以较大速度飞行时，机身力矩为下俯力矩。

2. 保持俯仰平衡的条件

通过上述分析，俯仰方向上直升机主要受到旋翼拉力、水平安定面的升力绕横轴形成的力矩以及机身力矩这三个力矩的作用。保持俯仰平衡的条件为各俯仰力矩之和等于零，即

$$\sum M_Z = 0 \tag{6-3}$$

6.2.2　直升机的方向平衡

直升机的方向平衡是指直升机绕立轴转动的偏转力矩之和为零的状态。直升机方向平衡时，不绕立轴转动或者做等角速度的转动。

1. 直升机的偏转力矩

作用在直升机上的偏转力矩主要来源有旋翼的反作用力矩和尾桨偏转力矩。

1）旋翼的反作用力矩

发动机带动旋翼旋转，旋翼不断拨动空气，对空气施加作用力矩。根据牛顿第三定律（也称作用力与反作用力定律），旋翼必定受到空气所施加的大小相等、方向相反的力矩的作用，这个力矩就是旋翼的反作用力矩，用 M_K 表示。反作用力矩传送到机身上，就会使直升机向旋翼旋转的反方向偏转。如图 6-6 所示。

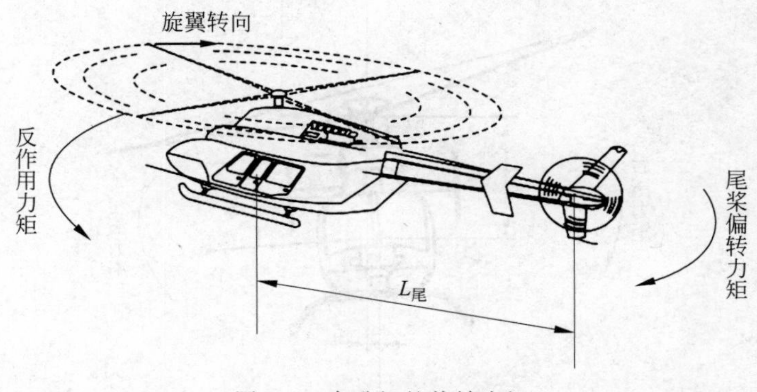

图 6-6　直升机的偏转力矩

旋翼的反作用力矩的大小受到旋翼旋转所需功率和旋翼的转速影响。旋翼转速一定时，所需功率越大，旋翼的反作用力矩越大。

2）尾桨偏转力矩

尾桨所产生的拉力绕直升机的重心所形成的偏转力矩，称为尾桨偏转力矩，用 $M_{Y尾}$ 表示，如图 6-6 所示。在尾桨距重心的距离不变的情况下，尾桨拉力越大，尾桨偏转力矩越大。飞行中，利用脚蹬操纵机构改变尾桨的桨叶安装角来调节尾桨拉力的大小，进而改变尾桨偏转力矩，实现直升机航向的改变与保持。

2. 保持方向平衡的条件

通过上述分析，直升机绕立轴运动时主要受到旋翼反作用力矩和尾桨偏转力矩的作用。保持方向平衡的条件为各偏转力矩之和等于零，即

$$\sum M_Y = 0 \tag{6-4}$$

6.2.3 直升机的横侧平衡

直升机的横侧平衡是指直升机绕纵轴转动的滚转力矩之和为零的状态。直升机横侧平衡时，不绕纵轴转动。

1. 直升机的滚转力矩

作用在直升机上的滚转力矩来源主要包括旋翼拉力所产生的滚转力矩以及尾桨拉力所产生的滚转力矩。

1）旋翼拉力所产生的滚转力矩

飞行员向左或者向右压杆时，旋翼锥体随之向同一方向倾斜。旋翼锥体倾斜后，旋翼拉力随之倾斜，其分力 T_1 和 T_3（图 6-7）对直升机纵轴会形成滚转力矩。如图 6-7 所示，旋翼锥体向右倾斜时，由于旋翼拉力第一分力 T_1 作用线不经过重心，会绕纵轴形成向左滚转的力矩；第三分力 T_3 会绕纵轴形成向右滚转的力矩。若操纵方向相反，则两个分力分别形成相反的滚转力矩。

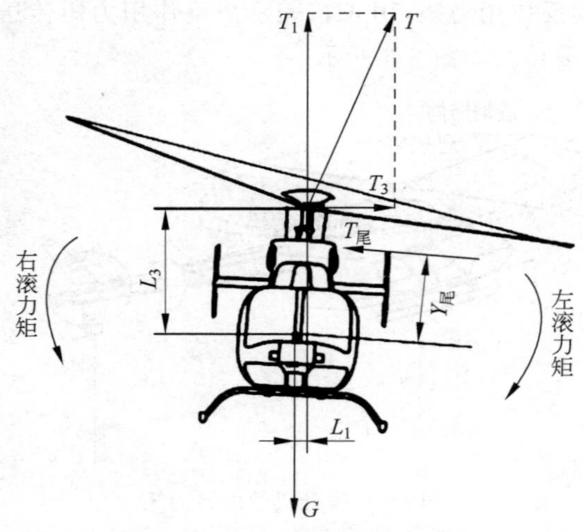

图 6-7 直升机的滚转力矩

最终旋翼拉力所形成的滚转力矩为两个滚转力矩矢量和，其大小关系为

$$M_{X旋翼} = T_3 L_3 + T_1 L_1 \tag{6-5}$$

式中，$M_{X旋翼}$ 为旋翼拉力绕纵轴形成的滚转力矩；L_3 为 T_3 至纵轴的距离；L_1 为 T_1 至纵轴的距离。

2）尾桨拉力所产生的滚转力矩

一般情况下，尾桨旋转轴高于直升机重心的位置，尾桨拉力对重心除了产生偏转力矩外，还会产生绕纵轴的滚转力矩 $M_{X尾}$，如图 6-7 所示：

$$M_{X尾} = T_尾 Y_尾 \tag{6-6}$$

式中，$Y_尾$ 为尾桨拉力至纵轴的距离。

2. 保持横侧平衡的条件

通过上述分析可知，直升机绕纵轴运动时主要受到旋翼拉力和尾桨拉力的滚转力矩的作用。保持横侧平衡的条件为各滚转力矩之和等于零，即

$$\sum M_X = 0 \tag{6-7}$$

6.2.4 重心对平衡的影响

直升机重心的位置前后移动时，会引起旋翼拉力作用线至重心的距离 L_T 以及水平安定面升力 $Y_{稳}$ 至重心的距离 $L_{稳}$ 发生变化，从而影响直升机的俯仰平衡。当重心位置后移时，L_T 和 $L_{稳}$ 将缩短。虽然二者变化的数值大小相等，但由于 $L_{稳}$ 比 L_T 大很多，L_T 减小的百分比也就大很多，因此下俯力矩减小得多，上仰力矩减小得少，于是直升机将上仰，如图 6-8 所示。

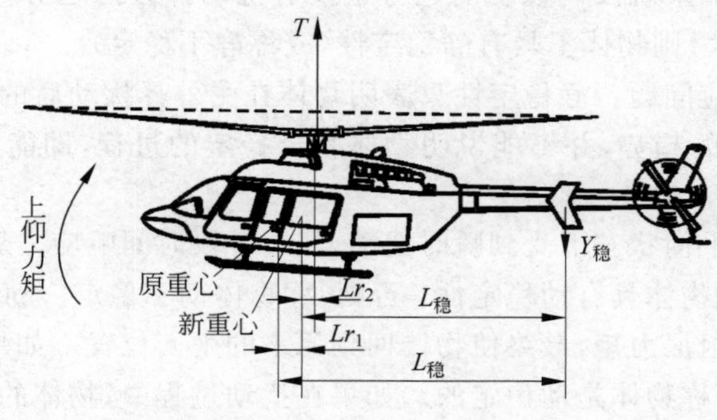

图 6-8 重心后移，直升机上仰

同理，直升机重心前移，直升机下俯。

直升机重心的前后移动会引起尾桨所产生的偏转力矩发生改变，进而影响其方向平衡。

虽然直升机重心左右移动一般不会过大，如果装载货物或搭乘人员过于偏置一侧，重心的位置就会明显偏向一边，这将对直升机的横侧平衡带来影响。

6.3 直升机的稳定性

直升机在飞行中会受到各种各样的扰动，如阵风、舵面偶然偏转等。直升机受扰偏离原平衡状态，在扰动消失后能否自动恢复原平衡状态，这就是直升机稳定性的问题。稳定是在平衡的前提下定义的。稳定性是物体受扰动后恢复到它的原来状态的趋势。在日常生活中有很多实例，例如，一个悬挂着的摆锤受到微小扰动，会偏离平衡状态，如图 6-9 所示，在扰动消失之后，摆锤来回摆动，而且摆幅越来越小，最后停止并恢复到原来的平衡状态。这说明摆锤的平衡是稳定的，或者摆锤具有稳定性。

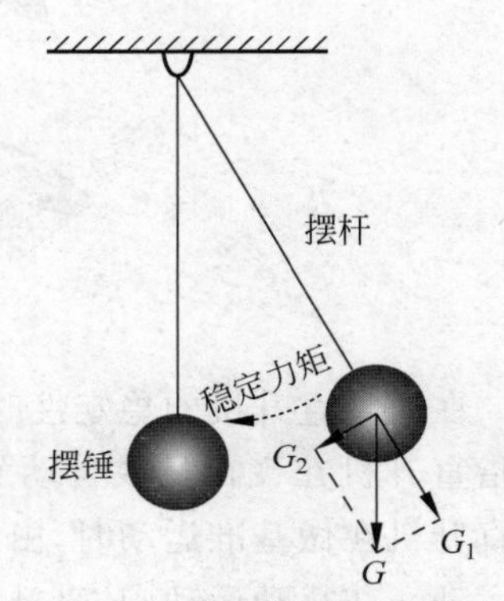

图 6-9 悬挂的摆锤具有稳定性

悬挂的摆锤为什么具有稳定性呢？当摆锤偏离原平衡位置后，可将摆锤重力分解成同摆杆平行的分力(G_1)和同摆杆垂直的分力(G_2)。同摆杆垂直的分力 G_2 对摆轴形成一个力矩，使摆锤具有自动恢复到原来平衡位置的趋势，这个力矩称为稳定力矩，其方向指向原平衡位置；摆锤在来回的摆动中，作用于摆锤的空气阻力对摆轴也形成一个力矩，阻止摆锤摆动，这个力矩称为阻尼力矩，其方向与摆锤摆动的方向始终相反，所以摆锤摆动的幅度越来越小，最后完全消失，摆锤在原来的平衡位置上停下。

稳定力矩的作用是力图使物体回到原平衡状态，所以稳定力矩是稳定性的必要条件。但是，只有稳定力矩而没有阻尼力矩也不行。如果没有阻尼力矩，摆锤将在平衡位置处来回不停地摆动，有了阻尼力矩才能使摆锤的摆幅逐渐减小，最终摆锤在平衡位置上停下来。即稳定力矩和阻尼力矩共同作用，才能充分保证摆锤具有稳定性。

通常将稳定性分为静稳定性和动稳定性。如果物体在外界瞬时扰动的作用下偏离平衡状态，在最初瞬间所产生的是稳定力矩，使物体具有自动恢复到原来平衡状态的趋势，则称物体具有静稳定性；如果既没有恢复的趋势也没有扰动扩大的趋势，则称物体具有中力静稳定性；如果扰动扩大，则物体不具有静稳定性(或称静不稳定)。所以，静稳定性是研究物体受扰动后的最初响应问题。静稳定性只表明物体在受外界扰动后的最初瞬间是否有自动恢复到原来平衡状态的趋势，并不能说明物体整个稳定的过程，即能否恢复到原来的平衡位置。

如果运动物体在平衡状态下受到瞬时扰动，经过一段时间响应之后，物体最终能恢复到原来的运动状态，则称物体具有动稳定性；否则，称物体动不稳定。动稳定性研究的是扰动运动过程中是否出现阻尼力矩，最终使物体回到原来的平衡位置。如果出现阻尼力矩，使物体的摆幅逐渐减小，则称物体是动稳定的。如果在扰动过程中，物体的摆幅偏离原平衡位置越远，则称为物体负的动稳定或动不稳定。动稳定性研究物体受扰运动的时间响应历程，如图 6-10 所示。

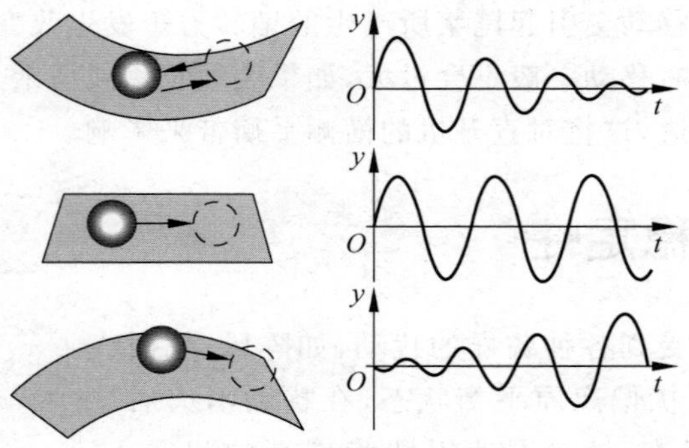

图 6-10　关于稳定性的几个概念

在讨论直升机的稳定性时，通常将直升机的运动分成基准运动和扰动运动。基准运动是指直升机在飞行员或自动驾驶仪的操纵下，按照预定规律所进行的运动；而扰动运动是指直升机在做基准运动时，由于外界扰动运动参数在一段时间内按照运动规律变化所进行的运动。在扰动运动中，直升机运动参数变化的大小，与外加扰动的大小密切相关。如果作用于直升机的外加扰动比较小，则引起的运动参数变化也比较小。这种扰动称为小扰动。

直升机在飞行中受到小扰动的作用而偏离了平衡位置，在扰动消失后，如果能够自动恢复原来的平衡状态，则说明直升机具有稳定性，或者说是稳定的。反之，则说明是不稳定的。直升机的稳定性是随着飞行状态不同而变化的。前飞与悬停就不同，因此飞行员必须了解这些变化的情况。

6.3.1　直升机前飞中的稳定性

本节分别从俯仰、方向和横侧稳定性阐述直升机前飞时的稳定性问题。

1．俯仰稳定性

飞行中，直升机受到小扰动偏离俯仰平衡状态，在扰动消失后，如能自动恢复原来俯仰平衡状态，就具有俯仰稳定性。

1）俯仰稳定力矩的产生

直升机的俯仰稳定力矩，主要由水平安定面产生，如图 6-11 所示。当直升机受到气流扰动机头上仰，使机身迎角增大，水平安定面的迎角也增大。在相对气流的作用下，水平安定面会产生一个向上的附加升力（$\Delta Y_{稳}$），该附加升力绕重心形成稳定力矩，使机头下俯，趋于恢复原来的迎角。

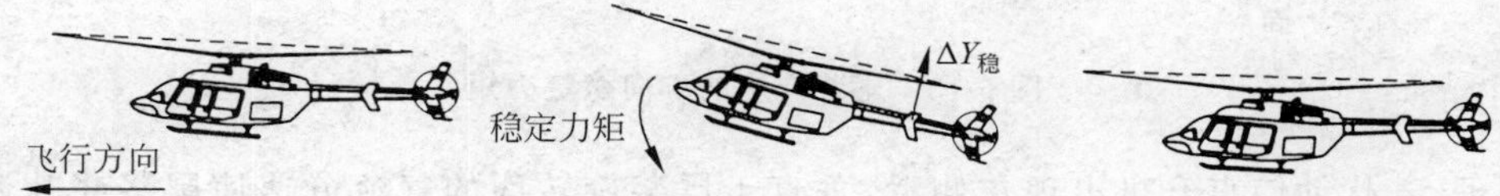

图 6-11　水平安定面产生的俯仰稳定力矩

如果直升机受到扰动后机身迎角减小，水平安定面会产生一个使机头上仰的稳定力矩，而趋于恢复原来的迎角。

2）俯仰阻尼力矩的产生

在直升机俯仰转动的过程中，旋翼能够产生俯仰阻尼力矩，如图 6-12 所示。例如，当机头开始上仰的瞬间，由于旋翼具有定轴性，旋翼锥体仍力图保持原来的方向，直升机的重心相对于旋翼锥体轴线前移，此时机头上仰旋翼拉力作用线相对于新的重心位置的力臂增大，从而产生阻止机头上仰的阻尼力矩。同理，如果机头下俯，旋翼拉力会产生阻止机头下俯的阻尼力矩。

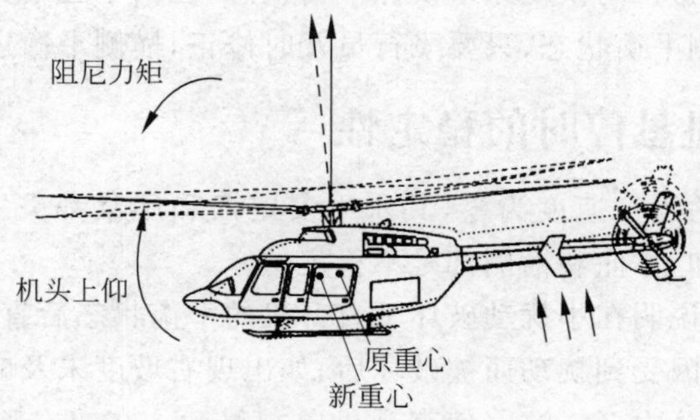

图 6-12　旋翼产生的阻尼力矩

此外，在俯仰转动中，水平安定面、机身等也会产生俯仰阻尼力矩。

在俯仰稳定力矩和俯仰阻尼力矩的共同作用下，直升机有可能恢复到原来的俯仰平衡状态。

2. 方向稳定性

直升机在飞行中受到小扰动偏离方向平衡状态，在扰动消失后，如能自动恢复原来方向平衡状态，就具有方向稳定性。

直升机的方向稳定力矩主要由尾桨产生。如图 6-13 所示，当直升机受到扰动后，机头左偏，直升机仍向原来方向运动而出现右侧滑，相对气流从直升机的右前方吹来，产生与尾桨旋转面垂直的气流分速 v_n。附加的气流分速 v_n 使尾桨的桨叶迎角增大，产生向左的附加拉力 $\Delta T_{尾}$。附加拉力绕直升机重心形成方向稳定力矩，力图使机头向右偏转，消除侧滑。

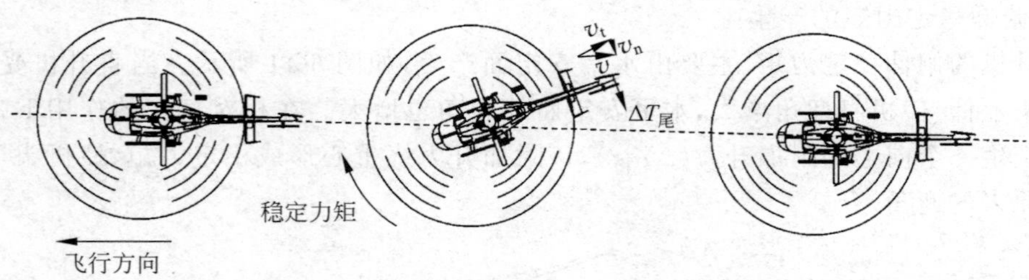

图 6-13　尾桨产生的方向稳定力矩

同理，若扰动使直升机出现左侧滑，垂直于尾桨旋转面的气流分速使尾桨桨叶迎角减小，产生向右的附加拉力，力图使机头向左偏转，消除侧滑。当直升机后退飞行或顺风悬停时，相对气流与前飞时方向相反，尾桨的作用是不稳定的。

直升机在偏转过程中，尾桨、机身等也能产生方向阻尼力矩，减小直升机的方向摆动。

3. 横侧稳定性

直升机在飞行中受到小扰动偏离横侧平衡状态，在扰动消失后，如能自动恢复原来横侧平衡状态，就具有横侧稳定性。

飞行中直升机的横侧平衡因扰动被破坏后，不易自动恢复，必须通过飞行员操纵才能保持横侧平衡。在直升机横侧平衡被破坏后的滚转中，旋翼和尾桨都能产生较大的横侧阻尼力矩。此时直升机虽不易自动恢复原来横侧平衡状态，但由于阻尼力矩较大，直升机不会过快、过多地偏离原来横侧平衡状态，只要飞行员及时修正，横侧平衡还是容易保持的。

6.3.2　直升机悬停时的稳定性

在悬停时，直升机的飞行速度为零，其水平安定面和尾桨都失去了产生稳定力矩的条件。因此，直升机的俯仰、方向和横侧都是不稳定的。

下面以横侧为例来说明在小扰动破坏了直升机的平衡状态后直升机运动状态的变化。

直升机的横侧平衡因受到扰动而被破坏后，如出现右坡度未及时修正，如图 6-14 所示，则出现向右的拉力侧向分力 T_3，这将使直升机向右移动。在向右移动中，相对气流将使旋翼锥体和拉力方向相对机身向左倾斜，如图 6-14(b)所示，会绕重心形成左滚力矩。在该力

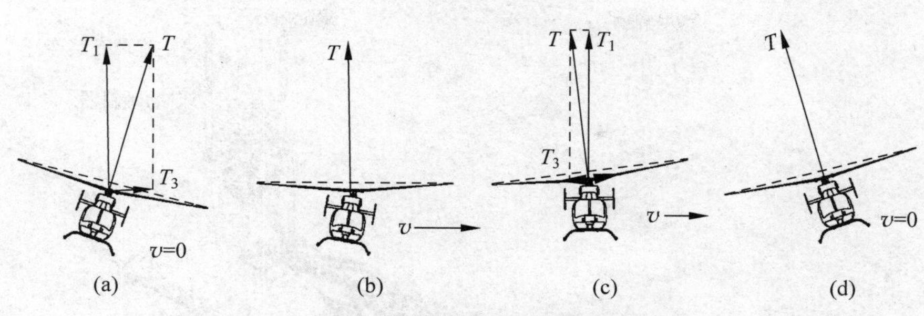

图 6-14　直升机悬停时横侧平衡被破坏后的运动情形

矩作用下，直升机克服右坡度之后又出现左坡度，并使拉力的侧向分力 T_3 偏向左侧，如图 6-14(c)所示，从而阻止直升机向右移动。当直升机向右移动的速度降低至零时，如图 6-14(d)所示，因为此时直升机还带左坡度，直升机又开始向左移动。这样，直升机将重复上述过程。所以，直升机在受到扰动而形成坡度后，将相对原来的横侧平衡状态出现不断的往返左右滚转和摆动现象。同时，在悬停时这种摆动的幅度，将随着时间的推移而不断扩大。

同样，直升机的俯仰平衡状态受到扰动破坏后，如不及时修正，也会出现俯仰摆动和前后移动的现象，而且这样俯仰摆动和前后移动的幅度也随时间的推移逐渐扩大。

必须指出，虽然直升机在悬停时的俯仰和横侧都是不稳定的，但直升机在设计时已保证摆幅的增大不致过快，飞行员有足够的时间进行修正。只要及时修正就能够克服直升机这一稳定性方面的劣势。

在飞行中，直升机有一定的稳定性，能够帮助飞行员保持其平衡状态，但是飞行员不能完全依赖它，应审时度势、积极主动地实施操纵，保持好既定的飞行状态。这对直升机来说，尤为重要。

(1) 直升机的稳定性比一般飞机更差，特别是在悬停状态，稳定性更差。直升机受到扰动以致俯仰或横侧平衡状态发生变化时，将会偏离原来平衡状态出现往返摆动。飞行员必须在摆动尚未扩大时，及时加以修正，以免直升机偏离原来状态过多。

(2) 直升机以较大速度飞行时，虽然稳定性比悬停好些，但直升机受扰动呈现摆动后，摆动消除需要一段时间，为了能迅速及时地恢复直升机的飞行状态，飞行员应及时加以修正。

6.4　直升机的操纵性

操纵性是指通过操纵(施加力或者力矩)使直升机从一个飞行状态过渡到另外一个飞行状态的能力，或者完成所希望的机动的能力。

飞行员操纵后，直升机飞行状态的改变，是作用于直升机的操纵力和操纵力矩与其他力和力矩共同作用的结果。

6.4.1　直升机主要操纵机构及工作原理

直升机主要操纵机构有：驾驶杆、油门变距杆、脚蹬等。图 6-15 所示为直升机操纵控制系统。

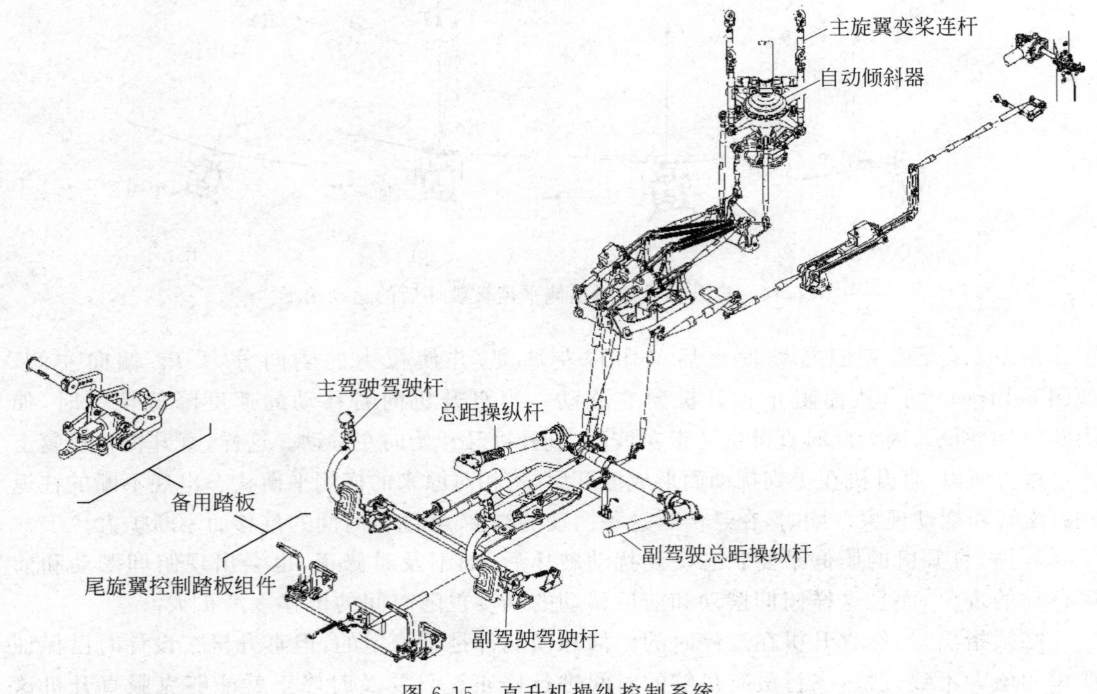

图 6-15　直升机操纵控制系统

1. 自动倾斜器

自动倾斜器是直升机的主要操纵机构，通过操纵自动倾斜器改变旋翼的总距以及桨叶角周期性变化，来改变旋翼拉力的大小和方向。

自动倾斜器的组成如图 6-16 所示，它有内环和外环，两环之间由轴承连接。外环与桨毂之间通过拨杆连接，在桨毂旋转时，外环在拨杆的带动下，可随桨毂同步旋转。在外环上装有变距连杆，分别与各片桨叶的变距摇臂相连接，变距连杆随着自动倾斜器外环的倾斜而周期性地改变各桨叶的安装角。

旋翼旋转轴外有一个滑筒，自动倾斜器的内环是用万向接头固定在滑筒的外面。旋翼旋转时，滑筒与内环都不旋转，滑筒随油门变距杆的上提而向上滑动，它带着变距连杆一起向上移动，同时增大各片桨叶的安装角，即增大旋翼总距；下放油门变距杆则减小旋翼总距。

与油门变距杆相连接的还有发动机油门的操纵拉杆。操纵油门变距杆，使自动倾斜器的滑筒上下移动，从而改变旋翼总距，同时还相应地改变发动机的油门开度，以满足旋翼在不同总距下工作时所需的发动机功率。

2. 桨叶的周期变距和旋翼锥体的倾斜方向

从分析桨叶的自然挥舞可知，旋翼装有水平铰链以后，任何造成桨叶拉力周期变化的因素都会使桨叶绕水平铰链挥舞，而桨叶自动调节挥舞速度以保持本身拉力平衡，桨叶挥舞运动的结果是旋翼锥体倾斜。因为旋翼拉力与旋翼锥体轴线基本一致，所以旋翼拉力也跟随

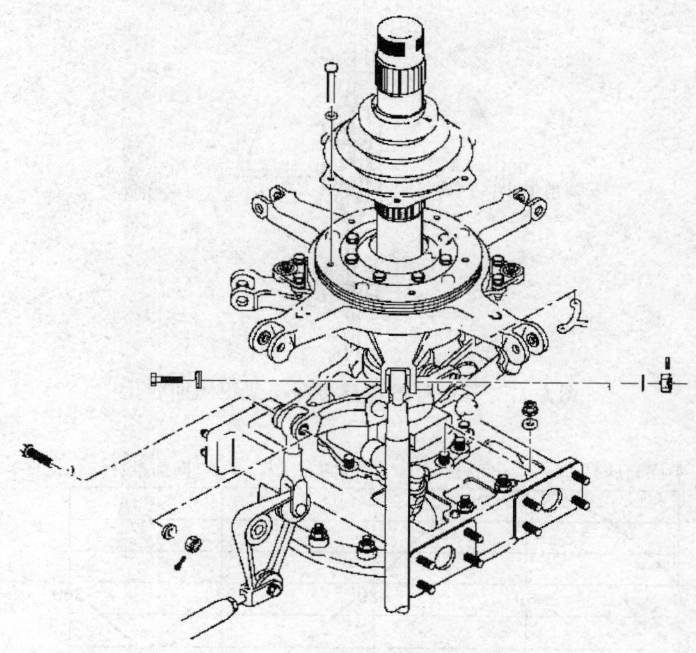

图 6-16 自动倾斜器的结构示意图

锥体向同一方向倾斜。

旋翼锥体的倾斜方向就是桨叶挥舞最低的方位,而这个方位与桨叶拉力自动调整最多的方位是有一定关系的。从桨叶挥舞最低的方位,若顺旋转方向转 90°,该处桨叶上挥速度最快,桨叶向上挥舞时产生的自上而下的相对气流速度最大,使桨叶迎角减小最多,桨叶拉力也减小最多;若从桨叶挥舞最低的方位逆旋转方向转 90°,该处桨叶下挥速度最快,桨叶向下挥舞时产生的自下而上的相对气流速度最大,使桨叶迎角增加最多,桨叶拉力也增加最多。

在认识桨叶挥舞运动的规律基础上,利用其运动规律操纵桨叶按飞行的需要进行挥舞,使旋翼的锥体和旋翼的拉力跟随驾驶杆的倾斜而倾斜。如图 6-17 所示,前推驾驶杆,通过操纵机构使桨叶由 180°方位顺旋翼旋转方向转过 90°,即 270°方位,桨叶在 270°方位上安装角增大最多。由 180°方位逆旋翼旋转方向转过 90°,即 90°方位,桨叶在 90°方位上安装角减小最多。由于桨叶在 270°方位上安装角增大最多,自动调整拉力使桨叶必定在这个方位上挥舞速度最大;转至 0°方位时桨叶上挥最高。桨叶在 90°方位上安装角减小最多,向下挥舞速度最大;转至 180°方位时桨叶下挥最低。桨叶在 180°→270°→0°逐渐上挥,在 0°方位达到最高点;桨叶由 0°→90°→180°逐渐下挥,在 180°方位达到最低点。这样旋翼锥体跟随驾驶杆的操纵向前倾斜,旋翼的拉力随着向同一方向倾斜。

该桨叶周期变距和旋翼锥体倾斜的变化规律,同样也适用于任意方向。据此,绘制出桨叶安装角跟随驾驶杆的操纵方向的周期变化曲线。图 6-18 所示是操纵驾驶杆向前、后、左、右移动时,桨叶安装角的周期变化规律。

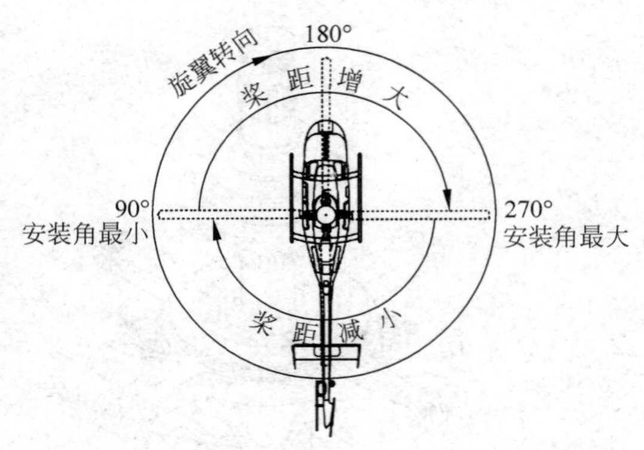

图 6-17　驾驶杆的位移方向与桨距周期变化

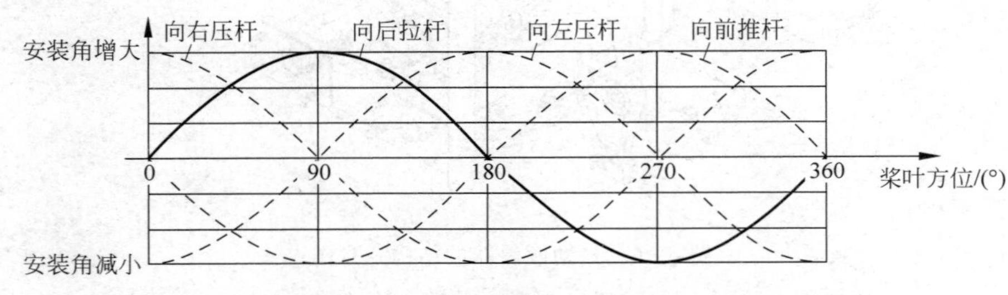

图 6-18　操纵驾驶杆时，桨叶安装角的周期变化规律

6.4.2　操纵直升机的基本原理和方法

1. 操纵油门变距杆

操纵油门变距杆可以改变旋翼拉力的大小，是保持直升机的高度和改变直升机升降率的主要方法。

飞行员上提油门变距杆，自动倾斜器的滑筒和内、外环向上移动，旋翼总距增大。同时，发动机的油门也相应开大，使旋翼的转速和旋翼拉力也随着油门变距杆的上提而增大。反之，飞行员下放油门变距杆，旋翼转速和总距减小，拉力也随之减小。因此，飞行中飞行员上提或者下放油门变距杆，就能改变旋翼拉力的大小，从而改变直升机的升降率，如图 6-19 所示。

在某些情况下，飞行员需要不改变旋翼的总距，单独调节发动机和旋翼转速，这时可使用安装在油门变距杆上的油门环，它只与发动机的油门相连接。转动油门环能单独改变发动机的功率和转速，也就改变了旋翼的转速和拉力。一般来讲，右转油门环，进气压力和发动机转速增加，旋翼的转速和拉力增加；左转油门环，进气压力和发动机转速减小，旋翼转速和拉力减小。

需要指出的是：旋翼总距增大，旋翼拉力增大；旋翼总距减小，旋翼拉力减小。这只在操纵油门变距杆使直升机改变飞行状态时才成立。一旦直升机完成了从一种稳定飞行状态向另外一种稳定飞行状态的过渡，尽管这两种稳定飞行状态中，旋翼总距可能相差很大，但这两种稳定飞行状态的旋翼总拉力仍然是基本相等的。

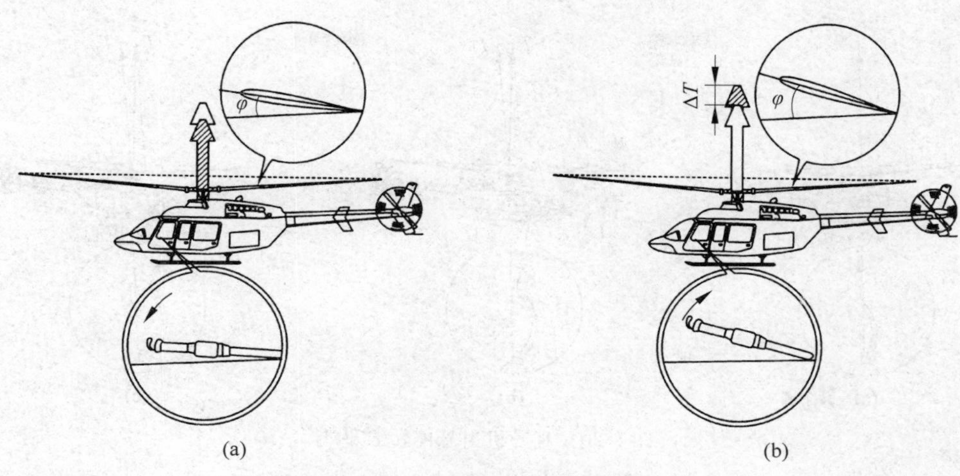

图 6-19　操纵油门变距杆，控制直升机升降

(a) 下放油门变距杆；(b) 上提油门变距杆

以直升机由悬停转入垂直上升为例。直升机首先保持悬停这种稳定的飞行状态，飞行员上提油门变距杆，最初由于旋翼总距增大，桨叶迎角增大，所以旋翼拉力增大，旋翼拉力大于直升机重力。如图 6-19(b)所示，旋翼拉力大于直升机的重力，二者之差为 ΔT，在 ΔT 的作用下直升机向上做加速运动，上升率不断增加。当直升机具有一定的上升率之后，与悬停相比，旋翼的入流系数($-\lambda$)增加，桨叶来流角增大，桨叶迎角减小，ΔT 变小，使得直升机向上的加速度减小。随着上升率的增大，桨叶来流角越来越小，桨叶迎角越来越小，ΔT 也越来越小。当 $\Delta T=0$ 时，向上的加速度减小为 0，直升机就以某一上升率做稳定上升，这时，旋翼的拉力仍基本等于重力(若不考虑上升中机身阻力，它们就完全相等)。由悬停转入上升的稳定飞行中，桨叶迎角基本相等，旋翼总距之差是不同飞行状态时桨叶来流角之差。直升机在各种稳定飞行状态下，拉力大小受到桨叶迎角的影响，而桨叶迎角受到总距和桨叶入流角的影响。不同飞行状态下，桨叶入流角变化较大，为保证桨叶迎角产生一定的拉力，所以总距变化也较大。

为了有助于保持直升机的俯仰平衡，有些直升机装有活动的水平安定面。通过操纵油门变距杆同时改变水平安定面的安装角。水平安定面的安装角随旋翼总距一起改变。上提油门变距杆，旋翼总距和水平安定面的安装角都增大；下放油门变距杆，旋翼总距和水平安定面的安装角都减小。多数情况下，水平安定面的安装角为负值。

2. 操纵驾驶杆

操纵驾驶杆时，通过操纵系统的拉杆摇臂使自动倾斜器的内、外环向相应的方向倾斜。此时，随着旋翼的旋转，各片桨叶的安装角按图 6-18 所示的规律出现周期性变化，旋翼锥体和拉力向驾驶杆的倾斜方向倾斜。

以直升机由悬停转入平飞为例。如图 6-20(a)所示，直升机处于保持悬停的飞行状态。飞行员前推驾驶杆，旋翼拉力相对于旋转轴向前倾斜，拉力偏离重心之后，绕重心形成一个下俯的操纵力矩(图 6-20(b))，直升机下俯。由于直升机下俯，这时拉力在水平面的第二分力 T_2 增大，使直升机向前做加速运动(图 6-20(c))。

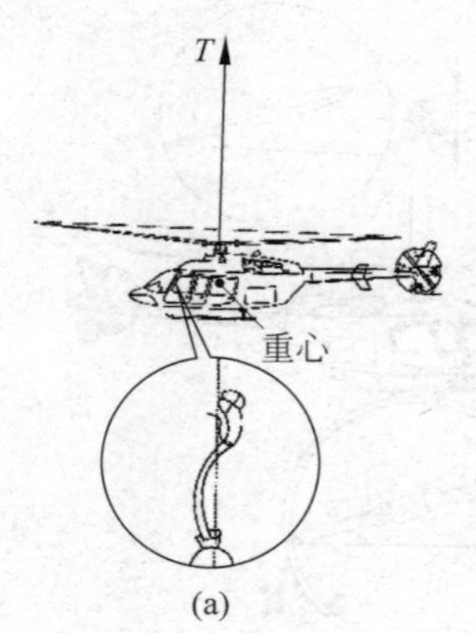

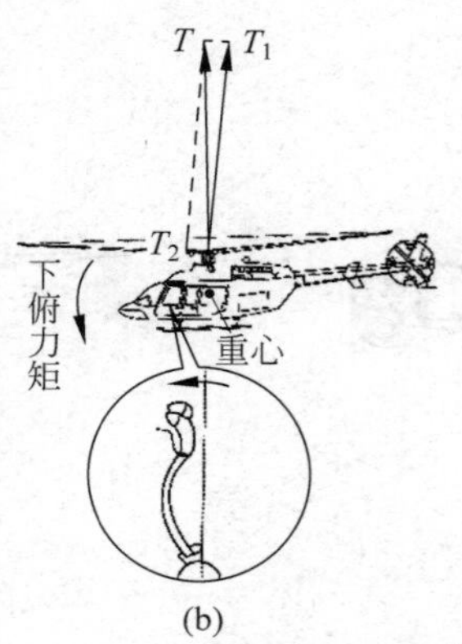

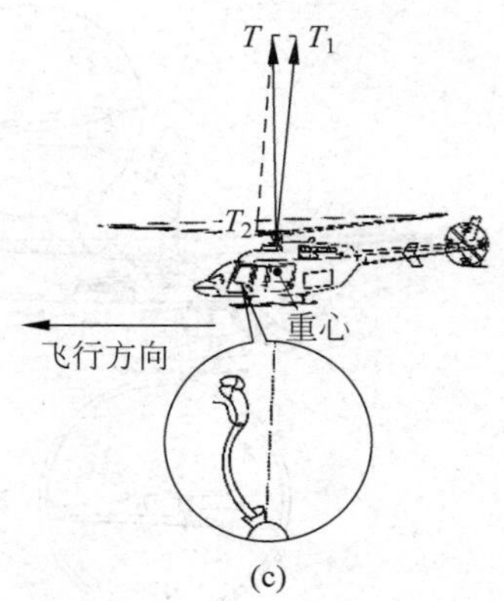

(a) (b) (c)

图 6-20　直升机由悬停转入平飞

再以直升机由悬停转入右侧飞为例。如图 6-21(a)所示，直升机处于保持悬停的飞行状态。飞行员向右压驾驶杆，旋翼拉力相对于旋转轴向右倾斜，拉力偏离重心形成一个向右滚转的操纵力矩，直升机向右滚转(图 6-21(b))。由于直升机向右滚转，右坡度增加，拉力在水平面的第三分力 T_3 增大，所以直升机向右做加速运动(图 6-21(c))。

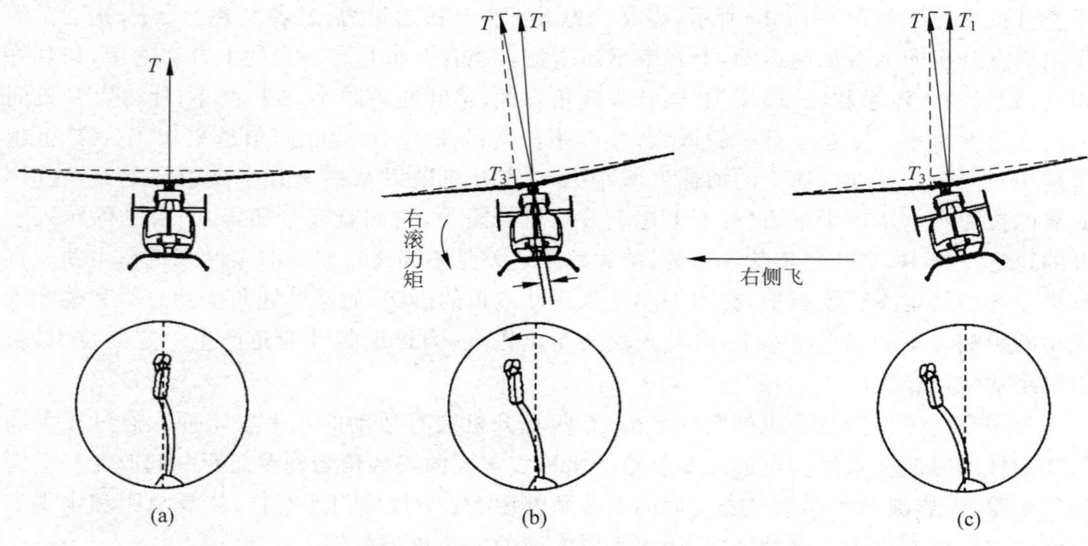

图 6-21　直升机由悬停转入右侧飞

综上所述，飞行员向某一方向操纵驾驶杆，旋翼拉力向同一方向倾斜，拉力绕重心形成一个操纵力矩，使直升机向驾驶杆移动的方向转动。拉力在水平面的分力增大，使直升机向驾驶杆移动的方向做加速运动。移动驾驶杆的量越大，拉力绕重心形成的操纵力矩越大，直升机的转动角速度越大。同时，在驾驶杆移动方向的操纵力也越大，直升机向操纵方向运动的加速度也越大。

3. 操纵脚蹬

飞行员操纵脚蹬后，通过操纵系统的拉杆、摇臂和钢索等中间构件，可使尾桨各桨叶的

安装角同时改变，以改变尾桨拉力的大小。尾桨桨叶安装角增大，尾桨拉力增大；尾桨桨叶安装角减小，拉力减小（如图 6-22 所示）。通过改变尾桨拉力的大小，来保持或改变直升机的方向。

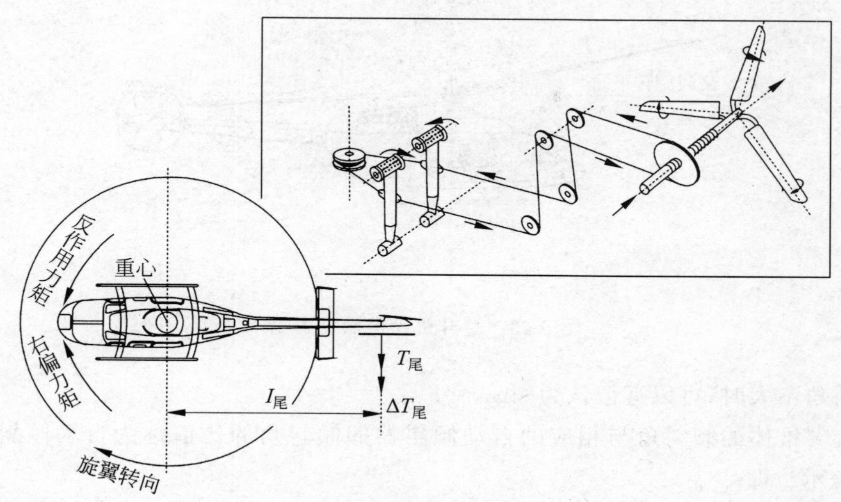

图 6-22 直升机方向操纵

根据直升机的方向平衡条件，当尾桨拉力绕重心所形成的偏转力矩与旋翼反作用力矩相等时，直升机无偏转。如果飞行员蹬右舵，尾桨的桨距增大，拉力增大，尾桨拉力绕重心形成的偏转力矩大于旋翼的反作用力矩，机头向右偏转；反之，如果飞行员蹬左舵，尾桨拉力绕重心形成的偏转力矩小于旋翼的反作用力矩，机头向左偏转。

操纵脚蹬除了能够使直升机改变方向外，还能用来调整尾桨拉力绕重心形成的偏转力矩的大小，以适应旋翼反作用力矩的变化，保持直升机的方向平衡。

6.4.3 评定操纵性的主要参数

在研究操纵性之前，先介绍与操纵性有关的概念：操纵功效和角速度阻尼。

1. 操纵功效

一定的操纵量（自动倾斜器的倾斜角或驾驶杆的位移）所能产生的操纵力矩称为操纵功效，可表示为

$$操纵功效=\frac{操纵力矩}{操纵机构的位移（或倾斜角）} \tag{6-8}$$

以直升机纵向操纵力矩为例。如图 6-23 所示，向后拉驾驶杆，使自动倾斜器相应地倾斜角 χ_1，旋翼锥体轴线后倾角 α_1，直升机的重心到桨毂旋转平面的距离为 y_T，拉力倾斜以后绕重心形成一个上仰的操纵力矩（M_Z），其数值可用下式计算：

$$M_Z = T y_T \sin\alpha_1 \tag{6-9}$$

该直升机的纵向操纵功效为

$$纵向操纵功效=\frac{M_Z}{\overline{\chi}_1}=\frac{T y_T \sin\alpha_1}{\overline{\chi}_1} \tag{6-10}$$

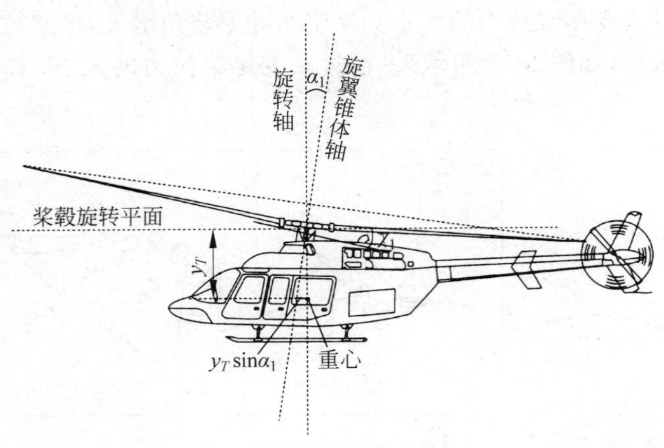

图 6-23　直升机纵向操纵力矩

当锥体倾斜角不大时，可以近似认为 $\sin\alpha_1=\alpha_1$。

通常旋翼锥体的倾斜角与相应的自动倾斜器的倾斜角的比值称为自动倾斜器的传动比，用 i_A 表示。即

$$i_A=\frac{\alpha_1}{\chi_1} \tag{6-11}$$

因此，纵向操纵功效可以表示为

$$\text{纵向操纵功效}=y_T i_A T \tag{6-12}$$

式中，y_T 为直升机的重心到桨毂旋转平面的距离；i_A 为自动倾斜器的传动比；T 为旋翼拉力。

通过式(6-12)可以得到，直升机的纵向(横向)操纵功效取决于下列几个因素：

(1) 直升机的重心位置。直升机重心位置越低，y_T 越大，操纵功效也越大。因为随着 y_T 的增大，操纵力矩的力臂增长，操纵力矩增大。

(2) 自动倾斜器的传动比 i_A。自动倾斜器的传动比 i_A 越大，操纵功效也越大。当自动倾斜器的倾斜角一定时，随着 i_A 的增大，旋翼锥体的倾斜角也增大，操纵力矩的力臂增长，操纵力矩增大。

(3) 旋翼拉力 T。旋翼拉力 T 越大，操纵功效也越大。因为旋翼的拉力增大了，操纵力矩也增大。因此，随着直升机重量的增加，直升机的操纵功效也增大。由此可见，只有将重量级别相近的直升机进行比较，其操纵功效才有意义。

应当指出，直升机在设计时需要一个适当的操纵功效，操纵功效过大或者过小都是不利的，对于一定重量级别的直升机，操纵功效必须在一定范围内。因为直升机的重量级别一定，T 和 y_T 的数值变化不大，操纵功效的大小与自动倾斜器的传动比 i_A 成正比。i_A 过大时，只需要很小的杆位移，就能使旋翼的锥体有很大的倾斜，形成很大的操纵力矩，这样稍有不慎使杆略有移动，或操纵系统有间隙，都会引起直升机出现较大的转动，难以保持预定的飞行状态；i_A 过小时，需要很大的杆位移才能使锥体有一定的倾斜量，产生一定的操纵力矩，有时甚至由于操纵力矩过小，无法保持或改变直升机的飞行状态，这当然也是不行的。

2. 角速度阻尼

直升机以某一角速度绕重心旋转时，旋翼相对于重心产生一个企图阻止直升机转动的力矩，即旋翼的阻转力矩。因为这一力矩的大小与直升机绕重心的旋转角速度成正比，所以旋翼的这种阻碍直升机旋转的特性称为角速度阻尼。

旋翼对直升机的角速度阻尼是由旋翼本身旋转的惯性形成的，即旋翼的定轴性。桨叶通过水平铰链与桨毂相连接，由于桨叶旋转的惯性，在旋转轴倾斜时，旋转轴的倾斜不能立刻传给桨叶，旋转锥体轴线的倾斜相对于旋转轴的倾斜要滞后一个角度，如图 6-12 所示。阻转力矩的大小与滞后角成正比。实践和理论都证明，悬停时滞后角 δ 可用下式计算：

$$\delta=\frac{8\omega}{\gamma_{叶}\ \Omega} \tag{6-13}$$

式中，δ 为滞后角，单位为 rad；ω 为直升机的旋转角速度，单位为 rad/s；$\gamma_{叶}$ 为桨叶的惯性特性系数，用空气动力力矩与质量力矩（转动惯量）的比值来表示，$\gamma_{叶}=\dfrac{\alpha_{\infty}\bar{b}\rho R^{5}}{2I_{叶}}$；$I_{叶}$ 为桨叶的转动惯量，单位为 $kg\cdot s^{2}\cdot m$；α_{∞} 为桨叶翼型的升力系数的斜率；R 为旋翼半径，单位为 m；ρ 为空气密度，单位为 kg/m^{3}；$\bar{b}$ 为桨叶的相对宽度，弦长与旋翼半径之比，即 $\bar{b}=\dfrac{b}{R}$（b 为弦长）；Ω 为旋翼的旋转角速度，单位为 rad/s。

式(6-13)表明：桨叶的转动惯量 $I_{叶}$ 越大，桨叶的惯性特性系数 $\gamma_{叶}$ 越小，滞后角 δ 越小；$\dfrac{\omega}{\Omega}$的比值越大，即直升机的相对旋转角速度越大，滞后角 δ 越大；当直升机的旋转角速度 ω 一定时，由于轻型直升机的旋翼旋转角速度 Ω 比重型直升机的要大一些，轻型直升机的$\dfrac{\omega}{\Omega}$比值较小，所以其角速度阻尼要小一些。

3. 评定操纵性的主要参数

常见的评定直升机操纵性的参数有直升机对操纵反应量的大小（操纵灵敏度）、直升机对操纵反应的快慢（反应时间）以及驾驶杆力等。

1）操纵灵敏度——直升机对操纵反应量的大小

当操纵机构倾斜某一个角度或移动某一段行程（如自动倾斜器纵向倾斜角 $\bar{\chi}_{1}$，或驾驶杆纵向移动 $\Delta l_{纵向}$ 行程）时，直升机在驾驶杆移动的方向所能达到稳定的旋转角速度（如直升机稳定的俯仰角速度 ω_{2}），称为直升机的操纵灵敏度。

直升机的操纵灵敏度可用下式表示：

$$操纵灵敏度=\frac{直升机的稳定旋转角速度}{操纵机构的位移(或倾斜角)} \tag{6-14}$$

通常阻转力矩与相应的直升机的稳定旋转角速度的比值称为角速度阻尼，即

$$角速度阻尼=\frac{阻转力矩}{直升机的稳定旋转角速度} \tag{6-15}$$

当直升机做稳定转动时，操纵力矩应该等于阻转力矩。将式(6-14)右边的分子和分母同时乘以相同的数值（操纵力矩和阻转力矩），即

$$操纵灵敏度=\frac{直升机的稳定旋转角速度\times操纵力矩}{操纵机构的位移(或倾斜角)\times阻转力矩} \tag{6-16}$$

将式(6-8)和式(6-15)代入式(6-16),可得

$$操纵灵敏度=\frac{操纵功效}{角速度阻尼} \tag{6-17}$$

式(6-17)表明:操纵功效越大,或者角速度阻尼越小,操纵灵敏度就越高;反之,灵敏度就越低。轻型直升机虽然操纵功效小,但是角速度阻尼更小,所以有较高的操纵灵敏度。

与固定翼飞机相比,直升机的操纵灵敏度较高,这并不是由于其操纵功效比固定翼飞机的大,而是由于直升机的角速度阻尼过小。因此,一般要求直升机的角速度阻尼最小不得小于某个数值。除了对角速度阻尼有一定的要求外,如前文所述,还要求直升机操纵灵敏度应在某一个范围之内。

2) 操纵反应时间——直升机对操纵反应的快慢

当操纵机构倾斜某个角度或移动某一行程(位移)后,直升机到达稳定旋转角速度的时间,称为操纵反应时间,用 τ 表示。τ 越小,操纵反应越迅速;τ 越大,操纵反应越缓慢。

直升机操纵反应时间主要取决于下列几个参数:

(1) 直升机绕重心旋转的转动惯量。直升机的转动惯量越大,在一定的操纵力矩作用下,直升机达到稳定旋转的时间就越长;反之,转动惯量越小,时间就越短。

(2) 直升机的角速度阻尼。在直升机稳定转动时,操纵力矩与阻转力矩相等。角速度阻尼越小,要产生一定的阻转力矩所对应的直升机旋转角速度越大,因此达到这一角速度的时间就越长,即操纵反应时间越长;角速度阻尼越大,操纵反应时间越短。与固定翼飞机相比较,由于直升机的角速度阻尼太小,操纵反应时间 τ 较长。

上述直升机对操纵反应的时间 τ,是指操纵后直升机从开始转动至达到某一稳定的选择角速度的时间,是衡量直升机操纵性的一个重要参数。而飞行员从操纵到感到直升机开始转动这一段时间,称为操纵的时间延迟。由于直升机结构上的特点,从飞行员操纵自动倾斜器倾斜,到旋翼锥体改变方向,产生操纵力矩使直升机开始转动,要有一段时间;另外,在飞行员操纵后,由于直升机所产生的角速度要比固定翼飞机小,机身开始转动时的角速度也较小。因此,飞行员常常感到直升机经操纵后的反应比一般固定翼飞机迟缓。

3) 驾驶杆力

对于直升机的飞行状态,飞行员通过目视和仪表指示进行判断。为了便于对飞行状态的改变进行直接判断,通常把直升机的操纵机构的位移和杆力所对应的飞行状态设计得符合人的生理习惯的反应。例如,增速时,飞行员需向前推杆,同时感到驾驶杆有向后的力;减速时需向后拉杆,同时感受到驾驶杆有向前的力。这样,飞行员在改变飞行状态时,通过驾驶杆力就有了更直接的判断。

直升机操纵机构的杆(或脚蹬)力,主要来自旋翼(或尾桨桨叶)的变距连杆。变距连杆的力与桨叶绕轴向铰链的力矩(也称铰链力矩)有关。桨叶的铰链力矩由空气动力力矩($M_{气动}$)、桨叶的重力力矩($M_{重力}$)、桨叶的惯性力矩($M_{惯性}$)以及其他力矩(比如桨叶弹性变形所引起的附加力矩)组成,如图 6-24 所示。

一般桨叶多采用压力中心变化很小的翼型,并使轴向铰链轴线通过翼型的焦点,这样,空气动力力矩很小。通常桨叶的重力力矩是一个常量(与桨叶方位的变化无关),且值较小。

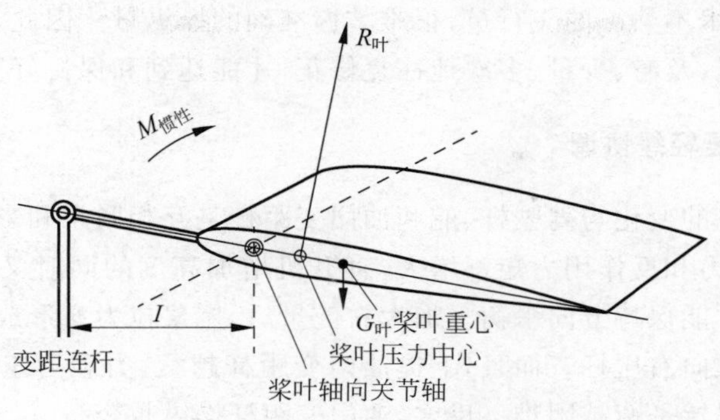

图 6-24　桨叶的铰链力矩

空气动力力矩和重力力矩可忽略不计。铰链力矩基本上是桨叶的惯性力矩(桨叶挥舞所产生的惯性力绕轴向铰链形成的力矩)。所以,变距连杆的力矩随惯性力矩的变化而变化,变距连杆再通过自动倾斜器的滑筒及纵向、横向操纵摇臂等将力分别传给油门变距杆和驾驶杆(将尾桨的变距连杆的力传给脚蹬)。桨叶惯性力矩随着飞行状态变化所形成的直升机操纵机构的杆力,不完全符合前面所提出的对杆力的要求。不仅如此,而且传给操纵机构的杆力,还有各种频率的交变力,这些交变力会使杆抖动。所以,在直升机操纵系统中,装有弹簧机构和阻尼器。

6.4.4　直升机的操纵特点

由于直升机构造上的特点,它的平衡性、稳定性和操纵性与一般的固定翼飞机相比有较大的不同。直升机构造的不同使得其操纵规律有以下特点:

1. 直升机的稳定性差,要求飞行员勤用驾驶杆来修正

由于直升机的角速度阻尼比一般固定翼飞机的小,因此它的稳定性较差,特别是在小的速度范围内,受到扰动后,其平衡状态容易被破坏。所以在飞行中,飞行员应根据力和力矩或飞行状态的变化情况,及时、适量地进行修正,以保持直升机的预定飞行状态。

2. 操纵驾驶杆具有双重动作

如前文所述,从操纵驾驶杆使自动倾斜器倾斜,到旋翼锥体改变方向,再到直升机的状态开始改变,要经过一段时间。当飞行员操纵驾驶杆产生位移时,开始感到飞机状态没有立即反应或直升机姿态改变很慢,误认为操纵量不够;或者为了较快地改变飞行状态,而加大了操纵量。当飞行状态发生变化后,由于直升机的角速度阻尼小,操纵灵敏度较高,直升机姿态变化量很大,往往超过了预定的飞行状态,在悬停时这种现象更明显。为了保持或者改变直升机的飞行状态,就需要在操纵驾驶杆时要有往返的双重动作。

例如,飞行员操纵直升机做稳定悬停时,在直升机离地后,为保持力和力矩的平衡,必须保持适当的飞行姿态,如果机头下俯时应向后带杆,经过一段时间后,直升机在上仰力矩的作用下,机头开始上仰。此时,飞行员应根据机头上仰角速度的大小和接近预定姿态的程度,及时、适量地往前顶杆。当机头上仰到预定姿态时,再稍向后带杆,就能使直升机保持一定姿态稳定悬停。这种操纵驾驶杆的往返动作,就是操纵驾驶杆的双重动作。在大多数情

况下，特别是驾驶技术不熟练的飞行员，很难掌握准确的操纵量。因此，在飞行中，应根据直升机姿态变化的情况，及时、少量、多次地往复修正，才能达到和保持好飞行状态。

3. 操纵动作需要轻缓协调

直升机运动状态的变化与驾驶杆、舵和油门变距杆是互相联系和影响的。例如，上提油门变距杆后，旋翼拉力和反作用力矩都增大，直升机增加高度的同时又要向左偏转。因此，必须相应地蹬右舵才能保持方向平衡。加大右舵量后，尾桨拉力所形成的左滚力矩也增大，为保持横侧平衡必须向右压杆。而且，上提油门变距杆越猛，力和力矩的变化也就越突然，驾驶杆和舵的配合保持平衡越困难。反之，油门变距杆操纵越轻缓，保持平衡就越容易。操纵直升机改变飞行状态时，需要对驾驶杆、舵和油门变距杆都进行操纵，并要求轻缓协调，才能保持或建立某种状态的平衡。

由于直升机的尾桨和固定翼飞机的方向舵构造不同，操纵方法也不同。直升机是通过改变尾桨桨叶的安装角以改变尾桨的拉力和力矩，来平衡旋翼反作用力矩的。当两个力矩获得平衡时，应保持脚蹬的相对位置不变，使飞机按预定方向飞行。飞行中，如果进行不必要的左右蹬舵，不仅会引起方向偏转，而且还会破坏直升机的横侧平衡。因此，要求飞行员蹬舵的动作要轻缓，禁止粗猛地大量蹬舵，以防止尾梁和尾桨的损坏。

4. 旋翼的进动作用影响直升机的飞行状态

如果操纵直升机改变状态过急，还必须考虑到旋翼的进动作用对飞行状态的影响。以左旋旋翼的直升机为例，如粗猛地向前顶杆，直升机在做出反应后，迅速下俯，这时旋翼的进动作用会使直升机向右滚转；机头急剧上仰时，旋翼进动作用会使直升机向左滚转。粗猛地向左压杆时，直升机会急剧向左滚转，旋翼的进动作用会使直升机机头下俯；向右压杆时，直升机在右滚的同时，进动作用会使机头上仰。

图 6-25 给出了操纵驾驶杆时旋翼进动作用对直升机飞行状态影响的判断方法。图 6-25 中，圆弧箭头表示旋翼旋转方向，圆内的空心箭头表示飞行员操纵杆的方向，圆上的带阴影线箭头表示进动作用对直升机状态的影响情况。

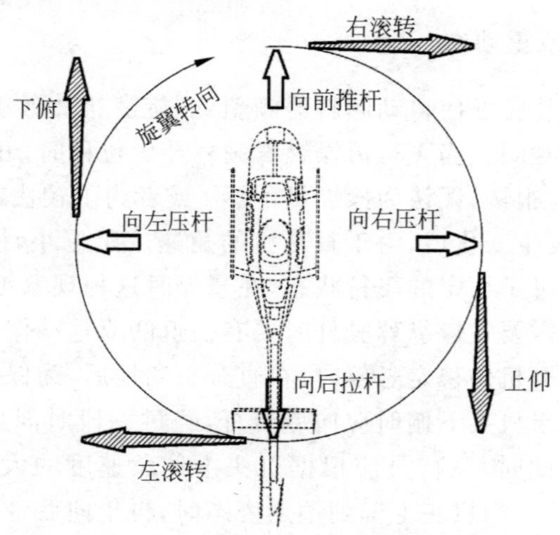

图 6-25　旋翼进动方向的判断方法

旋翼进动作用对直升机飞行状态的影响，取决于驾驶员或自动驾驶系统操纵驾驶杆时的粗猛或轻缓程度。粗猛地操纵驾驶杆时，直升机转动快，进动作用表现明显，影响就大；轻缓地操纵驾驶杆时，旋翼的跟随性较好，直升机转动也慢，同时，这样操纵还可以减小旋翼进动作用所带来的不利影响，有利于直升机飞行状态的改变。因此，操纵驾驶杆时的动作一定要轻缓。

习题 6

1. 简述直升机的平衡及各平衡力矩。
2. 简述重心对平衡的影响。
3. 简述直升机稳定性的概念。
4. 简述稳定力矩和阻尼力矩的产生条件。
5. 简述稳定力矩和阻尼力矩的作用。
6. 简述直升机的操纵原理及影响操纵性的因素。

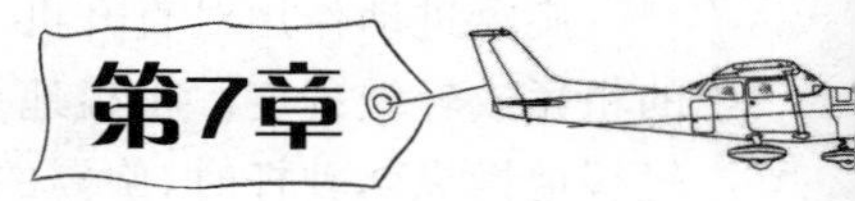

直升机的基本机动飞行

直升机的基本机动飞行包括平飞、上升、下降、垂直飞行、盘旋、起飞和着陆。平飞、上升、下降的规律，是分析与认识直升机更复杂的运动形式的基础。平飞最大速度、平飞速度范围、最大上升率、升限、最大下降距离、最远航程和最久航时等，是直升机重要的飞行性能。盘旋是飞机在水平面内的一种机动飞行。通常的盘旋是指飞机连续转弯不小于 360°的飞行。盘旋的原理包含了飞行高度、速度和半径不断变化的各种转弯的共性知识。本章将讨论盘旋中常见的现象——侧滑，从盘旋中力平衡的关系推导出盘旋坡度、速度、半径等性能参数之间的关系，并讨论盘旋中的操纵方法。垂直飞行状态包括悬停、悬停转弯、垂直上升和垂直下降。它是直升机特有的飞行性能，也是飞行员必须掌握的基本驾驶技术。本章从作用于直升机的力和力矩的关系出发，着重分析垂直飞行状态的操纵原理及其影响因素。起飞和着陆是每次飞行必须经历的飞行阶段，也是关键阶段，与飞行安全紧密联系。在起飞和着陆过程中，直升机的速度变化较快，要求的姿态变化较多。起降过程还会受到自身因素的影响，例如发动机功率、配平位置、油门位置，也会受到风向、风速、气温、标高、障碍物分布等外部因素的影响。因此，起飞和着陆所需要的操纵数量和方法较多，其驾驶技术是飞行训练的重点和难点科目之一。

7.1 平飞

直升机做水平直线的飞行称为平飞。这里研究的是不带侧滑的等速平飞。平飞中，旋翼迎角一般为负。本节从平飞中各作用力的关系入手，在阐明平飞功率曲线的基础上，分析直升机的平飞性能和操纵原理等问题。

7.1.1 平飞的受力平衡

平飞时，作用于直升机的力主要有旋翼拉力、重力、空气阻力和尾桨拉力，如图 7-1 所示。为保持飞行高度和速度不变，作用于直升机的这些力必须取得平衡。

平飞时高度不变，旋翼拉力 T 在铅垂方向的分力 T_1 应等于重力 G，即

$$T_1 = G \tag{7-1}$$

为保持飞行速度不变，旋翼拉力 T 在水平方向的分力 T_2 应等于空气阻力 X，即

$$T_2 = X \tag{7-2}$$

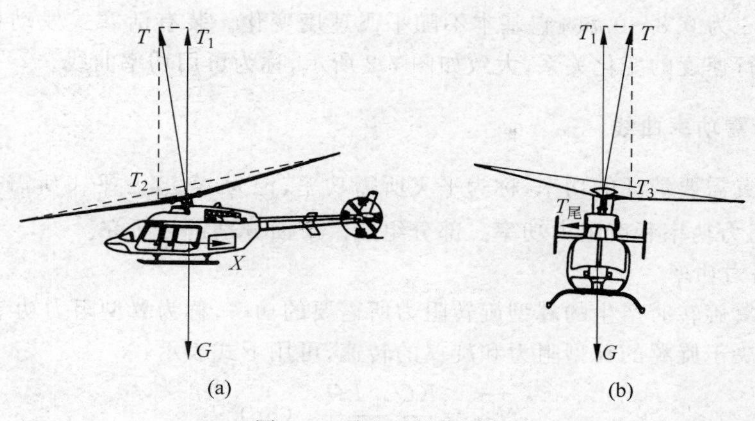

图 7-1 平飞时的作用力

为保持直升机无侧滑，旋翼拉力 T 在侧向的分力 T_3 应等于尾桨拉力 $T_{尾}$，即

$$T_3 = T_{尾} \tag{7-3}$$

由于直升机在前飞中一般均稍带坡度，将坡度用 γ 表示，则尾桨拉力在水平面内的分力为 $T_{尾}\cos\gamma$，但坡度通常很小，可以认为 $\cos\gamma \approx 1$，所以 T_3 和 $T_{尾}$ 数值上近似相等。

此外，作用于直升机的各力绕直升机重心形成的力矩必须取得平衡。即

$$\sum M = 0 \tag{7-4}$$

综上所述，保持等速平飞的条件为

$$\begin{cases} T_1 = G \\ T_2 = X \\ T_3 = T_{尾} \\ \sum M = 0 \end{cases} \tag{7-5}$$

式(7-5)中任一条件不能保持，都会导致其他平衡关系发生变化，平飞也就不可能保持。因此，飞行员应及时地用操纵驾驶杆、舵修正已变化了的平衡状态。

7.1.2 平飞功率曲线

直升机的平飞功率曲线包括可用功率曲线和平飞所需功率曲线。它们是研究、判断直升机平飞性能的依据，下面分别进行介绍。

1. 可用功率曲线

旋翼实际可以利用的功率称为可用功率，记为 $N_{可用}$。发动机输出的功率不能全部被旋翼利用，部分功率消耗于传动系统的摩擦中，带动强制散热的风扇、尾桨和其他附件都要消耗一部分功率，还有其他功率损失。因此发动机输出的功率并不等于旋翼的可用功率，需要打个折扣。这个折扣称为功率传递系数 ξ。可用功率的大小按下式进行计算：

$$N_{可用} = \xi N_{额定} \tag{7-6}$$

其中，$N_{可用}$ 为旋翼的可用功率，一般单位为马力(hp，1 米制马力＝0.735 kW，1 英制马力＝0.746 kW)；$N_{额定}$ 为发动机的额定功率；ξ 为功率传递系数。目前单旋翼带尾桨直升机的

功率传递系数 ξ 为0.8～0.85，它基本不随平飞速度变化。装有活塞式发动机的直升机的可用功率与飞行速度的变化关系，大致如图7-2所示，称为可用功率曲线。

2. 平飞所需功率曲线

平飞时旋翼需要消耗的功率，称为平飞所需功率，记为 $N_{平需}$。平飞所需功率由翼型阻力功率、诱导阻力功率和废阻力功率三部分组成。下面分别进行研究。

1）翼型阻力功率

为克服旋翼旋转时产生的翼型旋转阻力所需要的功率，称为翼型阻力功率，简称型阻功率 $N_{型}$。它取决于旋翼的翼型阻力和旋翼的转速，可用下式表示：

$$N_{型}=\frac{KQ_{型}\ L\Omega}{75}\quad (\text{hp}) \tag{7-7}$$

其中，K 表示桨叶片数；$Q_{型}$ 表示旋翼每片桨叶的翼型旋转阻力，单位为kg；L 表示翼型旋转阻力的着力点至旋转轴的距离，单位为m；Ω 表示旋翼的旋转角速度，单位为rad/s。

直升机悬停时，型阻功率占全部所需功率的25%～30%。随着平飞速度增加，旋翼相对气流不对称地加剧，前行桨叶型阻功率增加量比后行桨叶型阻功率减小量要多一些。因此，型阻功率随着平飞速度的增加而略有增加，如图7-3中曲线①所示。

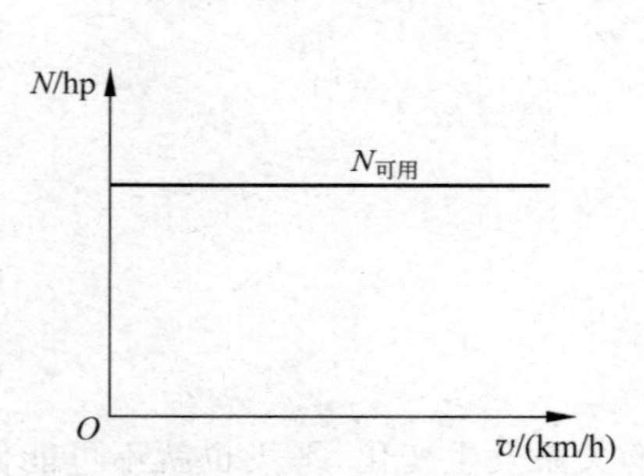

图7-2 活塞式发动机直升机的可用功率曲线

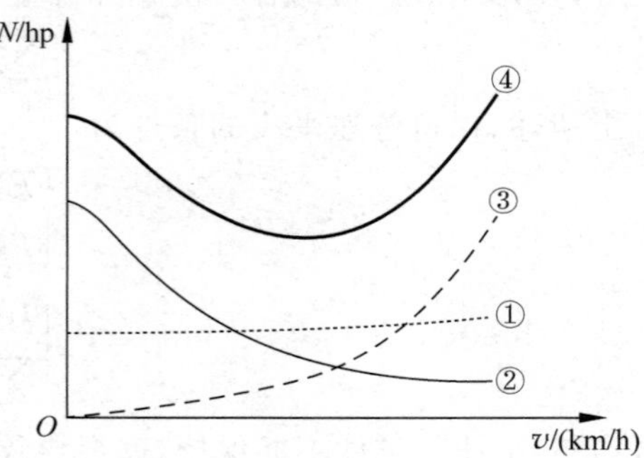

图7-3 平飞所需功率曲线

2）诱导阻力功率

为克服旋翼旋转时产生的诱导旋转阻力所需要的功率，称为诱导阻力功率，简称诱阻功率，记为 $N_{诱}$，可用旋翼拉力 T 与桨盘面内的诱导速度 v_1 的乘积来表示：

$$N_{诱}=\frac{T\cdot v_1}{75}\quad (\text{hp}) \tag{7-8}$$

由式(7-8)可以看出，当旋翼拉力一定时，诱阻功率随诱导速度的减小而减小。

直升机在平飞中，因为诱导速度随飞行速度的增加而减小，故诱阻功率也随飞行速度增加而减小，如图7-3中曲线②所示。

3）废阻力功率

为克服直升机平飞时机身产生的空气阻力所需要的功率，称为废阻力功率，简称废阻功率 $N_{废}$。可用直升机在飞行中产生的空气阻力 X 和飞行速度 v 的乘积来表示：

$$N_{废}=\frac{Xv}{75}\quad (\text{hp}) \tag{7-9}$$

其中机身的废阻力 X 可根据阻力公式计算：

$$X = C_{X机身}\frac{1}{2}\rho v^2 S \tag{7-10}$$

因此，废阻功率可表示为

$$N_{废} = \frac{1}{2}\frac{C_{X机身}\rho v^3 S}{75}\quad(\text{hp}) \tag{7-11}$$

式中，$C_{X机身}$ 表示机身废阻力系数；S 表示机身特性截面面积，单位为 m^2；ρ 表示直升机所在高度的空气密度，单位为 kg/m^3；v 表示飞行速度，单位为 m/s。

由式(7-11)可以看出，废阻功率与飞行速度的三次方成正比。即废阻功率随飞行速度的增大而显著增加，当以较大的速度平飞时，更是如此。如图 7-3 中曲线③所示。

直升机的平飞所需功率虽然由上述三部分组成，但当平飞速度改变时，这三部分所需功率的变化规律是不同的。小速度平飞时，随平飞速度的增大，诱阻功率减小很多，对所需功率的影响是主要的，废阻功率和型阻功率增加不明显，对所需功率的影响是次要的，这时所需功率随着平飞速度的增大而减小，如图 7-4 中的 AB 段所示。然而，上述变化不是固定不变的。大速度平飞时，随着飞行速度的增大，废阻功率的增加量超过了诱阻功率的减小量，成为影响所需功率变化的主要方面，而诱阻功率的减小，降为次要方面，故此时所需功率随速度的增大而增大，如图 7-4 中的 BC 段所示。

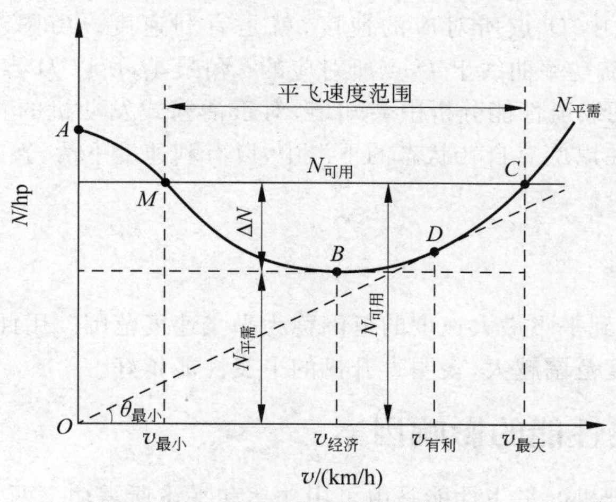

图 7-4　平飞功率曲线和平飞性能

7.1.3　平飞性能

直升机的平飞性能主要包括平飞最大速度、平飞最小速度、经济速度、有利速度和平飞速度范围。这些性能都可以通过平飞功率曲线确定(见图 7-4)。

1. 平飞最大速度

直升机使用发动机的额定功率平飞时所能达到的最大平飞速度，称为平飞最大速度，用 $v_{最大}$ 表示。在图 7-4 中，可用功率曲线与所需功率曲线在右边的交点 C 所对应的速度，就是平飞最大速度 $v_{最大}$。大于此速度以后，平飞所需功率将超过可用功率，因此直升机不能以大于此速度的速度保持平飞。

2. 平飞最小速度

直升机的最大特点就是能在空中悬停。从这个意义上讲，直升机的最小速度应该为零。但是，直升机并非在所有高度上都能悬停。在某些高度（静升限以上）上直升机虽不能悬停，但仍可以飞。这时，直升机使用发动机的额定功率所能保持的最小飞行速度，称为平飞最小速度，用 $v_{最小}$ 表示。在图 7-4 中，可用功率曲线与所需功率曲线在左边的交点 M 所对应的速度，就是平飞最小速度。

3. 经济速度

所需功率最小时的平飞速度称为经济速度，用 $v_{经济}$ 表示。图 7-4 中平飞所需功率曲线的最低点 B 所对应的速度即为经济速度。由于保持这个速度平飞所需功率最小，因此最省油，在空中能持续飞行的时间最久。而保持此速度平飞时，剩余功率 $\Delta N = N_{可用} - N_{平需}$ 最大，这样，直升机利用这个速度做上升，可以得到最大的上升率。

4. 有利速度

平飞所需功率与平飞速度的比值（$N_{平需}/N_{平飞}$）最小时所对应的速度，称为有利速度，以 $v_{有利}$ 表示。图 7-4 中 D 点所对应的速度，就是有利速度。由图 7-4 可以看出，$N_{平需}/N_{平飞} = \tan\theta$，平飞所需功率曲线上 D 点所对应的 θ 角最小，所以 D 点所对应的比值 $N_{平需}/N_{平飞}$ 最小。在下面的续航性能分析中会知道，对于活塞式发动机的直升机而言，以有利速度平飞，航程最远。在以旋翼自转状态的下滑中，以有利速度下滑，直升机的下滑角最小，下滑距离最长。

5. 平飞速度范围

从平飞最小速度到平飞最大速度的范围称为平飞速度范围。用此范围中的任一速度均可保持平飞，平飞速度范围越大，表明直升机的平飞性能越好。

7.1.4 平飞性能的影响因素

如前文所述，直升机的平飞性能是由可用功率和平飞所需功率两方面确定的。所以，研究平飞性能随高度的变化，必须首先了解可用功率和平飞所需功率随高度的变化规律。

1. 可用功率随高度的变化

由于 $N_{可用} = \xi N_{额定}$，而功率传递系数 ξ 随高度变化不大，所以，可用功率随高度的变化与发动机输出功率随高度的变化相似。发动机输出功率随高度的变化关系，称为发动机的高度特性。此特性与发动机的型式有关。直升机上常用的发动机有两种类型，即活塞式发动机和涡轮轴发动机。

早期的直升机上都使用活塞式发动机。这种发动机的重量与功率之比很大，加速性差，但耗油率较低，工作也较可靠。例如，某型直升机装有一台二速增压的活塞式发动机（AILI82B），其高度特性如图 7-5(a)所示，其输出功率随高度的变化曲线呈两个锯齿形。在额定高度以下，输出功率随高度的升高而增大；在额定高度以上输出功率又随高度的升高而减小。

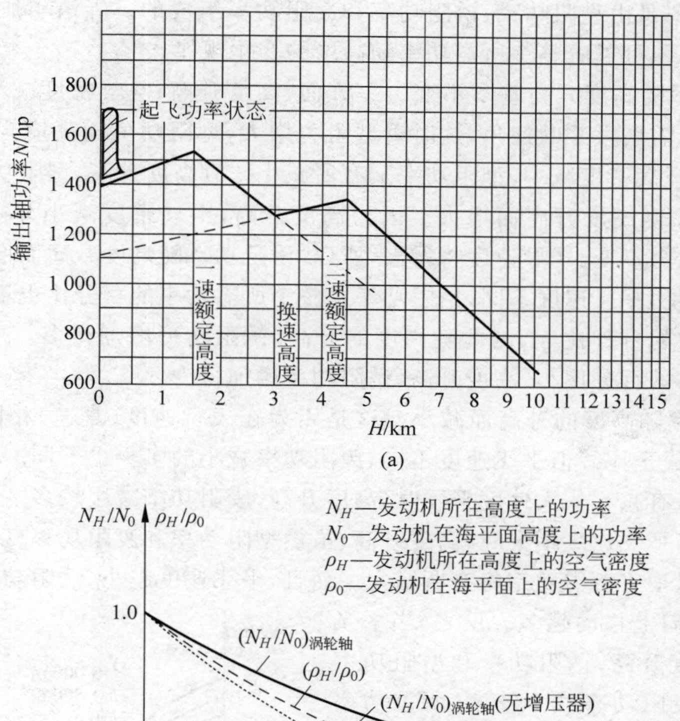

图 7-5　发动机的高度特性曲线

(a) 二速增压活塞发动机的高度特性；(b) 涡轮轴发动机与无增压器的活塞发动机的高度特性

目前的直升机大多采用涡轮轴发动机。这种发动机的优点是重量与功率之比小，定轴涡轮的加速性好(自由涡轮的加速性差)；缺点是耗油率较大，工作可靠性较差。然而由于新工艺、新材料的不断出现，这些缺点不断被克服。例如，采用新的设计和新的材料，其耗油率可接近于活塞式发动机。因此，在直升机上，涡轮轴发动机有完全取代活塞式发动机的趋势。涡轮轴发动机的高度特性如图 7-5(b)中的曲线 a 所示，其输出功率随高度的增加一直是减小的，但它比空气密度随高度的变化要缓慢一些(图中曲线 b 为密度随高度的变化)。图中曲线 c 表示无增压器的活塞式发动机的高度特性差，它比空气密度随高度的变化更剧烈。因此，一般活塞式发动机作为直升机的动力装置都需附加增压器。

2. 平飞所需功率随高度的变化

平飞所需功率是由型阻功率、诱阻功率和废阻功率组成的。弄清了所需功率各组成部分随高度的变化,即可了解整个所需功率随高度的变化规律。

(1) 型阻功率随高度升高基本不变。一方面,高度升高,空气密度减小,要保持旋翼的转速和拉力不变,需增大桨叶迎角,这时翼型阻力增大,型阻功率随高度升高而增大。另一方面,高度升高,空气密度减小,型阻功率又有所减小。故高度升高,型阻功率基本不变。

(2) 诱阻功率随高度升高而增大。因为高度升高,空气密度减小,将引起旋翼拉力减小,为保持所需拉力不变,诱导速度将增大,所以,诱阻功率随高度升高而增大。

必须指出的是,平飞速度不同,诱阻功率占整个所需功率的百分比也不同。小速度平飞时,诱阻功率所占的百分比大,因此随高度的升高,诱阻功率增加得多。反之,大速度平飞时,诱阻功率所占的百分比小,高度升高,诱阻功率增加得少。

(3) 废阻功率随高度的升高而减小。这是因为在飞行速度(真速)相同的条件下,空气阻力与空气密度成正比。但平飞速度不同,废阻功率减小的多少也不同。平飞速度小,高度升高,废阻功率略有减小。大速度平飞时,高度升高,废阻功率减小较多。

综上所述,当平飞速度不大时,高度升高,虽然型阻功率和废阻功率变化不大,但由于诱阻功率增大,所以平飞所需功率将有所增大。而且,平飞速度越小,诱阻功率增加越多,因此所需功率曲线将向上移动越多。反之,当平飞速度较大时,高度升高,诱阻功率和型阻功率都变化不多,而废阻功率减小较多,所需功率曲线向上移动也将减少,甚至向下移动。平飞所需功率曲线随高度变化的这一特点,还将造成平飞所需功率曲线的最低点向右上方移动。因此,平飞最小所需功率和经济速度将随高度的升高而变大,有利速度也将随高度的升高而变大,如图 7-6 所示。

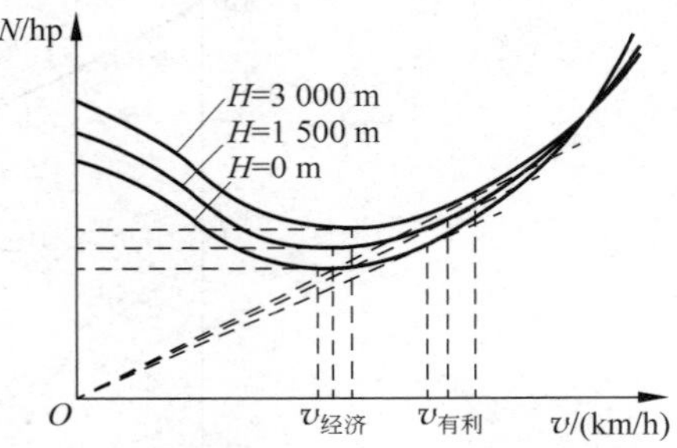

图 7-6 平飞所需功率随高度的变化

3. 飞行高度对平飞性能的影响

1) 平飞最大速度随高度的变化

高度升高,平飞最大速度究竟如何变化,就要根据平飞所需功率和可用功率两者变化的具体情形加以分析。

平飞所需功率随高度的变化已如前文所述,高度升高,在大速度范围内所需功率变化不大(大体可认为不变),因此,最大速度随高度的变化,则主要由可用功率随高度的变化决定,即取决于发动机的高度特性。

对于装有增压器的活塞式发动机的直升机来说,在额定高度以下,可用功率随高度的升高而增大,因此,平飞最大速度随高度升高而增大。超过额定高度以后,高度升高,由于可用功率减小,故平飞最大速度随高度升高而减小。

图 7-7 中的实线为某型直升机由可用功率所决定的平飞最大速度随高度的变化关系曲线。该型直升机装有二速传动增压器活塞式发动机,其一速增压的额定高度约为 1 500 m,

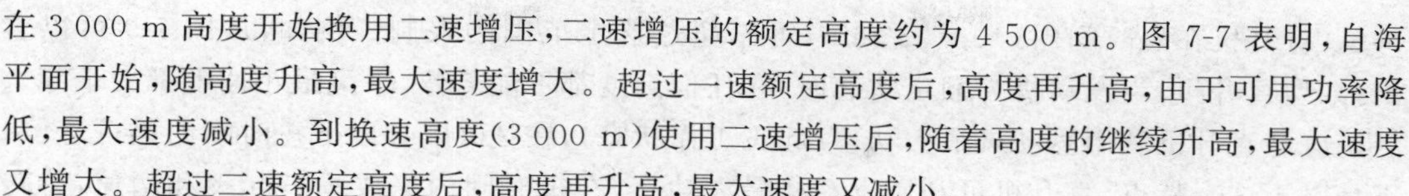

在 3 000 m 高度开始换用二速增压，二速增压的额定高度约为 4 500 m。图 7-7 表明，自海平面开始，随高度升高，最大速度增大。超过一速额定高度后，高度再升高，由于可用功率降低，最大速度减小。到换速高度（3 000 m）使用二速增压后，随着高度的继续升高，最大速度又增大。超过二速额定高度后，高度再升高，最大速度又减小。

对装有涡轮轴发动机的直升机来说，按功率所确定的平飞最大速度，随高度的升高一直是减小的，其变化趋势如图 7-7 中的点线所示，具体数据的大小则与涡轮轴发动机的额定功率有关。在本章中有关随高度变化的飞行性能曲线中，点线所表示的均为装有涡轮轴发动机的直升机的性能变化趋势，它与发动机的高度特性有关。

2）平飞最小速度随高度的变化

直升机的平飞最小速度随高度的变化，也是由平飞所需功率和可用功率两方面确定的。由图 7-6 可知，高度升高，在小速度与大速度范围内平飞所需功率增加不同，因此，平飞最小速度随高度的变化规律与平飞最大速度随高度的变化规律不同。

装有二速传动增压器的活塞式发动机的直升机的最小速度随高度的变化如图 7-8 所示。

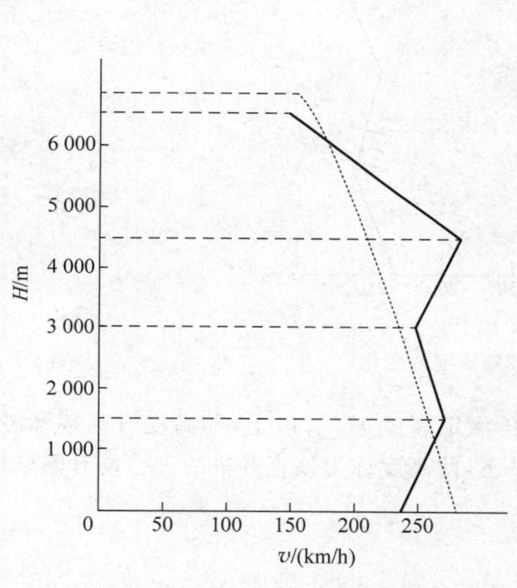

图 7-7　平飞最大速度随高度的变化

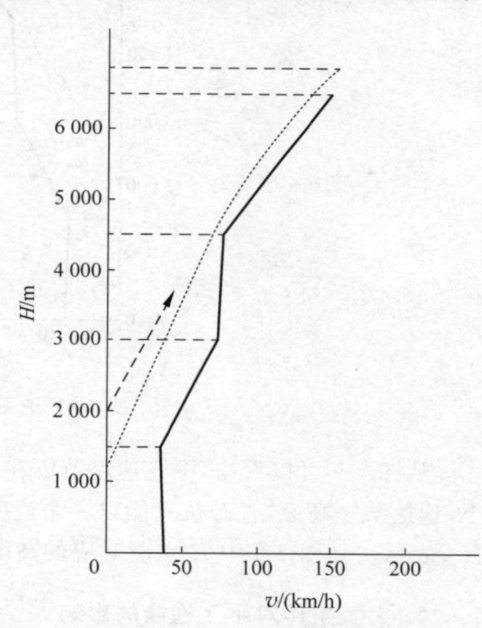

图 7-8　平飞最小速度随高度的变化

在一速额定高度以下，高度升高，由于可用功率和平飞所需功率都同时增大，故平飞最小速度基本不变。超过一速额定高度后，高度升高，可用功率降低，但平飞所需功率仍随高度升高而继续增大，故必须增大平飞最小速度以减小所需功率，方能保持平飞，因此，在此高度范围内，平飞最小速度随高度升高而增大。超过换速高度后，高度升高，由于可用功率又增大，故平飞最小速度又能基本维持不变。待超过二速额定高度后，由于可用功率又减小，故平飞最小速度又随高度升高而变大。

3）平飞速度范围随高度的变化

将平飞最大速度和平飞最小速度随高度的变化曲线画在同一坐标图上，就可得到平飞速度范围随高度的变化，如图 7-9 所示。一般来说，直升机的平飞状态不得超出这个范围。

可是，直升机在短时间内（10～15 min）可以超过这个范围的限制。例如，从图 7-9 可以看出，某型直升机，当发动机为额定状态时，在任何高度都不能悬停（平飞最小速度都大于零）。但是该型直升机利用发动机最大功率（起飞工作状态），在 2 000 m 以下短时间内仍可悬停。正是由于这个特点，直升机可利用发动机最大功率，在短时间内完成垂直起飞和增速，待转入上升后再利用发动机额定状态，在平飞速度范围内飞行。同样，在下滑消速后，利用最大功率，可做短时间的接近地面悬停和垂直着陆。短时间地利用发动机最大功率，在一定高度以内可以扩大平飞速度范围（如图 7-9 虚线所示），并可以保证直升机在较小的场地上进行垂直起飞和着陆。

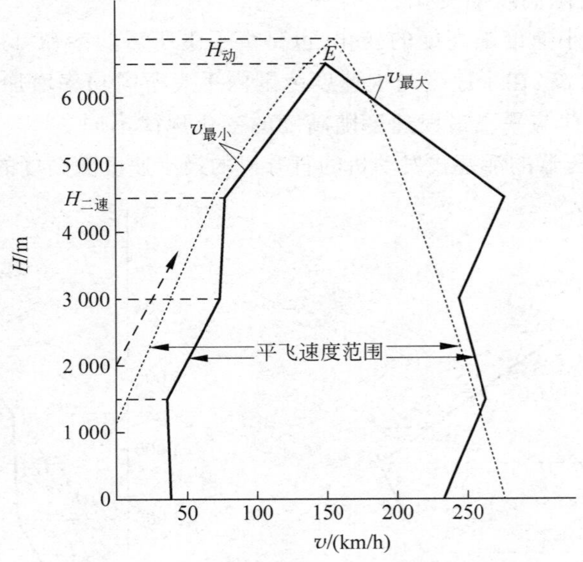

图 7-9　平飞速度范围随高度的变化

从图 7-9 可以看出，平飞速度范围在二速增压额定高度 $H_{二速}$ 以上，随高度升高逐渐减小，到达某一高度，直升机只能以一个速度保持平飞，此高度称为该直升机的理论动升限，以 $H_{动}$ 表示。如图 7-9 中 E 点所对应的高度。

4. 大气条件对平飞性能的影响

（1）大气温度对平飞性能的影响。温度升高，除发动机易出现过热外，直升机的可用功率还会因空气密度减小而减小；同时因空气密度减小，诱阻功率增大，直升机的所需功率将增大，从而会使平飞最小速度增大。另外，温度升高，旋翼拉力将因空气密度减小而减小，为产生足够的拉力，必须使用较大的总距，这将导致因气流分离和产生激波所限制的最大速度减小。故温度升高，平飞最大速度减小，平飞速度范围缩小。

（2）空气湿度对平飞性能的影响。湿度增加，发动机的充填量减小，这会使直升机的可用功率减小，因此平飞最小速度将增大。此外，湿度增加，空气密度减小，旋翼拉力也会减小，为保持足够的拉力，必须使用大总距。这样，在大速度飞行时，旋翼更易产生气流分离和激波，故平飞最大速度将减小，平飞速度范围缩小。

5. 飞行重量对平飞性能的影响

飞行重量增加，为保持平飞，必须增大旋翼拉力，这将使直升机的所需功率因诱阻功率增加而增大。由于小速度平飞时，诱阻功率占所需功率的百分比大，故速度越小，平飞所需功率增加得越多，因此飞行重量越重，直升机的平飞最小速度增大得越明显。由于在大速度平飞时所需功率增加得不多，从所需功率方面分析，重量增加时，平飞最小速度变化甚微。但由于飞行重量增加，桨叶的平均迎角增大，后行桨叶的气流分离，将使平飞最大速度减小，平飞速度范围缩小。

7.1.5　直升机最大飞行速度的限制

前面讲到，直升机平飞最大速度是由可用功率和平飞所需功率确定的，只要增大发动机的功率，提高可用功率，最大速度就会增加。上述结论是在不考虑其他因素的情况下得出的。目前直升机的最大速度比一般飞机要小得多，这并非由于直升机的发动机功率不足，而是由于在大速度飞行时旋翼空气动力性能变差。

下面从旋翼方面分析直升机最大速度受到限制的原因：

(1) 前飞速度过大，旋翼后行桨叶会产生气流分离。直升机前飞时，由于旋翼相对气流不对称，前行桨叶会因向上挥舞而使迎角减小；后行桨叶会因向下挥舞而使迎角增大。当前飞速度增大到一定数值时，处于 270°方位的桨叶尖部，会因超过临界迎角而产生气流分离(图 7-10(a))。如果前飞速度过大，桨叶上的气流分离区将扩展得很大(图 7-10(b))。由

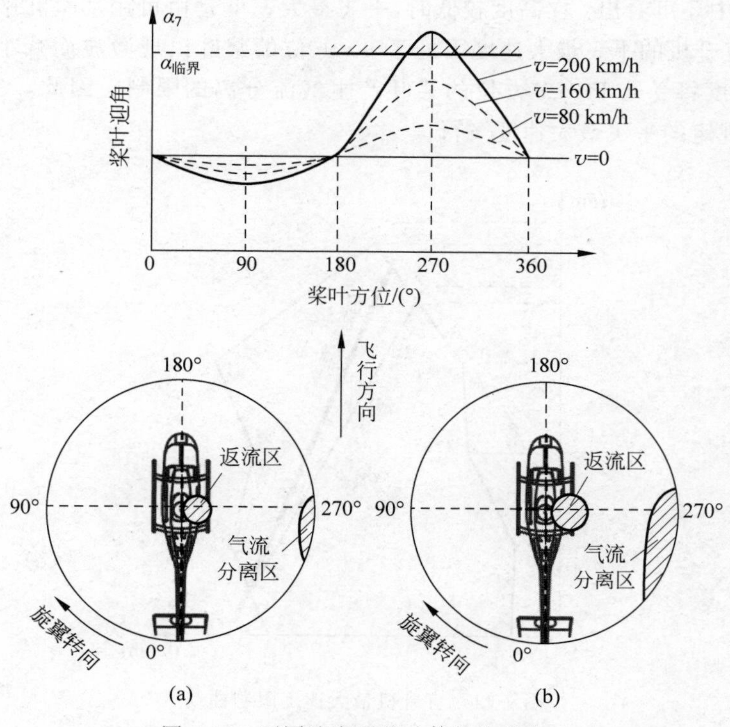

图 7-10　不同速度下桨叶的气流分离区

于处于分离区内的桨叶的拉力显著下降，并且其阻力急剧增加，桨叶绕水平关节的正常挥舞规律将被破坏，从而引起直升机强烈振动和急剧向右倾斜。此时，首先应迅速下放油门变距杆，并向后拉杆，然后调整好直升机，减速退出此状态，不然则无法保持正常飞行。所以后行桨叶产生气流分离，是直升机最大速度受到限制的第一个原因。

(2) 前飞速度过大，旋翼后行桨叶的返流区扩大。直升机前飞时，由于旋翼相对气流不对称，在后行桨叶根部会出现返流区(图 7-10(b))。当旋翼转速一定时，前飞速度越大，旋翼工作状态特性系数 μ 越大，返流区也越大，相对气流不对称性也越严重，从而引起直升机振动和操纵性变差。故后行桨叶出现返流区是直升机最大速度受到限制的第二个原因。

(3) 前飞速度过大，前行桨叶会产生激波。前飞速度增加，前行桨叶的相对气流速度将增大。当飞行速度增大到某一数值时，处于 90°方位的桨叶尖部相对气流速度将接近声速，此时，桨叶表面会出现超声速区域并产生激波，造成前行桨叶的空气动力性能恶化，引起直升机出现振动和操纵性变差等现象。这是直升机最大速度受到限制的第三个原因。

7.1.6 飞行包线

直升机在高空飞行时，由于空气密度减小，需要使用比较大的总距(即较大的迎角)才能产生足够的拉力。这样，后行桨叶也就更加容易超过临界迎角而产生气流分离，前行桨叶就有可能产生激波。由以上两个原因所确定的最大飞行速度，将随高度升高而减小，如图 7-11 所示。从图 7-11 中还可看出：在高度较低时，平飞最大速度是由可用功率和平飞所需功率确定的；但有的直升机的平飞最大速度因处于 90°方位的桨叶出现激波而减小。当高度升高后，平飞最大速度将受处于 270°方位的桨叶产生气流分离的限制。因此，飞行员应按各机型技术说明书规定的平飞最大速度飞行。

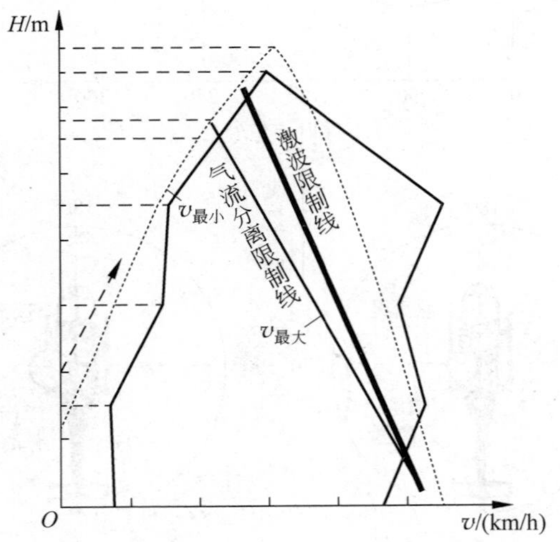

图 7-11　直升机最大速度限制曲线

7.1.7　平飞的操纵原理

根据平飞的各力和力矩的关系，要保持好平飞，就必须满足以下条件：直升机旋翼拉力第一分力等于重力，以保持高度不变；拉力第二分力等于阻力，以保持速度不变；尾桨拉力对全机重心的偏转力矩等于旋翼的反作用力矩，以保持方向不变；拉力第三分力等于尾桨拉力，以使直升机不带侧滑飞行。故飞行操纵的基本方法是：操纵驾驶杆前后移动，使旋翼锥体前后倾斜，改变直升机的俯仰姿态，以改变或保持飞行速度；操纵油门变距杆，改变旋翼拉力，以保持飞行高度；蹬舵来改变尾桨拉力，以保持方向；操纵驾驶杆左右移动，改变旋翼锥体的倾斜量，改变直升机的坡度，以保持直升机不致出现侧滑。

与一般活塞式飞机相似，直升机的平飞速度范围也以经济速度为界，一般分为两个飞行范围：小于经济速度的平飞速度范围为小速度范围(第二飞行范围)；大于经济速度的平飞速度范围为大速度范围(第一飞行范围)。但一般活塞式飞机的小速度范围非常狭窄，在此范围内，操纵性和稳定性都比较差，又不经济，实用价值不大。然而，直升机却经常在大、小两个速度范围内飞行。尤其在小速度范围内，更容易显示出它的优越性。这是因为，在一定高度上直升机可以悬停和后退飞行，完成某些特殊任务。这是直升机的特点，也是它的优点。但在这两个速度范围内飞行时，作用在直升机上的力矩随飞行速度的变化规律有所不同，保持平衡的杆、舵的位置随速度的变化规律也有所不同。

在保持和改变平飞速度的过程中，操纵杆、舵的动作必须协调。为了便于研究它们随速度的变化规律，现分别对单项操纵进行分析。

1．操纵驾驶杆前后移动

平飞中，根据任务的不同，往往需要增大或减小速度。例如，增大平飞速度时，本来拉力第二分力等于阻力，为了增速，必须向前推杆，旋翼锥体相对于机体前倾，机头随之下俯，这时拉力第二分力大于原来的阻力，直升机向前加速，阻力随之增大，直到与拉力第二分力相平衡，这时，直升机达到新的稳定状态。如果没有别的力矩增加，驾驶杆随后应回到原来位置，否则，直升机在操纵力矩的作用下将一直转动下去。实际上，随着平飞速度的增大，由于桨叶的自然挥舞，旋翼锥体会越来越向后倾斜，并且在小速度范围内增速时，水平安定面的上仰力矩的增加量大于机身的下俯力矩的增加量。因此，在小速度范围内增速时，随着速度的增大，上述两个因素使直升机的上仰力矩增加较多。为保持好直升机的俯仰平衡，这时飞行员应稍回杆，由于新的稳定状态较原状态前推驾驶杆的量较多(图 7-12)，故在小速度范围内，曲线较陡。然而在大速度范围内增速时，水平安定面的上仰力矩的增加量小于机身的下俯力矩的增加量，因此，随速度的增大，直升机的上仰力矩增加较少，为保持好直升机的俯仰平衡，飞行员前推驾驶杆的量较少(图 7-12)，在大速度范围内，曲线较平。

综上所述，直升机随着飞行速度的增大，要求向前推杆越来越多，这时俯角也比较大；反之，平飞减速时则要向后拉杆，仰角增大，如图 7-13 所示。即每一个平飞速度都对应着一个驾驶杆的前后位置，也对应着一个俯仰角。上述情形是对直升机一定的重心位置来说的。但对同一平飞速度来说，直升机的重心位置越靠后，驾驶杆的位置就越靠前。对每一个重心位置都有类似的曲线。

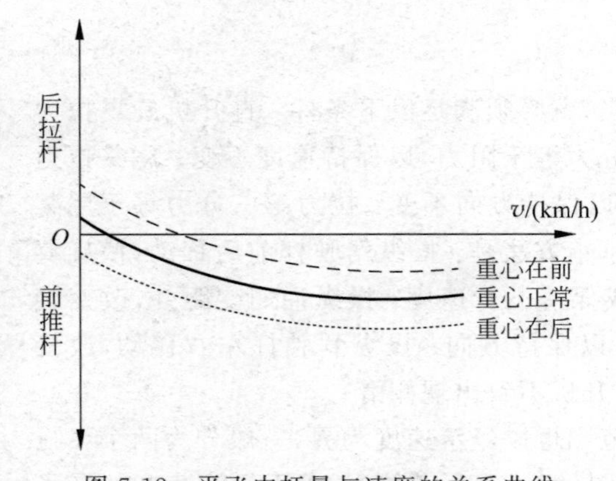

图 7-12　平飞中杆量与速度的关系曲线

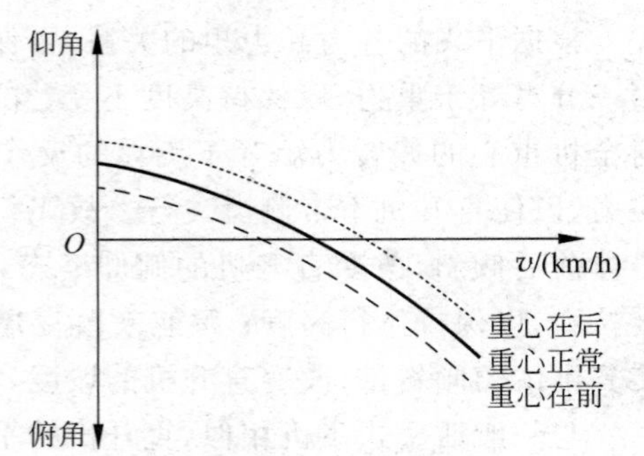

图 7-13　平飞中机身俯仰角与速度的关系曲线

2. 操纵油门变距杆

平飞中，为保持高度，改变飞行速度时，应适时地操纵油门变距杆。例如，为了增速要前推驾驶杆，此时拉力的第一分力将小于直升机的重力，高度要下降，为了保持高度不变，需适当地上提油门变距杆。然而，从平飞所需功率曲线得知，在小速度范围内，随平飞速度的增大，平飞所需功率减小，要求减小油门；另外，因诱导速度减小，桨叶来流角减小了，为保持桨叶迎角基本不变，必须减小总距。因此，在小速度范围内，为了保持高度不变，随速度的增大，又要下放油门变距杆。这样，在增速过程中，应先稍往上提油门变距杆，而后再较多地下放油变距杆；在达到新的稳定飞行状态时，油门变距杆位置较原来位置要低一些。大于经济速度以后，一方面，平飞所需功率随速度的增大而增大；另一方面，由于直升机的俯角增加，旋翼入流系数($-\lambda$)值增大(因这时旋翼迎角为负，所以 λ 是负值)，桨叶来流角增大，桨叶迎角减小。要保持旋翼拉力不变，必须增大总距。因此，随速度的增大要上提油门变距杆，才能保持好飞行高度。这样，在增速过程中，需一直上提油门变距杆；在达到新的稳定飞行状态时，油门变距杆位置较原来在经济速度时的位置要高一些。

综上所述，油门桨距随速度的变化规律，与平飞所需功率随速度的变化规律基本相似，如图 7-14 所示。

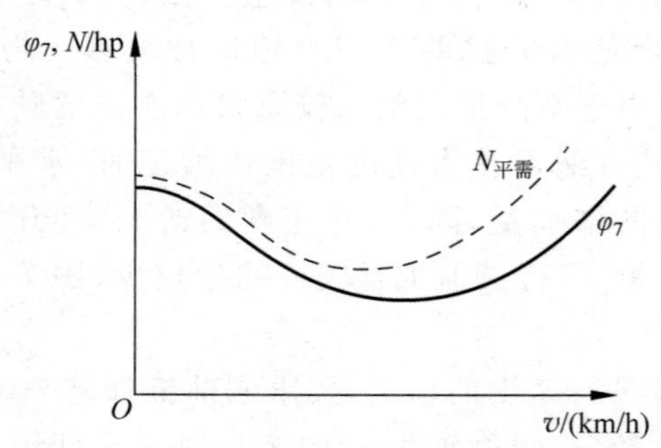

图 7-14　平飞中油门桨距位置与速度的关系曲线

3. 操纵尾桨桨距

平飞中，尾桨拉力绕重心形成的偏转力矩，用于平衡旋翼反作用力矩。尾桨拉力绕重心形成的偏转力矩应与旋翼的反作用力矩成正比。在保持旋翼转速不变的条件下，它应与平飞所需功率成正比。即尾桨拉力随速度的变化与平飞所需功率的变化规律是相似的，如图 7-15 中虚线所示。上提油门变距杆时，要增大尾桨拉力应蹬右舵；下放油门变距杆时，要减小尾桨拉力应蹬左舵。在小速度范围内，平飞所需功率随速度增大而减小，因此，在下放油门变距杆时要蹬左舵。在大速度范围内则相反，因平飞所需功率随速度增大而增大，所以在上提油门变距杆时应蹬右舵。

但必须指出，随着飞行速度的增大，尾桨的诱导速度不断减小，桨叶的来流角不断减小，这会影响到尾桨拉力的变化规律。在小速度范围内，随速度的增大，一方面，诱导速度减小，使尾桨的桨叶迎角增大，需要减小桨距；另一方面，所需尾桨拉力减小，还要求减小桨叶迎角，也需减小桨距。所以随速度的增大，尾桨桨距减小较多，如图 7-15 所示。在大速度范围内，随速度的增大，尾桨的诱导速度继续减小，使桨叶迎角继续增大，尾桨拉力也随之增大，但为了平衡增大了的旋翼反作用力矩，只需蹬少量右舵即可。因此，随速度的增大，只需稍增大尾桨桨距即可，如图 7-15 所示。

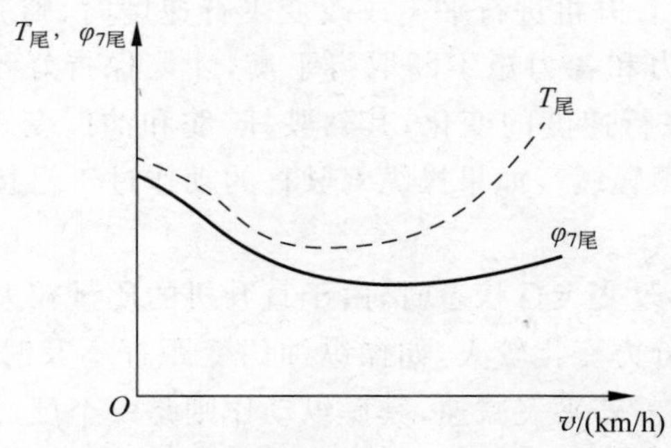

图 7-15 平飞中尾桨桨距与速度的关系曲线

4. 操纵驾驶杆左行移动

直升机的横侧平衡，主要是由尾桨拉力与旋翼拉力的第三分力决定的。对于左旋旋翼的直升机来说，其尾桨拉力是向左的，为平衡尾桨拉力必须向右压杆，使直升机向右倾斜，旋翼产生相应的向右的拉力第三分力，以保持直升机不带侧滑飞行。在小速度范围内，随着平飞速度的增大，一方面，尾桨拉力不断减小；另一方面，由于桨叶的自然挥舞，旋翼锥体的侧倾量随平飞速度的增大而增大。例如，对于某型直升机的旋翼，由于挥舞调节系数（$\bar{k}=0.5$）较大，随速度的增大，其右倾量增大，其拉力第三分力也会增大。上述两方面都将使直升机出现向右滚转和向右侧滑的趋势。因此飞行员应向左回杆，使机身的右倾角减小，如图 7-16 和图 7-17 所示。在大速度范围内，随平飞速度的增大，尾桨拉力也是增大的，它使直升机有向左滚转的趋势。但是桨叶的自然挥舞，使旋翼锥体的右倾继续加大，又使直升机有向右滚转的趋势。在刚超过经济速度时，随速度的增大，后者的作用大于前者，则要求飞行员向左压杆。随平飞速度继续增大，二者作用基本上抵消，因此驾驶杆的左右位置基本不变。若再继续增大速度，前者的作用大于后者，则要求向右回杆，杆的左右移动规律和相应的机身倾角如图 7-16 和图 7-17 所示。为了便于理解，图 7-16 中以虚线画出了尾桨拉力的变化规律。

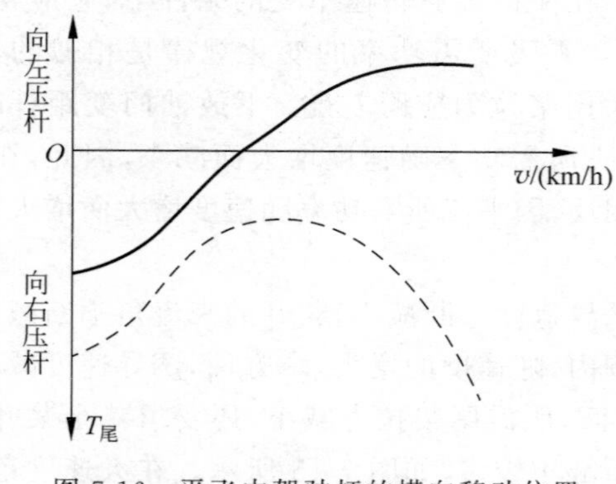

图 7-16　平飞中驾驶杆的横向移动位置与速度的关系曲线

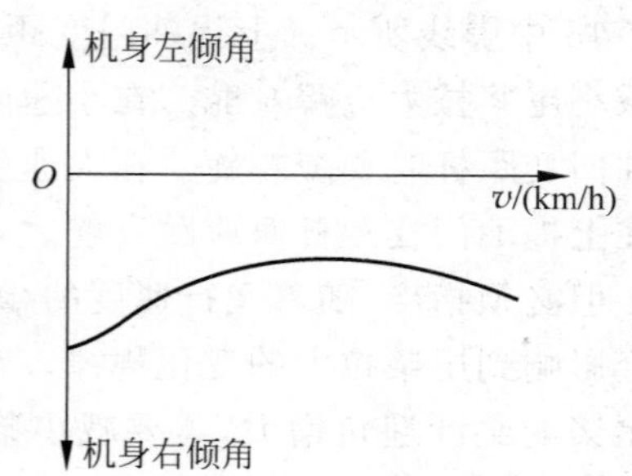

图 7-17　平飞中直升机的坡度与速度的关系曲线

在等速或变速平飞过程中，作用在直升机上的各对互相制约的力和力矩决定着直升机的飞行状态。因此在操纵直升机进行平飞或改变飞行速度时，驾驶杆、油门变距杆、舵三者必须密切配合，只有使各力和各力矩不断取得平衡，才能保持好预定的飞行状态。还应指出，由于在平飞中，随着飞行速度的变化，其驾驶杆、舵和油门变距杆具有上述一些变化规律，因此要求操纵动作必须轻缓。如果操纵驾驶杆的动作过于粗猛，还应考虑旋翼进动作用的影响。

一般在操纵驾驶杆来改变飞行状态时，由于直升机的质量较大，速度增加得较慢，因此，在开始的瞬间，拉力第一分力变化较大，如操纵油门变距杆不及时，就不能保持平飞。前面讲的是无侧滑的平飞增速。若平飞减速，其操纵动作则是一个反过程。

7.1.8　巡航性能

直升机的巡航性能，包括续航时间和航程两个方面。续航时间简称航时，是指直升机耗尽可用燃料在空中所能持续飞行的时间；航程是指直升机在空中所能持续飞行的距离。

直升机续航性能的好坏，是由两方面的因素决定的：①可用于持续飞行的燃油量多少；②在单位时间或单位距离内，所消耗燃油量的多少。如果装的可用燃油量多，而燃油消耗量又少，续航时间就长，航程也远。飞行条件（飞行高度、速度、发动机转速等）改变，燃油消耗量也发生变化，巡航性能也就随之改变。要充分发挥直升机的巡航性能，就必须了解续航时间和航程随飞行条件和飞行状态变化的规律。由于直升机的巡航高度比较低，平飞又是最基本的飞行状态，所以本节重点研究直升机的续航时间和航程。

1. 平飞可用燃油量

供给平飞阶段使用的燃油量，称为平飞可用燃油量。若其他条件不变，平飞可用燃油量越多，平飞续航时间和平飞航程就越长。

平飞可用燃油量与所装总燃油量有关。然而，每次执行空运或其他任务时，所装总燃油量，并不完全一样，也不可能完全用于平飞。起飞前发动机在地面工作(包括暖机、试重、滑行及悬停检查)，离地并增速上升到预定高度，以及下滑着陆等，都要消耗燃油。另外，还要留出10%～15%的备份燃油量，以备特殊情况的需要。最后剩下的燃油量，才是平飞可用燃油量，如下式所示：

$$Q_{\text{平飞}} = Q_{\text{总}} - (Q_{\text{地面}} + Q_{\text{上升}} + Q_{\text{下滑}} + Q_{\text{备份}}) \tag{7-12}$$

其中，$Q_{\text{平飞}}$表示平飞可用燃油量；$Q_{\text{总}}$表示总燃油量；$Q_{\text{地面}}$表示起飞前发动机在地面工作及悬停检查所消耗的燃油量；$Q_{\text{上升}}$表示离地和上升到预定高度所消耗的燃油量；$Q_{\text{下滑}}$表示下滑着陆所消耗的燃油量；$Q_{\text{备份}}$表示备份燃油量；以上各量单位为L或者kg。$Q_{\text{地面}}$、$Q_{\text{上升}}$，以及$Q_{\text{下滑}}$均可从各型直升机的续航时间与航程计算说明书中查得。

故平飞燃油量的多少，主要与直升机上升到预定高度和从该高度下滑所消耗的燃油量有关。如上升、下滑所消耗的燃油量减少，则平飞可用燃油量增加，平飞续航时间和平飞航程就会增长。

2. 续航时间(航时)

直升机的巡航高度一般都比较低，上升、下降的时间比较短，续航时间的长短主要取决于平飞续航时间。若平飞可用燃油量一定，则平飞续航时间仅取决于小时燃油消耗量。

1) 小时燃油消耗量及其影响因素

直升机每飞行1小时，发动机所消耗的燃油量，称为小时燃油消耗量，用c_h表示。显然，小时燃油消耗量越小，平飞续航时间就越长。

从发动机原理得知：每马力功率在每小时内所消耗的燃油量，称为发动机的燃油消耗率，以c_e表示。小时燃油消耗量取决于发动机发出的功率和燃油消耗率。发动机功率或燃油消耗率增大，都会引起小时燃油消耗量增加。稳定平飞中，发动机输给旋翼的功率应等于平飞所需功率，因此小时燃油消耗量可用下式表示：

$$c_h = \frac{N_{\text{平需}}}{\zeta} c_e \tag{7-13}$$

其中，c_h表示小时燃油消耗量，单位为L/h或kg/h；$N_{\text{平需}}$表示平飞所需功率，单位为hp(马力)；ζ表示功率传递系数；c_e表示发动机的燃油消耗率，单位为L/(hp·h)或kg/(hp·h)。从式(7-13)可以看出，平飞所需功率和发动机燃油消耗率越大，小时燃油消耗量越大。

2) 飞行条件对平飞续航时间的影响

飞行条件改变会引起燃油消耗率、平飞所需功率发生变化，以致影响小时燃油消耗量的大小，并且影响平飞续航时间的长短。

(1) 发动机转速。改变活塞式发动机的转速会引起燃油消耗率发生变化，小时燃油消耗量也随之变化。从活塞式发动机原理可知，在旋翼允许的工作状态下，获得相同的功率时，如果选用的转速越小，进气压力越大，燃油消耗率就越小。可见，从降低发动机燃油消耗率来看，转速越小越好。发动机转速减小时，为保持拉力不变，旋翼桨叶就处于大迎角状态工作，如果桨叶迎角过大，在不大的平飞速度下，旋翼桨叶在270°方位附近就会出现气流分离。同时，旋翼转速过小，不利于在发动机或传动系统出现故障后使旋翼进入稳定自转。因此，发动机转速又不能过小。例如，某型直升机在平飞时限制发动机转速一般不小于 2 000 r/min,要取得最大的续航时间,就得使发动机在这个转速或比这个转速稍大的条件下工作。但为了防止发生尾梁共振,实用的转速应大于此转速。

各型直升机在不同高度上,以不同速度平飞,应选择多大的转速才有利,在续航时间说明书中均有记载。为了达到增长平飞续航时间的目的,飞行员应该按照各型直升机的续航时间计算说明书中的转速与飞行速度和高度的关系曲线来选择转速,调整进气压力,以保持规定的平飞速度。

直升机采用的涡轮轴发动机有两种型式:一种是定轴涡轮发动机(如云雀Ⅲ型),其功率输出轴与压缩器轴机械地联系在一起,飞行中发动机的转速恒定;另一种是自由涡轮发动机(如超黄蜂),其功率输出轴与压缩器轴无机械联系。后者有可能改变压缩器的转速,以降低小时燃油消耗量。

(2) 平飞速度。由 7.1.3 节可知,当直升机以经济速度飞行时,平飞所需功率最小。此时,小时燃油消耗量最少,平飞续航时间最长。图 7-18 是某型直升机在 1 000 m 高度上,平飞速度与小时燃油消耗量的关系曲线。从图 7-18 可以看出:经济速度对应的小时燃油消耗量最小(图 7-18 中 A 点)。

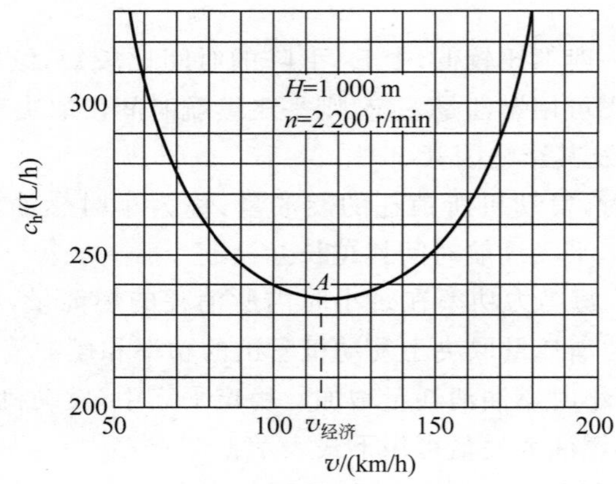

图 7-18　某型直升机的小时燃油消耗量曲线

若已知该机的平飞可用燃油量为 800 L,依据图 7-18 中曲线可得,最小小时燃油消耗量为 235 L/h,即可算出最大续航时间:

$$t_{最大}=\frac{Q_{平飞}}{c_{h最小}}=\frac{800\ \text{L}}{235\ \text{L/h}}=3.4\ \text{h}=3\ \text{h}\ 24\ \text{min} \tag{7-14}$$

如将平飞速度从 115 km/h(经济速度)增加到 160 km/h,则 $c_h=265$ L/h,平飞续航时间为

$$t=\frac{800\ \text{L}}{265\ \text{L/h}}=3\ \text{h} \tag{7-15}$$

由此可见,平飞续航时间与以经济速度巡航时相比缩短了大约 24 min,可见平飞速度对续航时间影响很大。

(3) 飞行高度。飞行高度升高时,一方面,上升和下滑所消耗的燃油增多,能供给平飞的可用燃油量减少;另一方面,空气密度减小,同样以经济速度飞行时的所需功率增加,小时燃油消耗量增多。因此,飞行高度升高,平飞续航时间缩短。

(4) 飞行重量和大气温度。飞行重量增加或气温升高，都会使诱阻功率增加，从而使平飞所需功率增大，造成小时燃油消耗量增加，平飞续航时间缩短。

3. 航程

直升机的航程等于它的平飞航程与上升和下滑所经过的水平距离之和。后者数值较小，航程的长短主要取决于平飞航程。若平飞可用燃油量一定，平飞航程取决于单位路程耗油量或公里燃油消耗量。

1) 公里燃油消耗量及其影响因素

直升机每飞行 1 km 距离，发动机所消耗的燃油，称为公里燃油消耗量，以 c_k 表示。公里燃油消耗量越小，平飞航程越长。

公里燃油消耗量 c_k 可由小时燃油消耗量 c_h 和平飞速度 $v_{平飞}$ 表示为

$$c_k = \frac{c_h}{v_{平飞}} \tag{7-16}$$

由于

$$c_h = \frac{N_{平需}}{\zeta} \cdot c_e \tag{7-17}$$

将式(7-17)代入式(7-16)，可得

$$c_k = \frac{N_{平需} \cdot c_e}{v_{平飞} \cdot \zeta} \tag{7-18}$$

式(7-18)表明：发动机燃油消耗率越小，公里燃油消耗量越小；平飞所需功率与平飞速度的比值越小，公里燃油消耗量也越小。

2) 飞行条件对平飞航程的影响

发动机转速、飞行重量和飞行高度对航程的影响与对续航时间的影响基本相同，这里不再详细说明。下面着重分析飞行速度、风和外挂物资飞行对航程的影响。

(1) 飞行速度对航程的影响。装有活塞式发动机的直升机的发动机燃油消耗率 c_e 随功率的变化很小，可近似认为 c_e 为常数，因此，以有利速度平飞可以获得最大航程。因为以有利速度平飞时，平飞所需功率与飞行速度的比值最小，平飞的公里燃油消耗量 c_k 也最小(图 7-19 中 C 点)，所以，以该速度平飞时航程最远。通常把航程最远所对应的飞行速度称为远航速度，把续航时间最久所对应的飞行速度称为久航速度。

若已知该机的平飞可用燃油量 $Q_{平飞}=800\ \text{L}$，$c_{k最小}=1.65\ \text{L/km}$，则平飞最大航程为

$$L_{最大} = \frac{Q_{平飞}}{c_{k最小}} = \frac{800\ \text{L}}{1.65\ \text{L/km}} = 485\ \text{km} \tag{7-19}$$

如果把平飞速度从 155 km/h 减小到 115 km/h，则 c_k 由 1.65 L/km 增加到 2.15 L/km，平飞航程为

$$L = \frac{800\ \text{L}}{2.15\ \text{L/km}} = 372\ \text{km} \tag{7-20}$$

平飞航程缩短了 113 km，减少了 20%还多。如果平飞速度减小到 80 km/h，c_k 大约为最小公里燃油消耗量的 2 倍，即以此速度平飞时，平飞航程只有最大平飞航程的一半。由此

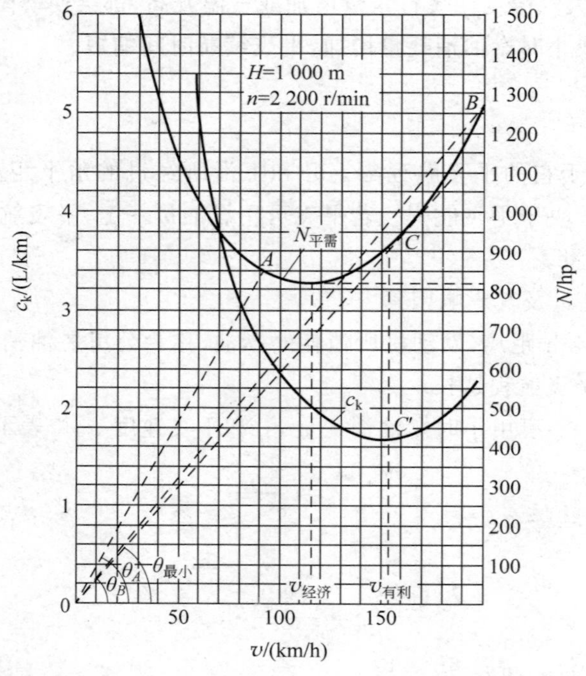

图 7-19　某型直升机的公里燃油消耗量及平飞所需功率曲线

可见，平飞速度对航程的影响很大。一般装有活塞式发动机的直升机的远航速度就是平飞有利速度。同理，其久航速度就是经济速度。

对于涡轮轴发动机直升机来讲，虽然平飞有利速度所对应的 $v_{平需}/v_{平飞}$ 最小，但发动机的耗油率 c_e 随功率的变化比较大，如图 7-20 所示，随着功率的减小，耗油率增大较多。因此，当平飞速度为有利速度时，$(N_{平需}\cdot c_e)/(v_{平飞}\cdot \zeta)$ 的数值并非最小。随着平飞速度的增大，尽管 $v_{平需}/v_{平飞}$ 的值略有增大，但因 c_e 减小，$(N_{平需}\cdot c_e)/(v_{平飞}\cdot \zeta)$ 的数值仍会减小。当平飞速度继续增大到远航速度时，$(N_{平需}\cdot c_e)/(v_{平飞}\cdot \zeta)$ 的数值最小，即公里燃油消耗量 c_k 最小，平飞航程最远。可见，涡轮轴发动机直升机的远航速度比平飞有利速度要大。同理，其久航速度也比经济速度稍大。各型直升机的远航速度和久航速度可以根据理论计算和试飞来确定。

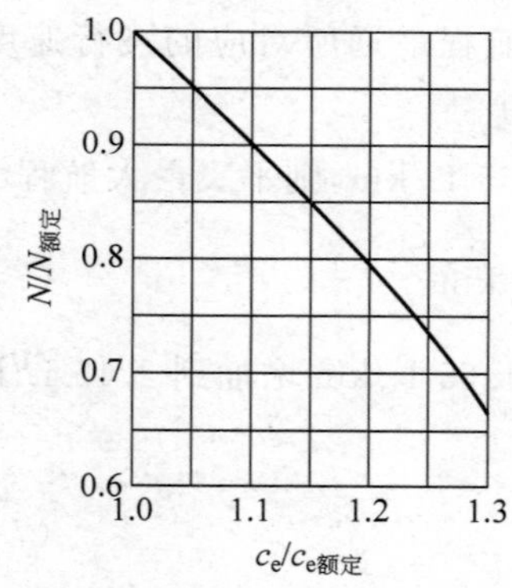

图 7-20　涡轮轴发动机的功率与耗油率之间的关系曲线

(2) 风对航程的影响。风向、风速的改变都会引起地速发生变化，从而影响平飞航程的长短。

在保持同一空速的条件下，顺风飞行，地速增大，公里燃油消耗量减少，平飞航程增长；逆风飞行，地速减小，公里燃油消耗量增多，平飞航程缩短。风速越大，风对公里燃油消耗量和平飞航程的影响也越大。

顺、逆风对平飞航程的影响，不仅取决于风速，而且还与空速有关。在风速相同的情况下，如空速减小，则风所引起的地速变化量相对增加，对公里燃油消耗量的影响变大，平飞航程的变化也就显著。反之，如空速增大，

风对公里燃油消耗量的影响变小，平飞航程的变化也就减小。

在顺、逆风中往返飞行时，飞过同样的距离，顺风飞行的时间短，而逆风飞行的时间长。在顺风中节省的燃油不足以弥补逆风飞行时多消耗的燃油。以小空速在大风速条件下飞行时，顺、逆风飞行的时间相差得更多，风对平飞航程的影响就更为显著，航程就会更加缩短。由于涡轮轴发动机直升机的远航速度，一般比活塞式发动机直升机的远航速度大一些，风对后者的影响比对前者的影响大。

(3) 直升机外挂物资飞行对航程的影响。直升机外挂物资飞行时，飞行阻力和平飞所需功率增加，参见图 7-21，平飞有利速度变小，公里燃油消耗量增大。因此，外挂物资飞行，航程缩短。图 7-22 是某型直升机外挂物的体积与有利速度、公里燃油消耗量、小时燃油消耗量之间的关系曲线。可以看出，外挂物的体积越大，有利速度越小，公里燃油消耗量和小时燃油消耗量越大。例如，已知该机的平飞可用燃油量为 800 L，无外挂物时(货物体积为 0)，从图 7-22 查得，有利速度为 140 km/h，c_k 为 1.6 L/km，这时可算出平飞最大航程为 500 km。若外挂物体积为 8 m^3，从图 7-22 查得，有利速度为 95 km/h，c_k 为 2.86 L/km，此时平飞最大航程仅为 280 km，与无外挂物时相比平飞航程缩短将近一半。

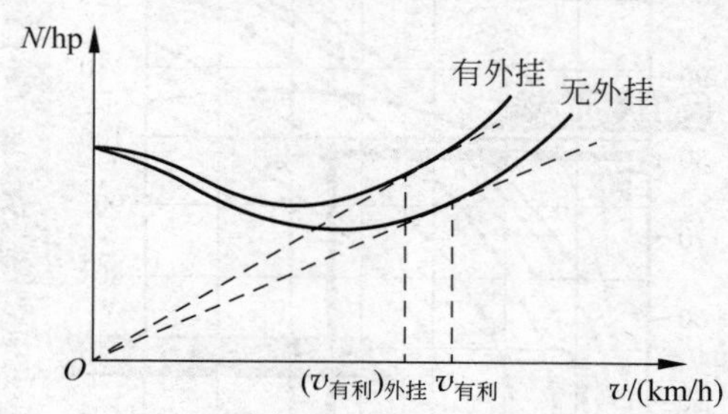

图 7-21　外挂物资飞行时平飞所需功率曲线

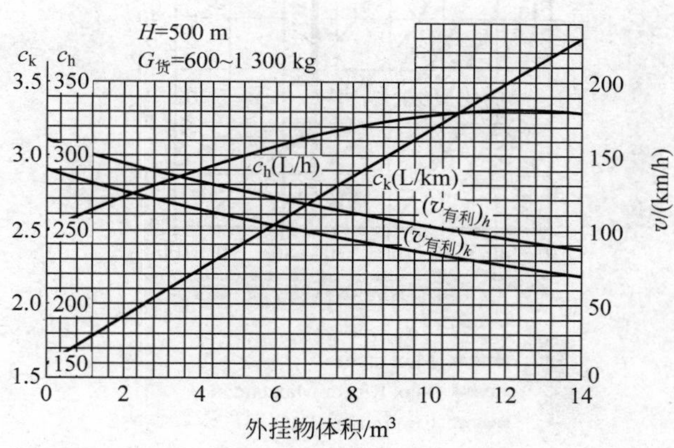

图 7-22　外挂物的体积对续航性能的影响曲线

了解了平飞续航时间和航程随飞行条件变化的规律，就可以利用这些客观规律和数据来指导飞行实践，充分发挥直升机的续航性能。增大平飞续航时间和航程的措施有：①应尽量减小公里燃油消耗量和小时燃油消耗量，这就要求正确选择飞行高度、速度和发动机转速；②应力求增加平飞可用燃油量，为此，应尽量减少直升机在地面、上升、下滑和着陆中所消耗的燃油量。

4. 巡航性能图表

例 7-1 用图 7-23 确定巡航时的扭矩设定。

压力高度 ………………………………………………… 8 000(ft,英尺)

外界大气温度 ………………………………………………… +15 ℃

指示空速 ………………………………………………… 80 kt

最大总重 ………………………………………………… 5 000 lb

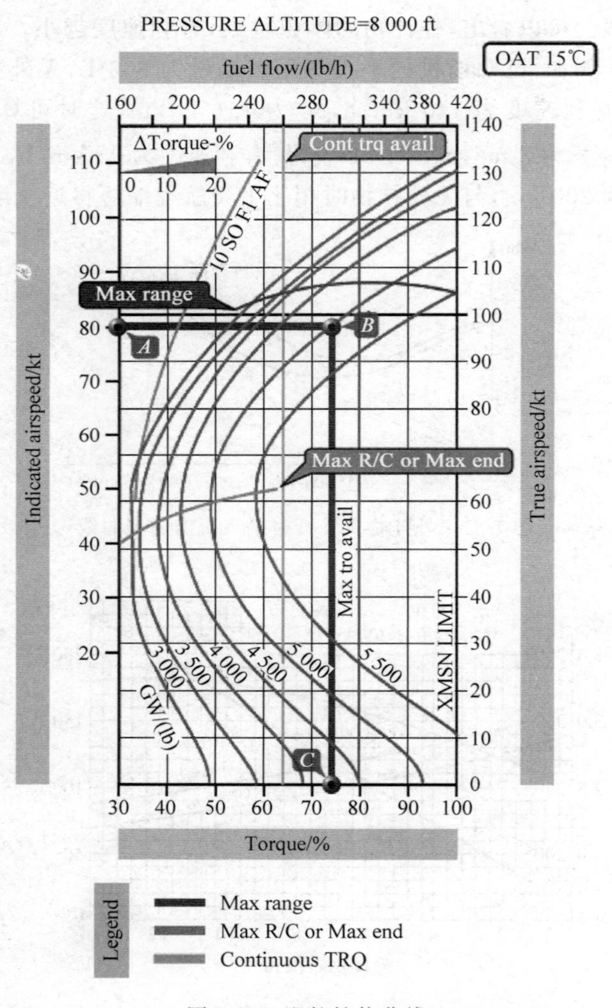

图 7-23 巡航性能曲线

解 对于图 7-23,首先应确认该图只适用于压力高度 8 000 ft 和外界大气温度(outside air temperature,OAT)15 ℃。先从左侧 80 kt 指示空速(*A* 点)开始,水平向右移动到最大总重为 5 000 lb(*B* 点)。从该点竖直向下,在横轴上读出平飞的扭矩,即 74%(*C* 点)。

7.2　上升

直升机沿向上倾斜或垂直的轨迹所做的飞行，称为上升。上升是直升机超越障碍来取得高度的基本方法，本节主要介绍直升机沿倾斜轨迹而且不带侧滑的等速直线上升。直升机的倾斜上升与平飞具有共同点，也各有其特殊点。下面着重分析保持上升的条件和上升性能等问题。

7.2.1　上升的受力平衡

直升机上升时，上升轨迹与水平线之间的夹角称为上升角。

一般飞机上升时机头是仰起的，而直升机上升时机头较低，此时旋翼迎角是负的，该值比平飞时要大。

上升时，作用于直升机的力与平飞基本相同，主要有：旋翼拉力、直升机重力、空气阻力和尾桨拉力等。但此时重力与直升机运动轨迹不垂直，为便于分析问题，把重力分解为垂直于运动方向的重力第一分力 G_1 和平行于运动方向的重力第二分力 G_2，如图 7-24 所示。

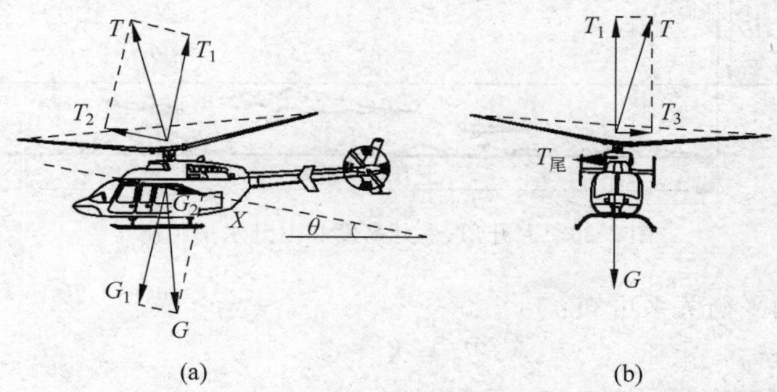

图 7-24　上升中作用于直升机的力

保持无侧滑等速直线上升的条件：

(1) 为保持上升角不变，旋翼拉力第一分力 T_1 应等于重力第一分力 G_1，即

$$T_1 = G_1 \tag{7-21}$$

(2) 为保持上升速度不变，旋翼拉力第二分力 T_2 应等于重力第二分力 G_2 与空气阻力 X 之和，即

$$T_2 = G_2 + X \tag{7-22}$$

(3) 为保持直升机无侧滑，旋翼拉力第三分力 T_3 应近似等于尾桨拉力 $T_{尾}$，即

$$T_3 \approx T_{尾} \tag{7-23}$$

除受力平衡外，各力绕重心的力矩还必须取得平衡，即

$$\sum M = 0 \tag{7-24}$$

7.2.2　上升性能

直升机的上升性能主要包括最大上升角、最大上升率、上升时间和升限等。

1. 上升角

如前文所述,上升角是直升机上升轨迹与水平线之间的夹角,如图 7-25 所示。上升角越大,说明经过同样的水平距离所上升的高度越高,如图 7-26 所示。

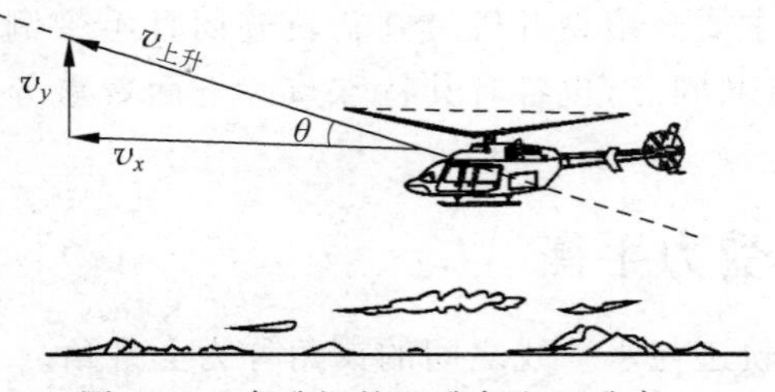

图 7-25 直升机的上升角和上升率

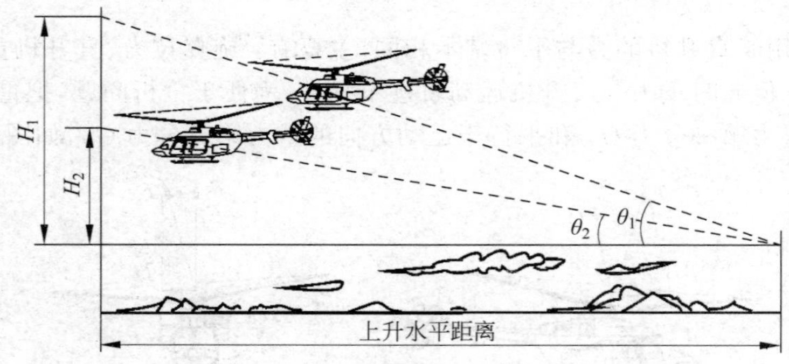

图 7-26 上升角、上升高度和上升水平距离

由上升中力的平衡关系可知:

$$T_2 = X + G_2 \tag{7-25}$$

其中,$G_2 = G\sin\theta$,将其代入式(7-25),可得

$$\sin\theta = \frac{T_2 - X}{G} \tag{7-26}$$

由图 7-25 可以看出

$$\frac{1}{\cos\theta} = \frac{v_{上升}}{v_x} \tag{7-27}$$

将式(7-26)与式(7-27)左右两边分别相乘,可得

$$\tan\theta = \frac{(T_2 - X)v_{上升}}{Gv_x} = 75\frac{\Delta N}{Gv_x} \tag{7-28}$$

其中,ΔN 表示剩余功率,单位为 hp(马力);v_x 表示上升速度的水平分速,单位为 m/s。

由式(7-28)可知,在飞行重量一定的条件下,上升角的大小,取决于剩余功率和上升水平分速两个因素。以经济速度上升时,虽然此时剩余功率 ΔN 最大,但因此时的上升水平分速较大,ΔN 与 v_x 的比值并非最大,故以经济速度上升时的上升角并不是最大的。在平飞功率曲线中,自可用功率曲线与纵坐标的交点(E)向平飞所需功率曲线作切线,如图 7-27 所示,以切点 F 所对应的飞行速度上升时,ΔN 与 v_x 的比值最大,故以此速度上升时,可得到最大上升角。

实践和计算表明，获得最大上升角的速度比经济速度要稍小一些。

图 7-28 为某型直升机的上升角随上升速度的变化关系曲线。从图 7-28 可以看出：在 3 000 m 高度上以 93 km/h 的速度上升时，可以得到最大上升角 7°；以经济速度(115 km/h)上升时，上升角只有 6°。

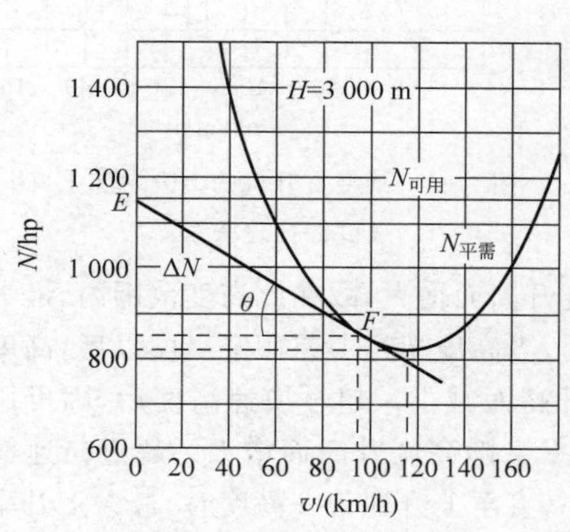

图 7-27 确定最大上升角的方法

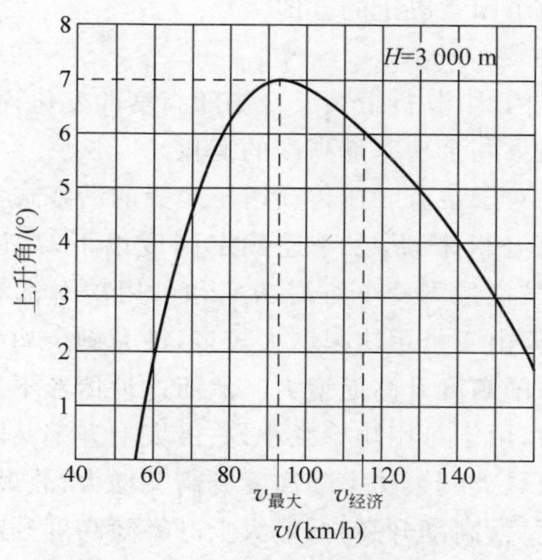

图 7-28 上升角与上升速度的关系

2. 上升率

在上升中，直升机每秒钟所升高的高度，称为上升率，也称为上升垂直速度，如图 7-25 所示。上升率越大，直升机上升到预定高度所需的时间越短，这表明直升机能迅速达到一定高度。由此可见，上升率是衡量直升机上升性能好坏的一个重要标志。上升率越大，表示该直升机的上升性能越好。

1）影响上升率的因素

根据上升率的定义 $v_{y上}=v_x \tan\theta$，将式(7-28)代入上升率定义式，可得

$$v_{y上}=75\frac{\Delta N}{G} \tag{7-29}$$

式中，ΔN 表示剩余功率，单位为 hp(马力)；$v_{y上}$ 表示上升率，单位为 m/s；G 表示直升机的重量，单位为 kg。

式(7-29)表明上升率的大小与剩余功率成正比，与直升机的重量成反比。当飞行重量一定时，剩余功率越大，则直升机的上升率越大。

2）上升率与上升速度的关系

由平飞功率曲线可知，直升机以不同速度平飞时，剩余功率是不相同的。因此，以不同速度上升时的上升率也不一样。以平飞最小速度飞行时，由于剩余功率为零，故上升率为零。这表明以平飞最小速度飞行时，只能平飞而不能上升。随着速度增大，剩余功率增大，故上升率逐渐增大。以经济速度 $v_{经济}$ 上升时，由于剩余功率最大，故上升率最大。以大于经济速度的速度上升时，因剩余功率减小，故上升率又随速度增大而减小。上升率随上升速度的变化关系如图 7-29 所示。

3）最大上升率随高度的变化

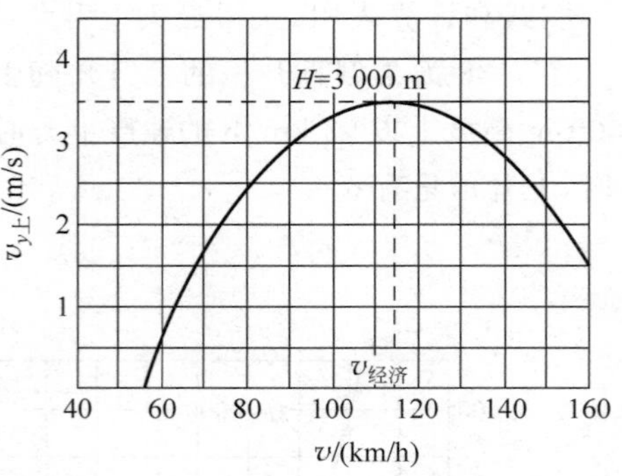

图 7-29 某型直升机的上升率随上升速度的变化关系

直升机最大上升率随高度的变化，取决于最大剩余功率随高度的变化。如前文所述，直升机的最大剩余功率是由可用功率和平飞最小所需功率两个因素决定的。即

$$\Delta N_{最大} = N_{可用} - N_{平需最小} \tag{7-30}$$

因此，分析最大上升率随高度的变化，必须了解最大剩余功率随高度的变化。

对于装有二速传动增压装置的活塞式发动机的直升机来说，在一速额定高度以下，高度升高时，虽说平飞最小所需功率和可用功率都有所增大，但由于可用功率增大较多，最大剩余功率随高度升高而增大，故在此高度范围内，最大上升率随高度升高而增大。然而这种情形不是固定的，当高度超过一速额定高度以后，高度升高时，由于可用功率减小，故最大上升率又随高度升高而减小。超过换速高度后，因可用功率及最大剩余功率随高度升高又增大，故最大上升率又随高度升高而增大。超过二速额定高度后，高度升高时，最大上升率随高度升高而减小，直至上升到某一高度时，最大上升率降低为零。装有二速传动增压装置的活塞式发动机的直升机的最大上升率随高度的变化，如图 7-30 中的折线所示。

应该指出，随着飞行高度的升高，由于空气密度不断减小，如果飞行速度不变，桨叶迎角必须不断增大，才能保持所需拉力不变。这样，处于 270°方位的桨叶的迎角将会超过临界迎角，从而会发生气流分离，使直升机出现强烈的振动。因此，随飞行高度的升高，容许的上升速度将越来越小。在某高度以上，容许的上升速度都小于经济速度，这时上升率随飞行高度的升高而急剧减小，如图 7-30 中的虚线所示。

3. 上升时间和升限

直升机上升到预定高度所需的最短时间，称为上升时间。上升时间也就是保持经济速度以最大上升率上升到预定高度所需的时间。如果上升到同样高度所需的时间越短，表明直升机的上升性能越好。

如图 7-30 所示，对于装有二速增压器的活塞式发动机的直升机，在一速额定高度以下，最大上升率随高度升高而逐渐增大，所以高度越高，上升同样高度所需的时间越短；在二速额定高度以上，最大上升率随高度的升高不断减小，所以高度越高，上升同样高度所需的时间就越长。直升机从地面上升到指定高度所需的时间，如图 7-31 所示。在额定高度以上，由于最大上升率随高度升高逐渐减小，所以高度越高，直升机上升越慢，因而增加同样高度所需的时间越长，如图 7-31 中 $\Delta t_2 > \Delta t_1$。

在额定高度以上，最大上升率既然随高度升高而不断减小，上升到一定高度，上升率势必减小到零(见图 7-31)。这时，直升机不可能再继续上升。这个上升率为零的高度就是理论动升限。在理论动升限，直升机只能用一个速度保持平飞。

实际上，当直升机上升到最大上升率降低为 0.5 m/s 的高度时，直升机一般不再继续做等速上升了。因为到了这个高度，上升率已经很小，如再继续上升到理论动升限，势必时间

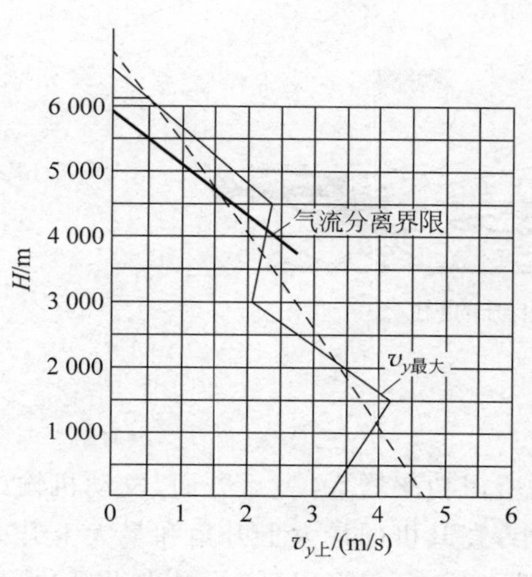

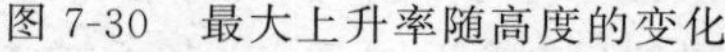

图 7-30　最大上升率随高度的变化

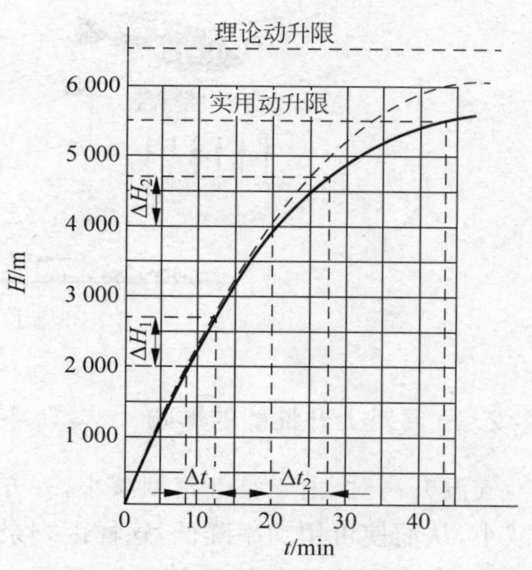

图 7-31　某型直升机的上升时间

长，耗油多，实际意义不大。这个最大上升率降低到 0.5 m/s 的高度，称为实用动升限。各型直升机技术说明书所载明的升限，一般都是指实用动升限。

7.2.3　上升性能的影响因素

以上介绍了在正常情况下直升机的上升性能。如果外界条件改变了，这些性能都将随之发生变化。下面分别阐述风、气温和飞行重量对上升性能的影响。

1. 风对上升性能的影响

在有风的情况下上升，直升机除了与空气有相对运动外，还随空气团一起移动，所以，相对于地面的上升轨迹与无风时不同。直升机的实际上升轨迹，由直升机的空速与风速的合速决定。例如逆风上升时(见图 7-32)，风对直升机升高快慢并无影响，但在相同时间内与无风时相比，前飞的水平距离缩短，故上升角增大。反之，顺风上升时，上升角减小。直升机在上升气流中上升(见图 7-33)，由于直升机还要随着空气团向上移动，所以上升率和上升角都增大。反之，在下降气流中上升，上升率和上升角都减小。

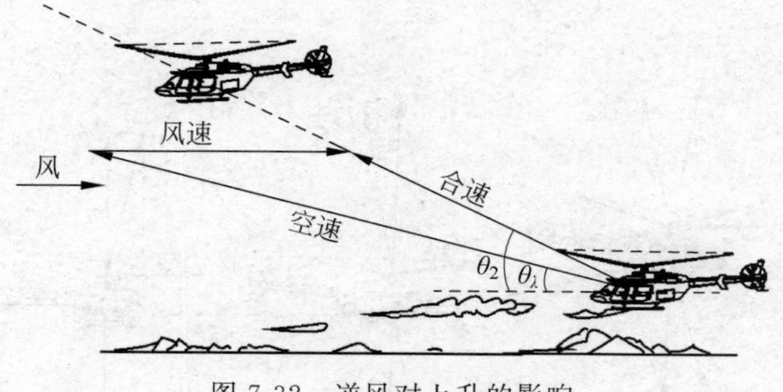

图 7-32　逆风对上升的影响

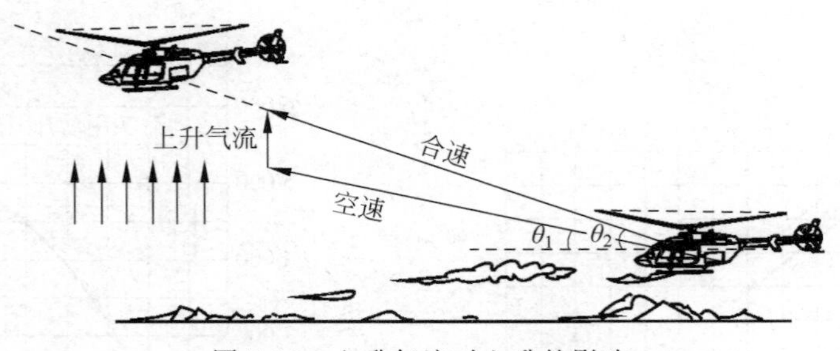

图 7-33　上升气流对上升的影响

2. 气温对上升性能的影响

气温升高时，由于空气密度减小，一方面，平飞所需功率增大，另一方面，发动机输出功率减小，从而使可用功率降低，这样因剩余功率减小，直升机的最大上升角和最大上升率将减小，各高度上的最大上升率减小，升限也随之降低。反之，气温降低时，最大上升角、最大上升率将增大，升限升高。所以，同一架直升机，在不同地区，或不同季节(冬季或夏季)飞行，如气温变化显著，上升性能也会有明显差别。一般来说，在冬季上升性能要好些，而在夏季要差些。

3. 飞行重量对上升性能的影响

直升机重量增加时，上升中，重力第一分力和第二分力都将增大。这样为保持等速上升，必须相应地增大旋翼拉力，即上升所需要的功率将增大，剩余功率将因重量增加而减小。故重量增加，最大上升角、最大上升率和升限都减小。反之，重量减轻时，最大上升角、最大上升率和升限都增大。

7.2.4　上升的操纵原理

1. 由平飞转入上升

直升机由平飞转入上升时，飞行员应向后带杆，减小旋翼锥体的前倾量，使拉力第二分力 T_2 减小，平飞速度也相应减小，同时，拉力第一分力 T_1 增加。当拉力第一分力大于重力时，产生向上的向心力，运动轨迹向上弯曲，这样才能逐渐增大上升角而转入上升，如图 7-34 所示。

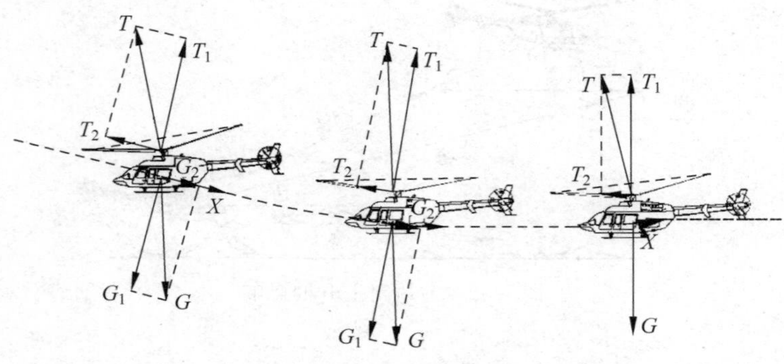

图 7-34　平飞转入上升

直升机由平飞转入上升的过程中，随着上升角和上升率的增大，桨叶来流角不断增大，为保持旋翼拉力，应适当地上提油门变距杆。在稳定上升中，拉力第二分力 T_2 等于阻力 X 与重力第二分力 G_2 之和，即 $T_2=G_2+X$，以保持直升机以规定的速度上升。上升速度和上升角越大，上提油门变距杆也应越多。

在直线上升中，拉力第一分力 T_1 应等于重力第一分力 G_1。所以，当接近预定的上升角（或上升率）时，应及时地向前稳杆，以便使直升机在达到预定的上升角时，各力保持平衡，如图 7-34 所示。

由于上升所需功率比平飞时大，旋翼的反作用力矩增大，直升机向左偏转。一般情况下，上升速度比平飞速度小，尾桨的拉力减小也使直升机向左偏转。因此，还要蹬右舵来增大尾桨拉力力矩，以保持好上升方向。

2. 由上升转入平飞

直升机由上升转入平飞时，飞行员应向前顶杆，增加旋翼锥体的前倾量，使拉力第二分力增大，拉力第一分力减小。当拉力第一分力小于重力第一分力时，产生向下的向心力，直升机的运动轨迹向下弯曲，这样才能从上升转入平飞，如图 7-35 所示。

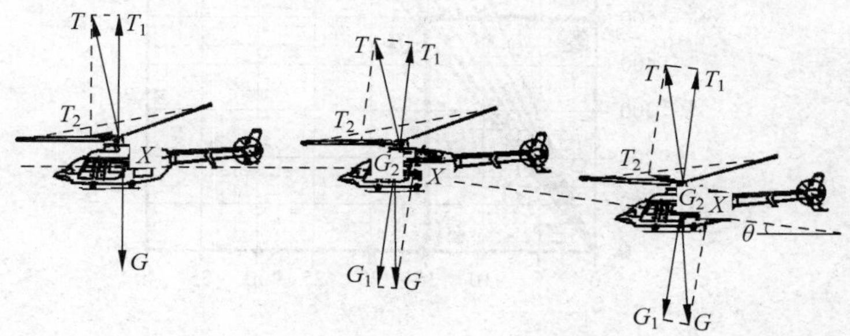

图 7-35　上升转入平飞

直升机由上升转入平飞的过程中，上升角和上升率不断减小，旋翼桨叶来流角减小，为保持旋翼拉力不变，要相应地下放油门变距杆，待上升角（或上升率）接近零时，为保持高度不致降低，应稳住杆，当速度达到规定的数值时，应适量向后回杆，以保持规定的速度平飞。

此外，在减小油门桨距时，旋翼反作用力矩随之减小，转入平飞后速度增大，尾桨拉力增大，直升机向右偏转。因此，应蹬左舵来减小尾桨拉力，使尾桨拉力力矩与旋翼反作用力矩平衡，以保持方向不变。由于平飞速度比上升速度大，旋翼锥体向右后方的倾斜量增加，为保持平飞状态，必须相应地向左前方顶杆。

7.2.5　上升性能图表

如果直升机以最大上升率速度（v_Y）上升，可以在相同时间内获得最多的高度。通常在起飞超障完成之后，进入巡航高度以前使用这个速度。上升率不同于上升角或者上升梯度。v_Y 可以获得最大的上升率，但通常不能获得最大的上升角度，因此大部分时候不用此速度来超障。最大上升角速度 v_X 取决于上升时可获得的功率状态，如果功率足够，直升机可以垂直上升，此时，上升速度的水平分速为 0。

风向和风速会影响上升性能。空速表示直升机相对大气的运动速度，该速度不受气象风的影响，气象风只影响地速，即直升机相对大地坐标系的速度。因此，上升梯度会受水平方向、垂直方向的气象风的影响，上升率只受垂直方向的气象风的影响。这点容易被混淆。

例 7-2 用图 7-36 确定上升/下降时的功率百分比：

A．上升率/下降率 ………………………………………………………… 500 ft/min

B．最大总重 ………………………………………………………………… 5 000 lb

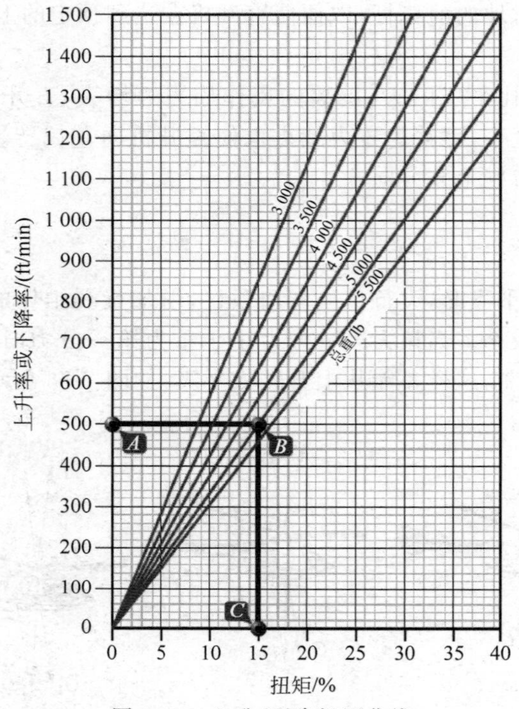

图 7-36 上升/下降扭矩曲线

解 根据图 7-36，首先定位在 500 ft/min 的上升/下降率点(*A* 点)，然后向右水平偏折到总重为 5 000 lb 的点(*B* 点)。从该点，作竖直向下的直线，在横轴上的数值即为所求的扭矩百分比，即 15%扭矩(*C* 点)。对于上升/下降，应在 74%扭矩的基础上，相应增大/减小 15%的扭矩。例如，在上升的状态下，飞行员应将扭矩增大到 89%以获得最优的上升性能。

7.3 下降

直升机沿向下倾斜的轨迹所做的飞行称为下降。这里研究的是直升机不带侧滑的等速直线下降，下降是直升机降低飞行高度的基本方法。下降角、下降率和下降距离等问题，又是做好下降和着陆目测所必须了解的基础知识。

与平飞、上升相比，直升机下降也有其特点。例如下降时，旋翼迎角是随下降率 $v_{y下}$ 改变的。如图 7-37 所示，迎面空气以一定角度从上面流向桨毂旋转面时，旋翼迎角为负值(图 7-37(a))；气流平行桨毂旋转面时，旋翼迎角为零(图 7-37(b))；气流以一定角度从下面流向桨毂旋转面时，旋翼迎角为正值(图 7-37(c))。同样，旋翼拉力第二分力的方向也随下降角改变：在下降角很小时方向朝前；在下降角较大时方向朝后。本节将着重分析带油门下降中拉力第二分力方向朝后的下降状态。

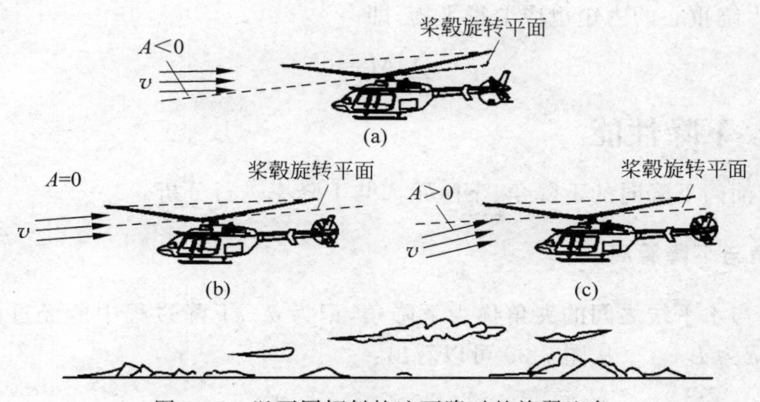

图 7-37 以不同倾斜轨迹下降时的旋翼迎角

7.3.1 下降的受力平衡

在下降过程中，作用于直升机的力有旋翼拉力、空气阻力和重力。同分析上升的作用力一样，为了方便，也把重力 G 和旋翼拉力 T 分解成垂直于直升机运动方向的第一分力（G_1 和 T_1）、平行于运动方向的第二分力（G_2 和 T_2），以及在水面内的第三分力（T_3），如图 7-38 所示。

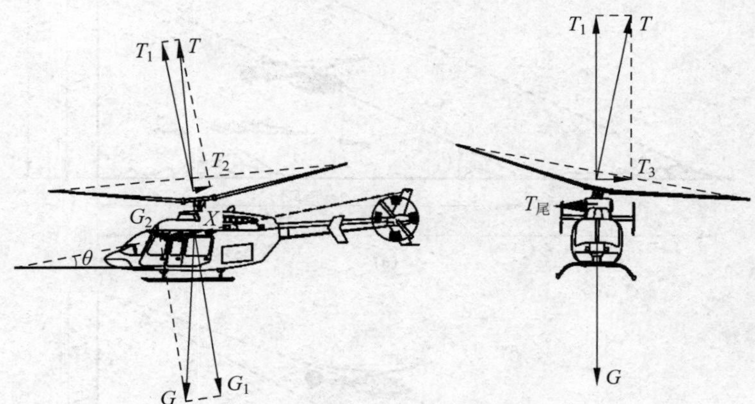

图 7-38 下降时的作用力

同平飞或上升的平衡条件一样，下降中垂直于运动方向的各力应互相平衡，平行于运动方向的各力也应互相平衡，以便分别保持下降角和下降速度不变。

保持无侧滑等速直线下降的条件是：

（1）为保持下降角不变，旋翼拉力第一分力 T_1 应与重力第一分力 G_1 相等，即

$$T_1 = G_1 \tag{7-31}$$

（2）为保持下降速度不变，重力第二分力 G_2 应与旋翼拉力第二分力 T_2 与空气阻力 X 之和相等，即

$$G_2 = T_2 + X \tag{7-32}$$

（3）为保持下降中不出现侧滑，旋翼拉力第三分力 T_3 应与尾桨拉力 $T_{尾}$ 近似相等，即

$$T_3 \approx T_{尾} \tag{7-33}$$

此外，各力绕重心的力矩也应取得平衡，即

$$\sum M = 0 \tag{7-34}$$

7.3.2 下降性能

本节对带油门下降时的下降角、下降距离与下降率进行分析。

1. 下降角与下降距离

下降轨迹与水平线之间的夹角称为下降角，记为 θ。下降过程中所经过的水平距离称为下降距离，记为 $L_{下降}$。从图 7-39 可以看出：

$$L_{下降} = H\frac{1}{\tan\theta} \tag{7-35}$$

其中，H 表示在下降过程中所降低的高度；θ 表示下降角。

从式(7-35)可知，若以同样的下降角下降，下降高度越多，下降距离越长（图 7-39(a)）；若下降高度相同，则下降角越小，下降距离越长（图 7-39(b)）。

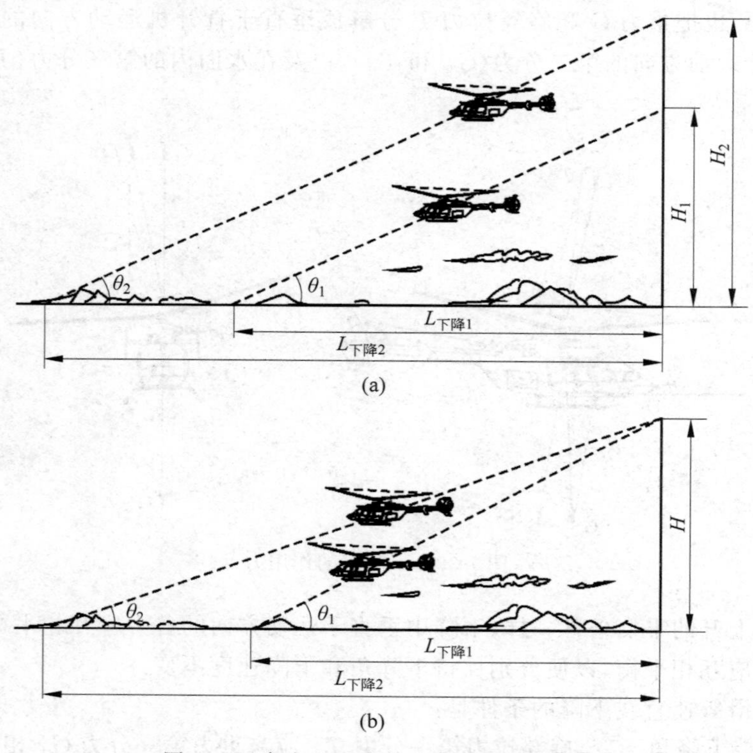

图 7-39 高度和下降角对下降距离的影响

在发动机工作的条件下，直升机的下降角可以为 0°～90°。下降角为 90°的飞行，称为垂直下降。

2. 下降率

直升机每秒下降的高度，称为下降率，记为 $v_{y下}$，也称为下降垂直速度。下降率越大，直

升机降低高度越快。

由图 7-40 可知：

$$v_{y下} = v_{下降} \sin\theta \tag{7-36}$$

式(7-36)表明，下降率是随下降速度及下降角的增大而增大的。

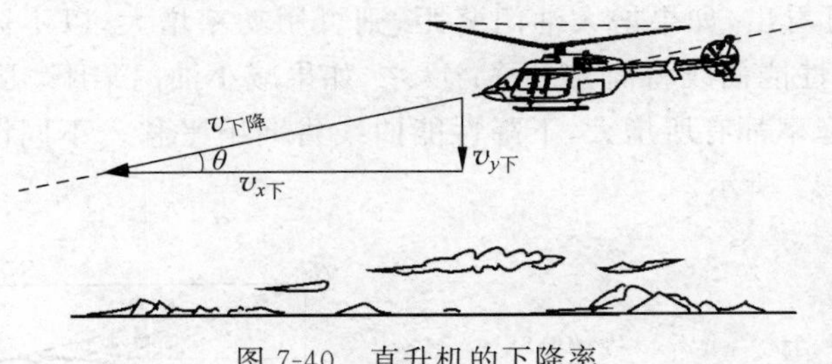

图 7-40 直升机的下降率

直升机下降中，飞行高度不断降低，直升机所具有的位能不断减小。在单位时间内位能的减小量 ΔE 应为

$$\Delta E = \frac{1}{75} G v_{y下} \tag{7-37}$$

式中，ΔE 表示单位时间内位能的减小量，单位为 hp(马力)；G 表示直升机的重量，单位为 kg；$v_{y下}$ 表示下降率，单位为 m/s。

下降中所减小的位能，将转换为旋翼旋转的能量。因此，下降所需要的功率将比保持同样速度平飞的所需功率要小。它们之间的差值就是单位时间内直升机位能的减小量，即

$$N_{平需} - N_{下需} = \frac{1}{75} G v_{y下} \tag{7-38}$$

保持稳定下降的所需功率 $N_{下需}$，是在油门桨距一定的条件下，由直升机的可用功率 $N_{可用}$ 来满足的，即：$N_{下需} = N_{可用}$。

所以式(7-38)又可写成：

$$N_{平需} - N_{可用} = \frac{1}{75} G v_{y下} \tag{7-39}$$

整理后可得

$$v_{y下} = 75 \times \frac{N_{平需} - N_{可用}}{G} \tag{7-40}$$

从式(7-40)可以看出，在飞行重量和油门桨距一定的条件下，下降率 $v_{y下}$ 的大小仅与平飞所需功率 $N_{平需}$ 有关。从平飞所需功率曲线可知，以过小或过大速度下降时，因平飞所需功率较大，故下降率较大；以经济速度下降时，因平飞所需功率最小，故能获得最小的下降率。

3. 下降性能曲线

保持某一油门桨距下降时，下降率、下降角同下降速度的关系曲线，称为下降性能曲线，如图 7-41 所示。图 7-41 中，横坐标为下降速度的水平分速 $v_{x下}$，纵坐标为下降率 $v_{y下}$。如果两坐标轴采用同一比例尺，则从坐标原点到曲线上任一点的连线的长度即为下降速度 $v_{下降}$；连线与横坐标轴的夹角，即为以该速度下降时的下降角 θ；曲线的纵坐标，即为以该速度下降时的下降率；横坐标即为该下降速度的水平分速。

通过坐标原点作与下降性能曲线相切的一直线，即可得到最小下降角。能获得最小下降角的下降速度，称为下降有利速度。显然，切点在横坐标上对应的读数即为下降有利速度。作一条水平线与下降性能曲线相切，切点对应的速度为最小下降率（$v_{y下最小}$）所对应的速度，称为经济速度 $v_{经济}$。

从式(7-40)还可看出，如果增大油门桨距，则可用功率增大，以不同速度下降时的下降率都有所减小，下降性能曲线将向上平移；反之，如果减小油门桨距，因可用功率减小，以不同速度下降时的下降率都有所增大，下降性能曲线将向下平移。不同油门桨距条件下的下降性能曲线，如图 7-42 所示。

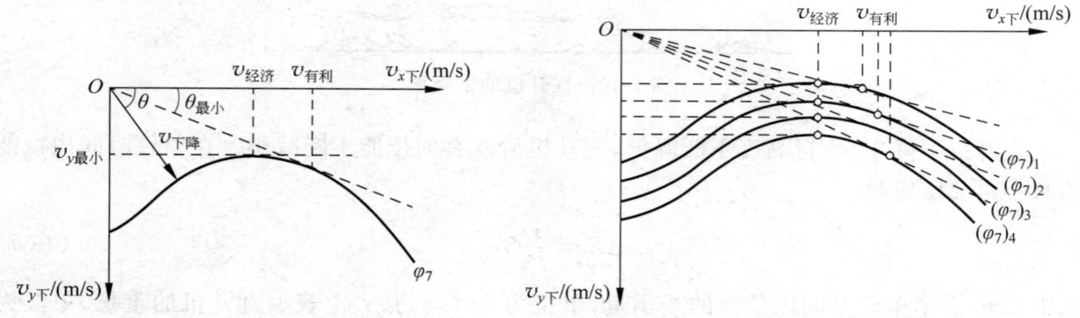

图 7-41　某一油门桨距时的下降性能曲线　　图 7-42　不同油门桨距条件下的下降性能曲线

当油门桨距减至最小时，因可用功率趋近于零，单位时间内直升机所减小的位能，将全部用来满足旋翼旋转所需要的功率，直升机即以旋翼自转状态下降。

在直升机以旋翼自转状态下降中，由于可用功率等于零，式(7-40)将变为

$$v_{y下}=75\frac{N_{平需}}{G} \tag{7-41}$$

图 7-42 中的曲线$(\varphi_7)_4$ 即为旋翼在自转状态时的直升机的下降性能曲线。同前面分析某一油门桨距的下降性能一样，利用自转下降性能曲线，可分析旋翼在自转状态时直升机的下降性能。

综上所述，在同一油门桨距的条件下，直升机以不同速度下降时，其下降率、下降角和下降距离也不同。以经济速度下降时，下降率最小；以下降有利速度下降时，下降角最小，下降距离最远。如果保持相同下降速度而以不同油门桨距下降，增大油门桨距时，下降率和下降角减小，下降距离增长；反之，减小油门桨距时，则下降率和下降角增大，下降距离缩短。

以不同的油门桨距下降时，经济速度 $v_{经济}$ 将保持不变，但下降有利速度却随油门桨距而改变。当油门桨距较大时，下降有利速度接近于经济速度；减小油门桨距时，下降有利速度逐渐增大。当直升机以旋翼自转状态下降时，下降有利速度将增至约与平飞有利速度相等。经济速度和下降有利速度随油门桨距的变化关系如图 7-42 所示。

7.3.3　下降性能的影响因素

直升机在实际运行中，很多因素会影响其下降性能，包括风、气温、飞行重量等。

1. 风对下降性能的影响

风对下降的影响原理和风对上升的影响原理是一样的。逆风使直升机在单位时间内前进的水平距离缩短，引起下降角增大和下降距离缩短，如图 7-43 所示。反之，顺风则使下降角减小，下降距离增长。

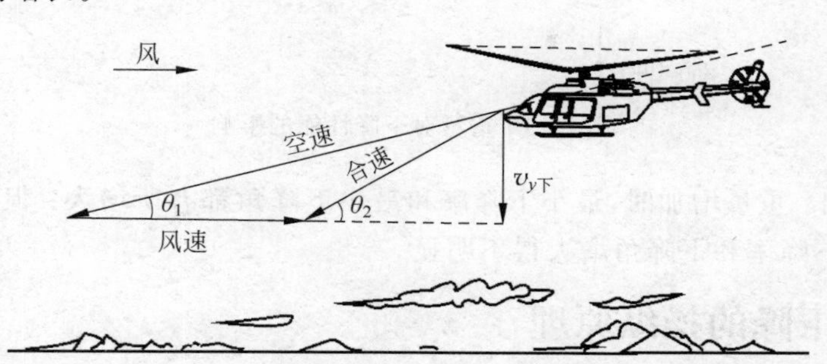

图 7-43　逆风对下降的影响

在空速相同时，顺风、逆风只改变直升机的实际水平速度，对下降率没有影响。当直升机在上升气流中下降时，它随上升气流一起向上移动，从而使下降率减小，下降角也减小，下降距离增长。反之，下降气流则使下降角和下降率增大，下降距离缩短。

2. 气温对下降性能的影响

气温升高，空气密度减小，在油门桨距一定的条件下，直升机的可用功率减小。此外，气温升高，平飞所需功率增大。这样，平飞所需功率与一定油门桨距的可用功率的差值将增大。如前文所述，这一差值由直升机下降中单位时间内位能的减小量来弥补。因此，如果保持下降速度和油门桨距不变，当气温升高时，直升机的下降率和下降角将增大，下降距离缩短；反之，当气温降低时，下降率和下降角将减小，下降距离增长。

气温改变时，下降性能曲线的变化如图 7-44 所示。由图 7-44 可看出：保持同一油门桨距以较小速度下降，气温改变时，下降率将有明显变化，这是因为气温改变对小速度平飞所需功率影响较大的缘故；以较大速度下降时，由于气温对平飞所需功率影响不大，故下降性能变化不明显。

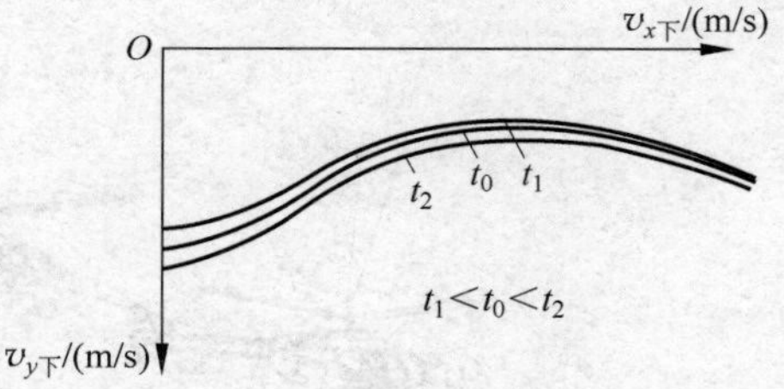

图 7-44　气温对下降性能的影响

3. 飞行重量对下降性能的影响

由式(7-40)可知：当飞行重量增加时，下降率将减小；另一方面，因重量增加时，平飞所需功率增大，从而使下降率增大。飞行重量增加时，由于平飞所需功率增大所引起的下降率增大将构成矛盾的主要方面，因此，飞行重量增加时，下降率将增大。在以较小的速度下降时，由于飞行重量增加使诱阻功率增加较多，下降率增大得更加明显。

如果保持油门桨距和下降速度不变，飞行重量增加时，由于下降率增大，下降角也增大，下降距离缩短。在油门桨距一定的条件下，不同重量的下降性能曲线如图 7-45 所示。从

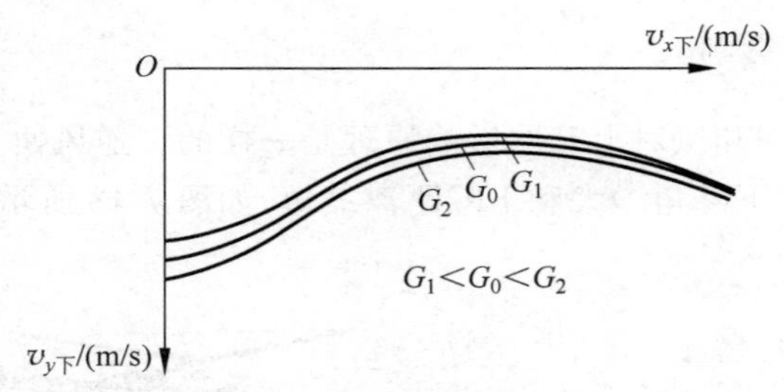

图 7-45　重量对下降性能的影响

图 7-45 可以看出：重量增加时，最小下降率和最小下降角都有所增大；但以较大的速度下降时，所对应的下降率和下降角增大得不明显。

7.3.4　下降的操纵原理

1. 由平飞转入下降

为使直升机由平飞转入下降，飞行员应先下放油门变距杆，这时旋翼拉力减小，拉力第一分力小于重力，产生向下的向心力，使运动轨迹向下弯曲，由平飞转入下降，如图 7-46 所示。

在一般情况下，下降比平飞速度小，在下放油门变距杆的同时应带住杆，使直升机减速，当速度减小到接近下降速度时，再轻缓地向前松杆，用油门变距杆和驾驶杆调整下降率和下降速度，并保持下降角，使重力第二分力 G_2 与拉力的第二分力 T_2 同空气阻力 X 之和相等，即 $G_2 = T_2 + X$，拉力第一分力 T_1 与重力第一分力 G_1 相等，即 $T_1 = G_1$，以保持等速直线下降。由于下放油门变距杆，旋翼反作用力矩减小，直升机将向右偏转。因此，要蹬左舵来减小尾桨拉力力矩，以保持下降方向。

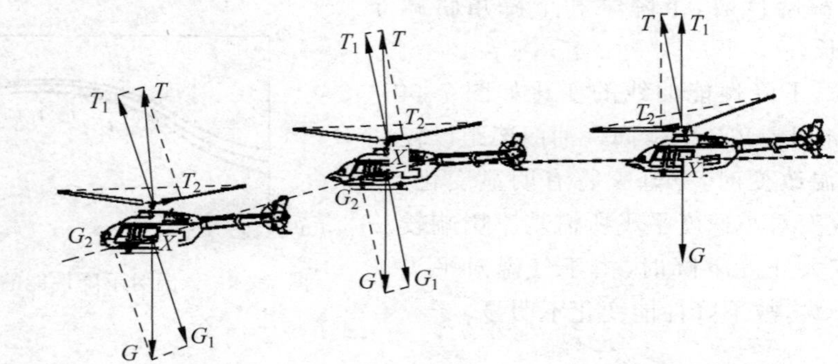

图 7-46　由平飞转入下降

2. 由下降转入平飞

直升机由下降转入平飞时，飞行员应上提油门变距杆，增大旋翼拉力，这时，拉力第一分力 T_1 大于重力第一分力 G_1，产生向上的向心力，使直升机的运动轨迹向上弯曲，而逐渐转入平飞，如图 7-47 所示。

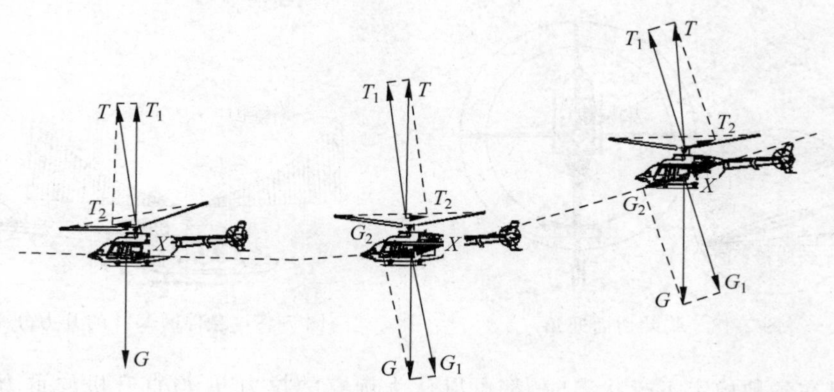

图 7-47 由下降转入平飞

当下降角减小时，重力第二分力 G_2 随之减小，会引起飞行速度减小。故应前推驾驶杆，以增大旋翼向前的拉力第二分力，当快达到预定的平飞速度时，稍微回杆，使旋翼拉力第二分力与空气阻力保持平衡。

由于上提油门变距杆，旋翼反作用力矩增大，直升机将向左偏转，所以要蹬右舵来增大尾桨拉力力矩，以保持平飞方向。

7.4 垂直飞行

垂直飞行状态包括悬停、悬停转弯、垂直上升和垂直下降。它是直升机特有的飞行性能，也是飞行员必须掌握的基本驾驶术。本节从作用于直升机的力和力矩的关系出发，着重分析垂直飞行状态的操纵原理及其影响因素。

7.4.1 悬停

直升机在一定的高度上，保持航向、位置不变的飞行状态，称为悬停。在正常的起飞和着陆中，每次都需要在一定的高度上悬停，用以检查直升机的重心位置是否恰当和判明着陆场地情况。

1. 悬停的受力平衡

无风悬停时，旋翼桨叶任意切面的迎角 α 和相对气流速度 w，在各方位都是不变的(图 7-48)但各桨叶切面的升力是不同的。因为升力与迎角成正比，又与相对气流速度的平方成正比，而且桨叶切面的相对气流速度基本上与该切面的半径成正比，所以在桨根相对气流速度小，升力不大；靠近桨尖的切面距离旋转轴远，相对气流速度大，升力也大。因为要改善桨叶的升力分布，桨叶通常具有负的几何扭转角，越接近桨尖，安装角越小，迎角也相应减小，所以桨叶切面的升力也有所减小，其升力分布如图 7-49 所示。图 7-49 中虚线为桨叶无负扭转角时的升力分布，实线为桨叶有负扭转角时的升力分布。

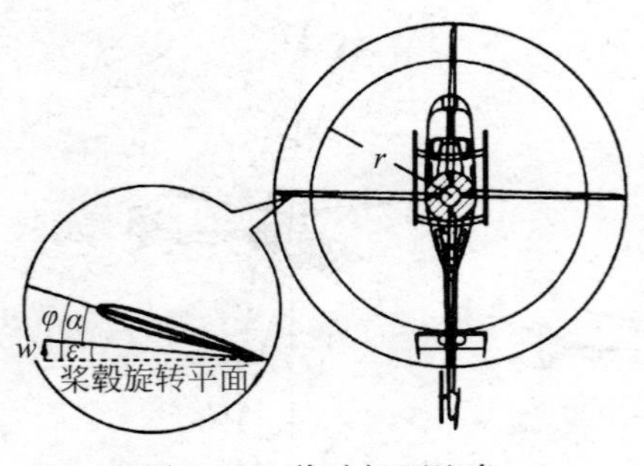

图 7-48　桨叶切面迎角

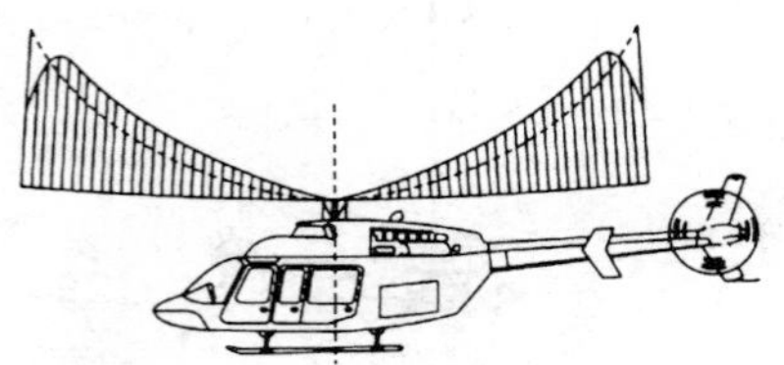
图 7-49　悬停时桨叶的升力分布

直升机在各种稳定飞行状态时，都可以认为旋翼的拉力 T 与直升机的重力 G 基本相等，即

$$T=G \tag{7-42}$$

旋翼拉力公式为

$$T=c_T\frac{1}{2}\rho\pi R^2(\Omega R)^2 \tag{7-43}$$

从式(7-43)可以看出，若旋翼半径 R 一定，拉力大小取决于拉力系数 c_T、桨尖圆周速度 ΩR 和空气密度 ρ。在旋翼实度 σ 一定时，拉力系数与桨叶迎角成正比，而迎角 α 等于桨距 φ 与来流角 ε 之差。显然，桨距增大时，桨叶迎角增大，拉力系数也增大，旋翼转速 n 增加，圆周速度 ΩR 也增大。由此可见，在一定的高度悬停时，旋翼拉力是由旋翼总距和转速所确定的。

悬停高度或大气温度改变时，空气密度发生变化，这同样会影响旋翼的拉力。悬停高度升高时，空气密度减小，为使旋翼所产生的拉力等于直升机的重力，就要增大总距或者增大旋翼转速。即随悬停高度的升高，必须上提油门变距杆。

无风悬停时，飞行速度为零，空气阻力也为零。因此，旋翼拉力方向不能向前或向后倾斜。否则，直升机将出现向前或向后移位的现象。即悬停中旋翼拉力在纵向水平的第二分力 $T_2=0$。

悬停时，为克服旋翼的反作用力矩 M_K，必须蹬舵以产生相应的尾桨拉力 $T_{尾}$，使其绕中心的偏转力矩 $T_{尾}\ l_{尾}$ 与旋翼反作用力矩相平衡，即 $T_{尾}\ l_{尾}=M_K$。

为保持侧向平衡，必须使侧向力和力矩得到平衡，即 $T_3=T_{尾}$，左滚力矩=右滚力矩。

对于桨毂旋转平面高于尾桨轴的直升机，$l_{尾}$ 大于 $y_{尾}$，当侧向力得到平衡时，旋翼拉力的第三分力 T_3 绕纵轴形成左滚力矩。当直升机的右坡度达到一定程度，尾桨拉力和旋翼拉力第一分力所产生的左滚力矩等于旋翼拉力第三分力产生的右滚力矩时，直升机才处于侧向平衡状态，如图 7-50 所示。

为保持悬停高度不变，应使旋翼拉力第一分力 T_1 与直升机的重力相平衡，即 $T_1=G$。

综上所述，悬停时直升机上各作用力、各力矩的相互关系是：

$$\begin{cases}T_1=G\\T_2=0\\T_3=T_{尾}\\\sum M=0\end{cases}$$

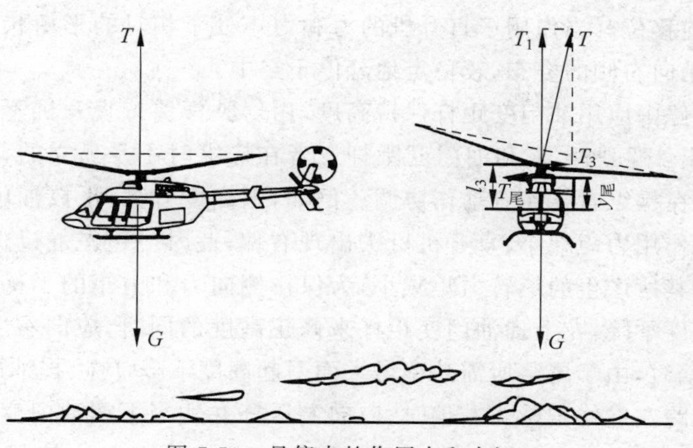

图 7-50　悬停中的作用力和力矩

悬停中的力和力矩的平衡不是孤立的，而是互相联系、互相影响的。其中任何一个条件被破坏，都会引起直升机出现移位和绕重心转动。因此，飞行员要发挥主观能动性，根据飞行状态的变动趋势，及时并协调地操纵驾驶杆、舵和油门变距杆，使力和力矩处于平衡，以保持悬停状态。

2. 悬停的所需功率

悬停状态时的直升机无升降、水平运动，所需功率只包括诱阻功率和型阻功率两部分，可以用下式表示：

$$N_{悬停} = N_{诱} + N_{型} \tag{7-44}$$

直升机在悬停时，所需功率比较大，其原因是这时诱导速度很大，旋翼用于克服诱导阻力所需的功率很大，占所需总功率的 70%～75%；而用于克服翼型阻力所需的功率只占所需总功率的 25%～30%。

随着悬停高度升高，空气密度减小，型阻系数稍有增大，但型阻功率变化很小。可是为产生同样大的拉力，诱导速度却增大了，用于克服诱导阻力的所需功率增大。因此，高度越高，悬停所需功率越大，而发动机(活塞式发动机在额定高度以上)随着高度的升高，可用功率逐渐减小。所以，直升机不是在任何高度上都能悬停的。

发动机在额定工作状态所能维持悬停的高度，称为直升机的理论静升限。超过这个高度，即使发动机在额定工作状态，直升机也不能悬停。

直升机悬停所需功率比较大，当然发动机的负荷与燃油消耗率都比较大。而且，直升机悬停状态的稳定性、操纵性也比较差，所以，不宜长时间做悬停。

3. 悬停的操纵原理

在悬停中，为保持旋翼拉力第一分力与重力相等($T_1=G$)，从而保持高度不变，油门变距杆应保持在某一位置上。由于悬停所需功率较大，油门变距杆上提位置较高，故旋翼反作用力矩较大。为了保持方向平衡，应加大右舵量。这时尾桨拉力及其所产生的滚转力矩增大，还应适当地向右压杆，才能使直升机不出现向左移位和滚转。由于单旋翼直升机的旋翼旋转轴大都有一定的前倾角，为使旋翼拉力第二分力为零，应适当向后拉驾驶杆，才能保证直升机不出现向前移位。当作用于直升机的力和力矩处于相对的平衡状态时，直升机就能以稍抬机头而又稍向右倾的姿态，较稳定地悬停于空中。

综上所述，悬停中应用油门变距杆保持高度，用驾驶杆保持直升机不移位，用舵保持好方向。但必须指出：驾驶杆、舵和油门变距杆三者在操纵时不是孤立的，而是互相联系、互相影响的。因此，在操纵时要注意动作协调。例如，因高度升高，下放油门变距杆来进行修正时，由于旋翼反作用力矩减小，直升机机头出现右偏，此时应蹬左舵以保持方向。由于蹬左舵，尾桨拉力及其所产生的滚转力矩减小，为保持侧向力和力矩的平衡，还应向左适量地回杆。反之，若高度下降，在上提油门变距杆来修正高度的同时，应向右压杆和蹬舵。蹬右舵来修正机头左偏时，由于尾桨所需功率增大而引起高度下降，应上提油门变距杆并适量地向右压杆。反之，蹬左舵修正机头右偏时，应向左压杆并适当下放油门变距杆。再如，操纵驾驶杆修正移位时，由于旋翼锥体和拉力方向倾斜，平衡重力的拉力第一分力(T_1)减小，高度下降，在此情况下，适当地上提油门变距杆并蹬右舵才能保持方向。上述情况说明，驾驶杆、舵、油门变距杆的使用是互相关联的，只有配合使用得当，才能做到稳定悬停。

4. 悬停性能的影响因素

1) 地面效应对悬停的影响

直升机的地面效应，是指被旋翼排向下方的气流(即被旋翼排压的诱导气流)，受到地面阻挡而影响旋翼空气动力的一种现象，如图 7-51 所示。

地面效应使旋翼向下排压的诱导气流受到地面的阻挡作用，旋翼下方的静压增大，诱导速度减小，在保持拉力相同的条件下所需功率减小，或在保持功率不变的条件下拉力增加。

悬停时，离地高度越低，气流受到地面的阻挡作用越强，地面效应也就越显著。从图 7-52 所示的地面效应的试验结果可以看出：在悬停中($v=0$)，当旋翼离地高度为其直径的 35% 时，在功率相同的条件下，由于地面效应的影响，旋翼产生的拉力较远离地面时约增加 20%；当旋翼离地高度为其直径的 50%时，拉力约增加 10%；当旋翼离地的高度超过旋翼直径的长度以后，地面效应基本消失。以某型直升机为例，在远离地面时，旋翼产生的拉力为 6 000 kg；当机轮离地约 3 m 时，旋翼可产生达 7 200 kg 的拉力；当机轮离地约 16 m 时，地面效应将消失。

直升机悬停高度与地面效应的关系：在机轮距离地面的高度不大于旋翼直径的情况下，受地面效应影响的拉力，可用下式进行近似计算：

$$\frac{T_H}{T_\infty}=1.3-0.3\sqrt[4]{\frac{H}{D}} \tag{7-45}$$

其中，T_H 表示悬停高度上的旋翼拉力；T_∞ 表示无地面效应的旋翼拉力；H 表示机轮离地面的高度；D 表示旋翼直径。

地面效应的强弱还与直升机的飞行速度有关。如图 7-52 所示，在一定高度上，飞行速度增大，地面效应减弱。如某型直升机，在机轮离地面 3 m 的高度悬停时($v=0$)，旋翼拉力约增大 20%；而在同一高度上，若前飞速度为悬停时诱导速度的 2 倍，大约为 60 km/h，地面效应基本消失。

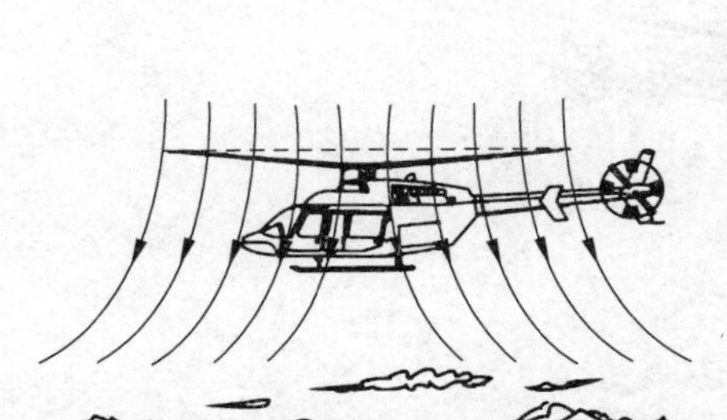

图 7-51　直升机悬停时地面效应

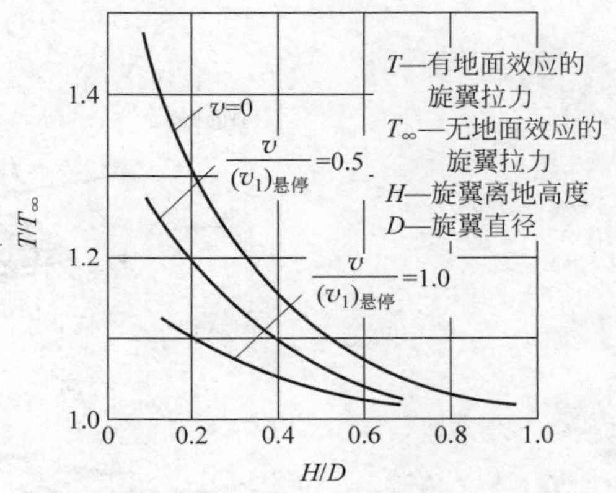

图 7-52　地面效应对拉力的影响

此外，地面效应与气压高度也有关系，气压高度高，空气密度减小，地面效应随之减弱。在静升限以上的高度上，因悬停所需功率比可用功率大，旋翼产生的拉力不足以平衡重力，所以不能悬停。但在某些高原地区，其高度虽已超过该直升机的静升限，借助于地面效应的作用，直升机仍有可能在离地 5～10 m 的范围做悬停或垂直上升。

直升机做超载飞行时，在各种状态下的所需功率都增加。超载时，悬停所需功率增大，加之驾驶杆的备份量减小，所以超载悬停就更为困难。但若尽量利用地面效应做临近地面悬停，则因剩余功率增加，就比较安全。

地面效应对悬停的影响，归结到一点，就是使旋翼拉力增大，悬停所需功率减小，剩余功率增大。但应注意，在凹凸不平的起伏地带、水面和丛林上空飞行时，不仅不能利用地面效应做悬停，而且若速度小于 60 km/h，接近地面飞行也是不安全的。

2）风对悬停的影响

直升机在逆风悬停时，所消耗的功率要比无风时小，因为风本身对所需功率的影响相当于直升机以与风速相等的速度向前飞行。如某型直升机在 5 m 高度上做无风悬停时，发动机的进气压力约为 1 030 mmHg；而在逆风风速为 5 m/s 时，进气压力即可减小为 980 mmHg；若逆风风速增至 10 m/s 时，进气压力可减小为 890 mmHg。

如果直升机悬停高度超出地面效应范围，风的这种影响就更为明显。下面分别研究逆风、顺风、侧风对悬停的影响。

(1) 逆风悬停。有风情况下，应尽量采用逆风悬停。在逆风中悬停时，旋翼的诱导速度减小，悬停所需功率减小；同时，尾桨的方向稳定作用增强，直升机也易于保持方向。逆风中悬停时，直升机受风的作用，会以与风速相同的速度向后移位。为保持相对地面悬停不动，应向前迎驾驶杆，使旋翼拉力向前倾斜，分出拉力第二分力，使直升机产生与风速相等的前飞速度(空速)，此时，拉力第二分力与空气阻力相等，即 $T_2=X$，直升机就能在逆风中悬停，而不出现前后移位的现象，如图 7-53 所示。这样，直升机会比无风悬停时机头稍低。逆风风速增大时，为了克服空气阻力，所需迎杆量增加，机头下俯越低。

(2) 顺风悬停。顺风中悬停时，直升机受风的作用会向前移位。所以，应向后拉杆，使旋翼拉力后倾，分出向后的拉力第二分力，使直升机产生与风速相等的后退飞行速度，并利用拉力第二分力来克服空气阻力，才能相对地面不动，如图 7-54 所示。由于向后拉杆，机头

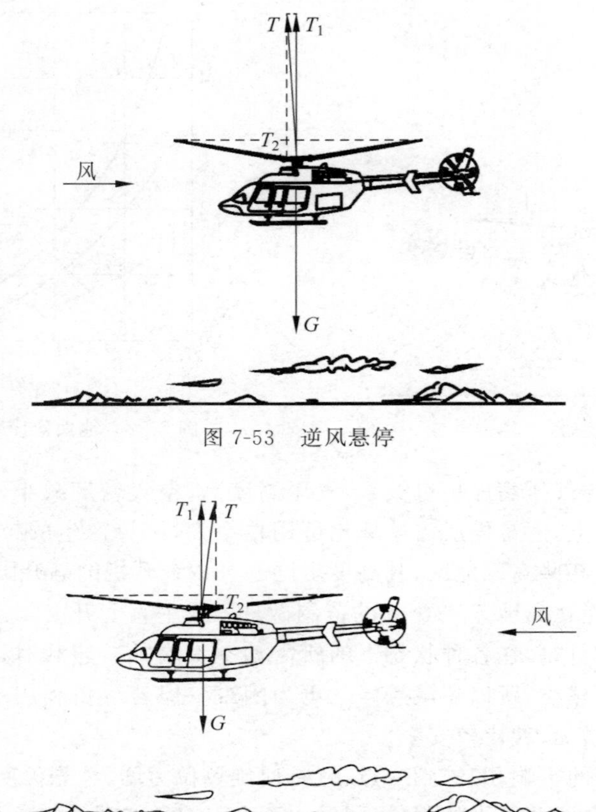

图 7-53　逆风悬停

图 7-54　顺风悬停

上仰比无风悬停时高。

直升机顺风悬停时机头上仰量大，这将使尾部离地高度降低。为保证飞行安全，避免尾桨触地，顺风悬停时，高度要适当增高。悬停高度增高时，地面效应减弱，加之顺风悬停的机身阻力比逆风悬停时大，所以所需功率比无风或逆风悬停时增大。

直升机顺风悬停时，气流引起桨叶的自然挥舞，使旋翼锥体前倾，力图使机头下俯，直升机出现向前移位的现象。因此，向后拉杆量增大，同时，顺风悬停时，由于尾桨的作用是不稳定的，方向将变得不易保持。只要尾部稍偏离风向，直升机会更加偏离原来方向。所以，操纵动作较复杂。鉴于上述原因，直升机应力求避免在大顺风中悬停。如果限于地形条件必须顺风悬停，为保证安全，悬停高度可适当高一些。在一般情况下只允许在顺风风速不大时进行悬停。如某型直升机《飞行员守则》中规定，只允许在风速为 3 m/s 以下的顺风中悬停。

(3) 侧风悬停。侧风悬停时，由于气流对尾桨的作用(左侧风使尾桨拉力减小，右侧风使尾桨拉力增大)，直升机易向风来的方向转弯，故应注意用舵保持方向。侧风的作用，还将使直升机沿风去的方向移位，而且旋翼桨叶的自然挥舞，还会引起直升机俯仰状态发生变化和向风去的方向倾斜，因此，应向风来的方向压杆并稍带杆或顶杆。例如，左侧风时，向左压杆并稍带杆；右侧风时，向右压杆并稍顶杆。

总之，风对悬停的影响具有以下规律：

(1) 在有风的情况下悬停时，为避免直升机移位，驾驶杆总应迎向风来的方向。风速越

大，迎杆量越多，驾驶杆的备份量越少。

(2) 由于尾桨的作用，机头总是力图对正风向，故应蹬反舵以保持方向。

(3) 逆风或逆侧风悬停时，所需功率比无风悬停时减小，机头上仰较少，操纵比较容易。反之，顺风或顺侧风悬停时，所需功率增大，使直升机的载重量减小，而且机头上仰较多，方向也不易保持。

(4) 右侧风悬停时，由于向右压杆，将使向右压杆的备份量减少，因此不宜在过大的右侧风中悬停。反之，左侧风悬停时，由于向左压杆，将使向右压杆的备份量增大，故左侧风悬停较为有利。

3) 气温对悬停的影响

空气温度的高低也是影响悬停的一个因素。空气温度升高，除了容易使发动机过热、滑油温度升高和缩短悬停时间外，空气密度也要减小，其作用相当于增加了飞行高度，发动机的可用功率降低，所需功率增大，直升机的性能变差。空气温度降低，对悬停的影响则相反。例如某型直升机，当外界大气温度升高 10 ℃时，其最大载重量就要减小 160 kg。

4) 飞行重量对悬停的影响

直升机载重量的大小，将直接影响到悬停的高度。载重量越大，发动机备份的可用功率和旋翼备份的拉力就越小，悬停高度也就越低，机动性也越差。在这种情况下悬停时，上提油门变距杆和操纵杆、舵要特别谨慎轻缓，严禁粗猛地操纵杆、舵和油门变距杆。否则，将有可能导致直升机坠地。这是因为上提油门变距杆到某一位置时，发动机的进气压力达到最大值，发动机发出最大功率来带动旋翼扭转，如果再上提油门变距杆，桨距继续增大，桨叶旋转阻力增大，而进气压力调节器自动控制进气压力不再增加，发动机的功率不能再增加，旋翼转速反而减小，旋翼拉力也随之减小，直升机将下降。

5. 悬停转弯

在悬停的基础上，仅做改变航向的飞行状态，称为悬停转弯。悬停转弯是直升机在接近地面时实施方向机动而经常采用的机动飞行状态。利用悬停转弯以保持逆风悬停、检查操纵性能以及改变航向来避开障碍物而起飞、着陆等。因此，掌握悬停转弯的基本操纵原理和驾驶技术，对完成各项飞行任务和保证飞行安全具有重要意义。下面着重介绍 360°悬停转弯的操纵原理和风对悬停转弯的影响。

1) 悬停转弯中作用力的特点

悬停转弯是在悬停基础上实施的，其作用力基本上与悬停时相同。其不同点是通过蹬舵来改变尾桨的拉力大小，使尾桨拉力力矩大于或小于旋翼反作用力矩，从而形成方向操纵力矩，使直升机向蹬舵方向转弯；当方向阻转力矩与方向操纵力矩相等时，直升机以一定的偏转角度转弯，如图 7-55 所示。

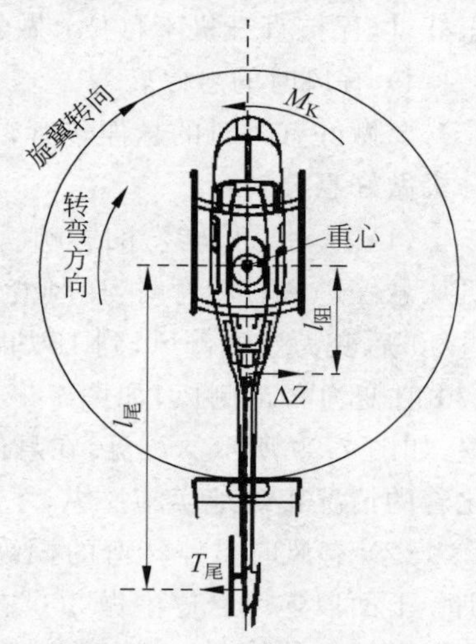

图 7-55　悬停转弯作用力的特点

2) 悬停转弯的操纵原理

实施悬停转弯时，应轻缓地向转弯方向蹬舵，通过改变尾桨桨距使尾桨拉力增大(或减小)，形成方向操纵力矩，直升机即向蹬舵方向转弯。随着转弯角速度的增大，方向阻转力矩也增大。当阻转力矩增至与方向操纵力矩相等时，直升机即保持以稳定的角速度做悬停转弯。

操纵直升机做悬停转弯时，要向转弯方向蹬舵，以增大或减小尾桨桨距。蹬舵后尾桨所需功率改变，将使旋翼从发动机得到的功率发生变化，从而影响其拉力的大小。向旋翼的反作用力矩方向做悬停转弯时，尾桨所消耗的功率减小，即可增加供给旋翼的功率，因此增大了旋翼的转速，使旋翼的拉力增大，直升机会上升；向旋翼旋转方向做悬停转弯时，尾桨消耗的功率增大，使旋翼拉力相应减小，直升机会下降。因此，为保持高度不变，悬停转弯中应随时注意用油门变距杆进行修正。

蹬舵后，尾桨拉力的改变还会破坏直升机侧向力和滚转力矩的平衡，直升机将出现滚转和侧向移位现象。为保持侧向力和力矩平衡，还应及时地向悬停转弯的方向压杆。

悬停转弯中，尾桨轴方向不断改变，同旋翼一样，尾桨也会产生进动作用。此外，由转弯所引起的相对气流，还会使尾桨产生附加挥舞。因此，转弯中尾桨的受力复杂。为使尾桨不因受力过大而损坏，转弯角速度不应超过规定的数值。在转弯中，可根据机头与地面的相对运动，用蹬舵—回舵—再抵舵的方法保持转弯的角速度。

退出悬停转弯时，应根据转弯角速度的大小，适当提前蹬反舵来制止旋转，并注意，操纵油门变距杆以保持高度，操纵驾驶杆以保证无移位，使直升机保持在原位置，并用舵使直升机保持原航向上做稳定悬停。

3）悬停左、右转弯的特点

通过悬停转弯操纵原理的分析，直升机悬停左、右转弯的特点可归结为以下两点：

（1）悬停转弯时，由于旋翼和尾桨功率要重新分配，直升机将随转弯方向的不同出现上升或下降高度的趋势，这就造成在左、右转弯中，操纵油门变距杆有着不同的特点。以某型直升机为例，做悬停右转弯时，由于蹬右舵，尾桨桨距增大，尾桨拉力增大，尾桨旋转消耗的功率增大，在发动机功率不变的情况下，旋翼拉力减小，此时直升机有下降的趋势，应适当地上提油门变距杆；做悬停左转弯时则相反，蹬左舵后，应适当地下放油门变距杆。

（2）悬停左、右转弯时，驾驶杆的修正方向不同。例如，做悬停右转弯时，在蹬右舵后，由于尾桨拉力及其左滚转力矩增大，直升机将出现左坡度和向左移动的现象，此时，应向右压杆，以保持直升机不移位；做悬停左转弯时，应向左压杆以修正右坡度和向右移动。

4）有风时的悬停转弯

要做好有风时的悬停转弯，飞行员首先须了解风对悬停转弯的影响，才能正确地操纵直升机做好悬停转弯。

（1）风对悬停转弯的影响。现以在逆风悬停中做360°右转弯为例说明风的影响。直升机从悬停进入右转弯时，逆风变为左逆侧风，转到90°时变为左正侧风，如图7-56所示；转过90°后变为左顺侧风，到180°时变为顺风，如图7-57所示。转过180°后变为右顺侧风，到270°时变为右正侧风，如图7-58所示；转过270°后变为右逆侧风，到360°时又回到逆风位置，如图7-59所示。可见，在悬停转弯中，风的影响是不断变化的。飞行员必须根据随时变化着的情况正确地实施操纵，才能做好悬停转弯。

（2）有风时悬停转弯的操纵原理。有风条件下悬停转弯的操纵与无风时有很大的差别。下面以逆风悬停中做360°右转弯为例来说明其操纵原理。

逆风悬停中做360°右转弯时，飞行员蹬右舵以使直升机向右偏转后，气流即从直升机对称面左侧吹来(图 7-56(a))。此时除阻转力矩外,机身产生的侧力 Z'(包括由于尾桨桨叶来流角的变化所引起的拉力变化)绕重心形成的方向稳定力矩也力图阻止直升机转弯。为保持一定的转弯角速度,应逐渐增加右舵量。右舵量增大,尾桨消耗的功率增加,直升机出现下降的趋势,为保持高度不变,还应适当上提油门变距杆。此外,随着左侧滑角加大,为保证直升机不向右移位,应逐渐增加向左压杆量。

随着继续转弯,左侧滑角不断增加,要相应增大杆、舵、油门变距杆的操纵量,转弯至与来风方向成 90°时,操纵量增至最大,如图 7-56(b)所示。

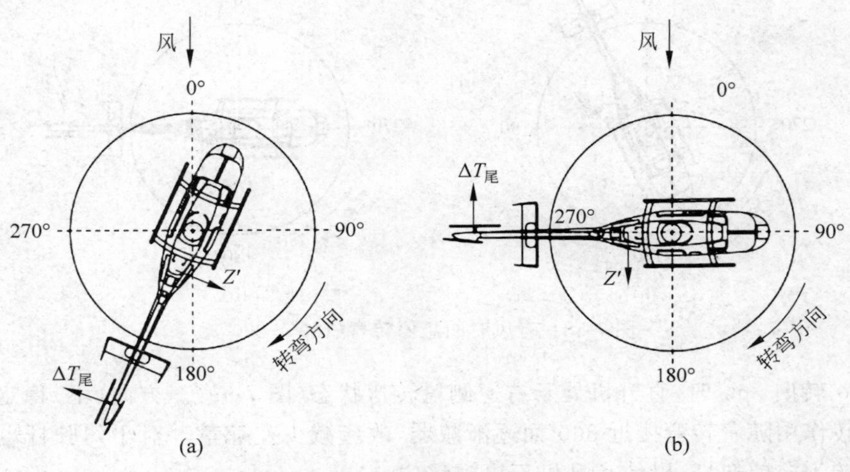

图 7-56 有风时悬停转弯(0°～90°)

转弯超过 90°后,变为左顺侧风(图 7-57(a))。随着继续转弯,方向稳定力矩减小,为保持一定的转弯角速度,应逐渐减少右舵量。自 90°转向 180°的过程中,风迫使直升机向右移位的作用逐渐减弱;迫使向前移位的作用逐渐增强。为保持不移位,驾驶杆应始终向风来的方向倾斜。

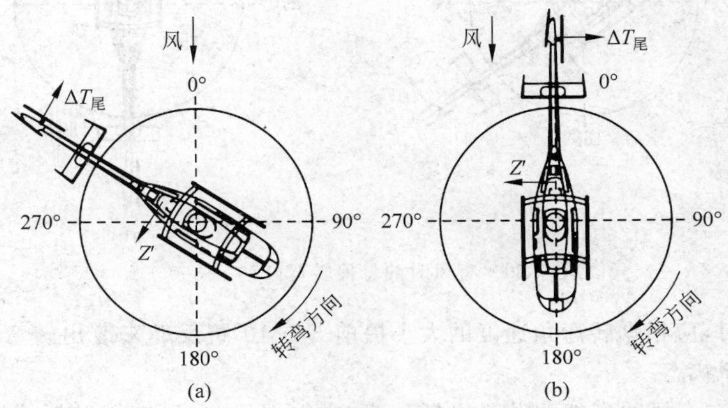

图 7-57 有风时悬停转弯(90°～180°)

直升机转至 180°时,相当于顺风悬停状态,此时,两舵接近逆风悬停所对应的位置,向后带杆量最多(图 7-57(b))。

从 180°转向 270°时，直升机处于右顺侧风转弯状态(图 7-58(a))，方向(不)[①]稳定力矩起到促使机头加速偏转的作用。为保持等角速度转动，应逐渐增加左舵量。在此转弯范围内，应逐渐减少向后的带杆量并增加向右压杆量，操纵驾驶杆始终向风来的方向倾斜，才能克服风的影响，使直升机不出现移位现象。

当转弯至 270°时，左舵量增至最大，驾驶杆压向风来方向的量也最多，如图 7-58(b)所示。

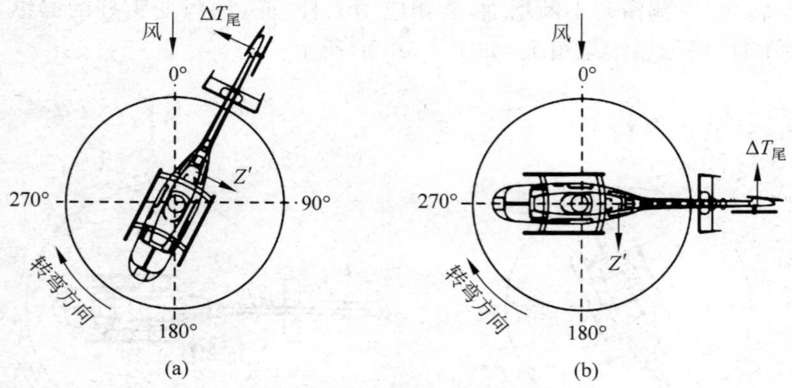

图 7-58　有风时的悬停转弯(180°～270°)

从 270°转向 360°时，直升机处于右逆侧风转弯状态(图 7-59)。方向(不)稳定力矩所起的加速偏转作用随着转弯接近 360°而逐渐减弱，故应减少左舵量。对于驾驶杆也应从向右压杆逐渐转为向前迎杆，以使直升机不出现移位。

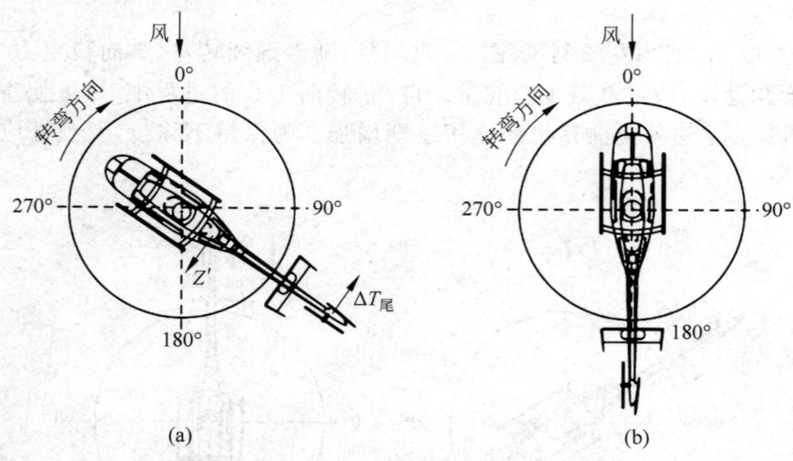

图 7-59　有风时的悬停转弯(270°～360°)

接近 360°时，应根据转弯角速度的大小提前 5°～10°蹬反舵来改出转弯，使直升机处于正逆风稳定悬停状态。

综上所述，在有风的条件下做悬停转弯时，应根据风向、风速用舵保持转弯角速度；用油门变距杆保持高度；用驾驶杆保持不移位。在转向风去的方向时，方向稳定力矩起到阻止转弯的作用，应向转弯方向加大蹬舵量，以保持转弯角速度。反之，在转向来风的方向时，

① 表示稳定力矩在这里起的作用是不利的。

为保持转弯角速度，应适当地向转弯的反方向增加蹬舵量。增加左舵量时，直升机有增加高度的趋势，要适当地上提油门变距杆。为保持直升机不出现水平移位现象，在360°转弯中，驾驶杆始终向来风的方向倾斜。相对于直升机而言，右转弯时，驾驶杆沿反时针方向转一圈；左转弯时，驾驶杆则沿顺时针方向转一圈。

在有风情况下实施90°、180°、270°和任意角度的悬停转弯的操纵原理与上述操纵原理相同。必须注意的是，在较大风速条件下做悬停转弯，不仅难以保持飞行状态，而且因驾驶杆的备份量减少，危及飞行安全。所以，直升机不宜在风速过大的条件下做大于90°的悬停转弯。

6. 悬停性能图表

直升机在悬停时所需的功率通常是各种正常飞行状态中最大的。一般情况下，如果直升机能够在某一重量下安全悬停，便可以在同一条件下安全起飞。悬停性能分析通常是指决定安全悬停的最大重量。飞行手册中一般会提供两组悬停图表：①有地面效应(IGE)；②无地面效应(OGE)。因为直升机在地面效应区会获得额外的升力效益，通常IGE图表的上限比OGE更高。性能图表中主要提供以下参数：重量、高度、温度和功率状态。

例 7-3 假如一个摄影师计划飞到远处一个地方，去拍摄当地野生动物的照片。某机型在有地面效应区的悬停性能如图7-60所示，请根据以下条件判断直升机是否能够安全悬停？

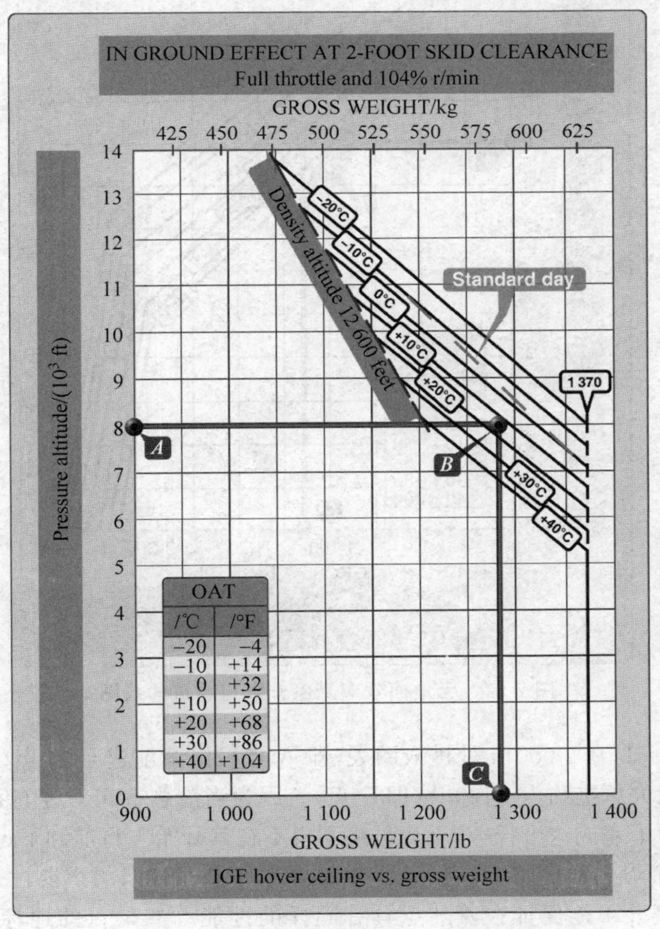

图 7-60 有地面效应悬停升限与总重关系图

压力高度------------------8 000 ft

温度------------------------+15 ℃

起飞总重-------------------1 250 lb

起飞旋翼转速--------------104%

解 首先在 8 000 ft 气压高度(即 *A* 点)上进入图表,然后向右移动到+10 ℃和+20 ℃线中间的一个点(即 *B* 点)。自 *B* 点,继续向下,可找到能够实现 2 ft 高度悬停的最大总重。在本例中,最大总重约为 1 280 lb(即 *C* 点)。由于当前直升机的总重小于这个数值,可以在这种条件下安全悬停。

例 7-4 一旦直升机到达了例 7-3 中的远方地点,需要进行无地面效应悬停以拍摄一些图片。此地的气压高度为 9 000 ft,直升机到达时将用掉 50 lb 燃油(新的总重为 1 200 lb)。温度将保持在+15 ℃。根据图 7-61 判断能完成这项任务吗?

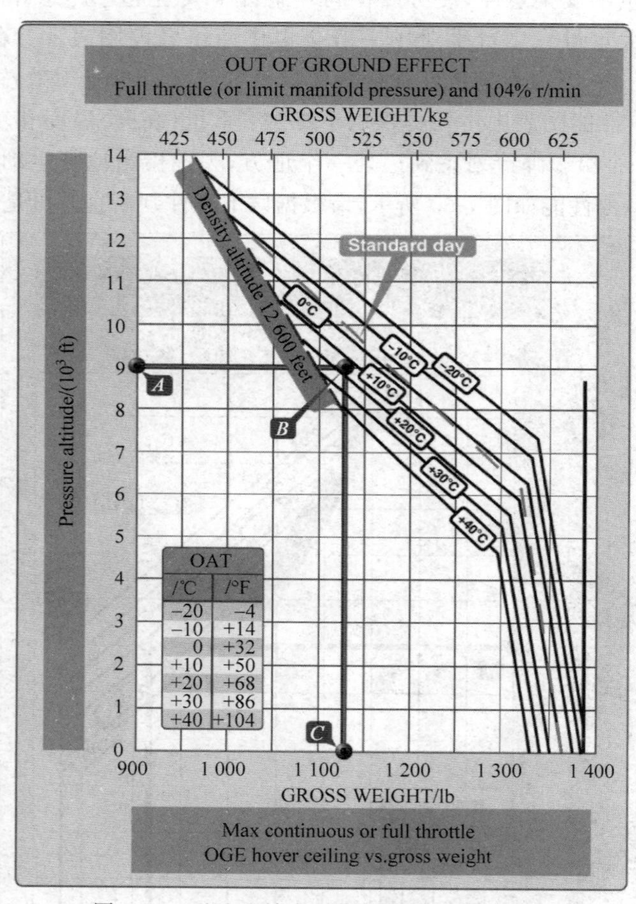

图 7-61 无地面效应悬停升限与总重关系图

解 根据图 7-61,在 9 000 ft 处进入图表(即 *A* 点),继续前进至 *B* 点(+15 ℃)。自此确定无地面效应的最大总重约为 1 130 lb(即 *C* 点)。因为当前总重高于这个值,则将无法在这样的条件下悬停。为了完成这个任务,飞行员将不得不在其开始飞行前卸下近 70 lb 的重物。

这两个例子强调了确定整个飞行过程中的总重和悬停升限的重要性。能够在起飞地点以一定的总重悬停并不能保证在着陆点具有同样的性能。如果目的地标高、温度和相对湿

度较高导致目的地密度、高度较高，则悬停时需要更多的功率。应能够通过了解目的地的温度和风的情况，使用直升机飞行手册的性能图表，并在开始进近着陆前的悬停和飞行期间进行功率检查，从而预计出是否有足够的可用悬停功率。

例 7-5 某机型悬停功率性能图如图 7-62 所示，请根据以下条件判断直升机能够安全悬停的功率设置。

压力高度……………………………………………………………………………… 9 500 ft

外界大气温度 ……………………………………………………………………… 0 ℃

起飞总重……………………………………………………………………………… 4 250 lb

起飞 …………………………………………………………………………………… 5 ft

解 首先，在图 7-62 中找到 9 500 ft 压力高度（*A* 点），然后向右移动到外界大气温度为 0 ℃（*B* 点），然后向下移动到 4 250 lb 总重（*C* 点），再向左移动到离地 5 ft 高度（*D* 点），再竖直向下，在扭矩轴上读出数值 66%，即悬停所需扭矩。

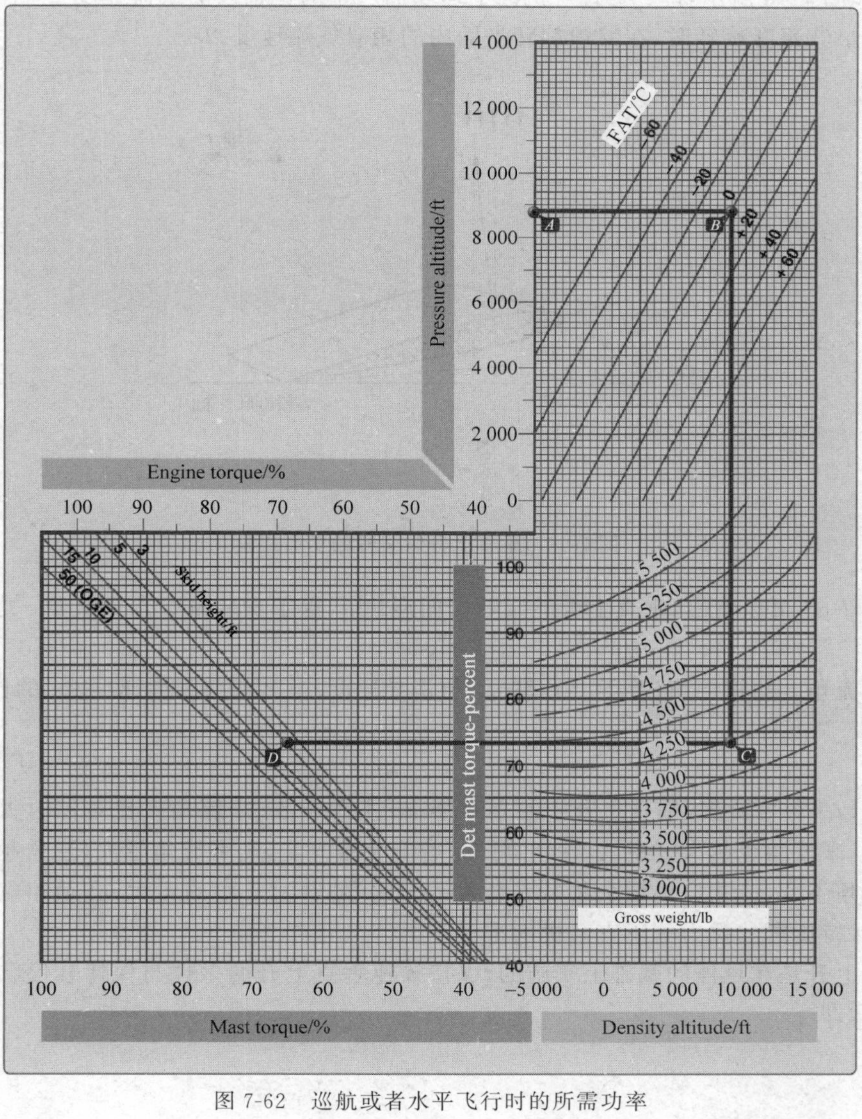

图 7-62 巡航或者水平飞行时的所需功率

7.4.2 垂直上升

直升机在静升限的范围内，不仅能够在各高度上悬停，而且能够以垂直上升的飞行状态来增加飞行高度。特别是在周围有较高障碍物的狭小场地起飞时，应利用垂直上升超越周围障碍物。

本节将对垂直上升中的桨叶切面迎角，垂直上升的条件和所需功率，垂直上升的操纵原理以及升限分别进行研究。

1. 垂直上升条件

垂直上升中，相对气流沿旋翼旋转轴流动，即气流是从上向下吹向桨毂旋转平面的，旋翼迎角为负90°。垂直上升中，流过桨叶切面的气流的速度是由两个互相垂直的气流速度合成的，如图7-63所示，即：①直升机向上运动而产生的逆轴向的气流速度 v_y 和旋翼的诱导速度 v_1；②桨叶旋转时，在桨毂旋转平面内的相对气流速度 Ωr。

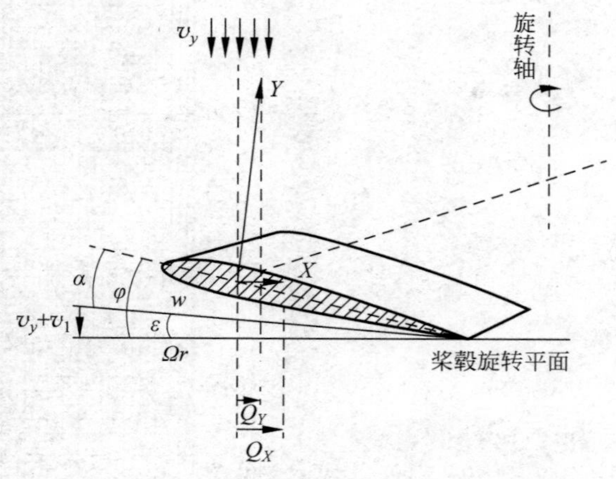

图7-63 垂直上升时桨叶的切面迎角

从图7-63可以看出，垂直上升的桨叶切面迎角 α，等于安装角 φ 与来流角 ε 之差，即

$$\alpha=\varphi-\varepsilon \tag{7-46}$$

而来流角 ε 的正切值，等于上升率 v_y 与诱导速度 v_1 之和与圆周速度 Ωr 的比值：

$$\tan\varepsilon=\frac{v_y+v_1}{\Omega r} \tag{7-47}$$

从式(7-47)可看出，垂直上升中的上升率 v_y 不等于零，来流角要比悬停时大，并且，上升率越大，来流角也越大。由式(7-46)可知，若安装角一定，则来流角越大，迎角越小。要保持桨叶迎角不变，应相应地增大桨叶安装角。因此，随着上升率的增大，必须相应地增大桨距，才能保持旋翼的拉力等于直升机的重力。

垂直上升是在悬停的基础上实施的，保持等速垂直上升的条件与保持悬停状态的条件基本相同，即

$$\begin{cases} T_1 = G \\ T_2 = 0 \\ T_3 = T_{尾} \\ \sum M = 0 \end{cases} \tag{7-48}$$

由于垂直上升率一般都不大，因此机身阻力与重力相比小得多，通常可以略去不计，所以可以认为 $T_1 = G$。

垂直上升时，由于旋翼所需功率比悬停时所需功率要大，旋翼的反作用力矩随之增大，因此，保持平衡条件的 $T_{尾}$ 和 T_3 与悬停状态相比，其数值都有所增大。

2. 垂直上升所需功率与上升率

与悬停时相比，垂直上升时的型阻功率基本相等，由于受轴向气流的影响，诱阻功率随单位时间内流过桨盘的空气质量增多而减小，但总的所需功率大于悬停所需功率。因为垂直上升中，除型阻功率和诱阻功率外，还必须克服重力以上升率 $v_{y上}$ 所做的功。这一部分功率称为上升阻力功率 $N_{升}$，单位为 hp。它可按下式计算：

$$N_{升} = \frac{Gv_{y上}}{75} \quad (\text{hp}) \tag{7-49}$$

垂直上升中的诱阻功率比悬停时的功率小，用于克服上升阻力的功率一般为悬停时的剩余功率 $\Delta N_{悬停}$ 的 1～2 倍。因此，垂直上升的上升率可按下式估算：

$$v_{y上} = 1.5\,\frac{75\Delta N_{悬停}}{G} \quad (\text{m/s}) \tag{7-50}$$

在离地上升到发动机的额定高度以前，发动机的功率随高度的升高而有所增大，剩余功率也有所增加，上升率也略有增大。但在超过发动机的额定高度以后，随高度的升高，垂直上升的所需功率继续增大，而可用功率减小，所以上升率也随之减小，如图 7-64 所示。

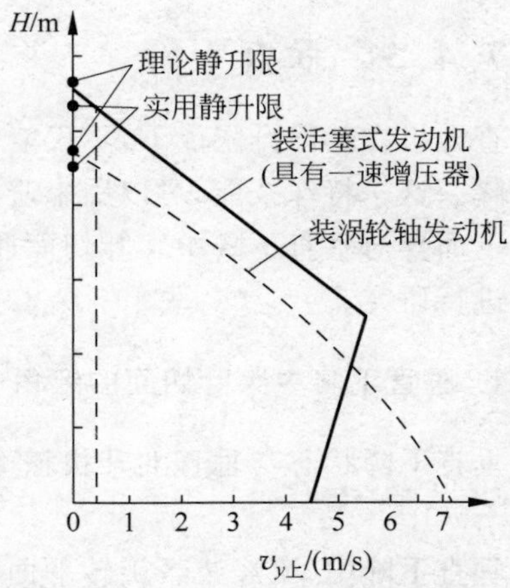

图 7-64　垂直上升中上升率随高度的变化

3. 垂直上升的操纵原理

与悬停时相比，垂直上升时的操纵有不同的特点。悬停时，上升率为零，直升机处于相对静止的状态；垂直上升时，上升率不等于零，直升机处于高度发生变化的状态。

无地面效应的情形下，直升机在悬停的基础上做垂直上升，首先应轻缓地上提油门变距杆，在油门变距杆增大的初始阶段，旋翼拉力大于重力，直升机加速上升；随着上升率的增大，桨叶来流角也不断增大，桨叶迎角减小，当来流角的增量与总距的增量基本相等时，旋翼拉力等于直升机的重力，加速上升的力消失，直升机保持稳定垂直上升。

当直升机悬停高度在地面效应范围之内时，在不同高度的地面效应强弱不同，在上提油门变距杆来增大旋翼总距的瞬间，旋翼拉力增大，但随直升机高度升高，地面效应作用减弱，诱导速度增大，来流角增大，桨叶迎角减小。上升到某一高度时，当总距的增量与来流角的增量相等时，旋翼拉力的增量减小到零，直升机不再继续上升。因此，在地面效应范围内，轻缓地上提油门变距杆，直升机上升；停止上提油门变距杆之后，上升率急剧减小至零，直升机不再继续上升。但是，在地面效应范围之外，停止上提油门变距杆后，在高度变化不大的范围内，直升机仍然能保持稳定的上升率上升。

由于上提油门变距杆，旋翼反作用力矩增大，直升机将出现偏转。为了保持方向平衡，要蹬舵来增大尾桨拉力。同时要向侧方压杆，使直升机不出现侧向移位和滚转。为了不使直升机前后移位，应前后调整驾驶杆位置，以保持旋翼拉力第二分力等于零。

垂直上升的稳定性和操纵性都比较差，操纵动作要更轻缓，杆、舵和油门变距杆要更协调一致。

直升机垂直上升是有一定限度的。在发动机的额定高度以上，发动机功率随高度的升高而减小，上升率也随之减小。垂直上升到某一高度，上升率减小至零时，此高度称为直升机的理论静升限。在此上升过程中，直升机的最大上升率减至 0.5 m/s 时所对应的高度，称为直升机的实用静升限，如图 7-64 所示。

从理论上讲，在静升限以下的任何高度，直升机都能做垂直上升。实际上，在距离升限尚远的高度上，直升机的剩余功率已经很少，上升率已很小，垂直上升极为缓慢。为了迅速达到静升限，一般常采取带有一定的前进速度的办法上升。

垂直上升固然有其一定的实用价值，但消耗功率大，上升率又小，上升至预定高度所需时间也长，直升机的稳定性和操纵性都比较差，所以利用垂直上升超越障碍物一定高度以后，仍应采用沿倾斜轨迹上升的方法，以便迅速取得高度。

7.4.3 垂直下降

直升机在其静升限以下，不仅能够悬停，垂直上升，而且还能够以不太大的下降率做垂直下降。这一特殊技能，可以用来避开高的障碍物，在狭小的场地着陆。

下面仅对垂直下降中桨叶切面迎角，垂直下降的条件和所需功率，垂直下降的基本操纵原理进行研究。

1. 垂直下降中桨叶切面的迎角

垂直下降状态与垂直上升状态正好相反，相对气流自下而上流向桨毂旋转平面，旋翼迎角为$+90°$。

垂直下降中，流经桨毂旋转平面的气流速度是两个方向相反的气流速度的合成：①垂直下降所形成的自下而上的轴向气流速度 v_y，其绝对值等于下降率 $v_{y下}$；②自上而下的旋翼的诱导速度 v_1。通常在下降率较小时，v_y 小于 v_1，来流角为正，桨叶迎角 α 小于桨距 φ，如图 7-65(a)所示。此时，桨叶迎角等于桨距与来流角之差，即

$$\alpha=\varphi-\varepsilon \tag{7-51}$$

当下降率很大时，v_y 大于 v_1，来流角为负，桨叶迎角 α 大于桨距 φ，如图 7-65(b)所示。此时，桨叶迎角等于桨距与来流角$(-\varepsilon)$的绝对值之和，即

$$\alpha=\varphi+|\varepsilon| \tag{7-52}$$

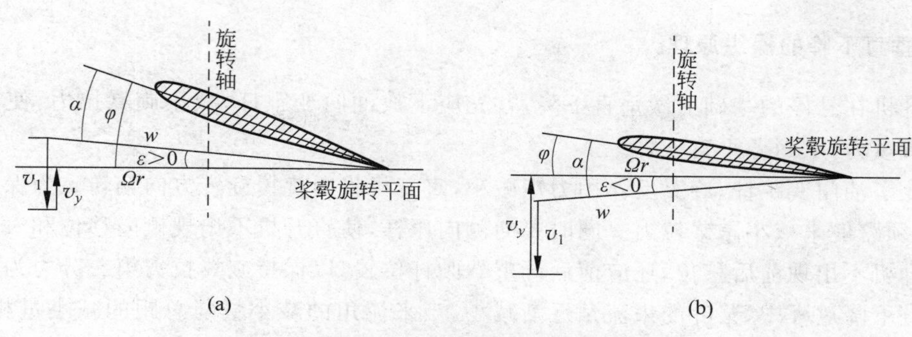

图 7-65　垂直下降中的桨叶切面迎角

由图 7-65(a)可知，来流角与下降率、旋翼诱导速度以及桨叶圆周速度的关系如下式所示：

$$\tan\varepsilon = \frac{v_1 - v_y}{\Omega r} \tag{7-53}$$

它同垂直上升的情况相反，随着下降率的增大，来流角越来越小，甚至可能为负值。这时要保持一定的迎角，必须相应地减小总距。

保持等速垂直下降的条件与保持悬停和等速垂直上升的条件也基本相同。只是所需功率减小，旋翼的反作用力矩随之减小，为保持平衡，$T_{尾}$ 和 T_2 比悬停状态时相应的数值有所减小。

2. 垂直下降所需功率

垂直下降与垂直上升相反，垂直下降时，直升机位能(势能)不断减小，这时旋翼获得一定的能量，$N_{降} = Gv_y/75$，所以，垂直下降所需功率比悬停所需功率小。但就其诱阻功率来说，垂直下降状态的诱阻功率比悬停状态的诱阻功率大，这时直升机向下运动，其相对气流方向向上，诱导速度与此相反，这两股方向相反的气流相遇，通过旋翼的气流变得复杂起来，出现涡环状态，需要消耗更多的能量，即诱阻功率增大了。随着下降率的增大，这一现象越来越明显。但当下降率很大时，相对气流速度 v_y 比诱导速度 v_1 大得多，足以“吹掉”这种复杂的气流，流动又变得规则一些，旋翼的诱阻功率又变小。垂直下降的所需功率随下降率的变化规律如图 7-66 所示。

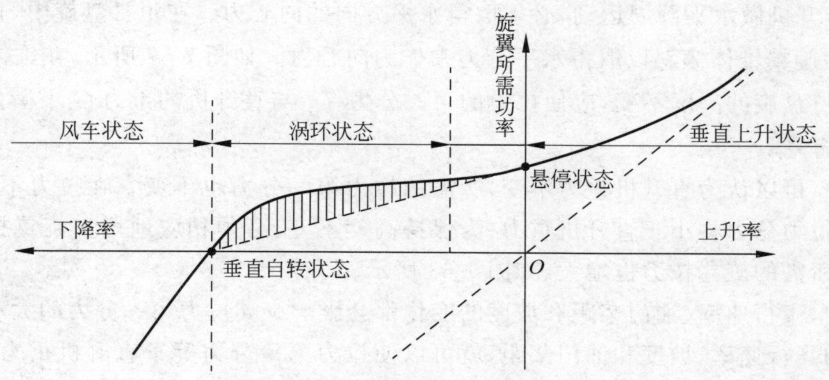

图 7-66　垂直飞行状态中旋翼所需功率的变化趋势

3. 垂直下降的操纵原理

直升机在悬停的基础上做垂直下降，首先应下放油门变距杆，减小旋翼拉力，使拉力小于直升机重力，从而做垂直下降。

下放了油门变距杆，旋翼反作用力矩减小，直升机将向旋翼旋转方向偏转。为保持方向平衡，必须蹬舵来减小尾桨拉力。同时要向侧向压杆，使直升机不出现侧向移位和滚转。为保证直升机不出现前后移位，还应前后调整驾驶杆位置，以保持旋翼拉力第二分力为零。在加速垂直下降过程中，桨叶的来流角逐渐减小，当来流角的减小量与总距的减小量相等时，旋翼拉力与直升机重力平衡，直升机做稳定垂直下降，下降率保持不变。

在垂直下降的整个过程中，要用油门变距杆来调整下降率。如发现下降率增大，就应上提油门变距杆，同时，还应蹬舵和压杆，以保持航向和水平面内无移位。

7.5 盘旋

直升机在水平面内做匀速圆周飞行称为水平盘旋，简称盘旋。盘旋是水平机动飞行的基础，也是直升机在执行任务中实施机动的一个常用的飞行状态，只有掌握盘旋的运动规律和操纵原理，才能更好地发挥直升机的水平机动能力。

直升机不仅可以做水平盘旋，还可以沿螺旋形轨迹做匀速上升（盘旋上升）和匀速下降（盘旋下降），其操纵原理与水平盘旋基本相似。本节从保持水平盘旋的条件入手，研究盘旋的操纵原理，分析左、右盘旋的特点，盘旋半径和盘旋时间以及盘旋中产生侧滑的原因和修正方法。

7.5.1 盘旋的受力平衡

盘旋是指直升机做等高、连续转弯的圆周运动。做好盘旋的基本要求是：保持盘旋的高度、速率和半径不变。下面分别分析作用在直升机上的力的关系，说明保持盘旋高度、速率和半径不变的条件。

1. 保持高度不变

为使直升机做水平圆周运动，必须取得水平方向的向心力。在正常盘旋中，直升机带有坡度 γ 并使旋翼锥体倾斜以取得水平分力来作为向心力。如图 7-67 所示，在锥体倾斜的情况下，为保持盘旋的高度不变，应使拉力的第一分力 T_1 与直升机的重力 G 平衡，即

$$T_1 = G \tag{7-54}$$

盘旋中，可以认为直升机重力不变，所需的拉力第一分力也不变。在拉力不变、增大坡度时，第一拉力分力将小于直升机重力，为保持高度不变，必须相应地增大旋翼拉力。盘旋坡度增大，所需的旋翼拉力也增大，如图 7-68 所示。

盘旋中，飞行速率、油门桨距和坡度的变化都会影响旋翼拉力第一分力的大小。只要保持好预定的飞行速率、坡度和油门桨距，就可以使拉力第一分力等于直升机重力，以保持高度不变。

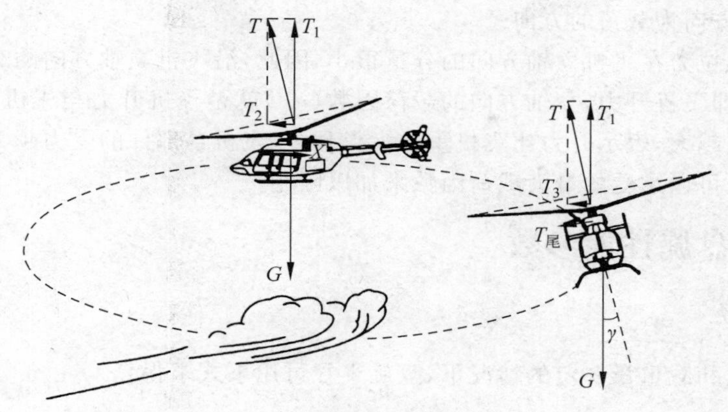

图 7-67 盘旋时的受力

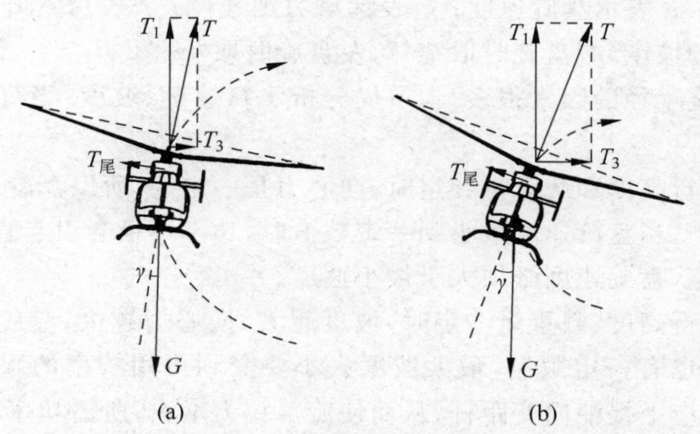

图 7-68 盘旋坡度增大时所需旋翼拉力也增大

2. 保持速率不变

要保持盘旋速率不变，拉力第二分力 T_2 应与空气阻力 X 相平衡，即

$$T_2 = X \tag{7-55}$$

3. 保持半径不变

盘旋中，只要飞行速率和作用于直升机的向心力不改变，盘旋半径就不变。由图 7-67 可以看出，左盘旋中起向心力作用的是旋翼拉力第三分力 T_3 与尾桨拉力 $T_尾$ 在水平面上的分力之和；右盘旋中起向心力作用的是上述两力之差。只要保持好预定的速率和坡度，就可以使向心力不变，盘旋半径也就不变。

盘旋中，一般使用的坡度不大，$T_尾$ 的水平分力与 $T_尾$ 相差很少，可认为它们近似相等。另外，作用于直升机上的各力矩取得平衡，即 $\sum M = 0$。

7.5.2 载荷因数

飞机的载荷是指除飞机本身重力以外的其他作用力（发动机推力和气动力）的总和，其大小通常用载荷因数（load factor），即载荷与飞机重力的比值来表示。载荷因数是一个无单位的矢量，其方向为载荷的方向。

由于发动机拉力在飞机立轴方向的分量很小，因此，沿飞机立轴方向的载荷一般只考虑气动力的分量，即飞机升力，立轴方向的载荷因数(n_y)就是飞机升力与飞机重力之比，立轴方向的载荷因数越大，表示升力比飞机重力大得越多，飞机各部件的受力越大。飞机的结构强度一般用飞机可以承受的最大载荷因数来加以限制。

7.5.3 盘旋性能参数

1. 盘旋半径

在飞行高度和载重量一定的情况下，盘旋半径可用下式求得：

$$r=\frac{v^2}{g\tan(\gamma\pm\gamma_0)} \tag{7-56}$$

其中，r 为盘旋半径；v 表示盘旋速度；g 表示重力加速度；γ 表示直升机的坡度；γ_0 表示直升机平飞时带有的坡度，右盘旋时取“－”，左盘旋时取“＋”。

影响直升机盘旋半径的因素很多，本节仅分析飞行速度、坡度、飞行高度和载重量对盘旋半径的影响。

当盘旋坡度、飞行高度和载重量一定时，向心力是一定的，所以盘旋速度越小，盘旋半径也越小。但在飞行中，当盘旋速度减小到一定数值时，功率不足会引起直升机下降高度。为了保持预定飞行状态，盘旋速度必须大于最小速度。

在盘旋速度、飞行高度、载重量一定时，坡度越大，向心力越大，盘旋半径也就越小。但是，盘旋中增加坡度也有一定限制，最大坡度大小要受到可用功率的限制。因为速度一定时，增大坡度必须相应上提油门变距杆，从而使旋翼拉力增大，所需功率也随之增大，当油门变距杆提至最大值(可用功率最大)时，如果再继续增大坡度，拉力第一分力就不能平衡飞机的重力，从而引起高度下降。

飞行高度对直升机盘旋坡度也有很大的影响。高度升高时，发动机功率减小，并且盘旋所需功率增大，剩余功率减小。因此，盘旋的最大坡度随高度的升高而减小。在动升限高度，直升机只能以经济速度做小坡度的盘旋下降。

载重量对盘旋半径的影响与飞行高度对盘旋半径的影响相同。在发动机功率一定的情况下，载重量越大，所需功率越大，平飞剩余功率越小，盘旋的坡度就越小，半径也就越大。因此，超载飞行时，直升机的盘旋机动性能更差。

综上所述，盘旋坡度一定时，速度越大，盘旋半径越大；盘旋速度一定时，坡度越大，盘旋半径越小。

2. 盘旋时间

盘旋时间是指直升机盘旋一周所需的时间。影响盘旋时间的因素与影响盘旋半径的因素相同。当盘旋坡度、飞行高度和载重量一定时，增大速度，盘旋半径增大，盘旋时间增长。在盘旋速度、飞行高度和载重量一定时，增大坡度，盘旋半径减小，盘旋时间缩短。

盘旋时间可用下式求得：

$$t=0.64\,\frac{v}{\tan(\gamma\pm\gamma_0)} \tag{7-57}$$

其中，t 为盘旋时间，单位为 s。

以同样的表速在不同的飞行高度上做盘旋时，高度越高，空气密度越小，真空速（简称真速）越大，盘旋半径也就越大，盘旋时间就越长。

7.5.4　盘旋的操纵原理

直升机盘旋，通常分为进入、保持和改出三个阶段，在这三个阶段中，直升机的运动状态各不相同。下面分别分析三个阶段的操纵原理。

1. 进入阶段

在飞行速度达到盘旋速度时，应协调一致地向盘旋方向压杆、蹬舵。压杆是为了使直升机倾斜，形成所需的水平分力来作为向心力，从而使直升机在水平面内做曲线运动。蹬舵是为了使直升机向盘旋方向偏转，以免产生侧滑。

随着坡度的增加，旋翼拉力第一分力 T_1 减小。为了保持高度，应在增大坡度的过程中，增大油门变距杆来增大旋翼总拉力。由于坡度和拉力的增大，盘旋的向心力也增大，还要继续向盘旋的方向增加蹬舵量，以防止产生侧滑。

在直升机接近预定的坡度时，曲线运动的角速度基本稳定，必须适当地回杆、回舵，以保持规定的坡度和偏转角速度，直升机进入稳定盘旋。

2. 保持阶段

在盘旋的过程中直升机的飞行状态必然会出现各种偏差，必须及时发现和不断地修正各种偏差，才能保持预定的盘旋状态。

1）保持高度

盘旋中，高度发生改变主要是由拉力的第一分力与直升机的重力不平衡引起的。如果拉力的第一分力大于重力，将做盘旋上升；如果拉力的第一分力小于重力，将做盘旋下降。要保持高度不变，应正确地使用油门变距杆，保持好盘旋的坡度和速度。

盘旋中恰当地使用油门变距杆，有助于保持高度。油门变距杆上提的位置高，会使拉力第一分力大于重力，直升机上升；如果上提油门变距杆不够，拉力第一分力小于重力，直升机就会下降。

此外，为了保持好高度，还必须保持规定的速度；操纵动作要协调，不产生侧滑。

2）保持速度

在盘旋中，要保持速度不变，应该正确地操纵驾驶杆和保持好盘旋的高度。

盘旋中操纵驾驶杆适当，才能保持速度不变。如果带杆多，旋翼锥体相对后倾，拉力第二分力减小，从而使飞机速度减小；如果顶杆多，旋翼锥体相对前倾，拉力第二分力增大，从而使飞行速度增加。

在盘旋中保持好高度有助于保持盘旋速度。若高度升高，为保持等高就应向前顶杆，这样就会使盘旋速度增大；反之，若高度降低，为保持等高就应向后带杆，盘旋速度就会减小。只要杆、舵、油门变距杆的操纵动作配合适当，保持好直升机的高度、速度和坡度，盘旋半径就基本不变。

3. 改出阶段

从盘旋改为平飞时，直升机的坡度不可能立刻就减小到零，要有一个减小的过程。在坡度减小的过程中，直升机还要继续转过一定的角度。因此，必须提前做改出的动作，才能在预定的方向改出盘旋。改出的时机过晚或动作过慢，改出以后会超过预定的改出方向；反之，改出时机过早或动作过快，直升机转弯就会达不到预定的角度。

改出盘旋时，首先需要消除向心力，故应向盘旋的反方向压杆，减小直升机的坡度，使拉力第三分力减小。此时，直升机做曲线运动的角速度减慢，为了避免产生侧滑，需要向盘旋的反方向蹬舵，来制止飞机偏转。随着坡度减小，拉力第一分力将增大，为保持高度和速度不变，必须在改出盘旋的过程中减小旋翼总距，减小旋翼拉力，使拉力第一分力与直升机的重力、拉力第二分力与阻力保持平衡。当直升机接近平飞状态时，回杆、回舵以保持平飞。

此外，对盘旋的进入和改出的操纵还应考虑旋翼进动(旋进)的影响。

7.5.5 直升机左、右盘旋的特点

左、右盘旋相比较，两者固然有共同点，但也有各自的特殊点。认识左、右盘旋的特点，有助于掌握直升机盘旋的规律。下面以左旋旋翼直升机为例进行分析。

1. 左、右盘旋时旋翼进动的影响不同

直升机进入和退出盘旋时会向左、右滚转，由此改变了旋翼旋转轴的方向，旋翼产生进动，使直升机绕横轴转动。

进入左盘旋时，要向左压杆，直升机向左滚转，旋翼旋转轴方向改变，旋翼的进动作用使机头下俯，破坏了直升机的俯仰平衡，出现增大速度的趋势，所以在向左压杆的同时应向后带杆来进行修正。进入右盘旋时则相反，由于旋翼的进动作用，机头上仰，出现减小速度的趋势，在向右压杆的同时应向前顶杆。

直升机处于稳定盘旋后，旋翼旋转轴的方向基本不变，进动作用也基本消失。

在退出左盘旋时，要向右压杆，直升机向右滚转，旋翼产生的进动作用使机头上仰，阻力增大，速度有减小的趋势，应向前顶杆。退出右盘旋时则相反，旋翼的进动作用将使机头下俯，速度出现增大的趋势，应向后带杆。

进入和改出盘旋时，考虑到旋翼进动的影响，驾驶杆的移动情况如图 7-69 所示。

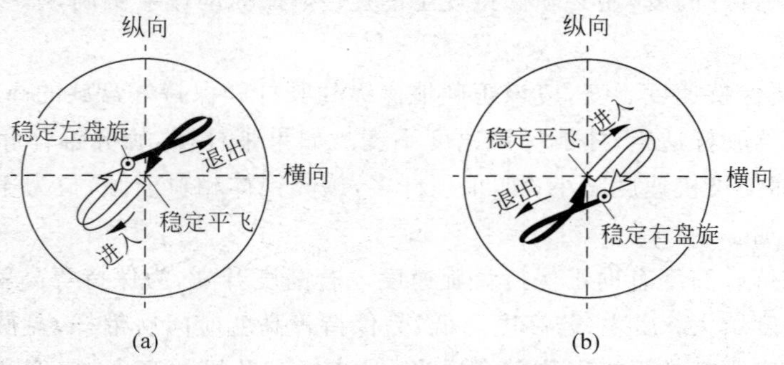

图 7-69 左、右盘旋时驾驶杆移动情况

(a) 进入和退出左盘旋；(b) 进入和退出右盘旋

进入或退出盘旋时，旋翼产生的进动有时表现得明显，有时则不明显，这主要与操纵动作有关。飞行员操纵动作粗猛，旋翼旋转轴的方向改变得快，进动作用就明显；反之，进动作用就不明显。所以，操纵动作一定要轻缓。

2. 左、右盘旋时桨叶自然挥舞对直升机平衡的影响不同

在稳定盘旋中，直升机应在一定高度上做匀速圆周运动，由于流过桨盘左、右两边的气流速度不同，桨叶的自然挥舞特性也不同，这将影响直升机的平衡。

下面通过左、右盘旋与平飞的比较来说明桨叶自然挥舞对直升机平衡的不同影响。

从图 7-70 可以看出：平飞中，旋翼桨盘左边相对气流速度增大的数值与桨盘右边相对气流速度减小的数值相等；左盘旋中，桨盘左边相对气流速度增大的数值比桨盘右边相对气流速度减小的数值要小；右盘旋中，桨盘左边相对气流速度增大的数值比桨盘右边相对气流速度减小的数值要大。

在上述三种情况下，由于桨盘上相对气流速度分布不同，桨叶的自然挥舞特性也不同，旋翼向右后方的倾斜角也就不同。

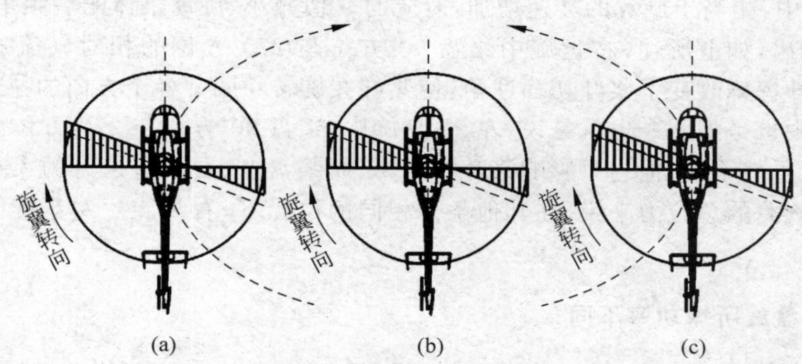

图 7-70　平飞和左、右盘旋中桨叶的相对气流速度的分布

(a) 右盘旋；(b) 平飞；(c) 左盘旋

前飞中，由于旋翼相对气流速度不对称引起旋翼锥体主要是向后倾斜，所以只分析旋翼锥体向后倾斜对稳定盘旋的影响。

在稳定平飞中，桨盘左、右气流速度差越多，左、右的桨叶切面迎角变化也越大。即桨叶自然挥舞的程度越明显，旋翼锥体的后倾角也就越大。

下面进一步研究图 7-70 中直升机在三种不同飞行状态的桨叶切面迎角的变化情况。

假设直升机以 120 km/h 的速度保持平飞或左、右盘旋，旋翼转速保持 165 r/min，旋翼直径为 21 m，在悬停时的桨尖速度为

$$R\Omega = R\,\frac{2\pi n}{60} = 10.5 \times \frac{2\times 3.14\times 165}{60}\ \text{m/s} = 181\ \text{m/s} \approx 652\ \text{km/h} \tag{7-58}$$

平飞中，在 90°方位桨尖速度为 $W_{90^\circ}=R\Omega+v=772$ km/h，在 270°方位桨尖速度则减小到 $W_{270^\circ}=R\Omega-v=532$ km/h，其左、右桨尖速度平方的比值为 2.10。左、右桨尖速度差越大，即旋翼左右两边的气流速度不对称性越大，旋翼锥体后倾角也就越大。

以与上面相同的飞行速度和一定的半径进行左、右盘旋，假设处在圆周运动外侧的桨尖速度比平飞速度增加 5 km/h，内侧的桨尖速度则比平飞速度减小 5 km/h。

左盘旋中,处于90°方位的桨叶在盘旋的内侧,桨尖的相对气流速度等于767 km/h,在270°方位的桨叶虽然处于盘旋的外侧,但由于桨叶后缘的气流速度增大,桨尖的相对气流速度则为527 km/h。这时,左、右桨尖速度平方的比值为2.12。

右盘旋中,处于90°方位的桨叶在盘旋的外侧,桨尖的相对气流速度等于777 km/h,在270°方位的桨叶处于盘旋的内侧,桨尖的相对气流速度则为537 km/h。左、右桨尖速度平方的比值为2.10。

通过上述比较可以看出:左盘旋中,桨盘90°方位与270°方位的相对气流速度平方的比值比平飞时大,所以桨叶自然挥舞形成的切面迎角变化也比平飞时大;右盘旋中,桨盘90°方位与270°方位的相对气流速度平方的比值比平飞时小,迎角变化也就比平飞时小。这说明,左盘旋中旋翼锥体向后的倾斜角比平飞时大,而右盘旋中旋翼锥体向后的倾斜角则比平飞时小。于是,在左盘旋中,旋翼拉力后倾产生的附加上仰力矩使直升机上仰,为平衡此力矩要向前顶杆;右盘旋中产生的附加下俯力矩会使直升机下俯,应向后带杆。

从另外一个角度来分析,其结果也是一样的。例如,某型直升机在左盘旋中,与平飞相比,相当于旋翼的转速减小,对应的旋翼工作状态特性系数μ值增大,旋翼锥体的后倾角增大;在右盘旋中,相当于旋翼的转速增加,对应的μ值减小,旋翼锥体的后倾角减小。

还必须指出,如上所述,右盘旋中桨盘90°方位与270°方位的相对气流速度虽然增大了,但由于桨叶挥舞改变了桨叶切面迎角,使桨叶在旋转一圈中各个方向的拉力仍保持基本相同,左盘旋中也是如此。也就是说,左、右盘旋中,桨盘90°方位与270°方位的相对气流速度平方的比值虽然不同,但它只影响桨叶的挥舞,而桨盘左、右两边拉力的大小仍然基本相同。不过,对旋翼的总拉力来说,在其他条件相同的情况下,右盘旋比左盘旋中的要稍微大一点。

3. 左、右盘旋所需功率不同

左、右盘旋所需功率不同,也是直升机盘旋中的一个特点。下面从直升机盘旋中力的平衡来分析左、右盘旋的所需功率。

假设在左、右盘旋中,飞行速度和盘旋半径都相同,盘旋的向心力和空气阻力也就相同。

在左盘旋中(图7-71(a)),使直升机飞行轨迹弯曲的向心力是拉力的第三分力T_3和尾桨拉力$T_{尾}$的水平分力之和,即$F=T_3+T_{尾}$。

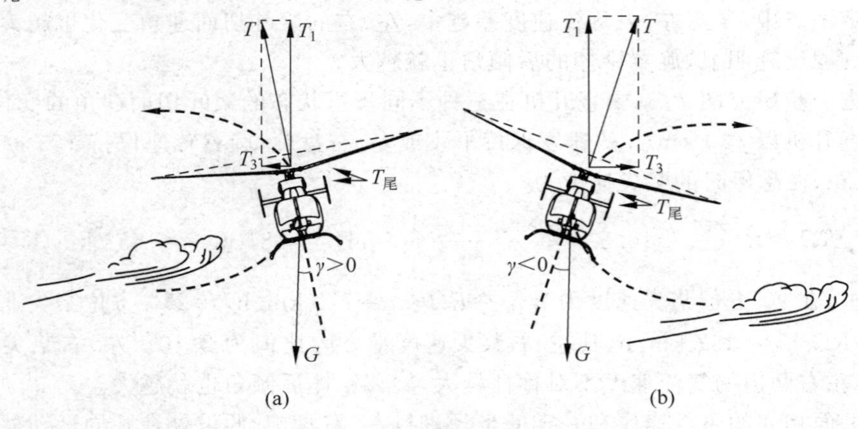

图7-71 左、右盘旋的受力情况

(a) 左盘旋;(b) 右盘旋

在右盘旋中(图 7-71(b)),使直升机飞行轨迹弯曲的向心力是拉力的第三分力 T_3 和尾桨拉力 $T_{尾}$ 的水平分力之差,即 $F=T_3-T_{尾}$。

通过上述比较可以看出,向左盘旋所需的拉力第三分力比向右盘旋所需的拉力第三分力要小,所以向左盘旋的所需拉力小于向右盘旋的所需拉力。显然,左盘旋中的诱阻功率也就小于右盘旋中的诱阻功率。同时,左盘旋中,由于蹬左舵使尾桨拉力减小,尾桨所需功率也小;右盘旋中,由于蹬右舵使尾桨拉力增大,尾桨所需功率也大。可见,在盘旋速度和半径相同时,左盘旋所需功率小于右盘旋所需功率。

此外还应指出,当左、右盘旋速度和半径相同时,盘旋的有效坡度 γ_{yx} 是相等的,但直升机的坡度 γ 是不等的。例如,某型直升机在稳定平飞中就略带右坡度(约为 2°),右盘旋时在平飞已向右倾斜的基础上再向右增加坡度,即 $\gamma=\gamma_{yx}+2°$;而左盘旋时在原来向右倾斜的基础上向左增加坡度,即 $\gamma=\gamma_{yx}-2°$。可见,当左、右盘旋的有效坡度相等时,对于某型直升机的坡度,右盘旋时比左盘旋时约大 4°。

以上说明的直升机左、右盘旋的特点,只有在以较大的坡度做小半径盘旋时才会明显地表现出来,一般在以较小的坡度做大半径的盘旋时则表现得不明显。

7.5.6　侧滑及其影响

直升机的对称面与相对气流方向不一致时的飞行,称为侧滑。侧滑是一种既向前,又向侧方的运动。

在飞行中如果出现侧滑,就会引起作用在直升机上的力和力矩发生变化,并使预定的飞行状态受到破坏,在一般情况下应避免产生侧滑。但在有些情况下却有必要操纵直升机带侧滑,比如起飞、着陆时修正侧风的影响,接近地面实施机动和修正编队间隔时等。

1. 侧滑产生的原因

飞行中,空气通常迎着直升机正面吹来,与直升机的纵向对称面没有夹角;带有侧滑时,空气从直升机侧方吹来,如图 7-72 所示。此时相对气流的方向和直升机纵向对称面之间的夹角称为侧滑角,用 β 表示。相对气流从左前方吹来称为左侧滑,相对气流从右前方吹来称为右侧滑。侧滑角用来度量侧滑动作的大小,一般以右侧滑为正。

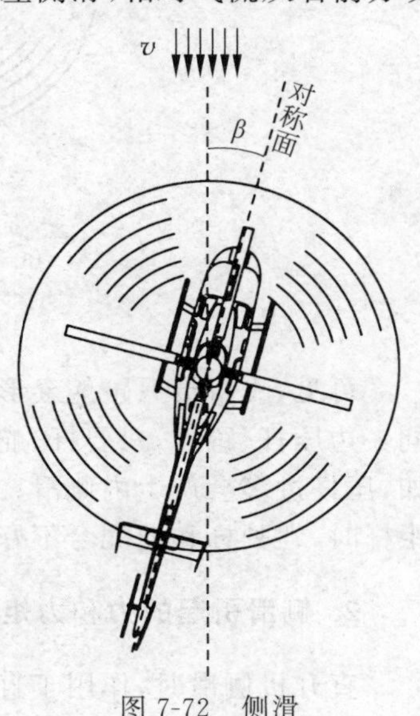

图 7-72　侧滑

直升机带有侧滑,会引起直升机空气动力性能降低,所以在一般情况下应避免直升机产生侧滑。直升机形成侧滑有以下两个原因。

(1) 直升机的对称面偏离飞行轨迹(外侧滑)。飞行中由于直升机对称面偏离飞行轨迹而造成的侧滑,从操纵上讲主要是由于飞行员只蹬舵或舵量过大造成的。例如,飞行员只蹬左舵,形成一个向左的方向操纵力矩,使机头向左偏转,于是直升机的对称面会偏离飞行航迹而出现右侧滑。在机头偏转的过程中,出现了阻尼力矩;同时,空气从侧方吹来,作用在尾桨上,形成方向稳定力矩。当阻尼力矩与方向稳定力矩之和同方向操纵力矩相等时,直升机便保持以一定的侧滑角飞行。此时,机身的侧力并没有得到平衡,它起着向心力的作用,使直升机做带侧滑的左转弯,如图 7-73(a)所示。这种向转弯反方向的侧滑,称为外侧滑。

(2) 飞行轨迹偏离直升机的对称面(内侧滑)。飞行中由于飞行轨迹偏离直升机对称面而造成的侧滑,从操纵上讲主要是由于飞行员只压杆或压杆量过多引起的。

例如在平飞时,飞行员只向左压杆,旋翼锥体向左倾斜,拉力方向也随之倾斜,旋翼拉力第三分量同尾桨拉力的水平分量的平衡关系被破坏,在侧向不平衡力的作用下,直升机向左做曲线运动,如图 7-73(b)所示。由于没有相应地左蹬舵,运动方向偏向直升机对称面的左方,形成左侧滑。在出现侧滑的同时,一方面,产生方向稳定力矩,促使机头跟着运动方向一起偏转,力图减小侧滑;另一方面,因直升机绕立轴旋转,产生了与方向稳定力矩相反的阻尼力矩,阻止侧滑角减小,当阻尼力矩与方向稳定力矩取得平衡时,飞机则带一定的左侧滑做左转弯。这种向转弯方向的侧滑,称为内侧滑。

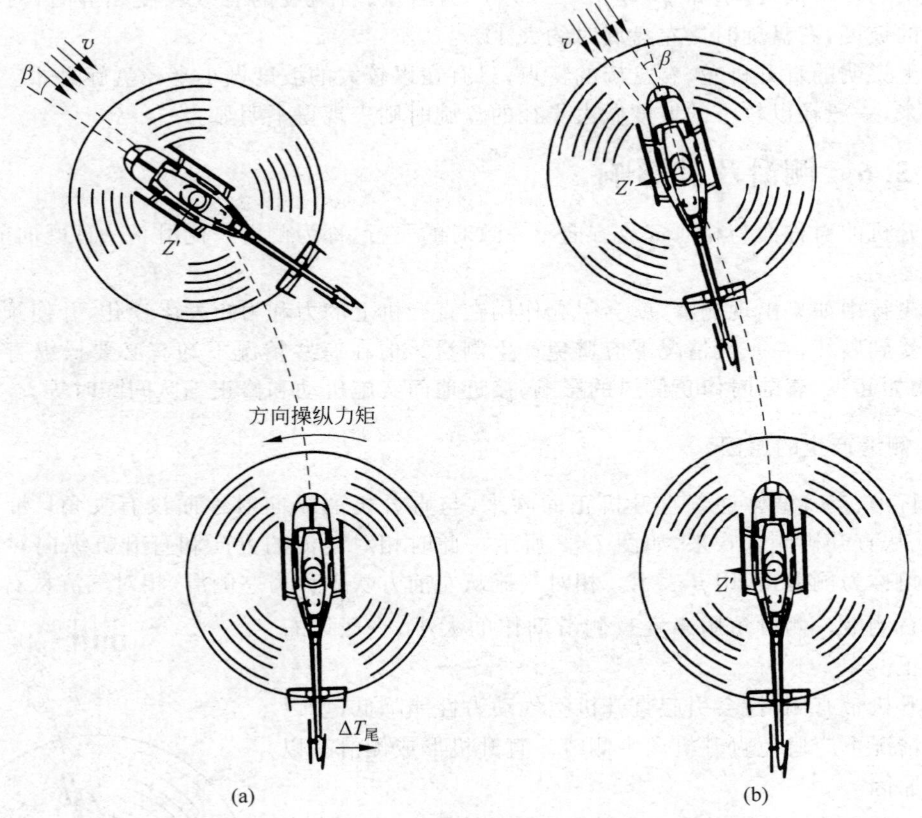

图 7-73　外侧滑与内侧滑

可见,飞行员只蹬舵会形成外侧滑,只压杆会形成内侧滑。操纵直升机转弯时,如果向同一边压杆、蹬舵,只要杆、舵协调,就不会形成侧滑。如果杆、舵配合不当,将产生侧滑。例如,压杆过多会产生内侧滑;蹬舵过多会产生外侧滑。例如,调整片使用不当或使用油门变距杆时,驾驶杆和舵配合不好,都会使直升机产生侧滑。

2. 侧滑引起的力和力矩的变化及其平衡

直升机侧滑时,作用于直升机上的力和力矩与无侧滑时相比较要发生变化。又因为左

侧滑和右侧滑时的作用力和力矩不同，所以应采取不同的措施来保持直升机的平衡。

如图 7-74(b)所示，直升机在保持一定方向做左侧滑时，在机身上产生了侧向的空气动力(包括由于尾桨桨叶来流角增大所引起的尾桨拉力减小)，该侧力绕重心形成了方向稳定力矩，在此力矩的作用下，直升机有减小侧滑角的趋势，为了保持方向，应蹬右舵以增大尾桨拉力力矩来平衡机身侧力力矩。必须指出，此时力矩虽然平衡了，但是直升机的侧力并没有得到平衡，在侧力的作用下直升机将向右移动。为了消除这种移动，还应适当向左压杆。

此外，在侧滑中，空气从直升机对称面的左侧吹来，此时桨叶自然挥舞最高点将从无侧滑时的“1”点移到“2”点，如图 7-74(a)、(b)所示，相对于直升机的纵轴而言，桨叶自然挥舞的最高点向左移，这将使旋翼锥体更加向右倾斜。为保持侧向力的平衡，也必须向左增加压杆量。但在左侧滑中，为保持一定的飞行方向，需蹬右舵，这时尾桨拉力的增大能抵消一部分侧力。从这种意义上讲，左侧滑中，可以减少一些向左的压杆量。

左侧滑中，既然桨叶自然挥舞最高点向左移，在飞行速度相同的条件下，旋翼锥体向后的倾斜角减小。为保持速度，还应当适当向后带杆。同时，左侧滑时需增大尾桨拉力，使旋翼获得的功率有所减小，直升机还会出现下降高度和转速减小的趋势。

同理，在右侧滑中，空气从直升机对称面的右侧吹来，此时，方向稳定力矩有助于平衡旋翼的反作用力矩。为保持飞行方向，应蹬左舵来减小尾桨拉力。

右侧滑中，直升机产生向左的侧力，使直升机向左移动。另外，桨叶自然挥舞最高点将移至“3”点，如图 7-74(c)所示，相对于直升机的纵轴而言，桨叶自然挥舞最高点向右移，旋翼锥体向右的倾斜角减小，这也会使飞机向左移动。这两方面都需要增加向右的压杆量以保持侧向的作用力平衡。

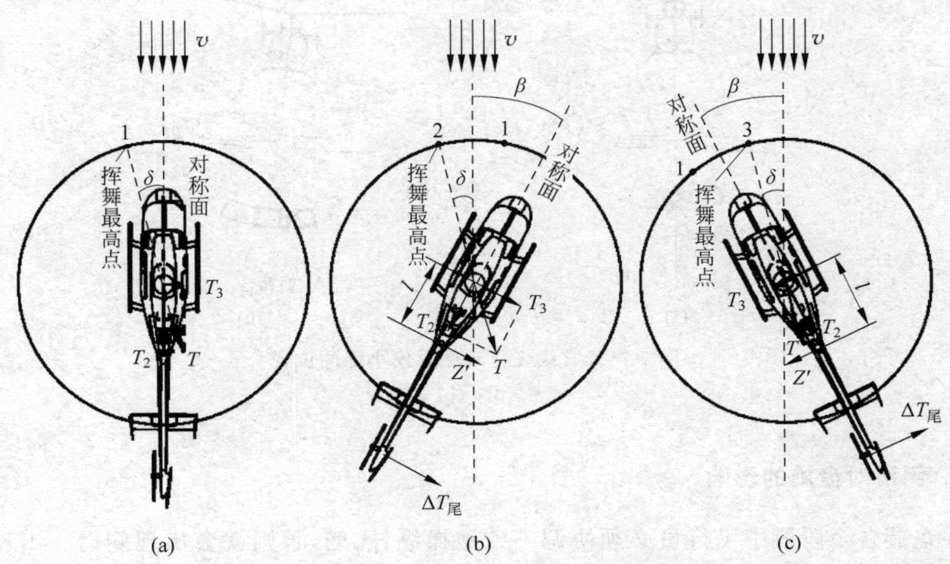

图 7-74　水平飞行中带左、右侧滑时作用于直升机的力

(a) 无侧滑；(b) 左侧滑；(c) 右侧滑

右侧滑角增大时，直升机所产生的侧力增大，桨叶自然挥舞的最高点也向右移动，为保持侧向的作用力平衡，向右的压杆量也增大。如果右侧滑角过大，向右压杆的备份量减少，

将给操纵带来一定的困难。

右侧滑中，桨叶自然挥舞最高点右移，当侧滑角不大时，旋翼锥体向后倾斜的趋势增大，使机头上仰。为了保持速度，还应适当向前顶杆。另外，右侧滑时，由于蹬左舵使尾桨拉力减小，旋翼获得的功率有所增大，直升机会出现上升的趋势。

通过比较分析可以看出，侧滑飞行的主要特点是：由于桨叶自然挥舞最高点方位发生变化，旋翼锥体倾斜方向也发生变化，从而引起旋翼在侧向的分力变化很大，对于不同方向的侧滑，其相对气流方向不同，所需功率不等，直升机状态的变化也不同，为保持平衡，其杆、舵的操纵量也不同。

3. 判断侧滑的方法

在飞行中，飞行员无法直接看见空气是否从直升机的侧方吹来，必须借助仪表的指示来判断是否出现了侧滑。通常利用转弯侧滑仪来指示是否有侧滑。一般情况下，如果侧滑仪的小球向左移动，则说明出现了左侧滑；反之，小球向右移动，则说明出现了右侧滑。小球偏离中心位置越远，说明侧滑角越大。

飞行中使侧滑仪中的小球移动的力有两个：①小球的重力；②曲线运动中小球的惯性离心力。直线飞行中，小球只受重力的作用，如果直升机做无侧滑水平直线飞行，小球的位置处在玻璃管中央，其重力垂直于管壁，如图 7-75(a)所示。做直线侧滑时，直升机向侧滑一侧带有坡度，玻璃管也随着倾斜，小球在重力作用下向倾斜的一边移动，直到重力与管壁垂直为止，如图 7-75(b)所示。因此，小球偏向哪一边，就表示直升机向哪一边侧滑。

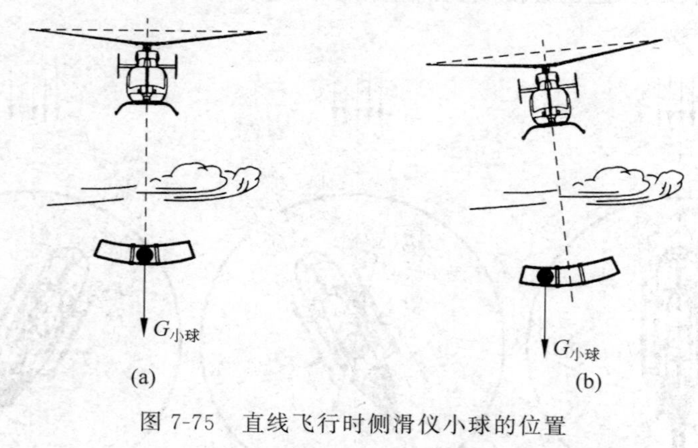

图 7-75　直线飞行时侧滑仪小球的位置

(a) 无侧滑；(b) 左侧滑

4. 侧滑对盘旋的影响

在盘旋各个阶段中飞行员必须协调一致地操纵杆、舵，否则就会出现侧滑。出现侧滑后，由于相对气流方向的改变，作用于直升机的力和力矩发生改变，盘旋中的坡度、高度和速度也随之改变，飞行状态也会改变。

例如，左盘旋中坡度正常，蹬左舵过多会形成外侧滑。从图 7-76(a)可以看出，侧滑所产生的侧力起增大向心力的作用，使盘旋半径减小。外侧滑还会引起旋翼自然挥舞最高点右移，使坡度增加，从而引起盘旋半径进一步减小。

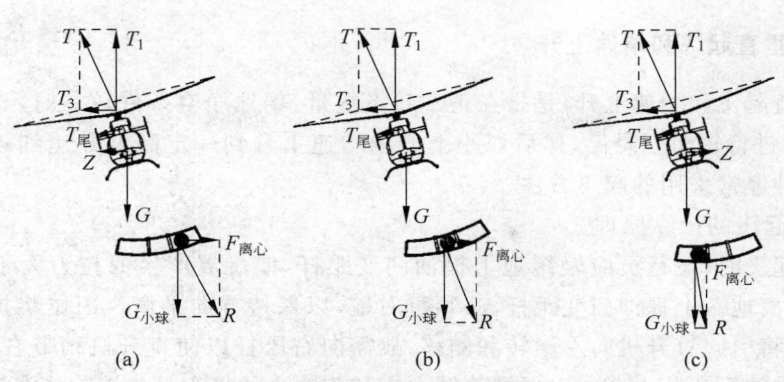

图 7-76 左盘旋中内、外侧滑和无侧滑的作用力

(a) 外侧滑；(b) 无侧滑；(c) 内侧滑

左盘旋中，蹬左舵少会形成内侧滑。从图 7-76(c)可以看出，侧滑所产生的侧力起减小向心力的作用，使盘旋半径增大。内侧滑还会引起旋翼最高挥舞点的位置左移，使直升机的盘旋坡度减小，进一步引起盘旋半径增大。

盘旋中，若舵量适当，压杆不当造成坡度过大或过小时，直升机也会出现侧滑，从而导致飞行状态发生变化。例如，坡度过大时会产生内侧滑，内侧滑侧力向外，其垂直分力将使盘旋高度增加，水平分力使盘旋半径增大；坡度过小时会产生外侧滑，外侧滑侧力向内，其垂直分力使盘旋高度降低，水平分力使盘旋半径减小。

直升机带侧滑飞行时，会偏离预定的飞行状态，所以要及时发现和消除侧滑。直升机上安装的侧滑仪是用来判断有无侧滑的主要仪表。盘旋中，如果发现侧滑仪小球不在中立位置，应先检查坡度是否适当。如果坡度正常，直升机仍带有外侧滑，就应向盘旋的反方向蹬一点舵；如果是内侧滑，就应向盘旋的方向蹬一点舵，以便消除侧滑，使侧滑仪小球回到中立位置。在盘旋中，只要小球偏离中立位置，就应向小球偏离的方向适当蹬舵，使小球回到中立位置，以消除侧滑。

7.6 起飞

直升机从开始增大旋翼拉力到离开地面，直至爬升到安全高度所经历的整个增速的运动过程，称为起飞。

在起飞的过程中，应根据场地面积、大气条件、周围障碍物的高度和起飞重量的不同，采用不同的起飞和增速的方法。

7.6.1 垂直起飞和增速

直升机从垂直离地到一定的高度上悬停，然后保持一定姿态沿预定轨迹加速，并爬升到安全高度，称为垂直起飞。整个加速爬升过程称为增速。

垂直上升的高度和增速的运动轨迹与飞行任务的性质、起飞场地的大小以及周围障碍物的高度有关。根据上述条件的不同，可采用不同的垂直起飞方法。下面分别研究垂直起飞和增速的三种方法。

1. 正常垂直起飞和增速上升

正常垂直起飞和增速上升，是指在正常起飞重量、场地净空条件较好时，直升机垂直离地 3～5 m 时进行短时间悬停，然后以小上升角增速上升到一定高度并达到一定速度的过程。这是一种经常采用的起飞方法。

1）垂直起飞的操纵原理

做垂直起飞时，飞行员应轻缓地上提油门变距杆，使旋翼产生的拉力大于直升机的重量，即可垂直离地。上提油门变距杆，必须蹬右舵，以保持方向平衡。因尾桨拉力高于直升机重心位置，将引起直升机向左滚转和侧移，故需向右压杆以使直升机稍带右坡度，使旋翼拉力分出向右的第三分力 T_3，以保持滚转力矩和侧向力的平衡。为消除旋翼拉力在水平面内的纵向分力，还应前后操纵驾驶杆。当直升机垂直离地并上升到接近预定高度时，稍稳住油门变距杆，在预定高度保持稳定悬停，如图 7-77 所示。

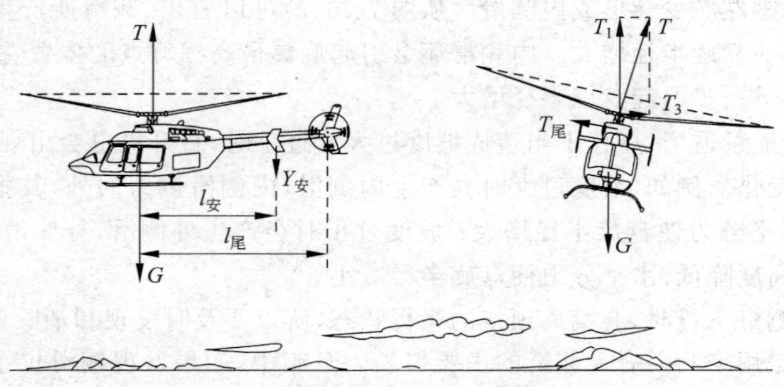

图 7-77　垂直起飞时力和力矩的关系

2）增速上升的操纵原理

如图 7-78 所示，在悬停的基础上轻缓地向前推杆，使旋翼锥体前倾量和直升机的俯角逐渐增大，拉力第二分力也逐渐增大，在此力的作用下，前飞速度也逐渐增大。当速度增大到一定数值时，直升机出现抖动现象。同时，因桨叶自然挥舞，旋翼锥体后倾，流向水平安定面的相对气流方向改变，从而使上仰力矩突增，机头出现上仰现象，如图 7-79 所示。因为直升机从悬停刚进入前飞时，水平安定面的迎角超过临界迎角很多，其空气动力很小；当前飞速度逐渐增大后，水平安定面的迎角向临界迎角靠近，其升力迅速增大，该升力绕重心形成的上仰力矩也随之急剧增大，从而使机头上仰。另外，速度增大时，诱导阻力功率减小，剩余功率增加，直升机还会上升。因此，飞行员应及时、适当地向前推杆，保持以原有的姿态和上升角继续增速。当速度达到预定值时，再带杆转入稳定上升。

在开始向前推杆来增速时，由于旋翼锥体前倾，拉力第一分力减小，直升机有下降的趋势，应适量地上提油门变距杆，并蹬右舵和适量地向右压杆。随着飞行速度的增大，尾桨拉力增大，应适当地回右舵；此时，因桨叶自然挥舞使旋翼锥体的右倾量增大，还应适当地向左回杆，以保持直升机沿预定的轨迹增速。

2. 超越障碍物起飞

在周围有一定高度障碍物的小场地上应采用超越障碍物起飞的方法。采用这种方法起

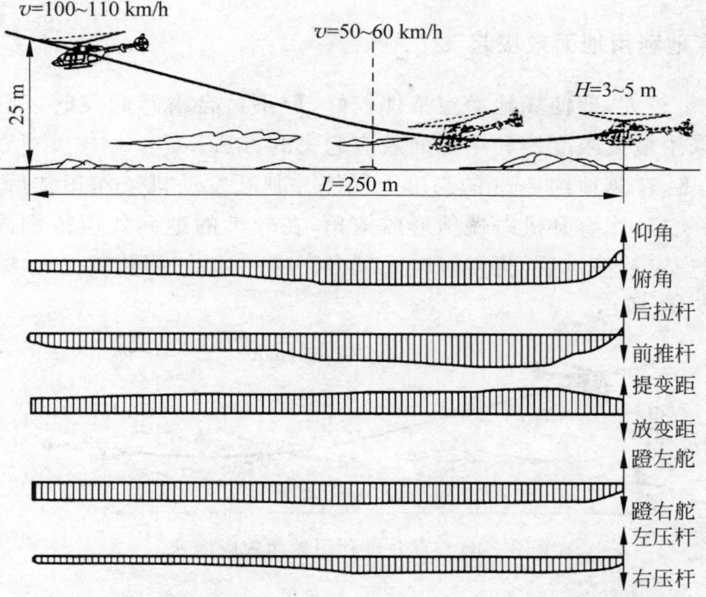

图 7-78　增速过程中直升机的姿态和驾驶杆、舵、油门变距杆的变化

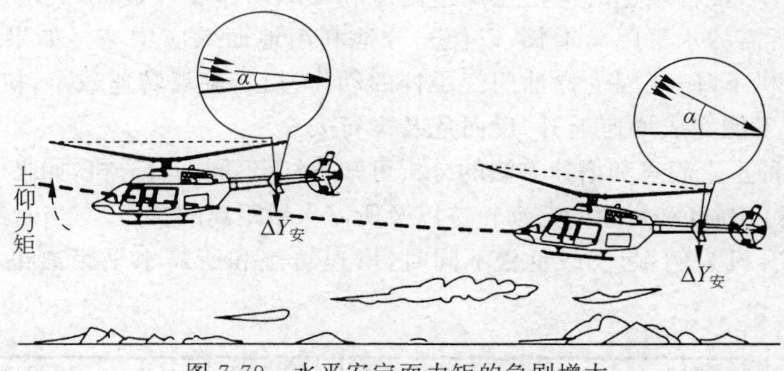

图 7-79　水平安定面力矩的急剧增大

飞时，往往是在无地面效应或较小的地面效应的高度上悬停和增速上升，如图 7-80 所示。因此，直升机起飞的有效载重量减小。这种起飞方法的操纵原理与正常垂直起飞相似。但要求飞行员操纵动作应准确轻缓，特别是，上提油门变距杆时驾驶杆和舵的操纵动作要更协调一致。在超越障碍时，应高出障碍物一定的高度，防止碰撞障碍物，以确保安全起飞。

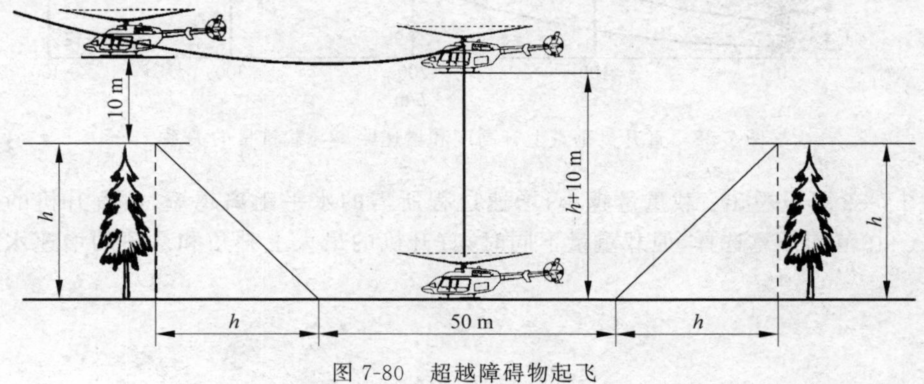

图 7-80　超越障碍物起飞

3. 最大限度地利用地面效应起飞

当起飞载重量较大，即使场地净空条件较好，但不适合滑跑起飞时，为了弥补发动机功率的不足，也可采用最大限度地利用地面效应起飞的方法。

首先垂直起飞，在离地约 2 m 的高度上悬停并判断发动机工作正常后，适当降低高度，再轻缓地前推驾驶杆，使直升机缓慢地形成俯角，在较大的地面效应范围内进行平飞增速，待前飞速度达到一定数值以后，再带杆转入爬升。这一运动过程，就是最大限度地利用地面效应起飞，如图 7-81 所示。

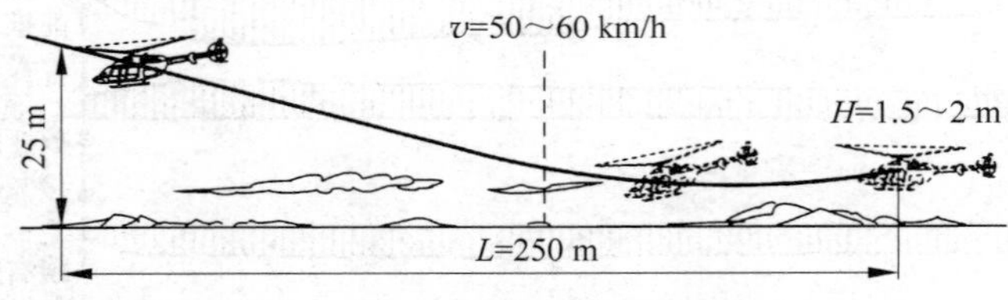

图 7-81　直升机利用地面效应增速

这种起飞增速方法的操纵原理与正常垂直起飞增速是相似的。但应注意的是，因直升机的备份功率较小，推杆增速时应注意离地高度和操纵动作要轻缓，形成增速的俯角要更缓慢，使增速过程所需的水平距离增长，以便充分地利用地面效应增速。如果推杆动作过猛，就可能造成直升机下降，或因上提油门变距杆的动作过猛，旋翼转速减小，拉力减小，机轮触地，结果是，不但不能完成增速上升，反而危及飞行安全。

根据上述三种垂直起飞和增速方法的分析可知，对于不同的直升机，如果外界自然条件相同，垂直起飞的悬停高度和增速的运动轨迹以及所需水平距离的长短，与当时起飞载重量大小有关。以某型直升机为例，起飞载重量不同时，增速轨迹和所需水平距离也不同，如图 7-82 所示。

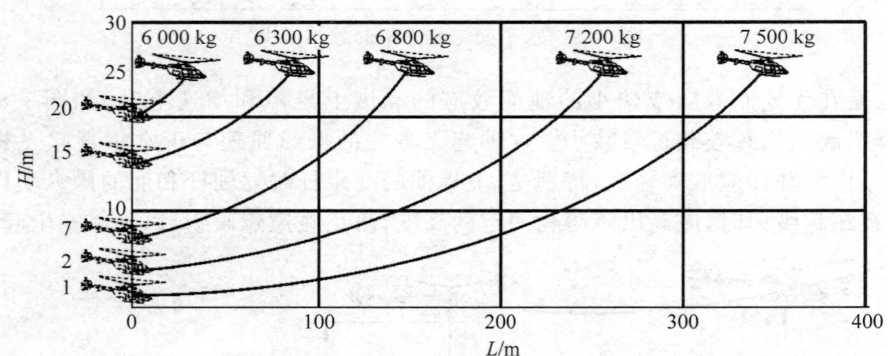

图 7-82　直升机垂直上升高度和增速距离与载重量的关系

从图 7-82 可以看出：载重量越小，增速过程所需的水平距离越短，而直升机的上升角可在 0°～90°范围任意选择，但载重量不同时，直升机的最大上升角和最短的增速水平距离也不同。

7.6.2　滑跑起飞

在机场标高较高、气温较高或载重量大(发动机备份功率小)而不能进行垂直起飞增速时,为了增大起飞载重量,在平坦坚硬的场地上直升机可同一般飞机一样,采取地面滑跑增速的起飞方法。

1. 滑跑起飞的增速过程

滑跑起飞要经过地面加速滑跑、离地和空中加速爬升三个增速阶段,如图 7-83 所示。

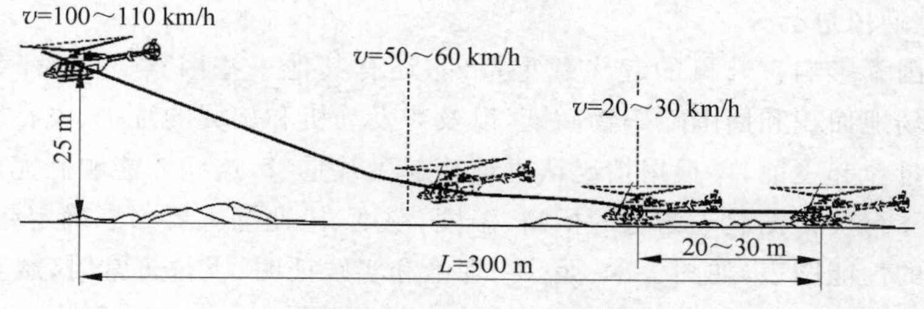

图 7-83　直升机滑跑起飞

从直升机的所需功率曲线图可知,在增速阶段,随着速度的增大,所需功率减小,旋翼拉力不断增大。在地面滑跑阶段,旋翼拉力的第二分力不断增大,以克服机轮摩擦力和机身阻力,使滑跑速度也不断加快;与此同时,旋翼拉力的第一分力不断增大,当该分力大于直升机重量时,直升机就会离地升空。直升机离地后在一定高度范围内,保持飞行状态(俯角),使旋翼拉力的第二分力继续增大,当速度达到规定数值时,直升机就可以转入稳定上升。

2. 滑跑起飞的操纵原理

起飞前,飞行员要根据可用于滑跑的距离长短,首先将油门环加到最大位置,并适当地上提油门变距杆。如可用的滑跑距离短,直升机载重量又大,通常把油门变距杆提到发动机的额定功率以上,或接近最大功率,轻缓地向前推驾驶杆,使旋翼锥体向前倾斜,当滑跑速度逐渐增大到 20～30 km/h,旋翼拉力的第一分力 T_1 大于重量时,直升机就会离开地面。在滑跑中,随着地面摩擦力的逐渐减小,直升机可能发生偏转,要用驾驶杆、舵及时进行修正。同时,为了充分利用地面效应,应在离地高度 1 m 以上,再轻缓地前推驾驶杆以保持直升机增速姿态,并沿较小的上升角继续增速到一定速度,再转入稳定上升。

应当指出:在开始增速时,不宜大量或过快地前推驾驶杆,应随速度的逐渐增大轻缓推杆;离地时,前飞速度不能太小;油门变距杆上提的位置不能过高,否则,会使旋翼转速减小;在高原机场,当气温高,载重量大,顺风起飞时,起飞增速距离延长,因此,必须有足够的起飞增速距离。

7.6.3　影响起飞载重量的主要因素

1. 机场标高、空气温度和湿度

如果起飞场地的标高高,气温高,空气湿度大,则空气密度小,发动机有效功率降低;同时，在单位时间内流过旋翼的空气质量减小，旋翼的效能降低。因此，起飞最大载重量要减小。

2. 风速和风向

逆风起飞时，旋翼相对气流速度增大，在单位时间内流过旋翼的空气质量多，旋翼产生拉力大，起飞载重量就大。顺风起飞时，为了避免尾桨打地，悬停高度较高，导致地面效应作用减弱，载重量减小。

顺侧风或逆侧风起飞时，为了保持直升机的平衡和运动轨迹，还需要向侧风来的方向压杆，这同样对起飞最大载重量有不同程度的影响；而且，操纵动作上也变得复杂而困难。因此，载重起飞宜逆风进行。

除了上述因素影响直升机的起飞载重量外，还有其他一些因素。例如，对于同型直升机，地面效应、场地面积和周围障碍物高度，以及对发动机和旋翼的维护、飞行员的操纵都会影响起飞载重量。起飞前，要根据情况认真计算起飞载重量，这样才能顺利完成起飞。

为了便于飞行员根据起飞场地的标高、温度、湿度、风速等主要因素确定起飞载重量，可使用起飞相关的性能图表，如图 7-84 所示。理论和实践证明，飞行正常时，载重量还有可能超过图 7-84 中的起飞载重量。

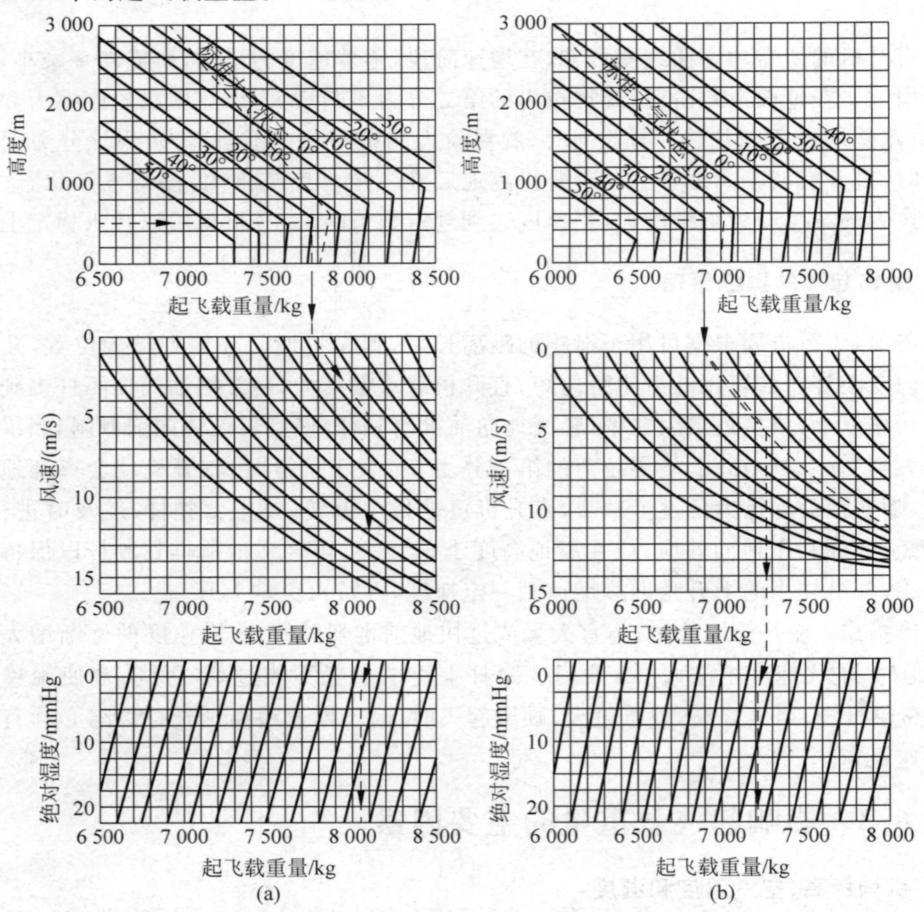

图 7-84　起飞载重量性能图表

(a) 有地面效应；(b) 无地面效应

例 7-6 已知某机场标高为 500 m，场地气温为 20 ℃，逆风风速为 5 m/s，绝对湿度为 5 mmHg，从图 7-84 可以查出：有地面效应时，起飞载重量约为 8 030 kg；无地面效应时，起飞载重量约为 7 200 kg。

7.7 着陆

直升机从安全高度下降，消速并降落于地面直至安全停止的整个减速运动过程称为着陆。根据飞行任务的性质和场地条件的不同，可采用不同的着陆方法。本节主要分析某型直升机垂直着陆和滑跑着陆的几种方法。

着陆是每次飞行必须经历的飞行阶段，也是关键阶段，与飞行安全紧密联系。在着陆过程中，直升机的速度变化较快，要求的姿态变化较多，且会受到直升机自身因素的影响，例如，发动机功率、配平位置、油门位置等，也会受到风向、风速、气温、标高、障碍物分布等外部因素的影响。因此，与起飞一样，着陆所需要的操纵数量和方法较多，其驾驶技术是飞行员飞行训练的重点和难点科目之一。

7.7.1 着陆目测

着陆过程中，飞行员根据当时的飞行高度，以及到降落地点的距离进行目测判断，以便操纵直升机沿预定方向下滑并降落在预定地点，称为着陆目测（简称目测）。本节主要分析关于对正“旗门”和降落在预定地点及下滑消速的操纵原理。

1. 对正降落场地

要使直升机在预定地点着陆，首要的问题是对正“旗门”。就像汽车驶入狭窄的桥梁前，必须调整行驶方向，使其不左不右地对正桥面一样。类似的动作飞行中一般是从四转弯开始调整飞行方向，逐渐对正“旗门”，并在下滑中进行必要的修正。

1）进入四转弯

直升机在四转弯中逐渐改变运动方向，直到对正“旗门”，其运动轨迹如图 7-85 中的 AB 段曲线。曲线开始的一端（A 点），离“旗门”中垂线有一段垂直距离（d）。因此，应提前进入转弯，距离 d 就是进入四转弯的提前量。

如果四转弯的速度、坡度和转弯角一定，则运动轨迹的半径和长度就一定，进入四转弯位置一定时，自然提前量（d）也一定。由于飞行员在空中不便于判断提前量的长度，因此，一般以“旗门”中垂线与飞行员的观察线之间的夹角（观察角）来判断进入四转弯的提前量，图 7-85 中的 θ 即为观察角。如果进入四转弯的位置一定，则观察角也一定。在第四边航线上，进入四转弯的提前量越多，观察角越大，进入转弯的时机也就越早。机型不同和进入四转弯的条件不同时，观察角的大小也不同。对于观察角，在各型直升机的地面预习教材中都有具体规定。

在提前量一定的条件下，观察角的大小与四转弯的位置有关。图 7-86 表明，提前量一定时，四转弯位置越远，观察角越小，其关系为 $\theta_1>\theta_2>\theta_3$。

2）四转弯半径的大小对于对正“旗门”的影响

在提前量一定的情况下，进入四转弯，必须符合预定的转弯半径，否则直升机仍对不正

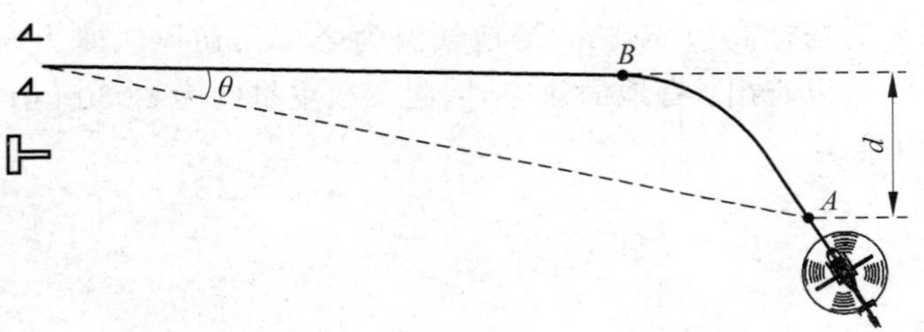

图 7-85　进入四转弯的提前量

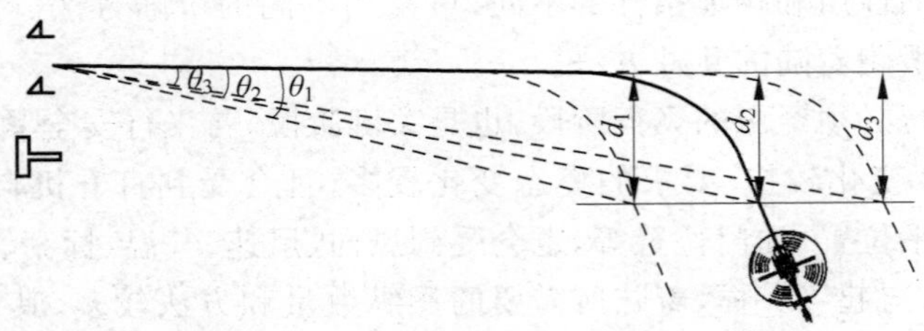

图 7-86　四转弯位置与观察角的关系

“旗门”。以左航线为例，如果四转弯半径增大，直升机要偏到“旗门”右侧，且距着陆场近，如图 7-87 中的 B 点所示；相反，如果半径减小，则偏到“旗门”左侧，且距离着陆场更远，如图 7-87 中的 C 点所示。

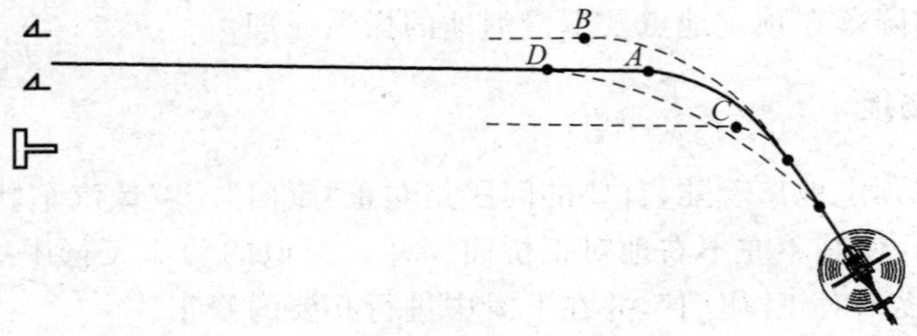

图 7-87　正确与不正确的四转弯

怎样才能保证预定的转弯半径呢？影响转弯半径的因素是速度和坡度，只要保持好规定的速度和坡度，半径就不会发生变化。但是，改变直升机转弯中的坡度很容易，而改变到合适的速度则相对比较难，在这种意义上讲，坡度比速度对半径的影响大，因此在四转弯中要特别注意保持规定的坡度。在需要改变转弯半径以对正“旗门”时，也应采用改变坡度的办法，以达到迅速改变半径的目的。

3）四转弯中接近“旗门”和对正“旗门”的演变规律

四转弯的运动，包含接近“旗门”中垂线和对正“旗门”中垂线两个方面。即直升机在四转弯中，一边要飞近“旗门”中垂线，一边又要偏转以使机体纵轴对正中垂线，最终使纵轴与“旗门”中垂线重合。根据圆周运动的特点，接近中垂线的运动速度与对正中垂线的运动速度不同，这给飞行员的判断和操纵带来了一些困难。

直升机转弯角速度是等速的，即对正“旗门”的角速度不变。但直升机接近中垂线却是减速的，即在转弯前半段直升机接近中垂线快，在后半段接近得慢，而且直升机越将对正“旗门”，接近中垂线的速度越慢。如图 7-88 所示，若直升机转弯角度为 60°，直升机由 A 点至 B

点，方向仅改变了整个转弯角度的50%，而直升机与“旗门”中垂线的垂直距离却缩短了约70%；在后半段的转弯中，即B点至C点，接近中垂线的距离大约只占30%。

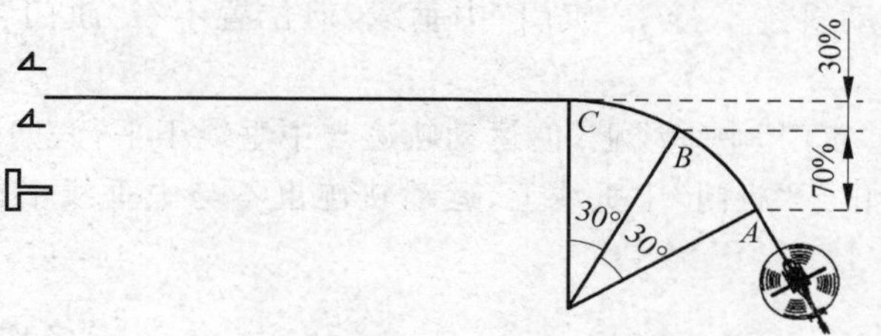

图7-88　直升机接近“旗门”中垂线的情形

由此可见，直升机接近中垂线大部分是在转弯前半段完成的。如果能在前半段保持好飞行状态，使直升机按预定的圆周轨迹运动，就比较容易对正“旗门”。相反，转弯的前半段没有保持好飞行状态，在70%的部分发生了偏差，而靠后半段去修正，往往是比较困难的。

飞行中，判断进入四转弯的时机不可能绝对准确，飞行员保持坡度和速度时可能发生的某些误差，以及来自外界的气流扰动等，都会引起直升机的运动轨迹偏离预定的轨迹。因此在四转弯中，尤其是在转弯后半段，需要判断直升机在改出转弯后能否对正“旗门”，并进行必要的修正。

4）改出四转弯

把直升机从转弯中改出，使其角速度减小为零，必须经过一段减速过程，在这个过程中，直升机还要继续向转弯方向偏转一定角度。因此，需要提前一定角度来改出转弯，停止转弯时，正好对正“旗门”。速度或坡度不同时，提前改出的量也不同。

5）风对四转弯的影响

在有风的情况下，直升机将随气团一起运动。侧风不仅会使直升机在直线飞行中产生偏流，而且会使直升机在曲线飞行中也产生偏流。在转弯中，飞行方向不断变化，侧风的相对方向也在改变，因而在转弯前、后两个阶段中，直升机受风的影响程度是不同的。

以左航线为例，例如，在90°左侧风的影响下，直升机改出四转弯后会偏到“旗门”右侧，在转弯中侧风方向由左顺侧风（四转弯角度小于90°）逐渐转为左侧风，偏流角随侧风风速的增大而增大，因此，侧风对于直升机对正“旗门”的影响主要是在转弯的后半段。

修正侧风对四转弯的影响，一般采用提前或推迟进入四转弯时机的方法。例如左航线飞行，在左侧风的影响下，直升机偏向“旗门”的右侧，从而有一定的偏航距离。这时应提前进入四转弯，只有提前进入的距离，正好等于侧风所引起的偏航距离时，改出四转弯后，才能对正“旗门”。如遇右侧风，则应延迟进入四转弯的时机。如果进入四转弯的提前量或延迟量不适当，则应在转弯中改变坡度以调整转弯半径来修正，以便在改出四转弯后正好对正“旗门”。

6）修正下滑方向

准确的四转弯仅仅给下滑对正“旗门”创造了有利条件，因为在四转弯后的下滑中，飞行员操纵的偶然偏转以及侧风的影响等，都可能使直升机偏离“旗门”中垂线。所以，修正下滑方向也是对正“旗门”的重要问题之一。

正确的下滑方向应该是：直升机的位置处于“旗门”中垂线上，且运动方向与其平行，如

图 7-89 中 A 点所示。两者必须同时具备，缺一不可。而下述三种情况则属于下滑方向不正确的典型例子。

(1) 直升机的运动轨迹平行于"旗门"中垂线，但位置不在"旗门"中垂线上，如图 7-89 中 B 点所示。

(2) 直升机位于"旗门"中垂线上，但运动轨迹与中垂线不平行，如图 7-89 中 C 点所示。

(3) 直升机既不位于"旗门"中垂线上，运动轨迹也不与中垂线平行，如图 7-89 中 D 点所示。

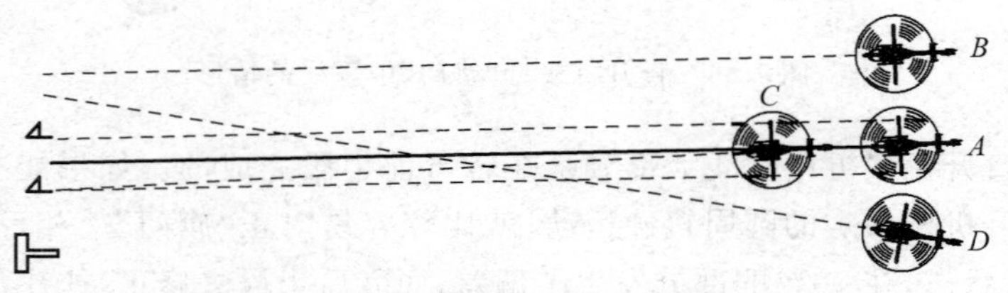

图 7-89　正确与不正确的下滑方向

在目视飞行中，判断下滑方向的主要参考物是"旗门"，主要根据直升机与"旗门"之间的相对运动，判断下滑方向。

修正下滑方向的方法是操纵杆、舵，使直升机对正"旗门"。如果直升机位于 C 点，此时只是方向与下滑线的延长线有交叉，应蹬右舵，并适量向右压杆，即可修正。如果直升机位于 B 点或 D 点，应操纵杆、舵向"旗门"中垂线上转弯来进行修正。因压坡度产生的向心力要比蹬舵产生的向心力大，所以用小坡度转弯进行修正时效果显著。这种修正方法特别适合于修正较大的方向偏差。

2. 降落在预定地点

直升机着陆的接地点以"旗门"为标志。准确的目测使直升机在"旗门"后边一定范围的地区内接地。没有到达这一地区就接地，称为"目测"低；超过了这一地区才接地，称为"目测"高，如图 7-90 所示。能否将直升机降落在预定地点，主要问题在于：正确选择下滑点，保持规定的下滑角和下滑速度。

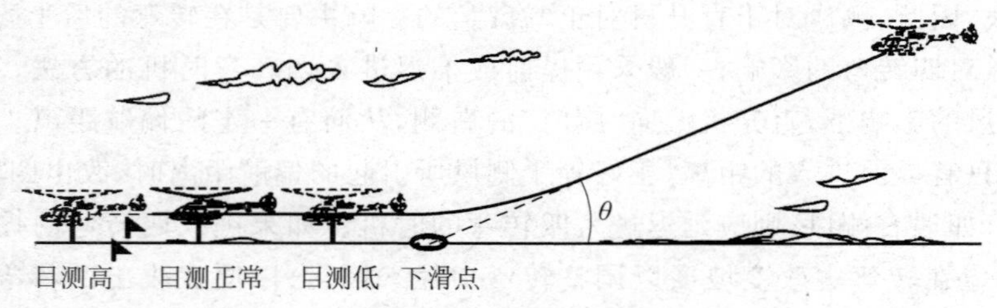

图 7-90　目测正常、目测低和目测高

1) 正确选择下滑点

直升机下滑中，其下滑轨迹对准地面的一点，称为下滑点，如图 7-91 所示。下滑点的位置与直升机接地飞行中消速的所需距离有密切关系。如果下滑点离正常接地点远，接地飞行距离就远；反之，接地飞行距离就近。接地飞行中消速所需距离的长短与当时的速度、载

重量、风向和风速有关。因此，正确选择下滑点，是做好着陆目测的重要条件。准确的目测，必须是接地飞行中消速所需距离等于下滑点至正常接地点的距离。下滑点距正常接地点远，将造成目测低；反之，下滑点距正常接地点近，将造成目测高。

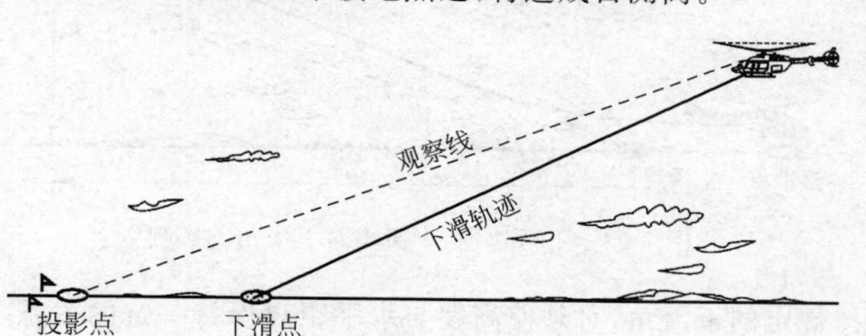

图 7-91　下滑点与投影点的关系位置

2）保持规定的下滑角

下滑点确定之后，直升机所在位置至下滑点的连线与地平线之间的夹角，称为预定下滑角。此问题中所指的下滑角，均为预定下滑角。

直升机的下滑角 θ 与开始下滑的高度 H 和下滑距离 L 有关，可用下式表示（参见图 7-92）：

$$\tan\theta=\frac{H}{L} \tag{7-59}$$

因此，飞行员要保持以一定的下滑角飞向预定的下滑点，必须使直升机的高度与下滑距离保持一定的比例关系。

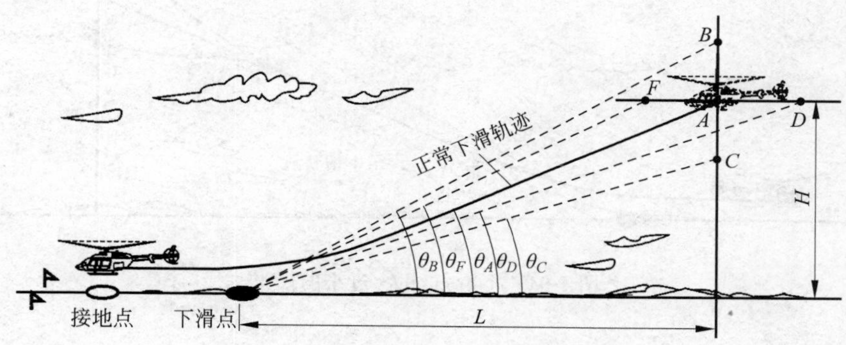

图 7-92　高度、距离不同对下滑角的影响

例如，退出四转弯后，直升机的高度正常，下滑距离缩短（如图 7-92 中的 F 点所示），或下滑距离正常，高度升高（如图 7-92 中的 B 点所示），都会使下滑角增大，造成目测高。反之，则会使下滑角减小，如图 7-92 中的 C 点和 D 点所示，容易造成目测低。

油门桨距保持一定时，飞行速度增大，不仅使第五边的水平距离缩短较快，而且会引起下降率减小，高度下降较慢，使直升机飞向预定下滑点的下滑角增大（如图 7-93 中 F 点所示）；反之，飞行速度减小，会引起下降率增大，下滑角减小（如图 7-93 中 C 点所示）。同样，若飞行速度一定，下降率增大时，直升机飞向预定下滑点的下滑角要减小；反之，下降率减小时，下滑角要增大。

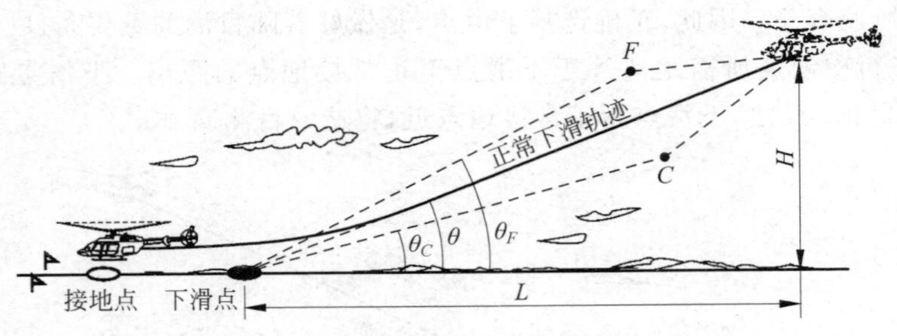

图 7-93　下滑速度、下滑率对下滑角的影响

因此，要保持规定的下滑角，必须使高度与水平距离保持一定的关系，并且在下滑中调整好下滑速度和下降率。

下滑中，若下滑角发生偏差，可根据当时的具体情况，操纵驾驶杆和油门变距杆来进行修正。如果下滑中直升机至下滑点的下滑角变大(如图 7-94 中的 F 点所示)，应适当地放下油门变距杆，或向前顶杆以减小旋翼迎角，增大下降率，使直升机从图 7-94 中 F 点飞向 B 点。当下滑角接近正常时，应及时地拉杆以保持下滑速度和沿预定下滑角下滑。反之，若直升机至下滑点的下滑角变小(如图 7-94 中的 C 点所示)，则应上提油门变距杆来减小下降率，当直升机接近正常下滑轨迹(图 7-94 中的 B 点)时，再适量地放下油门变距杆，以使直升机向预定下滑点运动。

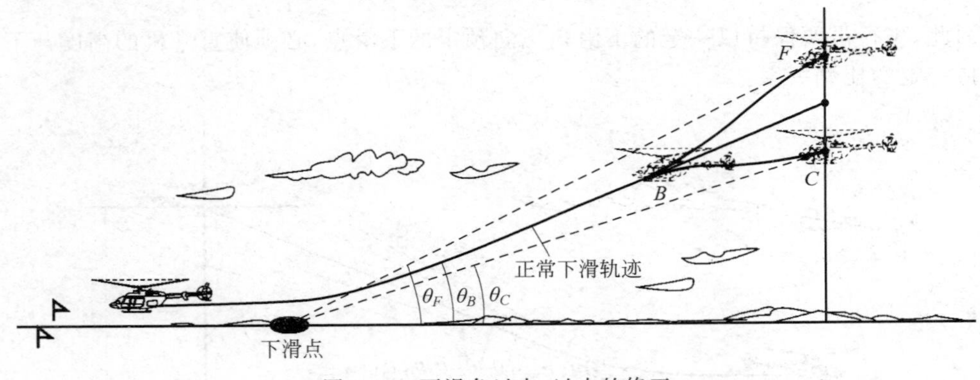

图 7-94　下滑角过大、过小的修正

3. 气温变化和场地标高对目测的影响及修正方法

影响着陆目测的因素很多，例如跑道标高、宽窄、坡度、风、温度等，7.8 节将详细讨论风对着陆目测的影响，本节仅讨论其他因素对着陆目测的影响。

上坡地形容易引起下滑线高的错觉，导致实际下滑线低，从而目测低；下坡地形容易引起下滑线低的错觉，导致实际下滑线高，从而目测高。窄跑道容易引起下滑线高的错觉，导致实际下滑线低，从而目测低；宽跑道容易引起下滑线低的错觉，导致实际下滑线高，从而目测高。

此外，飞行员常常感到“早晨目测容易低，中午目测容易高，或在高原机场着陆时消速慢，目测容易高”。这是因为早晨气温低，中午气温高，气温升高或场地标高较高会引起空气

密度减小，而着陆下滑的指示空速是一定的，所以空速增大，下滑消速过程和接地前飞距离要增长，故目测高。此外，中午气温较高，上升气流往往比较强，从而使下降率减小，也造成目测高。

反之，气温降低或场地标高较低，如果保持指示空速不变，真空速减小，会引起目测低。

综上所述，在空气密度小时，为防止目测高，可适当地提前消速或后移下滑点等方法来进行修正，反之，可延迟消速时机或前移下滑点来进行修正。

7.7.2　垂直着陆

垂直着陆是指经过下滑、消速，并在预定地点上空进行短时间悬停后的一种着陆方法。在预定地点上空悬停的高度与着陆场地面积和周围障碍物的高低有关。下面分别研究正常垂直着陆和超越障碍物着陆的操纵原理。

1. 正常垂直着陆

在净空条件较好的场地着陆时，通常采用正常垂直着陆的方法，如图 7-95 所示。采用这种方法着陆，可以充分利用地面效应，减小所需功率，而且操纵也较容易。

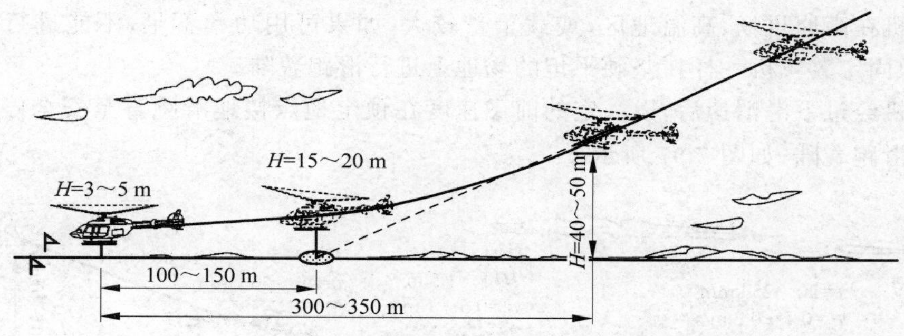

图 7-95　直升机正常垂直着陆的运动状态

直升机是在悬停的基础上进行垂直着陆的，在整个垂直下降的过程中，飞行员应把注意力主要放在保持飞行状态上，保持各力和力矩不断地取得平衡，以达到垂直下降和着陆的目的。其操纵原理与垂直下降基本相似，所不同的是，随着直升机高度降低，由于地面效应的影响，下降率要减小，还应适当地放下油门变距杆。当离地高度在 1 m 以下时，应保持以 0.2～0.1 m/s 的下降率垂直接地。在垂直下降的过程中，由于诱导速度不断减小，机身和安定面所形成的上仰力矩减小，直升机有下俯趋势，若重心靠前或稍有顺风，这种现象更为明显，应适当向后拉杆。

实践经验证明，只要飞行员的注意力分配得当，就能及时发现姿态的变化，做到及时修正。在保持好飞行姿态的情况下，驾驶杆、舵和油门变距杆的操纵动作越轻缓，越容易做好垂直着陆。

2. 超越障碍物着陆

直升机在周围有一定高度的障碍物和较小场地上，不仅可以起飞，而且也可以着陆。

超越障碍物着陆时，由于悬停高度较高，一般不能充分地利用地面效应，因此，所需功率增大。直升机超越障碍物着陆的运动状态如图 7-96 所示。越过障碍物时，要保持规定的安全高度；越过障碍物后要使尾桨与障碍物保持一定的安全距离。在垂直下降过程中，要严格保持垂直下降状态，不能有纵、横向大量的移动，以防止与障碍物相撞。

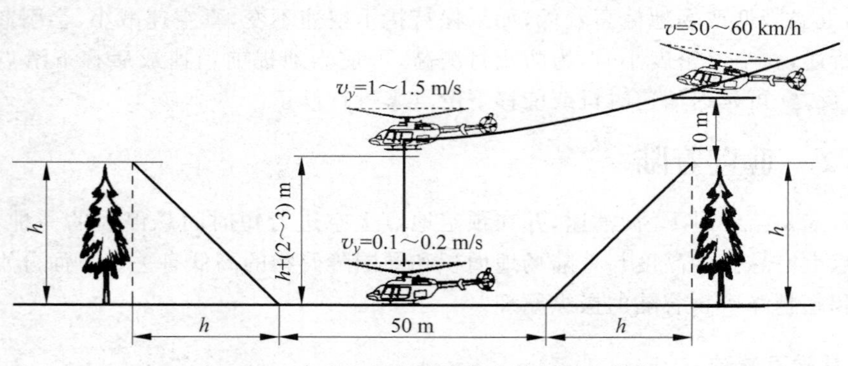

图 7-96　直升机超越障碍物着陆的运动状态

7.7.3　滑跑着陆

直升机在高原机场、高温地区，或载重量较大，如果可用功率不足，不能进行垂直着陆时，可以像固定翼飞机一样在坚硬平坦的场地上进行滑跑着陆。

直升机经过下滑消速后，以一定的前飞速度在预定地点接地滑跑直至安全停止的运动过程称为滑跑着陆，如图 7-97 所示。

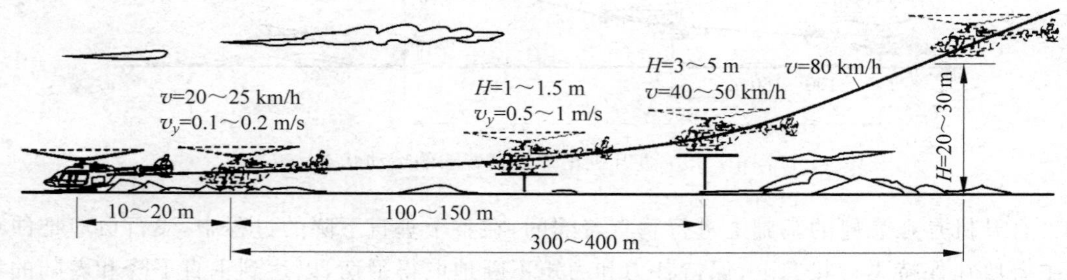

图 7-97　直升机滑跑着陆的运动状态

滑跑着陆的目测、消速与垂直着陆的操纵规律基本相同。但滑跑着陆在接地时具有一定速度，所以也有一些特点。滑跑着陆要求：下滑线稍低，消速时机稍晚，下滑点也要靠后一些，进入接地飞行时的高度、速度和操纵动作要准确，保持好着陆方向。当速度减小到一定数值(某型直升机速度为 60 km/h)时，应及时向前顶杆，使直升机带较小的仰角缓慢地消速。这样，所需功率的增加较缓慢。随着前飞速度减小，必须上提油门变距杆，旋翼反作用力矩也随之增加，要及时用舵修正。经过目测、消速，使直升机在下滑点保持高度在 3～5 m、速度为 40～50 km/h，并保持接地姿态，继续消速。由于速度减小，旋翼效率降低，拉力减小，直升机继续下降。为使下降率不大于 0.5 m/s，应及时地上提油门变距杆。随着速度的减小和上提油门变距杆，诱导速度增大，机身和水平安定面的上仰力矩相应增加，应使用驾驶杆保持好着陆姿态，用舵保持好着陆方向。越是接近地面，下降率应该越小，以不

大于 0.2 m/s 的下降率继续前飞。在速度减小到 25～20 km/h 时，以很小的下降率轻柔接地。接地后，迅速轻缓地把油门变距杆放到底，避免跳动和摆晃。随着旋翼反作用力矩减小，要注意用舵保持方向。滑跑中，空气阻力和道面摩擦力使直升机减速，在滑跑的最后阶段可以向后拉杆并使用机轮刹车来减小速度，缩短滑跑距离。需要注意的是：带杆要使用刹车，否则只带杆不刹车，若滑跑速度大，机头容易抬起，会造成前轮离地；反之，机头下俯会造成前轮压力大。

在操纵直升机做滑跑着陆的过程中，错误和偏差是难免的，正确的操纵总是从不断纠正错误、偏差中掌握的。滑跑着陆中常见的偏差有：

(1) 接地速度大，造成接地后滑跑速度大，若这时仍保持较大的旋翼拉力，滑跑中易受地面不平等外界自然条件的干扰，使直升机姿态不稳，机体摇晃，可能由此产生“地面共振”。

(2) 接地飞行的方向与着陆方向交叉和带侧滑接地，或在接地时用舵修正偏差的动作粗猛而产生侧滑，直升机在侧向力作用下倾斜和翻倒。

(3) 接地和接地后滑跑速度大，如果向后拉杆多，旋翼锥体过于后倾，会使直升机的尾撑或尾桨打地。

滑跑着陆中发生的各种偏差，往往是由于对客观情况判断的误差，导致操纵不当引起的。因此，在飞行实践中，飞行员应进一步熟悉各种偏差的现象和产生原因，以便进行正确的修正。

7.8 风对滑行、接地飞行及着陆的影响

7.8.1 风对滑行的影响

如因受周围条件的限制而不能直接在停机坪起飞和着陆，又不宜做接近地面飞行，为了进入起飞或停放的指定地点，则需要滑行。滑行是直升机在地面移动的基本手段。此外，在高原、高温机场或超载滑跑起飞等，也都需要滑行。风向、风速不同，对滑行的影响也不一样。下面着重分析侧风、逆风、顺风对滑行的影响及其修正。

1. 侧风对滑行的影响及其修正

在侧风中滑行时，风的方向与直升机对称面不平行，机身产生侧力 Z'，该侧力绕重心形成偏转力矩。在侧风作用下，桨叶自然挥舞，旋翼锥体将向风去的方向倾斜一个角度，从而产生倾斜力矩。为平衡此力矩，就需要向风来的方向压杆，向侧风反方向蹬舵。如果倾斜力矩很大，甚至需要把驾驶杆压到底，应减小滑行速度，保持较小的总距和较大的转速。这是因为，旋翼的桨叶迎角减小，侧风影响旋翼锥体的倾斜减小，操纵机构的备份操纵量增大，旋翼拉力减小了，由直升机重量产生的恢复力矩增大，机轮与地面之间的摩擦力矩也增大。

滑行中，禁止用蹬反舵来进行修正。例如，在右侧风中滑行时，受侧风的影响，直升机产生左倾斜，如果蹬右舵来进行修正，其结果必然是向左的尾桨拉力增大，而尾桨拉力的着力点是高于直升机重心的，这个向左的尾桨拉力力矩增量就会加剧直升机向左倾斜或翻倒；如果蹬左舵，虽然对修正直升机的左倾斜是有利的，但可能造成方向偏转，因此要用驾驶杆进行修正。

对多数类型的直升机来说，向风来的方向转弯的蹬舵量要比向风去的方向转弯的蹬舵量少。向风来的方向转弯时（如图 7-98(a)），侧风所引起的偏转力矩能帮助转弯，故应适当减小用舵量。向风去的方向转弯时（如图 7-98(b)），侧风所引起的偏转力矩则阻碍转弯，故应适当增加用舵量。在转弯过程中，侧风角将随直升机转弯角度的变化而不断变化，侧风的影响也不断改变，所以，要注意调整操纵量，并适当地向风来的方向迎杆，特别是处于右侧风时更应如此，以保持以一定的偏转角速度做匀速转弯。

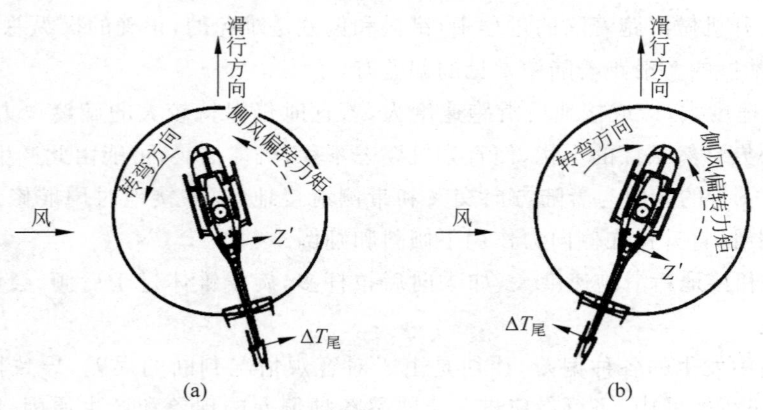

图 7-98　侧风对滑行转弯的影响

(a) 向侧风方向滑行转弯；(b) 向侧风反方向滑行转弯

2. 逆风对滑行的影响及修正

逆风滑行时与无风滑行时相比，相对气流速度较大，旋翼桨叶因自然挥舞使锥体向后倾斜，拉力第二分力 T_2 减小，加之空气阻力又比无风时大，所以滑行速度容易变小。为保持正常的滑行速度，驾驶杆前推量应比无风时大。逆风滑行时，方向稳定作用增强，容易保持滑行方向。在逆风中进入转弯后，相对气流就从转弯的反方向吹向直升机，从而形成了阻止转弯的力矩和侧力。故随着转弯角度的增大，应适当地增加蹬舵量，并向风来的方向迎杆。

3. 顺风对滑行的影响

顺风滑行时与无风滑行时相比，相对气流速度较小，旋翼锥体向前倾斜，旋翼拉力第二分力 T_2 增大，加之空气阻力减小，故滑行速度容易变大(图 7-99)。为保持正常的滑行速度，驾驶杆的前推量应比无风时小。如果顺风的风速较大，旋翼锥体将更加向前倾斜，旋翼拉力第二分力将更大，迫使直升机滑行速度加快。因此，在大顺风中滑行时，应适当下放油门变距杆，还可以适当向后拉驾驶杆和使用机轮刹车的方法来控制滑行速度。当机头出现偏转时，原来的顺风变为顺侧风，机身上产生侧力，该侧力绕重心形成的力矩会使机头加速偏转。因此，顺风滑行中直升机的方向稳定作用变差，不易保持滑行方向。

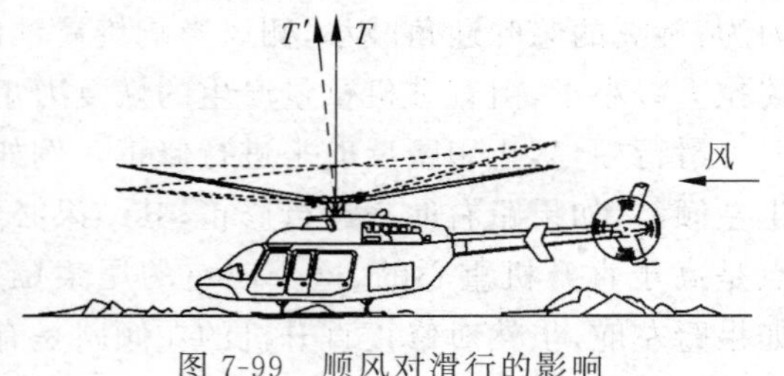

图 7-99　顺风对滑行的影响

在顺风中进入转弯后，直升机处于顺侧

风中，这时产生的侧力绕重心形成偏转力矩，迫使直升机加速偏转。此时，应及时蹬反舵并向侧风来的方向压杆，以控制转弯角速度和防止直升机倾斜，并注意保持方向。

7.8.2　风对接近地面飞行的影响

直升机在接近地面飞行(简称接地飞行)时，飞行高度为1～10 m，飞机速度一般不大于10 km/h。接地飞行包括前飞、侧飞和后退飞行。利用接地飞行可以调整起飞、着陆和悬停的位置。例如，场地不平、积水或冬季积雪等情况下不能滑行时，可用接地飞行代替滑行。风向、风速不同对接地飞行的影响也不同。下面重点阐述顺风、侧风对接地飞行的影响及修正方法。

1. 顺风接地飞行

顺风接地前飞时，直升机的运动方向和风向一致，此时地速等于空速加风速，故地速增大。飞行员应带杆，以保持地速不超过规定速度。这样，在顺风接地前飞中，机头上仰较大。为保证飞行安全，防止尾桨离地过低而触地，应适当增加飞行高度。

在顺风速度较大的条件下接地前飞时，如果风速大于直升机前飞速度，这时相对气流将从直升机尾部吹来。在此情况下，因桨叶的自然挥舞旋翼前倾，加之水平稳定面产生向上的附加升力，机身也产生下俯力矩，从而促使机头下俯(如图7-100所示)。而且，因相对气流从尾部吹来，直升机的方向稳定性也变差，这给操纵带来一定困难。鉴于上述原因，一般不宜在大顺风中做接地前飞。

如果限于客观条件，需做顺风接地飞行，应发挥主观能动性，灵活地操纵直升机偏转一定角度，将正顺风飞行变为左顺侧风飞行，如图7-101所示，以减小顺风对接地前飞的不利影响。此时，要用舵保持一定的顺侧风角度，并要注意用油门变距杆保持高度，用驾驶杆保持速度和航迹，以使直升机不偏离预定目标。当飞到预定地点后，如果条件允许，应转弯来对正风向，做逆风悬停或着陆。这样，比较容易操纵，并有利于保证飞行安全。

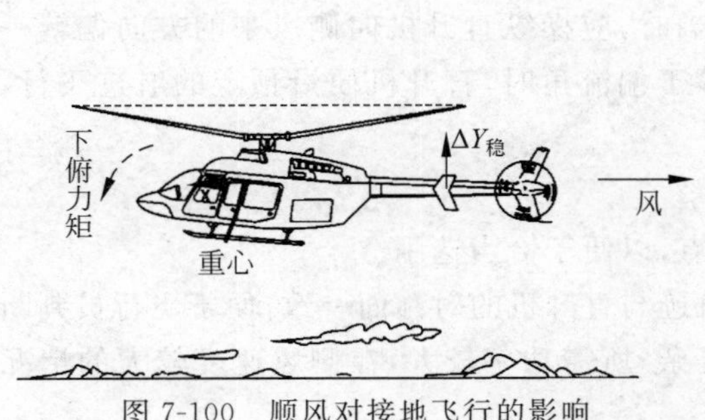

图7-100　顺风对接地飞行的影响

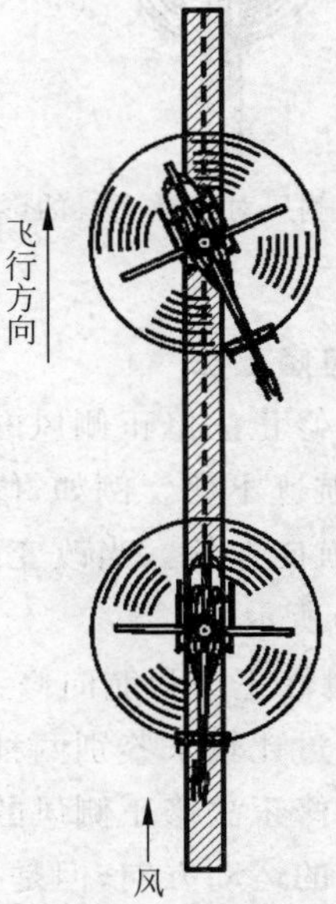

飞行方向

风

图7-101　将顺风变为顺侧风飞行的示意图

2. 侧风中接地飞行

受侧风的影响，接地飞行时，航迹偏离航向而产生偏流。如图 7-102 所示，左侧风时，航迹偏右，产生右偏流。空速方向与地速方向之间的夹角，称为偏流角。

3. 修正侧风影响的方法

修正侧风影响的方法有两种：①侧滑修正法；②航向修正法。

1）侧滑修正法

用侧滑修正法修正侧风的影响时，应向侧风来的方向压杆，使直升机向侧风来的方向带坡度，于是直升机产生侧风来的方向的侧滑。当侧滑角 β 等于偏流角时，航迹与航向一致（如图 7-103(a)所示）。此时因为有侧滑，直升机产生的侧力绕重心形成偏转力矩，迫使直升机向侧风来的方向偏转，力图减小侧滑角。因此，在向侧风来的方向压盘的同时，还应向侧风去的方向蹬舵，来制止机头偏转，以保持航向不变，即能沿着预定航迹飞向既定的目标。

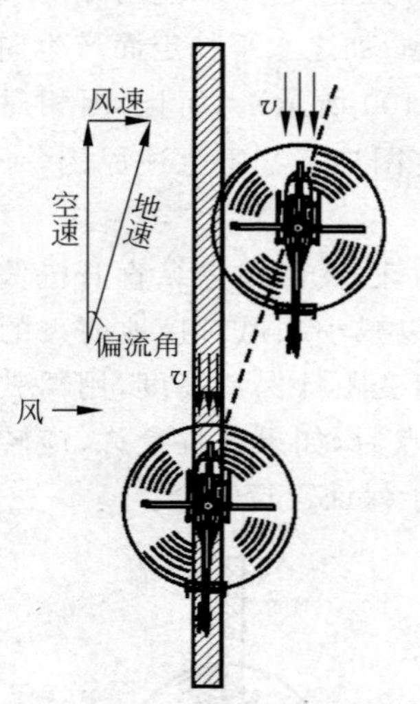

图 7-102　侧风对接地飞行的影响

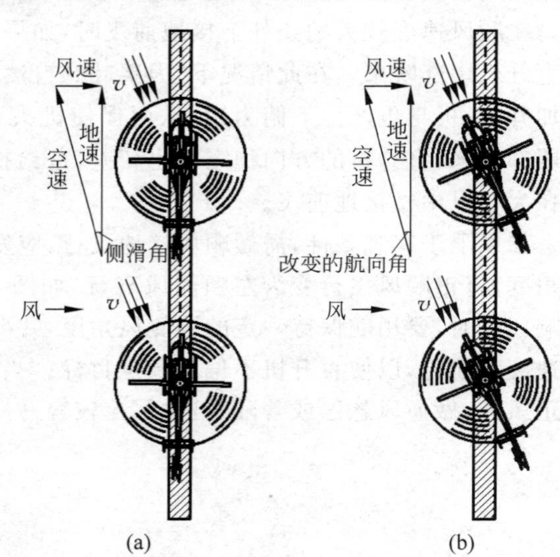

图 7-103　修正侧风影响的方法
(a) 侧滑修正法；(b) 航向修正法

2）航向修正法

用航向修正法修正侧风的影响时，飞行员应使直升机的航向向侧风来的方向偏一定角度，以保持航迹不变。例如，修正左侧风的影响时，应操纵直升机向侧风来的方向偏转一定角度，使其航向左偏。当改变的航向角恰好等于偏流角时，直升机便沿预定的航迹飞行，如图 7-103(b)所示。

3）侧滑修正法和航向修正法的比较

下面通过比较来鉴别两种修正方法的特点，以便于恰当选用。

用侧滑修正法修正侧风的影响时，飞行轨迹与直升机的对称面一致，便于飞行员判断和保持直升机的运动方向，但是操纵动作比较复杂，所需功率较大，在侧风速度较大的情况下不宜使用侧滑修正法来修正侧风的影响。

用航向修正法修正侧风的影响时,直升机可以不向侧风来的方向带坡度侧滑,蹬舵量较小,操纵动作比较简单。即使在侧风角度和风速较大的情况下,均可使用航向修正法来修正侧风的影响。但是,采用航向修正法修正侧风的影响时,飞行轨迹与直升机的对称面不一致,不便于观察和判断方向。

两种修正侧风影响的方法各有优缺点,在实际的应用中,应按照当时、当地的实际情况(风向、风速、地形、地标等),审时度势,灵活运动。实践证明:在侧风不大的情况下接地飞行时,常采用侧滑修正法。若侧风很大,由于用侧滑修正法时蹬舵量需要很大,操纵动作比较复杂,所需功率也较大,故不宜使用此法,这时,通常采用航向修正法或把二者结合起来使用。

7.8.3 风对着陆目测的影响

1. 顺风、逆风对目测的影响及修正

逆风使目测低,顺风使目测高。如图 7-104 所示,在无风时,直升机向下滑点 A 点运动,遇到逆风时,下滑角增大,下滑距离变短,这时直升机实际向下滑点(B 点)运动,增长了接地飞行距离,加之逆风使地速减小,故会形成目测低。反之,顺风时的下滑角较小,直升机实际向下滑点(C 点)运动,缩短了接地飞行距离,加之顺风使地速增大,故目测高。

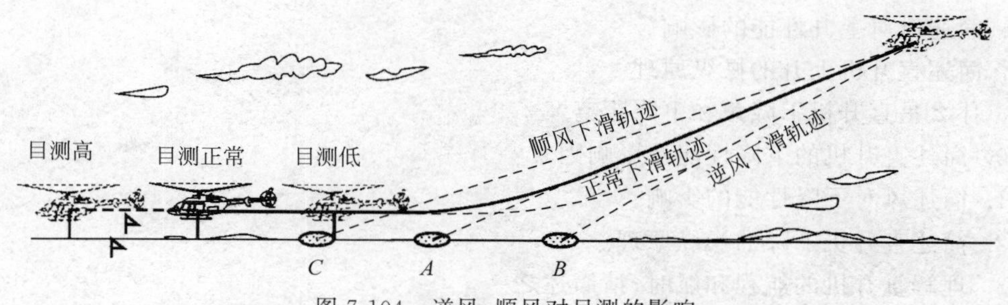

图 7-104 逆风、顺风对目测的影响

可见,飞行员修正逆风对目测的影响时,应保持好既定的下滑角,并适量地增大下滑速度,以使直升机沿着既定的下滑轨迹向预定的下滑点 A 点运动,消速时机应适当延迟,消速的动作量也不宜大,否则仍形成目测低。反之,修正顺风对目测的影响时,应减小下滑速度,使直升机按预定的下滑角下滑,根据风速的大小,要适当提前进行消速,如果消速时机晚,会造成消速动作量过大或者目测高。

此外,在风速较大的情况下,还可采用移动下滑点的方法修正风对目测的影响。如遇逆风,可适当地前移下滑点,以缩短接地飞行距离;反之,顺风时可适当地后移下滑点。

在起落航线飞行中,如果第五边是逆风,则对第四边来说就是 90°侧风,要使第四边的航线向外偏,使第五边的距离增长,下滑角减小,从而造成目测低。反之,顺风会引起第五边的距离缩短,从而造成目测高。因而需要改变第三转弯的角度,来修正风的影响。逆风着陆时,三转弯的角度比无风时的大,顺风着陆时则比无风时的小,以便飞向正常的四转弯点,为正确目测创造条件。

2. 侧风对目测和下滑方向的影响及修正方法

侧风着陆时，直升机的运动轨迹会受到风的影响而偏离“旗门”中垂线。若风速较小，可采用侧滑修正法，即向侧风来的方向适当地压杆并蹬反舵，使飞机向侧风来的方向形成侧滑，当侧滑角等于偏流角时，直升机沿预定方向下滑。若风速较大，可采用航向修正法，即操纵直升机向侧风来的方向偏转一个航向角，当改变的航向角等于偏流角时，直升机的航迹与“旗门”中垂线一致。在大侧风的情况下，采用航向修正法来修正比较容易。

总之，直升机在逆、顺侧风中下滑着陆时，风不仅影响下滑方向，也影响目测的高低。顺侧风会引起目测高，逆侧风会引起目测低。

习题 7

1. 直升机平飞所需功率包括哪些内容，影响直升机所需功率的因素有哪些？试简述之。
2. 简述直升机平飞性能及其影响因素。
3. 限制直升机最大速度的因素有哪些？试简述之。
4. 简述直升机平飞的操纵原理。
5. 什么是直升机的上升角和上升梯度？
6. 简述直升机上升性能及影响因素。
7. 简述风对上升性能的影响。
8. 简述直升机上升的操纵原理。
9. 什么是直升机下降角和下降距离？
10. 简述直升机的下降性能及影响因素？
11. 简述风对下降性能的影响。
12. 简述直升机下降的操纵原理。
13. 理解直升机的航程和航时，请简述之。
14. 理解地面效应对悬停的影响，请简述之。
15. 简述垂直上升所需功率与上升率的关系。
16. 理解垂直下降所需功率。
17. 简述垂直转弯、上升和下降的操纵原理。
18. 分析内/外侧滑产生的原因。
19. 对盘旋中直升机做受力分析。
20. 盘旋半径、周期、角速度的表达式分别是什么？这些性能参数与盘旋速度、坡度有何关系？
21. 起飞过程中直升机各力及力矩是怎样变化的？简述起飞过程中飞机操纵原理。
22. 起飞的过程是什么？相应的操纵方法是什么？
23. 着陆特别是侧风情况下着陆时，力和力矩的变化及相关操纵原理如何？
24. 着陆中有哪几种常见偏差与修正方法？
25. 简述目测原理与修正方法。

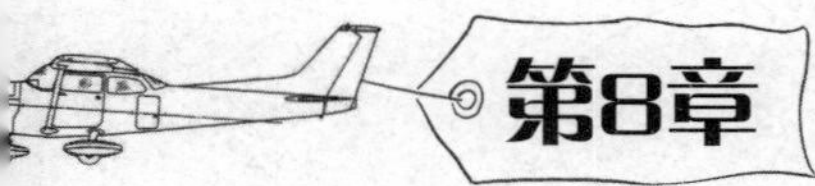

直升机的特殊飞行状态

本章介绍直升机在飞行中可能遇到的一些特殊情况和操纵限制。这些特殊情况主要是旋翼自转、失速、涡环状态、共振、翻滚等。了解这些特殊情况和操作限制，对于保证飞行安全意义十分重大。

8.1 自转下滑

8.1.1 旋翼自转的产生

直升机在飞行中，旋翼在失去发动机带动（如发动机停车或发动机传动机构脱开）之后，利用其原有的旋转动能和直升机的势能，仍可保持稳定旋转，这种现象称为旋翼自转。

在发动机带动旋翼工作的情况下，旋翼旋转带动直升机运动。而在旋翼失去发动机带动后，直升机下降运动带动旋翼的旋转。即在发动机停车（或发动机传动机构脱开）后，旋翼能够自转是直升机下降运动所形成的。

发动机停车（或发动机传动机构脱开）后，旋翼在旋转惯性作用下，虽然仍能沿原来方向继续旋转，但受旋翼旋转阻力的作用，其转速和拉力会很快减小，直升机在重力作用下，开始下降。这时，旋翼的相对气流方向发生变化，如图 8-1 所示，桨叶相对气流和速度的方向也发生了变化，桨叶的来流角 ε 则由正变负，这会引起桨叶的总空气动力 R 相对前倾，总空气动力 R 在旋转面上的分力 Q_R 由原来指向后方可能变为零，从而不起旋转阻力的作用。如图 8-1(b)所示，这时在桨叶旋转面上的合力为零，旋翼就在自下而上的相对气流的作用下，无需发动机带动而保持稳定旋转，旋翼这种工作状态称为旋翼自转状态。

8.1.2 桨叶安装角、桨叶迎角同旋翼自转转速的关系

在发动机停车后，为使旋翼迅速转入稳定自转，飞行员应迅速地下放变距杆，使桨叶安装角减小到与当时飞行高度相适应的数值。否则，旋翼就不能保持所需的转速。

1. 桨叶安装角对旋翼转速的影响

图 8-2 是不同桨叶安装角的三个桨叶切面上的作用力示意图，并通过桨叶总空气动力 R 的着力点画一条平行于旋转轴的直线 aa 和一条垂直于翼弦的直线 bb。从图 8-2 中可看

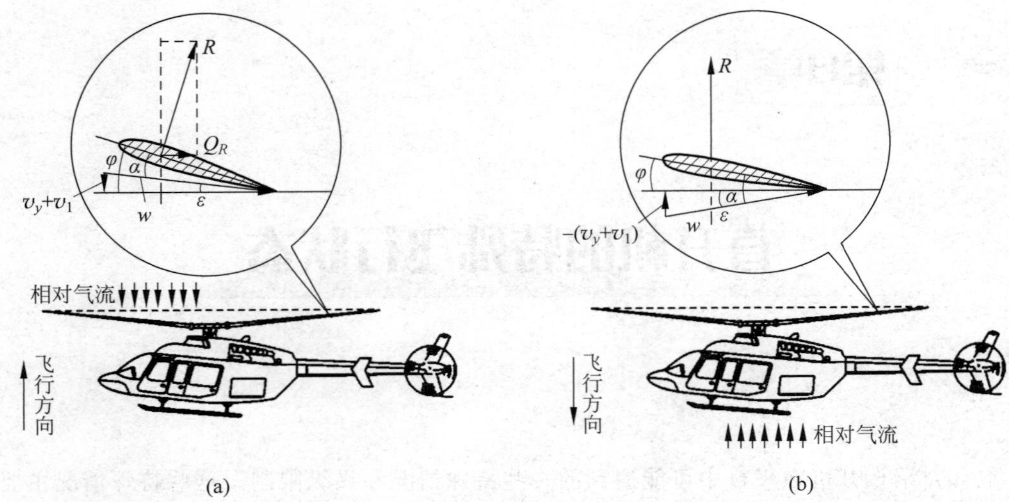

图 8-1 旋翼迎角、桨叶来流角和桨叶受力

(a) 垂直上升状态；(b) 旋翼自转状态

出，桨叶总空气动力随桨距不同，偏离直线 aa 的角度也不同。

如果桨距过小(图 8-2(a))，下降率大，桨叶的负来流角($-\varepsilon$)大，桨叶总空气动力的方向向前倾，它在旋转面上的分力 Q_R 指向翼型前缘，桨叶在此力的作用下加速旋转，旋翼转速也将增大。

如果下放变距杆过少，桨距大，如图 8-2(b)所示，桨叶的总空气动力在旋转平面上的分力 Q_R 指向翼型后缘，桨叶的旋转阻力为正，在此力的作用下，桨叶减速旋转，旋翼转速减小。

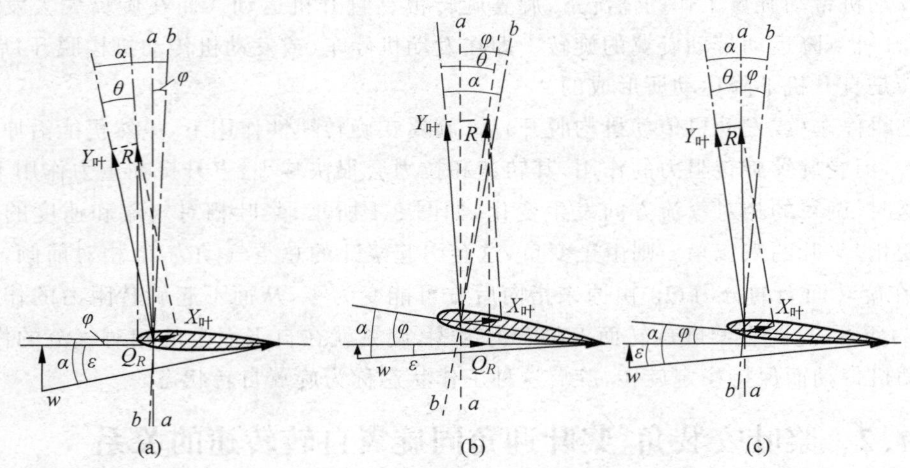

图 8-2 桨距对旋翼转速的影响

(a) 加速旋转；(b) 减速旋转；(c) 稳定旋转

通过上述分析可知，只有桨距适当，桨叶的总空气动力在旋转面上的分力才等于零，即桨叶的旋转阻力为零，如图 8-2(c)所示。发动机停车以后，如果飞行员下放变距杆迟了，或桨距过大，旋翼都不能进行稳定自转，旋翼转速将会急剧减小，甚至有可能停转。因此，要求飞行员在发动机停车以后，首先迅速将变距杆放到底，以便旋翼进入自转。

2. 桨距和桨叶迎角与旋翼稳定自转的关系曲线

1）桨距、桨叶迎角与旋翼自转转速的关系

从图 8-2 可以看出，*aa*、*bb* 两直线之间的夹角等于这两条直线的垂线的夹角，即桨叶安装角(φ)。*bb* 直线与桨叶升力 $Y_{叶}$ 之间的夹角等于这两条线的垂线的夹角，即桨叶迎角 α。桨叶总空气动力 R 与其分力 $Y_{叶}$ 之间的夹角为性质角，用 θ 表示，它的正切是 $\tan\theta=\tan\dfrac{X_{叶}}{Y_{叶}}$。其数值是通过风洞试验确定的。

从图 8-2(a)可以看出，桨叶总空气动力的方向偏离 *aa* 直线，指向翼型前缘，此时，$\alpha-\theta>\varphi$，旋转阻力为负，旋翼加速旋转。在图 8-2(b)中，桨叶总空气动力的方向相对于 *aa* 直线向后倾斜，此时，$\alpha-\theta<\varphi$，旋转阻力为正，旋翼减速旋转。在图 8-2(c)中，桨叶总空气动力方向与 *aa* 直线平行，此时，$\alpha-\theta=\varphi$，总空气动力在旋转面上的分力为零，即旋转阻力为零，故旋翼做稳定旋转。

归纳起来，如果 $\alpha-\theta>\varphi$，旋翼加速旋转；如果 $\alpha-\theta<\varphi$，旋翼减速旋转；如果 $\alpha-\theta=\varphi$，旋翼保持稳定旋转。

可见，旋翼稳定自转的条件是：$\alpha-\theta=\varphi$。

2）自转范围曲线

只要知道翼型的极线图，由翼型极线可得出每一个桨叶迎角 α 所对应的性质角 θ。这样，就可以算出每一个桨叶迎角所对应的角 $\alpha-\theta$，再画出该桨叶翼型的角 $\alpha-\theta$ 与角 α 的关系曲线，如图 8-3 所示，此曲线称为该翼型的自转范围曲线。

如果在自转范围曲线的纵坐标上标出桨距的数值，通过此点画一条平行横坐标的直线，这样，就可以确定，当桨叶以同一桨距、不同的迎角工作时，旋翼加速旋转、减速旋转和稳定旋转的区域。

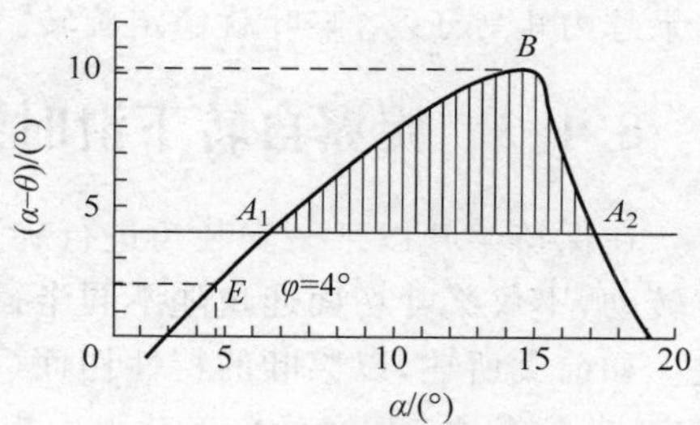

图 8-3　桨距和桨叶迎角同旋翼自转的关系曲线

如图 8-3 所示，A_1 点在横坐标上对应的数值，为桨叶以桨距工作时的迎角；A_1 点在纵坐标上对应的数值，为该迎角所对应的 $\alpha-\theta$，它恰好与桨距相等，即 $\alpha-\theta=\varphi$。因此，桨叶以该迎角工作时，旋翼能保持稳定自转，桨叶切面上的作用力关系如图 8-2(c)所示。若保持桨叶安装角 $\varphi=4°$，如果桨叶迎角变化到 $\alpha=4°$(对应图 8-3 中 E 点)，该迎角对应的 $\alpha-\theta$ 角小于桨距($\varphi=4°$)，即 $\alpha-\theta<\varphi$，旋翼减速旋转，桨叶切面上的作用力关系如图 8-2(b)所示。在由 A_1 点至 B 点的曲线段(不包含 A_1 点)所对应的迎角范围内工作时，如果桨叶安装角仍不改变($\varphi=4°$)，此时 $\alpha-\theta>\varphi$，旋翼加速旋转。图 8-3 中 B 点所对应的迎角为临界迎角，$\alpha-\theta$ 为极限值，即能保持稳定自转的最大桨距的数值。当保持以此桨距工作时，旋翼还能以最小转速做稳定旋转。如果桨距 $\alpha-\theta<\varphi$ 的极限值，无论桨叶保持什么迎角，旋翼都会减速旋转，甚至反转。图 8-3 中 BA_2 所对应的桨叶角已超过临界迎角，没有什么实际意义了。

为了保持适当的桨叶安装角，对各型直升机，都根据不同高度规定不同桨距。旋翼转速的大小还和高度有关，在其他条件不变的情况下，高度升高，空气密度减小，旋翼拉力和旋转阻力均减小。为了保持规定的转速，应根据不同飞行高度，保持不同的旋翼总距。

3. 桨叶各切面的空气动力在自转中的变化特点

上文只分析了桨叶的特性切面保持稳定自转所需的条件及其变化规律。这一规律对每一个桨叶的各个切面都是适用的。但是，桨叶不同切面是在不同条件下工作的，桨叶各切面离旋转轴的半径 r 不同，它的周向气流速度也不同，而且桨叶带有一定的扭转角，桨叶各切面的迎角也不同，所以桨叶各切面的总空气动力的倾斜方向和倾斜角的大小也不同。如图 8-4 所示，桨叶的空气动力 R_3 向后倾斜，力图使桨叶减速旋转；桨根的空气动力 R_1 向前倾斜，力图使桨叶加速旋转。桨叶是加速或减速旋转还是稳定旋转，须按桨叶各切面上的总空气动力在桨叶旋转平面上的分力(旋转阻力)对旋转轴所形成的总力矩的方向而定：如果总力矩与桨叶旋转方向一致，桨叶就加速旋转；反之桨叶就减速旋转；如果总力矩等于零，桨叶就稳定旋转。

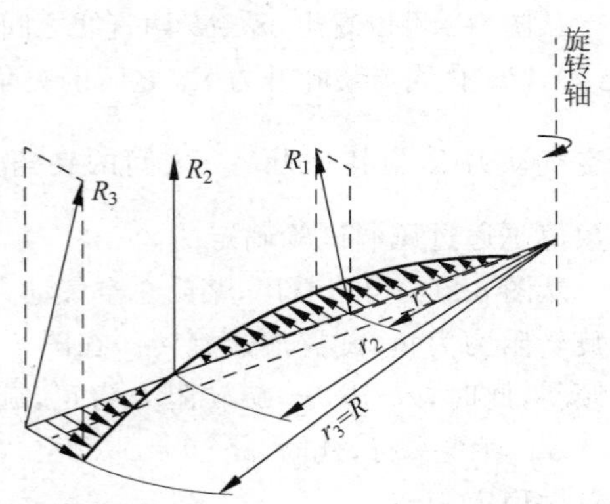

图 8-4　自转中桨叶各切面空气动力的分布

8.1.3　旋翼自转下滑时桨叶空气动力随方位角的变化特点

在保持桨叶以某一安装角进行旋翼自转下滑时，由于旋翼左右气流不对称引起桨叶挥舞转动，不仅桨叶切面迎角随不同半径而变化，而且同一切面迎角也将随方位角的变化而变化。如前文所述，以桨叶的特性切面(即 $r=0.7R$ 的切面)为例，假如旋翼已处于稳定旋转状态，若迎角再变小，总空气动力力矩力图使桨叶减速旋转；反之，总空气动力力矩力图使桨叶加速旋转。

图 8-5(a)所示为桨叶的两个特性切面分别在 90°和 270°方位的桨叶迎角和总空气动力倾斜方向的示意图。桨叶在 90°方位时，由于桨叶上挥使迎角减小，总空气动力向翼型的后缘倾斜，力图使桨叶减速旋转；桨叶在 270°方位时，由于桨叶下挥使迎角增大，总空气动力向翼型前缘倾斜，力图使桨叶加速旋转。

图 8-5(c)是具有四片桨叶的旋翼在自转状态下滑时，各片桨叶的桨叶迎角随方位角的变化曲线。图中横坐标表示桨叶迎角的大小，纵坐标表示桨叶所在的方位角(φ)，Ⅰ、Ⅱ、Ⅲ、Ⅳ各片桨叶的方位角，应从它所对应的纵坐标(也有Ⅰ、Ⅱ、Ⅲ、Ⅳ)上去看，例如，Ⅰ号桨叶在图 8-5(c)中的桨叶迎角与方位的关系曲线用实线表示，它对应于Ⅰ号纵坐标的数值，自上而下，方位角 φ 从 0°→90°→180°→270°→360°变化。Ⅱ号桨叶落后于Ⅰ号桨叶 90°方位，它的迎角与方位的关系曲线用双点画线表示，它对应于Ⅱ号纵坐标的数值，自上而下，方位角从 270°→360°→90°→180°→270°变化。Ⅲ、Ⅳ号桨叶与上述情况类似。图 8-5(c)中，各片桨叶的迎角随方位角的变化关系为：在 0°→90°→180°方位内，桨叶迎角减小，在 90°方位迎角最小；在 180°→270°→360°方位内迎角变大，在 270°方位迎角最大。这是由于旋翼左右相对气流速度不对称形成的。如图 8-5 所示，按Ⅰ、Ⅱ、Ⅲ、Ⅳ号桨叶顺次落后 90°方位，将其迎角随方位角的变化关系画在一张图上。

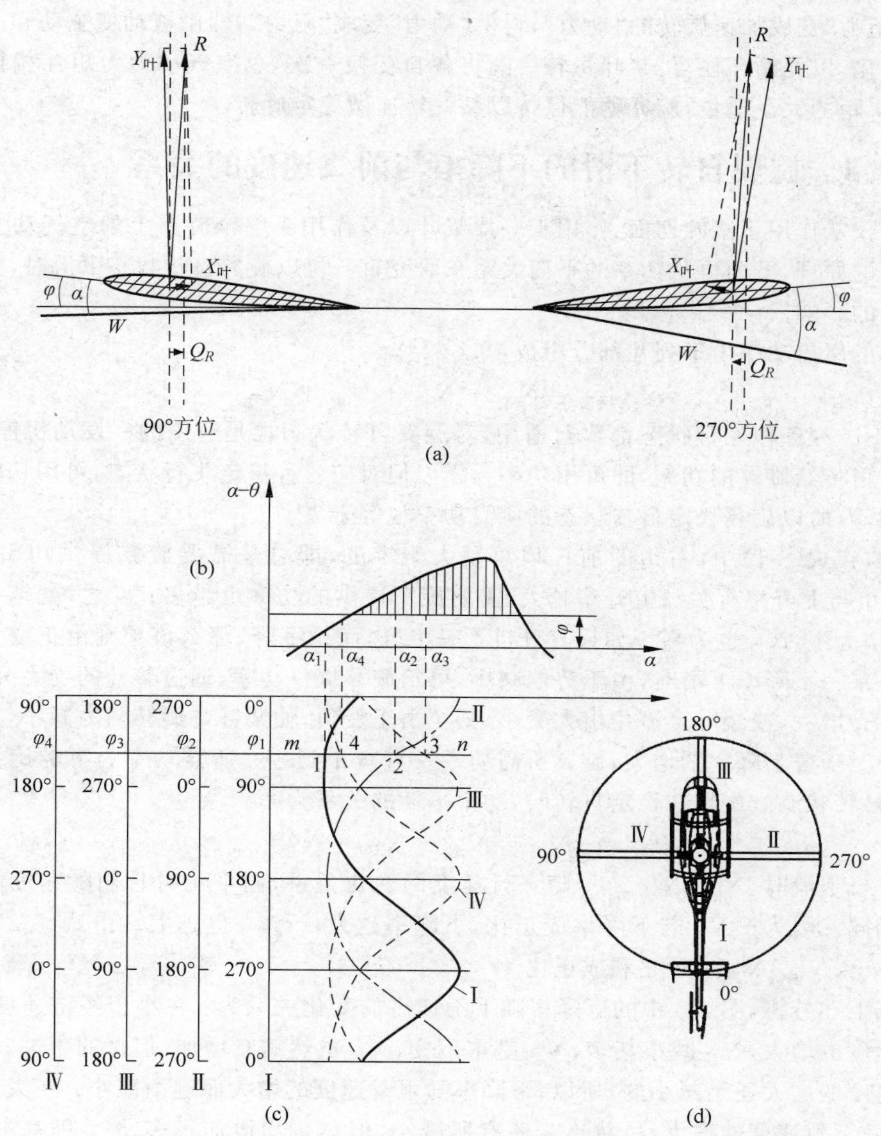

图 8-5　自转中桨叶空气动力随方位角的变化

为了便于说明问题，把图 8-3 中的曲线画在图 8-5(c)的上方，它们具有相同的横坐标。在图 8-5(c)中任意画一条平行于横坐标的 mn 直线，它与Ⅰ、Ⅱ、Ⅲ、Ⅳ号曲线分别交于 1、2、3、4 点，这四点在横坐标上所对应的迎角分别为 α_1、α_2、α_3、α_4，在纵坐标上对应的方位角为 φ_1、φ_2、φ_3、φ_4。从图 8-5(b)可以看出，α_1 和 α_4 对应的 $\alpha-\theta$ 都小于桨距，Ⅰ、Ⅳ号桨叶的旋转阻力为正；α_2 和 α_3 对应的 $\alpha-\theta$ 都大于桨距，Ⅱ、Ⅲ号桨叶的旋转阻力为负。根据上述方法，由图 8-5(c)和(b)可以判断各个瞬间各片桨叶所在方位，以及它们的旋转阻力的正负。

在 0°→90°→180°各方位的桨叶，旋转角速度有减慢的趋势；但处在 180°→270°→360°各方位的桨叶，却有加速旋转的趋势。随着桨叶继续旋转，由于桨叶迎角发生了变化，位于 90°和 270°两方位的桨叶对于整个旋翼的转速所起的作用，将各自走向自己的反面，由减速旋转的“阻力”变成加速旋转的“动力”，再由“动力”变成“阻力”，即由被动变主动和由主动变被动的转化，以此循环往复，桨叶每转一圈将各自变换一次，总空气动力力矩互相抵消。所以，只要桨距的大小适量，旋翼就能保持以某一转速做稳定旋转。

8.1.4 旋翼自转下滑的下降率与前飞速度的关系

前面仅从作用于桨叶切面、作用于一片桨叶以及作用于整个旋翼上的空气动力来分析旋翼自转的原理，下面再从功率的平衡关系来研究直升机以旋翼自转状态下滑时，前飞速度对下降率的影响。

旋翼的所需功率由下列几部分组成：

$$N_{所需} = N_{型} + N_{诱} + N_{废} + N_{升} \tag{8-1}$$

式(8-1)对各种飞行状态都普遍适用，对旋翼自转状态也是适用的。发动机停车后，旋转轴没有可传给旋翼的功率，即可用功率为零。但对应各种稳定飞行状态，可用功率应与所需功率相等，所以旋翼稳定自转状态的所需功率也等于零。

但是，在式(8-1)中，右边的前三项总是大于零的，即总是需要旋翼提供功率，第四项$N_{升}$的大小与上升率有关。上升率越大，需要旋翼提供的功率也越多；反之，就越小。平飞时，上升率为零，$N_{升}$也为零。如果直升机不是上升，而是下降，那么该项则由正变为负。即直升机以某一下降率下滑时，由于势能减小，可给旋翼提供功率，通过桨叶的受力分析可知，下降率$v_{y下}$增大，使桨叶来流角由大变小，甚至由正变负，使桨叶的旋转阻力减小，旋转所需功率减小。随着下降率的增大，旋翼所需功率一直减小到零。所需功率为零的旋翼工作状态，就是自转状态。旋翼在稳定自转时，功率平衡的关系为

$$-N_{升} = N_{型} + N_{诱} + N_{废} \tag{8-2}$$

直升机下滑时，$N_{型}$、$N_{诱}$、$N_{废}$随飞行速度的变化关系，同平飞时它们随速度的变化关系基本相同。因为$-N_{升}$与下降率成正比，下降率越大，$-N_{升}$也越大。由式(8-2)可知，下降率与$N_{型}$、$N_{诱}$、$N_{废}$三项之和成正比。

根据上述分析，图8-6中的下降率随下滑速度的变化关系为：在小于经济速度范围内，随下滑速度的增大，$N_{诱}$减小甚多，$N_{型}$基本不变，$N_{废}$虽然略有增加，但总的来说，三项之和随下滑速度的增大还是减小的，所以，下降率随下滑速度的增大而逐渐减小；在大于经济速度以后，随下滑速度的增大，虽然$N_{诱}$还有所减小，但$N_{废}$却增加很多，$N_{型}$仍基本不变，因此，三项之和随下滑速度的增大是增大的，即下降率也随下滑速度的增大而逐渐增大；以经济速度做自转下滑时，下降率最小。

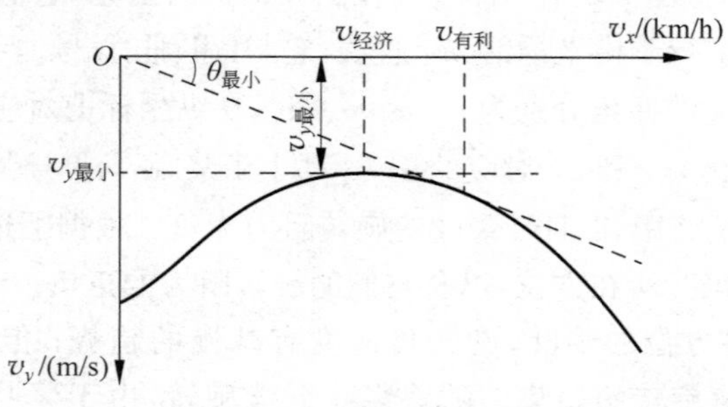

图8-6 旋翼自转时直升机的下滑性能曲线

8.1.5 旋翼自转下滑时的平衡

在发动机停车(或传动机构脱开)时,直升机原有的各力和各力矩的平衡状态遭到破坏,飞行员应当根据力和力矩的变化,及时、准确地操纵直升机进入接近于经济速度的旋翼自转状态下滑,并建立新的平衡。

1. 方向平衡的变化及处置方法

直升机在发动机停车(或传动机构脱开)的瞬间,旋翼的反作用力矩突然消失,直升机在尾桨拉力力矩和旋翼传动系统的摩擦力矩的共同作用下,机头将急剧地向旋翼旋转方向偏转。对于左旋旋翼来说,直升机将急剧地向右偏转,如图 8-7(a)所示。因此,飞行员应及时蹬左舵,使尾桨拉力指向右方,以保持方向平衡,如图 8-7(b)所示。

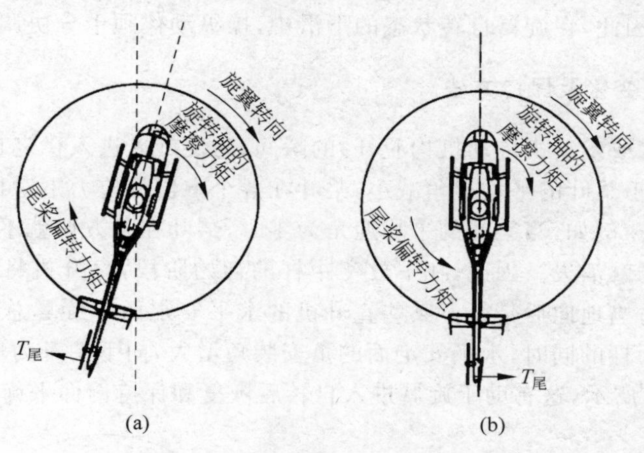

图 8-7 旋翼进入自转时的方向平衡

2. 横侧平衡的变化及处置方法

在发动机停车后,为了保持方向平衡,飞行员必须蹬左舵。此时,在尾桨拉力和旋翼拉力第三分力(T_3)的共同作用下,直升机将出现右坡度和右侧滑,如图 8-8(a)所示。为了保持横侧平衡,应在蹬左舵的同时向左压杆,使 T_3 的方向向左,如图 8-8(b)所示。

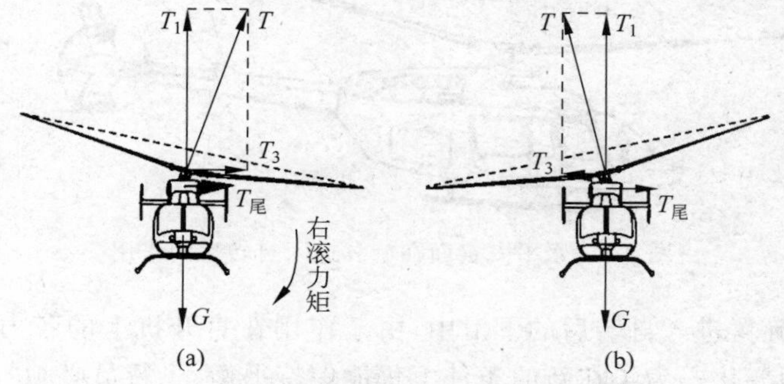

图 8-8 旋翼自转中的横侧平衡

还要指出，在发动机停车后，如果飞行员处置不及时，直升机在尾桨拉力力矩和旋翼传动系统的摩擦力矩的作用下，机头会向右偏转，形成左侧滑。这时，旋翼桨叶自然挥舞的最高点相对于直升机的纵轴将向左移动，旋翼锥体向右的倾斜角加大，产生向右倾斜的附加滚转力矩，右坡度将增大。由此可见，及时发现和修正所出现的侧滑，对保持横侧平衡是很重要的。当然，在修正侧滑时，必须向侧滑方向蹬舵和压杆。如果只向侧滑方向蹬舵，直升机在尾桨拉力的作用下，右坡度将增大。如果蹬舵量不足，即使大量向侧滑方向压杆，直升机也不易得到平衡。

在发动机停车后，如果处置不当而造成旋翼转速过小，旋翼锥体对驾驶杆的跟随性就会变坏。为避免旋翼转速过小，应及时地减小旋翼总距。否则，压杆量很大也不能改出右坡度。

直升机由于绕纵轴的转动惯量小，在进入以旋翼自转状态的下滑中，如果飞行员推杆粗猛，在旋翼的进动作用下，右坡度急剧增大。这时，即使将驾驶杆向左压到尽头也很有可能难以改出右坡度。因此，在旋翼自转状态的下滑中，操纵动作须十分协调轻缓。

3. 俯仰平衡的变化及保持方法

在发动机停车(或发动机传动机构脱开)的瞬间，为使旋翼进入稳定自转，必须及时地下放变距杆。这时由于桨叶的平均迎角减小，桨叶在各个方位的拉力不对称程度减小，旋翼锥体的后倾角也减小。例如，当桨叶的平均迎角为零时，桨叶在各方位就不存在拉力不对称现象，桨叶的自然挥舞就消失。因此，在下放变距杆的初始阶段，直升机将出现下俯趋势。为保持俯仰平衡，要适当地向后带杆。某些直升机的水平安定面与旋翼总距的操纵机构是相连接的，在下放变距杆的同时，水平安定面的负安装角增大，向下的升力增大，从而使直升机机头上仰，如图 8-9 所示，这有助于旋翼进入自转后恢复和保持俯仰平衡。

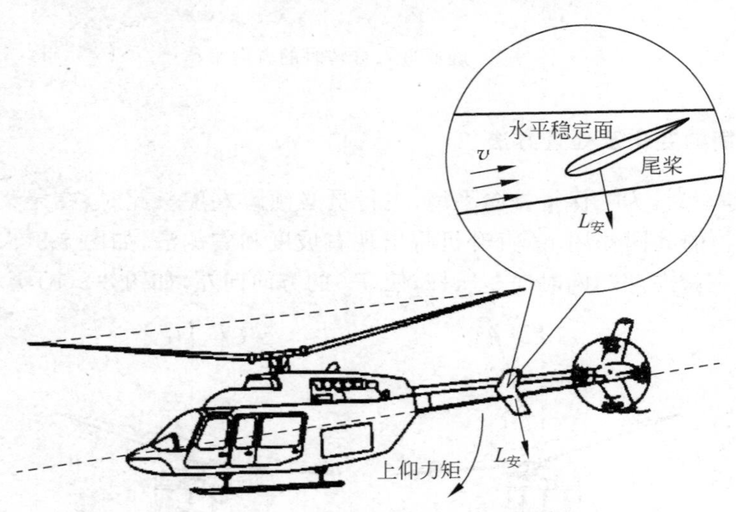

图 8-9　水平安定面在旋翼进入自转后的作用

综上所述，在旋翼进入自转后的下滑中，由于作用在直升机上的各力和力矩发生变化，平衡也就发生新的变化。为了在新的条件下仍能保持平衡，飞行员必须“审时度势”、积极主动地操纵直升机，完成以经济速度做旋翼自转状态下滑的过渡，并保持好飞行状态，迅速寻找备降场来安全着陆。

8.1.6 旋翼自转下滑的训练飞行

飞行员要掌握旋翼自转状态的飞行特点，需要进行以旋翼自转状态下滑为科目的训练。为了保证飞行安全，在做以旋翼自转状态下滑的训练飞行时，不是关闭发动机，而是使发动机与旋翼"脱开"。这时发动机空转，旋翼处于自转状态。在完成旋翼自转训练任务以后，或遇到某种危及安全的情况时，可以及时将发动机与旋翼"接通"。

操纵某型直升机旋翼进入和改出自转的方法是：进入时保持好飞行状态，轻缓一致地下放变距杆，蹬左舵，向左压杆，并稍带杆。下放变距杆，是为了减小桨叶安装角，减小拉力，使直升机转入下滑。稍带杆，是为了克服直升机的下俯力矩以保持规定的下滑速度。蹬左舵，向左压杆，则是为了在下放变距杆后保持直升机的平衡。

根据飞行高度检查桨距指示器指示的数值与该高度的所需旋翼总距相符合时，左转油门环，使发动机的转速减小，转速表上的M指针指示的数值小于P指针150～200 r/min，自由行程离合器"脱开"，旋翼进入自转，同时向左蹬舵、压杆，以保持直升机的平衡。若要改出旋翼自转状态，则右转油门环增大发动机的转速，使转速表上的M、P两针重合，上提变距杆，向后带杆，向右压杆和蹬舵。上提变距杆，是为了在退出旋翼自转状态下滑后，取得继续飞行所需要的功率和拉力。带杆，是为了使直升机退出下滑而转入新的飞行状态。向右蹬舵，是为了平衡上提变距杆后的旋翼反作用力矩。向右压杆，则是为了平衡尾桨拉力及其形成的左滚力矩。

8.1.7 直升机旋翼自转下滑的性能

直升机以旋翼自转状态下滑的性能主要包括最小下降率、最小下滑角（相当于最大下滑距离）。保持最小的下降率或最大下滑距离下滑，对保证旋翼自转状态着陆的安全很重要。

1. 下降率及其影响因素

直升机以旋翼自转状态下滑时，下降率的大小对能否安全着陆影响极大。因此，它是旋翼自转状态下滑性能中的一个重要参数。由前面分析可知，自转下滑的下降率与下滑速度有关。某型直升机在 $H=1\,000$ m飞行高度上，旋翼自转状态下滑的下降率与下滑速度（水平分速）的关系曲线，如图8-10所示。由图8-10可以看出：以经济速度下滑时，下降率最小，约为7 m/s；垂直下降的下降率最大，约为18 m/s。可见，下滑速度对下降率的影响极大，只有使下滑速度接近经济速度，才能获得较小的下降率。

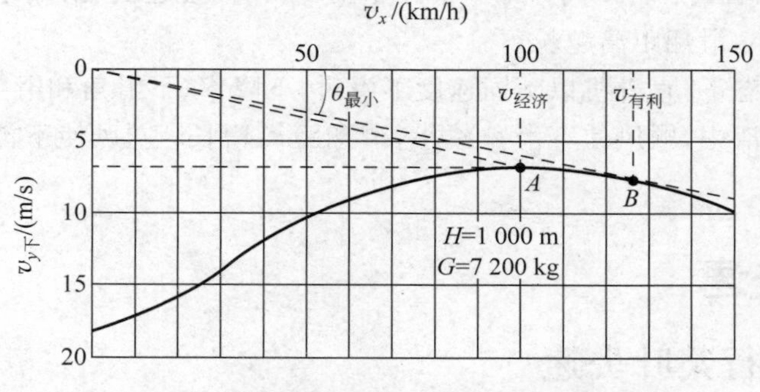

图8-10 某型直升机旋翼自转下滑的性能曲线

下降率除了受下滑速度的影响外，还受下列因素的影响：

(1) 飞行重量。飞行重量增加时，所需拉力增大，旋翼的诱导速度和诱导功率也增大。因此，同型直升机以同一速度做旋翼稳定自转下滑时，如果载重量增加，下降率也随之增大。

(2) 旋翼转速。在旋翼自转状态，减小旋翼总距，可使转速变大。若旋翼转速过大，型阻和型阻功率增大，为保持旋翼稳定下滑，必须增大下降率。若用较大的总距和较小的转速做旋翼自转下滑，则可以减小一些下降率。但必须看到，旋翼转速减小时，储备的旋翼动能减小，这对自转着陆是不利的。因此，各型直升机在旋翼自转状态下滑时，都规定了一定的旋翼转速范围。

(3) 空气密度。空气密度增大时，在单位时间内通过旋翼桨盘的空气质量增多，产生同样大小的拉力，诱导速度比较小，诱阻功率、下降率也相应地减小。反之，空气密度减小，下降率则增大。因此，在高空或高温地区飞行时，空气密度减小，下降率将增大。

2. 滑翔距离及其影响因素

直升机在旋翼自转状态下滑中所经过的水平距离，称为滑翔距离，用 $L_{下滑}$ 表示。从图 8-11 得知，由下滑轨迹线、下滑高度、滑翔距离和下滑速度 $v_{下滑}$、下降率 $v_{y下}$、下滑水平分速 v_x 分别组成两个相似三角形。根据相似三角形对应边成比例的关系，有

$$\frac{L_{下滑}}{H}=\frac{v_x}{v_{y下}}$$
$$L_{下滑}=H\frac{v_x}{v_{y下}}=H\frac{1}{\tan\theta} \tag{8-3}$$

式中，$L_{下滑}$ 为滑行距离；H 为下滑高度；θ 为下滑角。

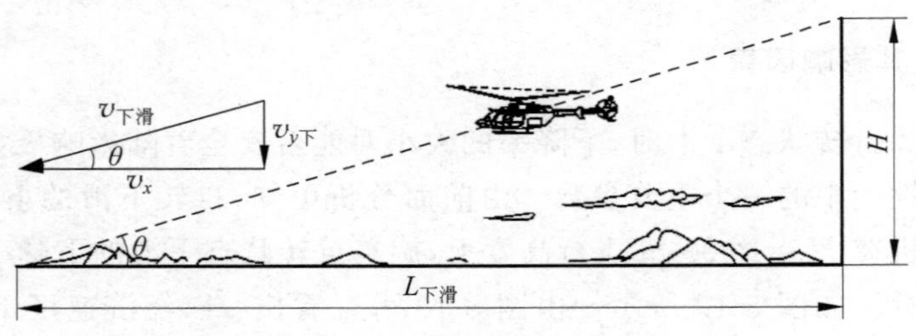

图 8-11　直升机的滑翔距离

由式(8-3)可以看出：若以同样的下滑角下滑，下滑高度越高，滑翔距离越长；若下滑高度相同，下滑角越小，滑翔距离越长。

在旋翼自转状态下，直升机以不同速度下滑时，下降率、下滑角和滑翔距离均不同。

在旋翼自转下滑中，顺风使下滑角减小，滑翔距离增长；逆风使下滑角增大，滑翔距离缩短。

8.2　旋翼失速

8.2.1　后行桨叶失速

前行飞行中，流过主旋翼桨盘的相对气流在前行桨叶侧和后行桨叶侧是不同的。前行

桨叶侧的相对气流速度更大，而后行桨叶侧的相对气流速度更小。这种升力的不对称随着前行速度的增加而增加。

如图 8-12 所示，为使整个桨盘产生相同大小的升力，前行桨叶向上挥舞而后行桨叶向下挥舞。这导致前行桨叶迎角减小，升力减小，而后行桨叶迎角增大，升力增加。随着前行速度增加，在一些点，后行桨叶上的低桨叶速度以及大迎角导致气流分离，从而该部分失去升力(失速)。

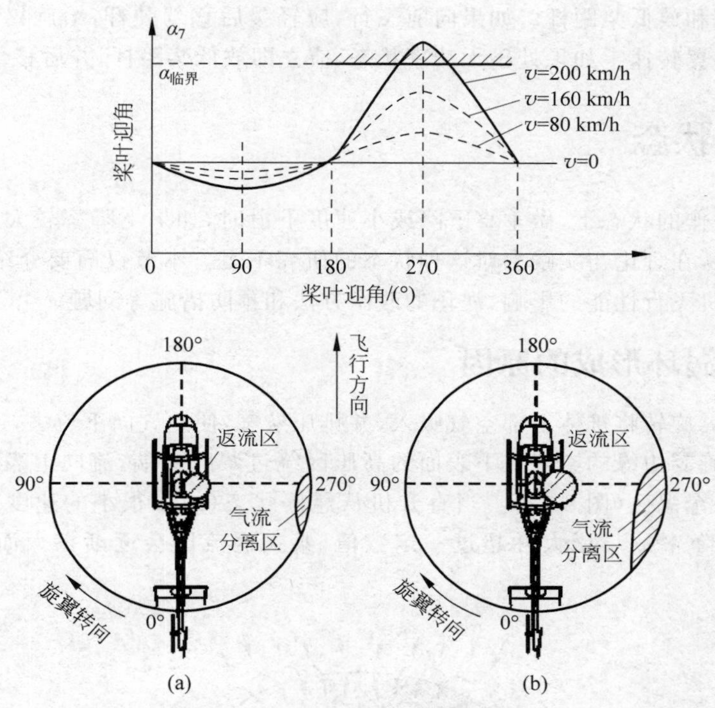

图 8-12 不同速度下的气流分离区

后行桨叶失速是限制直升机最大前行速度(v_{NE})的主要因素，可以通过失速而引起的低频振动、机头上仰和后行桨叶方向滚转等现象感知。大重量、低旋翼转速、高温和高高度、颠簸和大坡度突然转弯都是导致大前行空速下后行桨叶失速的因素。随着高度增加，要求更大的桨叶角来保持给定空速下的升力，从而在更小前行空速下出现后行桨叶失速。大多数直升机制造商会公布图表以显示随高度减小的 v_{NE}。

当从后行桨叶失速条件中改出时，后移驾驶杆会加剧失速，这是因为，后移驾驶杆会导致桨叶变距增大，迎角增加。前推驾驶杆也会加剧失速，这是因为后行桨叶迎角增加了。从后行桨叶失速中正确改出时要求：首先放低桨距杆，减小桨叶角以及迎角；然后后移驾驶杆以使直升机减速。

8.2.2 旋翼转速低和桨叶失速

旋翼自转期间旋翼转速低可能导致成功完成机动动作的可能性变小。然而，如果让旋翼转速衰退到所有旋翼桨叶失速点，结果通常是致命的，尤其是高度低的时候。旋翼转速低和桨叶失速的潜在危险在具有低桨叶惯性的小型直升机上最大。旋翼转速低和桨叶失速可

能以各种方式出现，如油门操纵错误、总距提升量超过了可用功率或者在高密度高度运行。

当旋翼转速下降时，桨叶通过增加桨距，试图保持相同的升力。随着桨距增加，阻力增加，则要求更多功率来保持桨叶以合适转速转动。当功率不足以保持转速和升力时，直升机开始下降。这改变了相对气流，并进一步增加了迎角。在某点上，桨叶将失速，除非恢复转速。如果所有桨叶失速，则几乎不可能有平稳的气流通过桨叶。

尽管大多数直升机设计上具有安全裕度，但一旦旋翼转速低于绿弧区且有功率状态，则应同时增加油门和放低桨距杆。如果向前飞行，应轻缓后移驾驶杆，给旋翼系统增加负载，这有助于增加旋翼转速。如果处于无功率状态，应立即放低桨距杆，并后移驾驶杆。

8.3 涡环状态

在发动机工作的状态下，做垂直下降或小速度下滑时，如果下降率较大，直升机会进入涡环状态。目前，在理论与实践上对这种状态的研究不足。本节仅简要介绍涡环形成的原因，涡环对直升机飞行性能的影响，涡环的改出方法和预防措施等问题。

8.3.1 涡环形成的原因

悬停时，旋翼旋转将锥体上部空气吸入，并排压空气，使空气向下流去，这时旋翼上下表面形成压力差，旋翼边缘的空气从下表面的高压区绕过桨叶尖端，流向上表面的低压区，从而在桨尖形成一个涡区(图 8-13)。当直升机从悬停状态(或以很小的速度下滑)转入垂直下降时，如果下降率 $v_{y下}$ 增大并超过一定数值，桨尖涡流区会逐渐扩大而发展成为涡环状态。

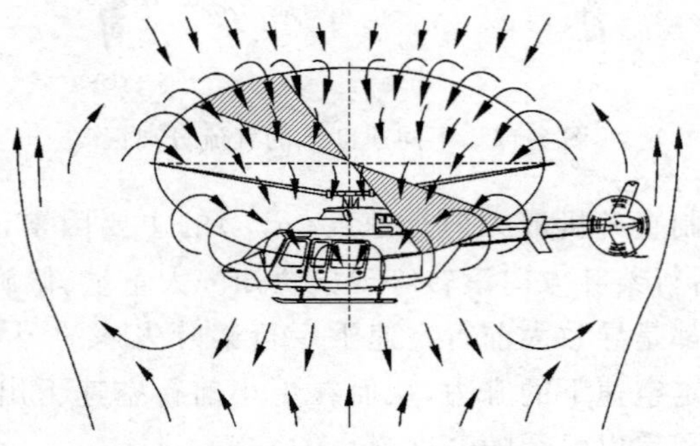

图 8-13　直升机的涡环状态

形成涡环状态的原因有：一方面直升机垂直下降时，相对气流的空气向上流动；另一方面，旋翼排压的空气向下流动，两个方向的空气相遇(图 8-14(b)、(c))，一部分空气被迫绕过旋翼锥体的边缘向上流动。因为旋翼上表面的空气压力比大气压力低，向上流动的这部分空气重新被吸入旋翼锥体之中，又被旋翼排向下方。即有一部分空气被往复吸入和排出，通过旋翼多次循环，在旋翼周围产生一个涡流区。如果直升机的下降率不断增大，涡流区就会逐渐扩大而发展成为涡环。

若下降率较小，旋翼向下排压的空气流动速度较大，直升机下降的相对气流速度较小，

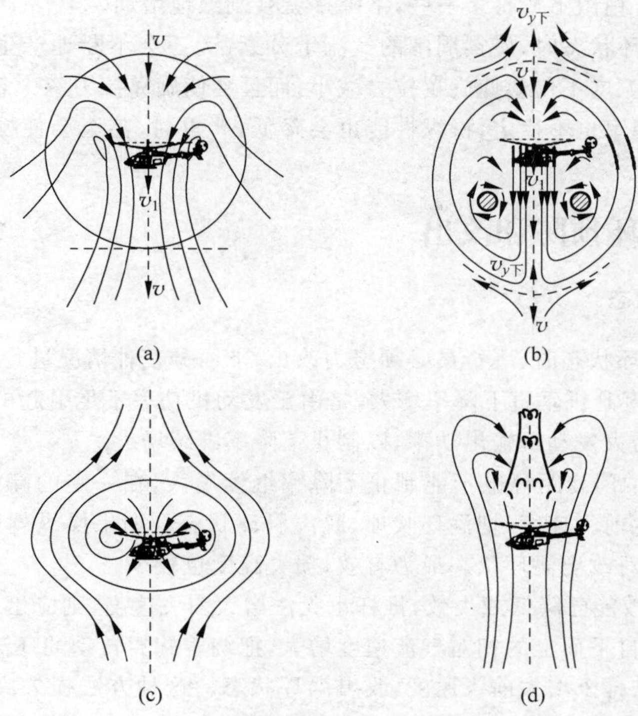

图 8-14 涡环状态的形成过程

(a) $v_{y下}=0$；(b) $v_{y下}=3\sim5$ m/s；(c) $v_{y下}=6\sim10$ m/s；(d) $v_{y下}=15\sim17$ m/s

这两股空气相遇，其主流还是向下运动，空气绕过旋翼锥体的边缘向上方流动，不会形成涡环。反之，若下降率过大，比如超过 15～17 m/s，因直升机下降所形成的相对气流速度很大，而旋翼向下排压的气流速度小，涡环将被自下而上的相对气流吹掉，也不会形成涡环状态(图 8-14(d))。

8.3.2 涡环对直升机飞行性能的影响

在悬停时，稍下放油门变距杆，直升机即以小的下降率(1～3 m/s)垂直下降。如继续将油门变距杆下放一些，下降率将急剧增大，可能骤然增至 6～10 m/s。这时，油门变距杆虽然下放不多，但下降率出现很大的变化，这种现象就是流经旋翼的空气产生涡环流动所引起的。

直升机在稳定下降中，机身、旋翼等部分都产生向上的阻力。此阻力和拉力 T 共同平衡重力，以保持稳定下降。下降率越大，阻力也越大，为保持稳定下降所需的发动机功率则随之减小。直升机下降率超过一定程度时，旋翼上即产生了明显的涡环。例如，某型直升机做垂直下降时，若下降率大于 3 m/s，则进入涡环状态；若下降率达到 5～6 m/s，涡环区约占桨盘面积的 40%，此时，由于空气在旋翼桨尖部分做环状流动，要额外消耗一部分功率。下降率再增大，涡环现象更严重，消耗功率也更多。所以，在旋翼产生涡环之后，虽然下降率增大，产生拉力的所需功率降低，但由于涡环所消耗的功率增大，结果是，旋翼所需功率却降低很少。即在某一个下降率范围内(3～10 m/s)做稳定下降时，所需的发动机功率相差不多，如果油门变距杆稍微下放得多一些，下降率就会剧烈地增加。

直升机处于涡环状态时，旋翼周围的气流十分紊乱，还会不断地产生许多小涡流，这会影响旋翼正常运转。这不仅会使旋翼拉力减小，而且会使旋翼拉力忽大忽小，从而引起直升机抖动和摇晃，下降率也不稳定，操纵性能也会降低，严重时，甚至会使操纵失效，危及飞行安全。

8.3.3 涡环预防和改出

1. 改出涡环状态

直升机进入涡环状态时，飞行员必须努力改出，下面分三种情况进行介绍。

(1) 如果发现直升机垂直下降率增大，是由于发动机功率不足引起的，则应及时地上提油门变距杆，迅速增大发动机输出功率，以制止下降率继续增大。

(2) 如果上提油门变距杆也不能制止下降率继续增大，在一定的高度以上则应迅速地推杆，使直升机产生前飞速度，把涡环吹掉，脱离涡环状态。如果操纵驾驶杆时没有异常感觉，这时，这种措施对改出涡环状态最为有效，损失高度也较少。

(3) 如果操纵效能已降低或失效，推杆也无法增大前飞速度，则应迅速地下放油门变距杆，增大下降率，使自下而上的相对气流速度增大，把绕着旋翼转动的环流向旋翼的上方“吹掉”。然后再推驾驶杆来增大前飞速度，改出涡环状态。这种方法损失高度较多，只有在高度较高或不得已时才被采用。

2. 防止涡环状态的产生

直升机进入涡环状态以后，虽然可以根据情况，采取上述三种办法进行处理，但是应尽量避免出现该现象。

在发动机工作的状态下，操纵直升机做垂直下降时，为了防止进入涡环状态，下放油门变距杆不要太多，以保持较小的下降率，若发现下降率有增大的趋势，要及时上提油门变距杆以使下降率不超过《直升机飞行手册》上所规定的范围。如某型直升机的《直升机飞行手册》上规定：在其他情况下做垂直下降时，其下降率都不应超过 3 m/s。

在载重量大、气压高或气温高等情况下，剩余功率很小，不宜做垂直上升或勉强在较高的高度上悬停，以免因上提油门变距杆过多，旋翼转速减小，拉力不足而进入涡环状态。

此外，在较低的高度上，如果没有特殊需要，不要做垂直下降，宜带空速下滑。

8.3.4 关于尾桨的涡环状态

尾桨形成涡环状态的原因与旋翼形成涡环状态相似。现以某型飞机做悬停左转弯为例。在机头向左偏转的过程中，尾桨所形成的相对气流与它向右排压的气流相遇，一部分空气被迫从尾桨的后桨面绕过桨尖向前桨面流动。因尾桨前桨面的空气压力比大气压力低，向前桨面流动的这部分空气又被吸入尾桨之中，并重新被尾桨排向右方。即有一部分空气被往复地吸入和排出，通过尾桨多次循环，在桨尖形成一个涡流区。当直升机的偏转角速度超过一定数值之后，涡流区扩大成为涡环。此时，尾桨的效能明显降低，直升机还会出现抖动现象。这也是直升机在悬停转弯的过程中，角速度不能太大的原因之一。

8.4 地面共振

“地面共振”是直升机在地面试车、滑行、垂直起落和滑跑起落中，受一定的初始干扰之后，突然发生摇晃，振幅迅速增大的一种强烈振动现象。地面共振属于自激振动。对于多数单旋翼带尾桨的直升机来说，发生“地面共振”时，常常可以明显地感到横向振动迅速扩大，但振动频率比较低(某型直升机为 2～3 次/s)，有时机轮交替离地并撞击地面。如果不及时处置，一般在不到 10 s 的时间内，就可以打坏桨毂，折断尾梁、斜梁，甚至机体翻倒，旋翼打地，造成严重事故。可见，地面共振是最强烈和最危险的一种振动。

本节研究地面共振产生的原因，并结合维护经验来说明预防和紧急处置的一般原则和方法。这对保障飞行安全是很必要的。

8.4.1　地面共振产生的原因

直升机发生地面共振的内因是，直升机存在相互关联的两个振动系统，即桨叶绕垂直铰链的前后摆振和整个机身在起落架上的振动。其外因是，直升机受到某种初始干扰(如在滑行中有较大的阵侧风，粗猛蹬舵或在不平的地面上滑跑颠簸等)。

多数直升机为了提高旋翼寿命，桨毂都带有垂直铰链。在外界干扰力的作用下(如阵风、着陆接地时动作粗猛而受到倾向冲击力等)，桨叶便绕垂直铰链摆振。由于各桨叶摆振不可能均匀，旋翼重心就偏离了桨毂旋转中心(图 8-15(a))，出现不平衡的惯性离心力，此力方向不断变化，引起直升机在起落架上发生振动(图 8-15(b))。

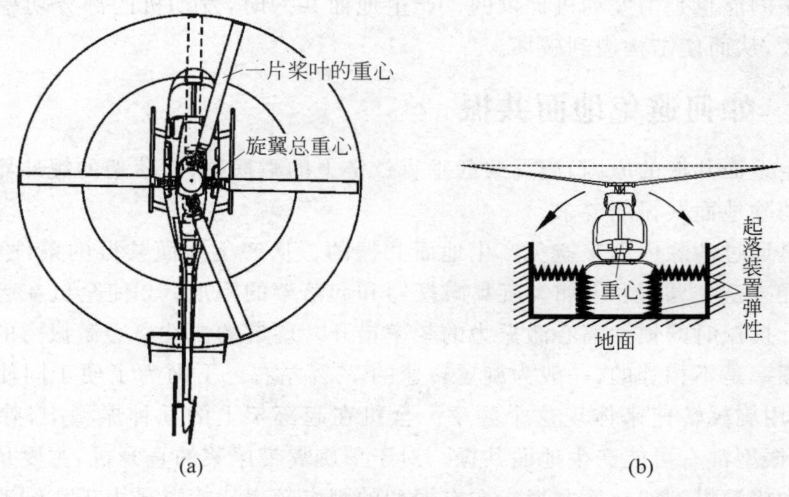

图 8-15　直升机的两个振动系统

直升机在起落架上的振动共有 6 种振动形态，即上下、左右、前后、俯仰、横侧和偏航。直升机产生地面共振的原因是，在地面运转状态下，如在试车台试车、滑行、垂直起落和滑跑起落等，在受到外界初始干扰后，桨叶便会不均匀地产生摆振，形成不平衡的惯性离心力。此不平衡的惯性离心力就是直升机在起落架上振动的激振力，它会引起全机在起落架上的振动，这一振动又反过去影响桨叶的摆振。如果旋翼在某一转速时，两个振动系统具有以下

关系，即惯性离心激振力的频率（这个由桨叶摆振引起的激振力的频率不等于旋翼转速）与整个直升机在起落架上的某个振型的固有频率相同或相近，而桨毂减摆器和缓冲器的阻尼又不足，旋翼的摆振和机身在起落架上的振动就会互相加剧，激振力一次比一次强，振幅一次比一次大，如图 8-16 所示。如果不及时处置，几秒钟内就能把直升机振坏，这就是地面共振。

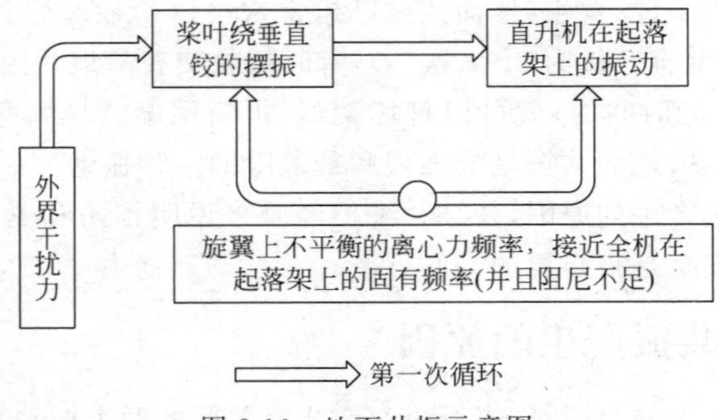

图 8-16　地面共振示意图

如果上述两个振动系统的频率相差比较远，或者减摆器和缓冲器具有足够的阻尼，则干扰力引起的旋翼摆振和由此引起的全机在起落架上的振动会彼此削弱，激振力一次比一次弱，振幅一次比一次小，就不会发生地面共振。

发生地面共振要有三个条件：上述两个振动系统的频率相接近；旋翼减摆器和起落架的阻尼不足；有足够的外界干扰力。

地面共振的能量是由发动机提供的。产生地面共振时，发动机的部分功率使直升机的振动急剧扩大，从而使结构遭到破坏。

8.4.2　如何避免地面共振

根据产生地面共振的原因，旋翼桨毂垂直铰链上的减摆器，起落架的缓冲器和机轮的填充都要具有消除地面共振的要求。

直升机是通过消除内因来避免产生地面共振的。从产生地面共振的条件可以知道，可采用两种途径来避免共振：①加大旋翼减摆器和起落架的阻尼；②使全机在起落架上的固有频率和桨叶摆振时的惯性离心激振力的频率错开。旋翼的惯性离心激振力的频率和旋翼转速对应的频率是不相等的，一般为旋翼转速的 75%左右。下面为了便于同使用操作联系起来，就直接用旋翼转速来体现这个频率。全机在起落架上的 6 种振型中，除了上下振型外，其他 5 种振型都有可能产生地面共振。对于单旋翼带尾桨的直升机，主要是设法消除对应左右振型和横滚振型的地面共振。左右振型的固有频率比旋翼最大工作转速对应用的频率低得多，一般采用加大阻尼的办法；横滚振型的固有频率常在旋翼最大工作转速对应的频率附近，一般采用错开频率的办法，即把横滚固有频率提高到旋翼最大工作转速对应的频率以上。例如，对某型直升机就是这样处理的。

但是，错开频率只是相对的，例如，对某型直升机如果使用和维护不当，就会使直升机的横滚固有频率下降，或其他振型固有频率升高，以致阻尼不够，或者起落架的阻尼性能变差，减摆器的阻尼力矩减小。在这些条件下，遇到外界干扰，就可能发生地面共振。为防止发生

地面共振，使用维护中应注意以下几点：

保持直升机的固有振动频率不变，尤其是保持横滚型振动频率不下降，其他型振动频率也不上升。为此应注意：

(1) 起落架缓冲器的填充量应符合规定数值。如果填充量过大，在停机状态缓冲器的压缩量就比较小，这会使减振支柱内空气柱长度增加，直升机固有频率就会降低。加油量过少(或使用中漏油)不仅会导致同样结果，而且还会使阻尼下降。

(2) 轮胎充气压力不应超出规定的范围。如果压力过大，在停机状态的压缩量就会减小，大振幅振动时，横滚的固有振动频率反而会下降。这是因为，机轮的压缩最小，在较大的干扰力作用下，机轮容易离地，离地的时候，机轮的刚度消失，即直升机的平均刚度降低。

(3) 滑行和起飞着陆的滑跑速度不要超出规定的速度。速度过大，机轮的侧向刚度会降低很多，使横滚固有频率下降到旋翼工作转速范围。

(4) 起落场地太松软或在深雪处滑行，也会使直升机的固有频率下降。

(5) 垂直起落时动作要轻缓，但离陆或着陆要果断，避免较长时间处于若即若离的状态，从而引起轮胎平均刚度降低。

不要减小旋翼减摆器的阻尼和改变起落架的弹性、阻尼特性。

(1) 减摆力应调整到规定数值。

(2) 保证起落架缓冲器具有良好的减振性能，按规定充油、充气。

(3) 保证机轮胎面有足够的摩擦力。如果外胎过于陈旧或直升机停在冰霜的地面上，就会使轮胎的摩擦力减小，此时应特别谨慎。过于陈旧的外胎要及时更换。

应尽量避免直升机受到过大的外界干扰力。为此，着陆动作要轻缓，使直升机平稳接地，不宜做距离过长的滑跑和滑行，不宜在坎坷不平的地面上以过大的速度滑行，且直升机上的装载物要固定牢靠。

地面试车时，不管是直升机全部离地悬在系留钢索上，还是一半离地一半悬在系留钢索上，它们均是发生地面共振的内在因素。此时代替直升机在起落架上的振动系统是全机在系留钢索上或系留钢索加上部分起落架上的振动系统，如果加上足够的外界干扰，就可能发生地面共振。为此应注意以下几点：

(1) 系留桩的布置和系留钢索的规格应符合规定。

(2) 试车前，应摆正直升机在车台上的位置，以便试大车时，能以较好的姿态平稳离地。

(3) 起落架离地、系留钢索张紧后，蹬舵、动杆都要轻缓，左座和右座的飞行员的手不要同时离开油门变距杆，以免突然发生振动时无从处置。

(4) 凡有条件的，在试大车时最好让起落架全部离地，这样即使出现地面共振，振幅扩大也会变缓，容易处置；反之，如果起落架没有全部离地，一旦发生地面共振，振幅扩大就比较迅猛，往往做不到及时处置，从而使直升机遭受不同程度的损伤。

8.4.3 发生地面共振时的处置

直升机在起落架接地的情况下运转时，要有发生和处置地面共振的思想准备，这是及时判断和正确处置的前提。

不同型的直升机，发生地面共振的情况不同，同型直升机，发生地面共振的情况也不完全一样。应按照不同情况，采用不同的处置方法。

一般情况下，如果确认地面共振已经发生，应立即左转油门环，把油门变距杆放到底，以减小旋翼转速，并蹬左舵以保持好方向。迅速和大幅度地改变旋翼转速，使惯性离心激振力的频率远离发生共振振型的固有频率，以消除产生共振的内因。

采取上述措施后，如果振动仍不明显降低，应立即关闭发动机来切断共振的能源，并及时使用旋翼刹车，使旋翼转速迅速减小到共振转速范围以外。

如果在着陆刚接地或起飞快离地(包括垂直和滑跑起落)时，根据标高、温度、湿度、载重等确认有可能迅速使直升机离地，可立即上提油门变距杆，使直升机迅速离地，地面共振也就不存在了。

8.4.4 注意事项

某型直升机在开车后接通旋翼时，直升机有时也会出现一种较大幅度的摇晃现象，由于旋翼转速较低，摇晃的频率和转速一致。这是因为，几片桨叶在开车前没有拉到相同的限动点，此时旋翼转速较小，惯性离心力不足以克服减摆器的摩擦力，而不能把桨叶拉到平衡位置以使重心偏离桨毂旋转平面中心，从而产生了不平衡的惯性离心力所引起的一种强迫振动，不要认为这是地面共振。这种摇晃现象的幅度不会像地面共振那样扩大，只要增大旋翼转速，使桨叶的惯性离心力增大到一定数值，此现象就会消失。

发生地面共振后，直升机某些部分因强烈振动可能损坏，因此，应重点进行以下检查：

(1) 旋翼桨叶有无变形、裂痕或起皱，大梁是否有漏气。

(2) 桨毂的前后限动块如有撞击压伤，应更换，检查桨毂各铰链是否灵活，有无卡滞现象。

(3) 检查尾梁有无变形。

(4) 起落架缓冲器是否曾在振动中压缩到底，如果活塞杆与外筒已发生硬性撞击，应将缓冲器分解检查。

(5) 检查各附件、设备的固定是否松动。

8.5 尾桨失效

尾桨失效是指，直升机在小速度情况下发生非指令的快速方向偏转，如果不及时修正，可能导致直升机失控。如果主旋翼逆时针转动则直升机向右发生尾桨失效，如果主旋翼顺时针转动则直升机向左发生尾桨失效。本节讨论具有逆时针转动旋翼和反扭矩旋翼的直升机尾桨失效问题。

尾桨失效与直升机的设备或维修问题没有联系，所有单旋翼带尾桨直升机在空速小于 30 kt 以下时都有可能发生尾桨失效。原因是尾桨不能提供足够的拉力以保持方向控制，一般发生于悬停时受到风方向的影响，或更高的高度给定功率值的尾桨拉力不足时。

对于稳定大气中任何给定的主旋翼扭矩值，防止直升机向左或向右偏航所需的尾桨拉力是确定的，这一确定的量称为尾桨配平拉力。为保持悬停中航向恒定，应保持尾桨拉力等于配平拉力。

所需的尾桨拉力根据风的影响而改变。风会改变尾桨的有效拉力，导致非指令偏航。特定相对气流方向比其他风向更容易导致尾桨拉力变化。通过飞行和风洞试验已识别三个

相对气流方位区或其组合容易产生尾桨失效环境，这些区域可能重叠，且拉力变化更为明显。此外，通过飞行试验已确定尾桨在此期间并未真正失速。当以小于 30 kt 的速度在这些区域运行时，飞行员工作量急剧加大。

8.5.1　风对尾桨效率的影响

1. 主旋翼桨盘涡流干扰区(285°～315°)

如图 8-17 所示，来自左前方风速为 10～30 kt 的风会造成主旋翼涡流在相对气流的作用下吹入尾桨。主旋翼桨盘涡流的影响导致尾桨处于极不稳定气流环境中。右转弯中，随着尾桨进入主旋翼桨盘涡流，其拉力下降。尾桨拉力减小是由于主旋翼桨盘涡流流过尾桨桨盘时，流经尾桨的气流发生变化。初期，主旋翼桨盘涡流使尾桨桨叶迎角增大，从而尾桨拉力增加。迎角增大时需要增加右脚蹬力以减小尾桨拉力，从而保持相同的转弯率。随着主旋翼涡流经过尾桨，尾桨迎角减小。迎角减小导致拉力减小，向右转弯率开始加快。这种加快会与之前增加了右脚蹬以保持右转弯率相反。这种拉力的减小发生得很突然，如果不修正，会发展成不可控地绕旋翼轴快速旋转。当在该区域运行时，要意识到尾桨拉力减小发生的可能相当突然，并准备好快速反应，增加左脚蹬力来消除这种突发的尾桨拉力减小。

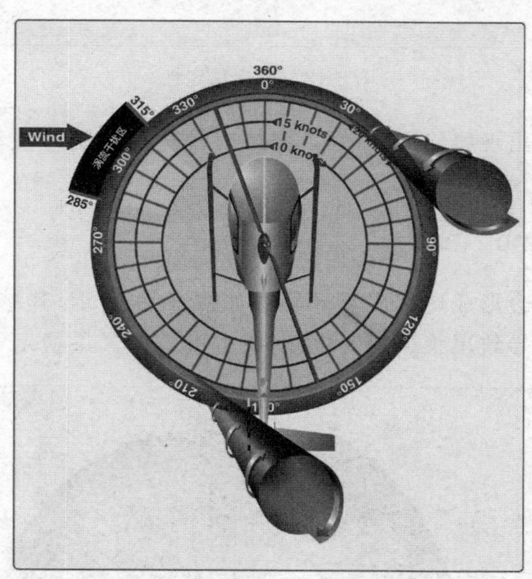

图 8-17　主旋翼涡流干扰[1]

2. 风标稳定性区域(120°～240°)

在这个区域，直升机试图将其机头朝向相对气流的方向。如图 8-18 所示，除非及时用脚蹬修正偏差，否则直升机开始缓慢地非指令右转或左转，具体转弯方向取决于风向。如果飞行员允许直升机形成向右转弯的偏转率，直升机尾部移入这个区域，转弯角速度会迅速增

① 图中 knots 为 kt(节)。

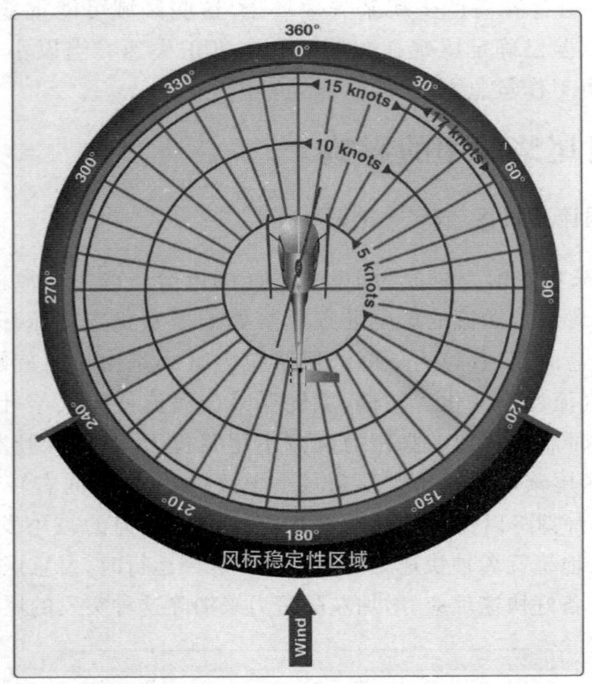

图 8-18　风标稳定性

大。为避免顺风条件下出现尾桨失效，必须保持对转弯角速度的主动、及时控制，并且集中全部注意力操纵直升机。

3. 尾桨涡环状态(210°～330°)

这个区域内的风向会形成尾桨涡环环境。如图 8-19 所示，其结果是不均匀、不稳定气流进入尾桨。涡环状态导致尾桨拉力变化，造成方向偏差。不稳定气流的综合效果是尾桨

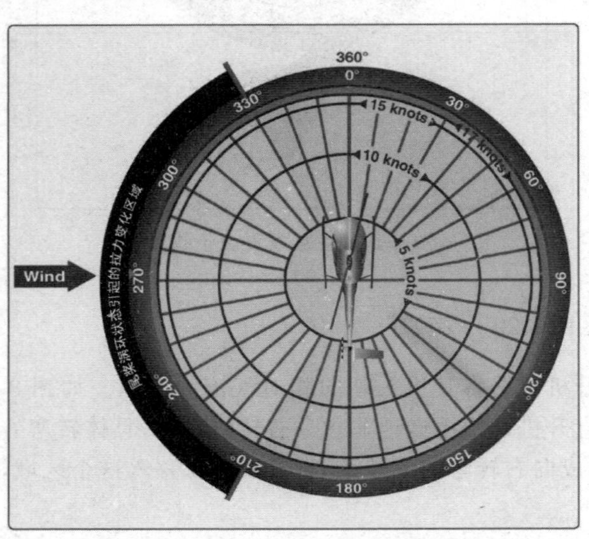

图 8-19　尾桨涡环状态

拉力交替变化。当在左侧风中悬停时，有必要进行快速持续的方向修正，以补偿尾桨拉力的快速变化。在这个区域很难保持精确的方向，但这个特性不会带来较大的问题，除非修正偏差慢。然而，脚蹬力过大、精力不集中以及过度操纵都会导致尾桨失效。

当产生的尾桨拉力小于所需拉力时，直升机向右偏转。当在左侧风中悬停时，必须集中精力平稳协调地进行脚蹬输入，不允许形成不受控的右偏航。如果任凭右偏航率发展，直升机会旋转进入风方位区，从而风标稳定性加剧右转动率变化。尾桨涡环状态期间飞行员的工作负担重，应避免右偏航率增加。

8.5.2　高空尾桨失效

在更高的高度上，空气稀薄，尾桨拉力和效率下降。当在更高的高度和大重量下运行时，尤其是在悬停时，尾桨拉力可能不足以保持方向控制，从而发生尾桨失效。在这种情况下，悬停升限由尾桨拉力而不一定由可用功率限制。在这些条件下，需要减小总重和(或)限制在低密度空气的高度运行。

为有助于减少尾桨失效，可遵循下面的步骤：

(1) 保持最大功率旋翼转速。如果可减小主旋翼转速，则相应减小尾桨拉力。

(2) 避免顺风条件下空速小于 30 kt。如果失去过渡升力，则将导致功率需求增加以及额外的反扭矩力。

(3) 避免无地面效应(OGE)运行以及空速小于 30 kt 的大功率需求情况。

(4) 当在风速为 8～12 kt 的风中悬停时，要特别留意风向和风速。过渡升力减小并没有明显的指示。过渡升力失去导致不可预见的大功率以及反扭矩要求增加。

(5) 应该意识到，如果正保持一个大的左脚蹬力，可能没有足够的左脚蹬量来抵消非预期的机头偏转。

(6) 警惕风条件的变化，这种情况可能在沿山脊以及在建筑物周围飞行时遇到。

8.5.3　尾桨失效的改出技巧

如果突然出现非预期的右偏航，应采取下列改出技巧。左脚蹬到底，同时向前推驾驶杆以增加速度。如果高度允许，减小功率。有效改出后，调节操纵来进行正常前行飞行。

桨距减小有助于阻止右偏转，但可能导致下降率过大。为防止与地面或障碍物相撞而进行的大而迅速上提桨距杆，可能进一步增加右偏转角速度和降低旋翼转速。采取减小桨距以修正右偏转的决定必须基于对可用来进行改出的高度的评估。

如果旋转停不下来且即将撞地，自转可能是最好的解决办法，这时，应保持左脚蹬到底，直至旋转停下来，然后调节并保持航向。

8.6　动态翻滚

直升机起降时容易出现横侧翻滚趋势，这称为动态翻滚。当直升机从地面起飞时，发生动态翻滚一般是因为某些因素导致了直升机以滑橇或起落架轮为支点做滚转，直到达到临界翻滚角。然后，主旋翼拉力继续使直升机滚转，且很难从滚转中改出。如果超过临界翻滚角，无论是否进行驾驶杆修正，直升机都会向一侧滚转。

动态翻滚由各种各样的原因造成，包括未去除系留或滑橇固定装置，或者在侧飞悬停中滑橇或轮撞到固定物体，或者起落架陷入冰、软沥青或泥土中。如果没有使用合适的着陆或起飞技巧，或者在执行斜坡运行中，也可能发生动态翻滚。无论哪种原因，当起落架或滑橇成为转动支点时，如果采取的纠正技巧不当，则可能出现动态翻滚。

动态翻滚一旦开始就无法仅用反方向的驾驶杆修正来使其停住。例如，右滑橇撞到物体后，变成转动支点，直升机开始向右滚转。即使将驾驶杆向左移动到底，主旋翼拉力矢量及其力矩随着直升机继续向右滚转。迅速放下桨距杆是最有效的停止动态翻滚的方法。动态翻滚可能在滑橇式和轮式直升机以及各种旋翼系统上发生。

8.6.1 临界条件

某些条件会减小临界翻滚角，从而增加了动态翻滚的可能性，并减少了改出的机会。也应考虑滚转率，因为随着滚转率增大，可能改出的临界翻滚角减小。其他临界条件包括拉力(升力)接近重力并且在大总重下运行。

参阅图 8-20，对于具有逆时针转动旋翼的直升机而言，下列条件最为关键：

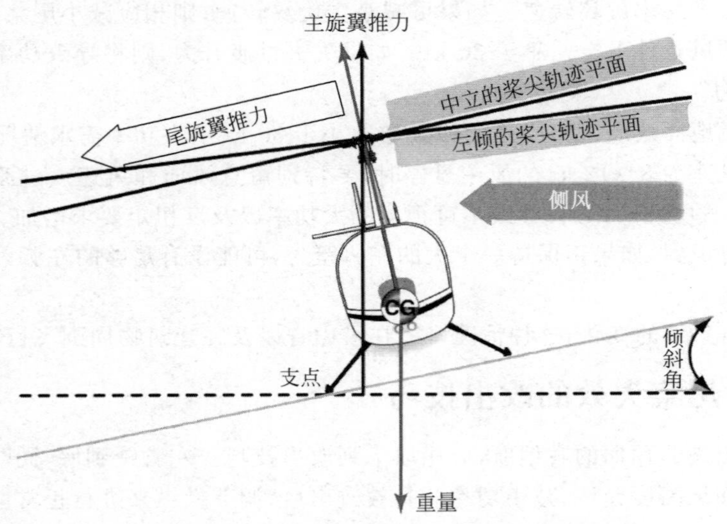

图 8-20　直升机在地面上向右侧打滑时的受力

(1) 右轮或滑橇在地面，左轮或滑橇在空中，尾桨形成的右平移趋势增加了翻滚力。

(2) 横向重心靠右。

(3) 左侧风。

(4) 抵左脚蹬。

对于具有顺时针转动旋翼的直升机，上述内容的条件则相反。

8.6.2 驾驶杆配平

当一个轮或滑橇在地面进行机动滑行时，必须小心保持直升机驾驶杆适当配平。例如，如果试图慢速起飞以及驾驶杆位置不合适，且未配平而无法消除尾桨产生的平移趋势，可能在不到 2 s 内就超出了临界改出角。如果保持适当的驾驶杆位置和配平，就可以保持对直

升机的控制，并且直升机滚转和俯仰率不会太大，应轻缓地操纵直升机起飞离地，同时小量调整俯仰、横侧和方向，使用配平来调整驾驶杆没有明显的力量。

8.6.3 正常起飞和着陆

在相对平坦的地面正常起飞或着陆中，如果一个轮或滑橇在地面，拉力(升力)约等于直升机重量，也有可能出现动态翻滚。如果该起飞或着陆执行不当，可能以地面上的轮或滑橇为支点形成滚转。起飞或着陆时，应轻缓执行机动飞行，配平驾驶杆，防止形成俯仰或滚转，尤其是横侧滚转。如果坡度角开始增加到 5°～8°，调整驾驶杆不会减小坡度角，则应减小桨距来消除不稳定滚转状态。

8.6.4 斜坡起飞和着陆

斜坡运行中，驾驶杆向斜坡方向移动过大，加之总距操纵过大，会导致下坡一侧的滑橇升高，超过横侧驾驶杆限制，发生上坡滚转(图 8-21(a))。

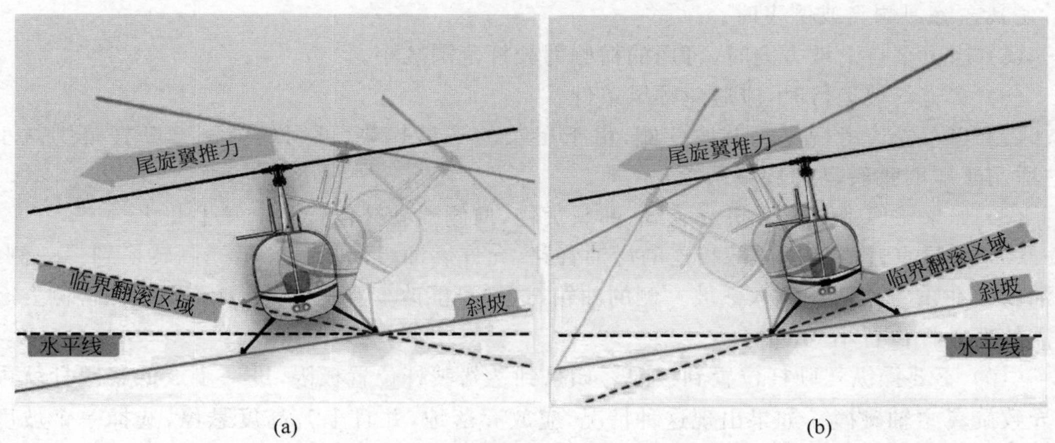

图 8-21 动态翻滚中桨距的使用

当执行斜坡起飞或着陆机动动作时，应遵照公布的程序，保持小的滚转率。执行起飞动作时，缓慢升高下坡一侧的滑橇或轮，使直升机处于水平状态，然后离地。着陆中，上坡一侧的滑橇或轮先接地，然后综合调节周期变距和总距，缓慢放低下坡一侧的滑橇或轮。如果直升机向上坡一侧滚转 5°～8°，减小总距以修正下坡度角并使直升机返回到水平姿态，然后再次开始着陆程序。

8.6.5 桨距的使用

在修正横向动态翻滚中，使用桨距杆比横侧使用驾驶杆更有效，因为下放桨距可以减小主旋翼拉力(升力)。平稳适度地减小桨距足以停住滚转运动，桨距的减小率 2 s 内从桨距杆最上位到最下位的减小率。但是，注意不要过快减小桨距，因为桨距减小过快可能会导致主旋翼桨叶打到机身。此外，如果直升机在斜坡上且开始向上坡方向滚转，桨距减小过快会在相反方向产生大的滚转率。当上坡一侧的轮或滑橇粗猛接地时，反作用力会造成直升机上坡一侧轮或滑橇上弹起来，惯性会导致直升机围绕下坡一侧接地点滚转并翻倒，如

图 8-21(b)所示。

飞行员操作时不要突然上提桨距以使直升机升空，因为这样会导致在反方向出现大而猛的滚转力矩。桨距过大会导致上坡一侧滑橇升起并超过横侧驾驶杆限制，使得直升机无法控制。如果直升机一个轮或滑橇在地面时产生滚转率，直升机可能会翻倒。

8.6.6 预防措施

下面列出的内容有助于避免动态翻滚：

(1) 始终朝向逆风方向进行悬停自转练习，但阵风或风速超过 10 kt 时不要进行练习。

(2) 当在护栏、车辆、灌木、跑道/滑行灯或其他可能挂碰滑橇的障碍物附近悬停时，应特别小心。

(3) 始终分两步离地。首先适当上提桨距杆以减轻滑橇上的力，寻找平衡，然后轻缓地使直升机升空。

(4) 当在地面附近进行悬停机动练习时，应确保悬停高度足以使滑橇有足够的越障能力，尤其在练习侧飞或倒飞时。

(5) 当风来自上坡方向时，可用的横侧驾驶杆范围减小。

(6) 实施斜坡运行时，应避免顺风条件。

(7) 当左轮或滑橇位于上坡一侧，由于尾桨的平移趋势，可用的横侧驾驶杆范围减小(这适用于顺时针转动的旋翼系统)。

(8) 如果旅客上下直升机或装载、卸载货物，横侧驾驶杆位置要求发生变化。

(9) 如果直升机使用内部相连的燃油管路，允许燃油自动从直升机一侧转换到另一侧，燃油就会在重力作用下流入下坡一侧的油箱，这样可能改变重心，导致要获得相同横侧姿态所需的驾驶杆位置不同。

(10) 不要操纵驾驶杆位置到极限。如果到达驾驶杆位置极限，进一步放低桨距杆就可能导致旋翼主轴碰撞。如果出现这种情况，应放弃落地，并且上升高度悬停，选择一个坡度更小的着陆点。

(11) 在从斜坡起飞的过程中，如果上坡一侧的轮或滑橇早于下坡一侧轮或滑橇开始离开地面，应平稳轻缓地放低桨距杆，检查下坡侧轮或滑橇是否被勾住。在这些条件下，垂直上升是唯一可接受的离地方式。

(12) 在漂浮平台上空飞行或运行时，如果平台正在俯仰或滚转，这时试图着陆或起飞可能会导致动态翻滚。

习题 8

1. 旋翼自转下滑时，桨叶空气动力随方位角的变化特点是什么？
2. 涡环形成的原因是什么，如何改出？
3. 地面共振形成的原因是什么，如何改出？
4. 动态翻滚的临界条件是什么？
5. 风对尾桨效率影响的三个区域分别是什么，这三个区域内尾桨的效率有什么特点？

第9章 重量与平衡

飞机的重量与平衡问题既涉及空中飞行又涉及地面运行,遵守直升机重量与平衡限制是至关重要的。在最大重量限制以上运行,不仅会对性能造成不利影响,甚至会危及直升机结构的完整性。本章将先从重心和基准等基本概念入手,介绍使用合力矩定理来计算重心的方法,再考虑重心的限制。通过实例分析,掌握实际运行中配载平衡的方法和流程。

9.1 重量与平衡相关术语

9.1.1 重量和重心

1. 质量与重量

质量是指一个物体所含物质的多少,是物体的基本属性。在国际单位制中质量的单位是千克(kg),在航空领域有时习惯使用磅(lb)。

重量是指由于地心吸引力作用,而使物体具有的向下的力——重力的大小。重量的单位是牛顿(N)。在地球引力下,质量为 1 kg 的物质产生的重量为 9.8 N。

在平衡分析中,不严格区分质量和重量的差异,通常说的重量,如生活和贸易中,习惯上是指质量,单位均使用 kg 或者 lb。在分析直升机受力情况时,重量用来指质量。

2. 重心

重心是指物体各部分所受重力之合力的作用点。如果物体的体积和形状都不变,则无论物体相对地面处于什么方向,其所受重力总是通过固定在物体上的坐标系的一个确定点,即重心(center of gravity,CG)。质量均匀分布的物体(均匀物体)的重心的位置只跟物体的形状有关。有规则形状的物体的重心就在几何中心上,例如,均匀细直棒的重心在棒的中点,均匀球体的重心在球心,均匀圆柱的重心在轴线的中点。对于不规则物体的重心,可以用支撑法或悬挂法来确定。物体的重心不一定在物体上,也可能位于物体之外。

直升机并非一个简单的物体,而是由许多部件、设备、物品、驾乘人员、货物和燃油组成的一个系统。对于这种由若干部分组成的系统,无法直接观察重心所在,使用支撑法或悬挂法来确定重心也很困难,甚至可能对机体结构造成损坏。所以,需要寻求更合理的方法来确定直升机的重心。

单旋翼直升机的重心通常靠近主旋翼轴。

直升机载荷的错误配平会导致严重的操纵问题。重心可以落入的允许范围称为重心范围。对于每架直升机精确的重心位置和范围在其飞行手册中有详细说明。由于重心位置会影响稳定性和操纵性，影响驾驶杆效率，不平衡的装载情况不仅造成操纵困难，还会降低直升机的机动性。

理想情况下，飞行员应使直升机达到完美的平衡状态，使机身能在悬停飞行中保持水平，除了对风的影响进行修正，不需要使用驾驶杆。因为机身悬挂在旋翼下像钟摆一样，如果改变重心位置就会改变直升机在旋翼下的悬挂角度。当重心正好在旋翼轴下方时，直升机水平悬挂；如果重心距离旋翼轴太向前，直升机悬挂时会向下低头；如果重心距离旋翼轴太向后，直升机悬挂时会向上抬头，如图 9-1 所示。

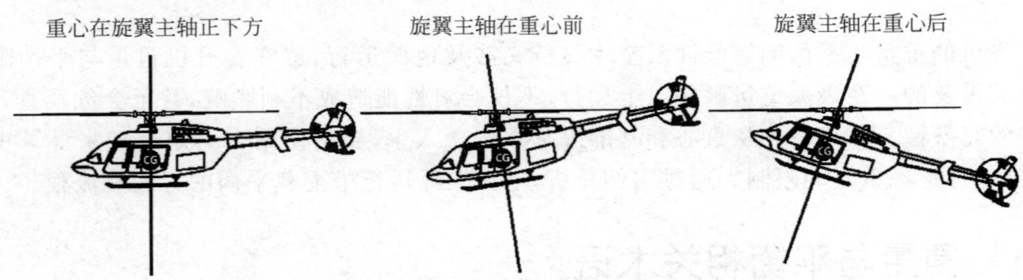

图 9-1　直升机重心位置对操纵的影响

9.1.2　基准

基准或参考基准是用于描述系统内各组成部分的重心所在位置时的一个参考，通常为沿某一方向任意设定的假想垂面。基准一旦设定，就可以通过它来描述系统各组成部分的重心到基准的距离。

基准是描述重心位置的参考面，其位置并非固定不变，可以根据习惯进行相应的设定。基准一般由制造厂商确定。设定一个好的基准位置能够使得重心计算更加便利。

水平基准是一个假想的垂直平面或点，可以位于直升机纵轴上的任意一个固定位置，所有水平距离都从水平基准测量，以供重量与平衡计算使用。没有明确的规则用来确定水平基准位置。该基准可以位于旋翼轴上、直升机机头或者直升机前方的某一点，如图 9-2 所示。

横向基准通常位于直升机的中心。该基准的位置由制造厂商确定，并在直升机飞行手册中予以定义，如图 9-3 所示。

9.1.3　力臂与力矩

1. 力臂

一般地，作用力到转动中心的法向距离称为力臂。在研究直升机载重平衡时，从基准到直升机任何部件或者直升机内任何物体的垂直距离（水平距离），称为力臂，如图 9-4 所示。另一个与力臂交替使用的术语是“站位”。

为了便于区分部件或者物体重心相对于基准的前后位置，通常规定：基准之前力臂为负，基准之后力臂为正。

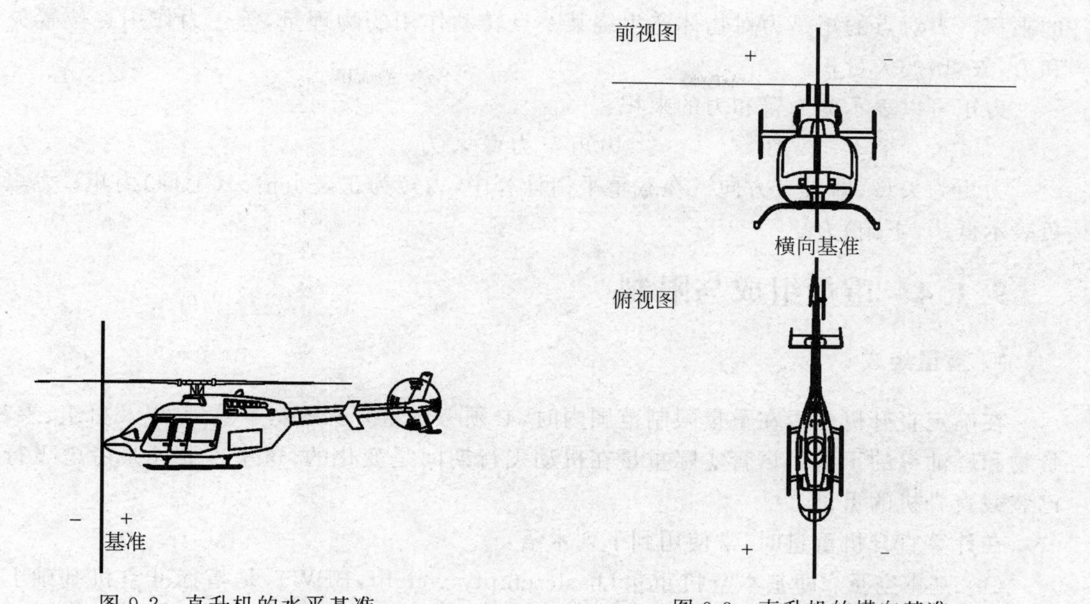

图 9-2　直升机的水平基准　　图 9-3　直升机的横向基准

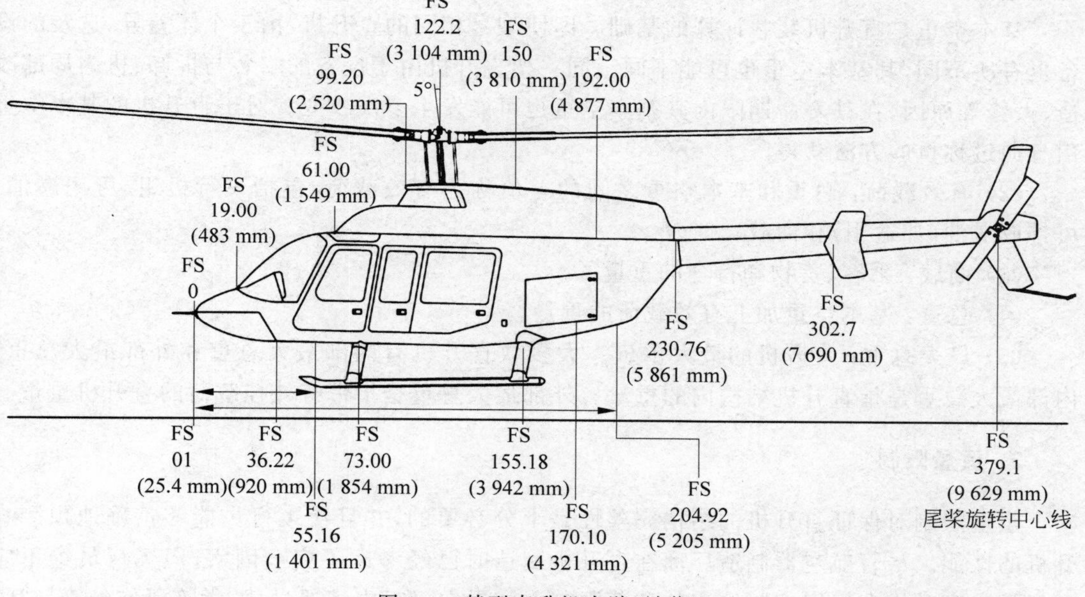

图 9-4　某型直升机力臂(站位)

2. 力矩

力矩是力和力臂共同作用的效果，它使得被作用物体具有产生转动效应的趋势，是力对物体产生转动作用的物理量。

力矩可以分为力对轴的矩和力对点的矩。力对轴的矩是力对物体产生绕某一轴转动作用的物理量，其大小等于力在垂直于该轴的平面上的分量和此分力作用线到该轴垂直距离

的乘积。力对点的矩是力对物体产生绕某一点转动作用的物理量，等于力作用点位置矢量和力(矢量)的矢量积。

力矩可以表示为力臂和力的乘积：

$$力矩=力臂\times 力$$

力矩为矢量，即具有方向。在载重平衡计算中，力矩为正表示抬头(上仰)力矩；力矩为负表示低头(下俯)力矩。

9.1.4 重量组成与限制

1. 重量组成

在确定直升机是否在重量限制范围内时，必须考虑直升机的基本重量，以及机组、乘客、货物和燃油等的重量。尽管实际重量在机动飞行期间是变化的，这里主要还是考虑飞行前已装载直升机的重量。

在计算直升机重量时，常使用到下列术语：

(1) 基本空重：即基本空机重量(basic empty weight，BEW)，是指标准空机基础上加上任何可选用的机载设备或部件的重量。标准空机重量包括直升机，以及永久性压舱物、不可用燃油、发动机滑油、发动机冷却液、液压用液等的重量。

基本空重是直升机装载计算的基础。即使型号相同的直升机，由于个体差异，选装的设备也有所不同，其基本空重也可能不同。同一架直升机由于设备的安装与拆卸、机内局部改造、大修等原因，在其寿命期限内其基本空重也可能发生多次改变。对于直升机的基本空重信息通过称重的方法获得。

(2) 有效载荷：总重和基本空重之间的差值称为有效载荷，包括飞行机组、可用燃油、可排放滑油(如适用)和商载。

(3) 商载：乘客、货物和行李的重量。

(4) 总重：基本空重加上有效载荷的重量。

(5) 最大总重：直升机的最大重量。大多数直升机有内部最大总重和外部最大总重。内部最大总重是指直升机结构内的重量。外部最大总重是指带有外挂载荷的直升机重量。

2. 重量限制

重量限制对保证直升机的结构完整性是十分必要的，并且使飞行员能够精确地预测直升机的性能。尽管航空器制造厂商在直升机制造时已经考虑了安全因素，但飞行员绝不应有意超出直升机合格审定时给出的载荷限制。如果在飞行中遭遇过载、大阵风或颠簸，超过最大重量运行有可能导致直升机在飞行期间出现结构变形或损坏。低于最小重量运行会给直升机的操纵品质带来不利影响。在一些直升机上进行单飞行员运行期间，飞行员为保持悬停，可能必须使用较大的向前驾驶杆操纵量。通过加压舱物，驾驶杆可向中心靠拢，这样飞行员可以在每个方向上有更大的操纵范围。因为重量增加更有利于自转下滑的建立，所以附加的重量也改善了直升机的自转特性。另外，在低于最小重量的情况下操作会使飞行员在自转期间难以达到所需的旋翼转速。

尽管直升机在审定时是按特定的最大总重审定合格的，但是这并不意味着满足此限制

的直升机在任何情况下起飞都安全。任何对起飞、爬升、悬停和着陆性能有不利影响的因素，都会要求对燃油、乘客或行李进行减载。影响性能的因素主要包括高高度、高温和高湿度条件，这些因素会导致高密度高度。

9.2 重量与平衡原理

载重平衡计算以力矩计算和杠杆原理为基础。

杠杆原理是指一个由杠杆和支点组成的平衡系统，作用于支点两侧的力矩大小相等，方向相反，或者当整个杠杆系统中所有力矩的代数和为零时，该杠杆系统达到平衡。

根据杠杆原理，如果要确定一个物体或者系统的重心位置，需要使用支点去支撑该物体或者系统。当物体或系统达到平衡时，该点就是其重心。载重平衡的计算，是在杠杆原理的基础上进一步演变来的，使用更为简单易行的方法来确定重心，这就是接下来要介绍的合力矩定理。

9.2.1 合力矩定理

合力矩定理是指系统重心到基准的力臂等于系统内各物体相对于基准产生的力矩之和除以各物体的重量之和，即

$$L_{CG}=\frac{\sum M}{\sum W} \tag{9-1}$$

其中，L_{CG} 为系统重心所在位置到基准的力臂；$\sum M$ 为系统内各物体相对于基准产生的力矩之和；$\sum W$ 为系统内各物体的重量之和。

9.2.2 利用合力矩定理计算重心

例 9-1 在某杠杆系统中有两个质量分别为 10 kg 和 30 kg 的物体，位于支点两侧，距支点的力臂分别为 30 cm 和 10 cm，如图 9-5 所示。假设基准与支点一致时，利用合力矩定理计算该杠杆系统的重心。

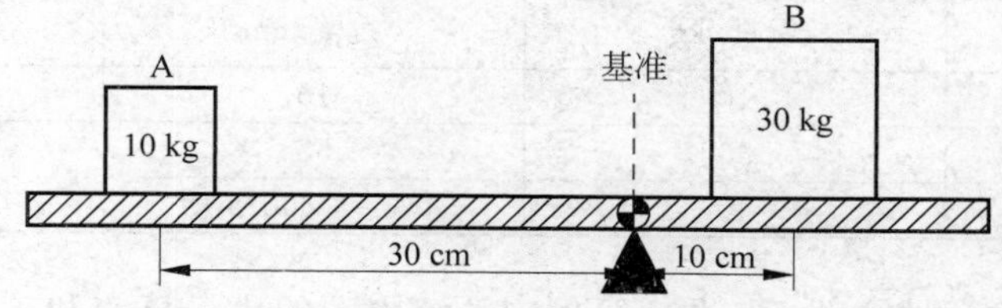

图 9-5 基准与支点重合的平衡杠杆系统

解 根据图 9-5，质量为 10 kg 的物体，相对基准的力臂为 −30 cm；质量为 30 kg 的物体，相对基准的力臂为 10 cm。利用合力矩定理计算重心，如下式所示：

$$L_{CG}=\frac{\sum M}{\sum W}=\frac{10\times(-30)+30\times 10}{10+30}\ \text{cm}=0\ \text{cm} \tag{9-2}$$

即该系统的重心距离基准的力臂为零。

利用合力矩定理通过表格数据计算系统重心，如表 9-1 所示。

表 9-1 利用合力矩定理通过表格数据计算系统的重心

项　目	质量/kg	力臂/cm	力矩/(kg·cm)
物体 A	10	−30	−30
物体 B	30	10	30
系统	40	0(=0/40)	0

系统支点左右两侧物体的质量和力臂不等，但它们对支点产生的力矩大小相等，方向相反，力矩之和为零，杠杆系统达到平衡，同时重心也刚好位于支点处。

例 9-2 在某杠杆系统中有两个质量分别为 10 kg 和 30 kg 的物体，位于支点两侧，距支点的力臂分别为 30 cm 和 10 cm，假设基准位于系统某一位置，如图 9-6 所示，利用合力矩定理计算该杠杆系统对基准的重心位置。

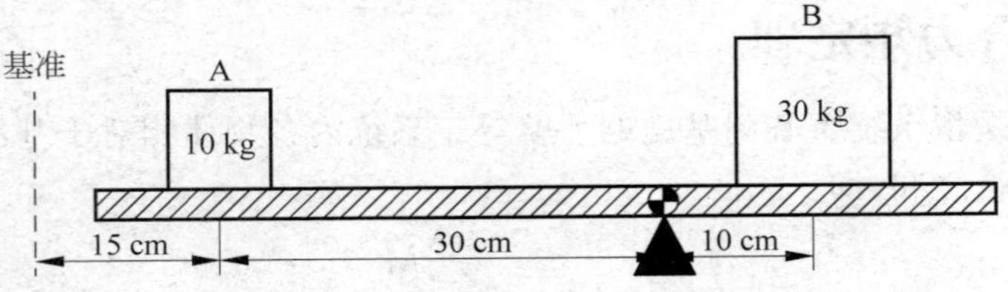

图 9-6 基准与支点不重合的某平衡杠杆系统

解 根据图 9-6，质量为 10 kg 的物体，相对基准的力臂为 15 cm；质量为 30 kg 的物体，相对基准的力臂为 55 cm。利用合力矩定理计算重心，如下式所示：

$$L_{CG}=\frac{\sum M}{\sum W}=\frac{10\times 15+30\times 55}{10+30}\ \text{cm}=45\ \text{cm} \tag{9-3}$$

即该系统的重心距离基准的力臂为 45 cm。

利用合力矩定理通过表格数据计算系统重心，如表 9-2 所示。

表 9-2 利用合力矩定理通过表格数据计算系统的重心

项　目	质量/kg	力臂/cm	力矩/(kg·cm)
物体 A	10	15	150
物体 B	30	55	1 650
系统	40	45(=1 800/40)	1 800

对比以上两个算例可以发现，两个算例中系统内部的质量分布和支点位置都没有发生改变，所以系统仍然是平衡系统，重心与支点重合。由于两次计算中，选择的基准不同，重心距离基准的力臂也不同。但是，系统重心的实际位置并没有变化。这说明：基准位置的改变不影响系统重心的实际位置。

例 9-3 在某杠杆系统中有两个质量分别为 20 kg 和 30 kg 的物体，位于支点两侧，距支点的力臂分别为 30 cm 和 10 cm，假设基准位于系统某一位置，如图 9-7 所示，利用合力矩定理计算该杠杆系统对基准的重心位置。

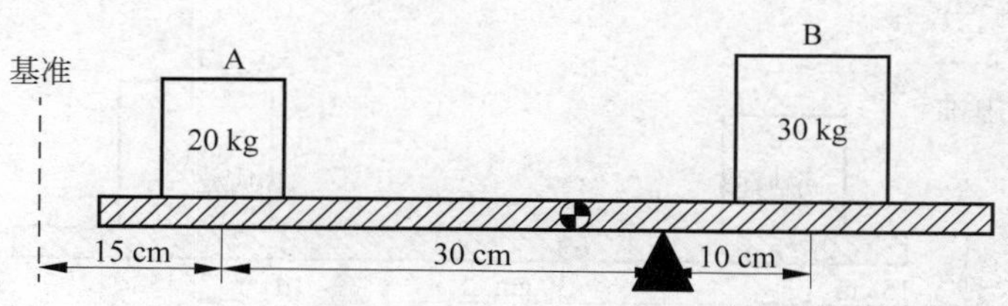

图 9-7 基准与支点不重合的不平衡杠杆系统

解 根据图 9-7，质量为 20 kg 的物体，相对基准的力臂为 15 cm；质量为 30 kg 的物体，相对基准的力臂为 55 cm。利用合力矩定理计算重心，如下式所示：

$$L_{\mathrm{CG}}=\frac{\sum M}{\sum W}=\frac{20\times15+30\times55}{20+30}\ \mathrm{cm}=39\ \mathrm{cm} \tag{9-4}$$

即该系统的重心距离基准的力臂为 39 cm。

利用合力矩定理通过表格数据计算系统重心，如表 9-3 所示。

表 9-3 利用合力矩定理通过表格数据计算系统的重心

项　　目	质量/kg	力臂/cm	力矩/(kg・cm)
物体 A	20	15	300
物体 B	30	55	1 650
系统	50	39(=1 950/50)	1 950

例 9-3 代表了利用合力矩定理计算不平衡的杠杆系统这样的普遍情况。通过计算结果可以看出，系统的重心与支点不重合。

9.2.3 装载移动、增减后重心位置的确定

在实际运行中，需要通过移动物体和重量的增减达到调整直升机重心的目的，以满足直升机重心的位置等各类运行的限制。

为便于说明解决这类问题的方法，本节先以简化后的平板系统为例推导求解方法，再将其用于实际的直升机重心调整计算。求解的方法可分为表格法和公式法。表格法：按照固有的格式填写各项内容，计算过程固定，不容易出错；同时在计算过程中各项变化带来的影响一目了然。公式法相对简洁和快速，但容易引入人为差错。

1. 表格法

例 9-4 某平板系统中有两个物体 A、B，它们的质量和位置如图 9-8 所示，现需要通过移动物体 B 使得系统的重心移动到基准右侧 30 cm 处，应将物体 B 移动多少？

计算过程记录如表 9-4 所示。

表 9-4 系统中物体移动与重心改变

项　　目	质量/kg	力臂/cm	力矩/(kg・cm)
物体 A	20	+15	300
物体 B	30	?	?
移动后的新系统	50	30	1 500

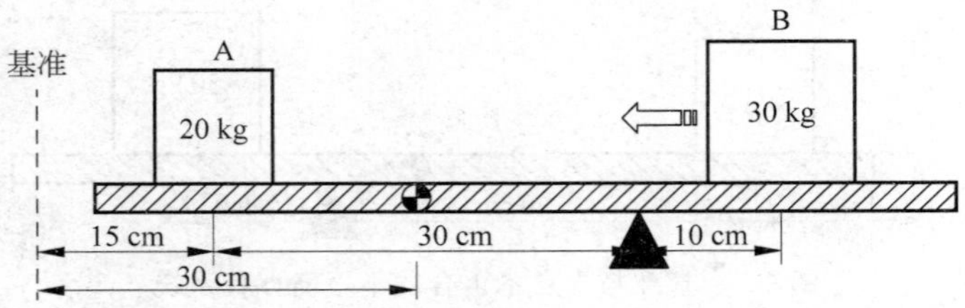

图 9-8　由两个物体组成的平板系统移动后的重心位置

解　表 9-4 中物体 B 对应的力臂是移动后的位置。为求解物体 B 的力臂，先必须求得物体 B 所产生的力矩。根据合力矩定理可得

$$L_{CG}=\frac{\sum M}{\sum W}$$
$$30=\frac{20\times15+30\times L_B}{50} \tag{9-5}$$

解式(9-5)，可得 $L_B=+40$ cm，即需要将物体 B 向左移动 15 cm 至基准右侧 40 cm 处，就能满足移动后的新系统重心在基准右侧 30 cm 处。

例 9-5　某平板系统中两个位置分别有质量为 20 kg 和 30 kg 的物体 A、B，A、B 的位置如图 9-9 所示，现需要通过物体质量的增减使得系统的重心移动到基准右侧 30 cm 处，应怎样增减物体？

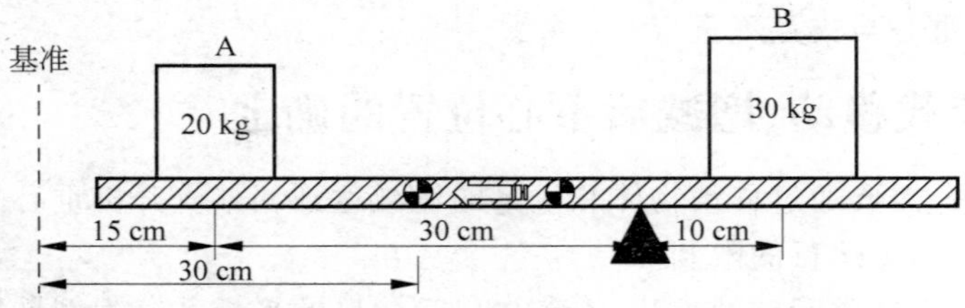

图 9-9　平板系统中通过重量的改变移动重心的位置

根据合力矩定理，计算得到原系统的重心位于基准右侧 39 cm 处。要使得系统重心往基准移动(前移)，可以通过在物体 A 处增加质量或者对物体 B 减去质量的方式实现。这里以在物体 A 处增加质量为例示意表格法的求解过程，如表 9-5 所示。

表 9-5　通过质量的改变移动重心的位置

项　　目	质量/kg	力臂/cm	力矩/(kg·cm)
原系统	50	+39	1 950
增加的质量	?	+15	?×15
新系统	50+?	+30	(50+?)×30

解　假设在物体 A 处增加的质量为 x 千克，由 $1\,950+15x=30(50+x)$，计算可得 $x=30$ kg。即需要在位置 A 处增加 30 kg 的物体，就能使得系统的重心移动到基准右侧 30 cm 处。

思考：若通过在位置 B 处减少质量来实现系统重心移动到基准右侧 30 cm，需要减少多少质量？

2. 公式法

公式法有两种情况，一种是针对重量的移动，另一种是针对重量的增减。

1）重量移动

对于重量移动问题，可以使用下式进行计算：

$$\frac{\text{被移动的重量}}{\text{总重量}}=\frac{\text{重心的改变量}}{\text{被移动重量的力臂改变量}} \tag{9-6}$$

例 9-6　已知被移动的重量，求其力臂改变量。已知原系统由 A、B 两个物体组成，物体 A 的重量为 30 kg，物体 B 的重量为 20 kg，重心位于基准右侧 70 cm 处。若要使系统的重心位于基准右侧 50 cm 处，应该将物体 B 怎么移动？

解　将已知条件代入式(9-6)，可得

$$\frac{20}{30+20}=\frac{50-70}{\text{被移动重量的力臂改变量}} \tag{9-7}$$

计算可得

$$\text{被移动重量的力臂改变量}=-50\ \text{cm}$$

即需要将物体 B 向左移动 50 cm。

例 9-7　已知被移动重量的力臂改变量，求待移动的物体重量。已知原系统总重为 50 kg，其重心位于基准右侧 70 cm 处。若要使系统的重心移动到基准右侧 50 cm 处，应该将多重的物体从站位 80 cm 处移动到站位 30 cm 处？

解　将已知条件代入式(9-6)，可得

$$\frac{\text{被移动的重量}}{50}=\frac{50-70}{30-80} \tag{9-8}$$

由此可得

$$\text{被移动的重量}=20\ \text{kg}$$

即需要将 20 kg 的物体从站位 80 cm 处移动到站位 30 cm 处。

例 9-8　已知被移动重量和被移动重量的力臂改变量，求系统重心改变量。已知原系统由 A、B 两个物体组成，物体 A 的重量为 30 kg，物体 B 的重量为 20 kg，重心位于基准右侧 70 cm 处。若将物体 B 从站位＋80 cm 处移动到站位＋30 cm 处，求新系统的重心位置。

解　将已知条件代入式(9-6)，可得

$$\frac{20}{50}=\frac{\text{重心的改变量}}{30-80} \tag{9-9}$$

计算可得

$$\text{重心的改变量}=-20\ \text{cm}$$

即新系统的重心向左移动了 20 cm，在位于基准右侧 50 cm 处。

2）重量增减

对于重量增减问题，可以使用下式进行计算：

$$\frac{\text{增减的重量}}{\text{新的总重量}}=\frac{\text{重心的改变量}}{\text{增减重量与原重心的距离}} \tag{9-10}$$

例 9-9　已知原系统由 A、B 两个物体组成，物体 A 的重量为 20 kg，物体 B 的重量为

30 kg，重心位于基准右侧 39 cm 处，如图 9-10 所示。现希望将重心移动到 45 cm 处，应在基准右侧 55 cm 处增加多少重量？

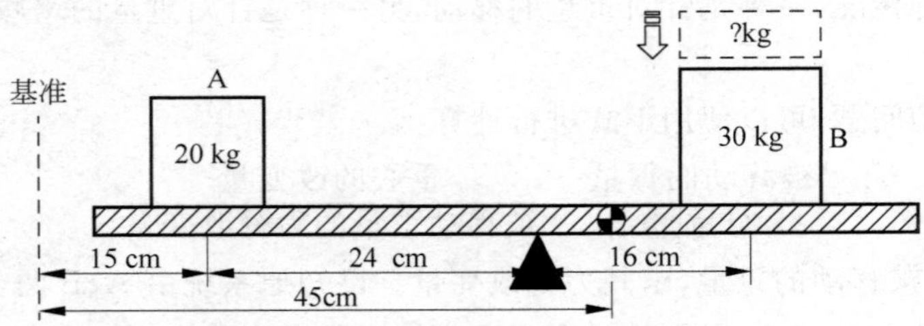

图 9-10　通过增加总量来移动系统的重心

解　将已知条件代入式(9-10)，可得

$$\frac{\text{增加的重量}}{50+\text{增加的重量}}=\frac{45-39}{55-39} \tag{9-11}$$

计算得

$$\text{增加的重量}=30\ \text{kg}$$

即在基准右侧 55 cm 处增加重量 30 kg，才能使新系统的重心从基准右侧 30 cm 移动到 45 cm。

9.3　典型直升机的重量与平衡计算

在直升机重量与平衡问题中，直升机的重量由有效载荷（包括飞行员、乘客、燃油、润滑油、货物和行李等）各个项目重量及直升机基本空重组成。

通过以下四个步骤确定直升机的重心：

(1) 确定每个物体到基准的力臂大小。

(2) 将各物体重量与其力臂相乘，得到力矩。

(3) 将各力矩相加，得到合力矩，将各重量相加，得到总重。

(4) 利用合力矩定理求解直升机重心。

在确定直升机是否得到合适的装载时，需要解决以下两个问题：

(1) 总重是否小于或等于最大允许总重？

(2) 重心是否在允许的范围之内，以及燃油消耗后，重心是否还在允许范围之内？

重量与平衡问题对直升机的安全运行非常重要，需要检查每一项装载安排对重量与平衡的影响。常见的方法有计算法和装载图标法。

9.3.1　计算法

例 9-10　对基准而言，已知某直升机基本空重为 1 700 lb，其重心位置为 116.5 in；滑油重量为 12 lb，力臂为 179.0 in；飞行员重量为 190 lb，前排乘客重量为 170 lb，力臂为 65.0 in；后排乘客总重为 510 lb，力臂为 104.0 in；行李重量为 40 lb，力臂为 148.0 in；燃油重量为 553 lb，力臂为 120 in。该直升机允许的最大总重为 3 200 lb，重心范围为 106.0～114.2 in。确定此次装载是否符合限制要求？

解 使用计算法时,需要使用一些数学运算来解决重量与平衡问题。首先查询、计算直升机的基本空重和总力矩。如果基本空重时重心位置确定,可认为该重心位置是该状态下直升机的力臂。使用表 9-6 进行记录计算。

表 9-6 利用计算法确定直升机的重心

项 目	重量/lb	力臂/in	力矩/(lb·in)
基本空重	1 700	116.5	198 050
滑油	12	179.0	2 148
飞行员	190	65.0	12 350
前排乘客	170	65.0	11 050
后排乘客	510	104.0	53 040
行李	40	148.0	5 920
燃油	553	120.0	66 360
总计	3 175		348 918
重心位置		109.9	

在表 9-6 中分别记录滑油、飞行员、乘客、行李和燃油的重量,然后计算直升机的总重量。与允许的最大总重进行比较,由于 3 175 lb 小于 3 200 lb,未超过当前条件下的最大允许重量。

如果直升机总重量在规定的限制范围内,则将每一项目的重量与相应的力臂相乘,计算该项目的力矩,如表 9-6 中的第 4 列所示。然后将这些力矩相加,得到该直升机的总力矩。

利用合力矩定理,计算直升机的重心位置:

$$L_{CG}=\frac{\sum M}{\sum W}=\frac{348\ 918}{3\ 175}\ \text{in}=109.9\ \text{in} \tag{9-12}$$

计算直升机的重量和重心后,需要判断重心是否在可接受的范围内。本例中直升机重心的允许范围是 106.0~114.2 in,实际装载后的重心位置为 109.9 in,落在允许范围内。如果重心落在重心允许范围之外,则需要通过调整直升机的装载来移动其重心,使之落在允许范围内。

本例中,通过总重、重心的计算和判断,确定此次装载符合限制要求。

9.3.2 装载图表法

使用装载图表法确定直升机是否在重量和重心限制范围以内时,其基本方法是:首先要将直升机基本空重、飞行员和乘客重量求和,在图表的左侧标注对应的重量,然后作水平线与 MN 相交;接着沿着与行李相关的斜线找到加上行李之后的重心位置;然后沿着与燃油有关的斜线找到最终的重量和重心位置。任一数值处在装载包线上或者包线内,则表示其装载符合限制要求;否则,需要通过调整直升机的装载,使之满足限制要求。

例 9-11 已知某直升机最大允许总重为 1 600 lb,各项重量信息如表 9-7 所示,通过装载图(图 9-11)判定其装载是否符合限制要求?

解 为使用装载图,需要将各项重量按一定的顺序加起来,如表 9-8 所示。

表 9-7　某直升机重量情况

项　　目	重量/lb
基本空重	1 040
飞行员	135
乘客	200
行李舱载荷	25
燃油载荷(30 gal)	180

注：表中 gal 为体积的一种单位，称为加仑。1 gal≈3.785 L(美制)；1 gal≈4.546 L(英制)。

表 9-8　直升机装载计算过程

项　　目	重量/lb
基本空重	1 040
飞行员	135
乘客	200
小计	1 375(*A* 点)
行李舱载荷	25
小计	1 400(*B* 点)
燃油载荷(30 gal)	180
小计	1 580(*C* 点)

该直升机的装载图如图 9-11 所示。首先在图 9-11 的左侧标注出直升机基本空重、飞行员和乘客重量之和，即 1 375 lb，向左作图，与 *MN* 线相交于 *A* 点；然后沿着行李舱装载线向右上作图，与重量 1 400 lb 线相交于 *B* 点；继续沿着燃油装载线向右上作图，与直升机总重 1 580 lb 线相交于 *C* 点。通过作图，任一数值均落在装载包线内，表明此次装载符合相应的限制要求。

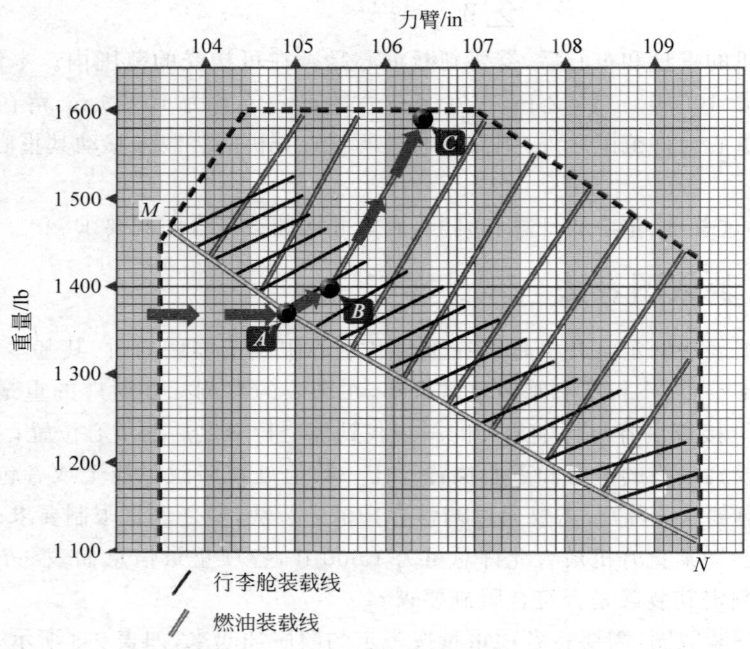

图 9-11　某直升机装载图

例 9-12 假定某直升机初始重量与平衡及限制条件如例 9-11 中的数据所示，运行过程中消耗燃油 20 lb 后，乘客下机，通过装载图判定其装载是否符合限制要求？

解 将各项重量按一定的顺序加起来，如表 9-9 所示。

表 9-9 直升机装载计算过程

项 目	重量/lb
基本空重	1 040
飞行员	135
小计	1 175(*D* 点)
行李舱载荷	25
小计	1 200(*E* 点)
燃油载荷(30 gal)	160
小计	1 360(*F* 点)

如图 9-12 所示，从图表左侧 1 175 lb 处开始，然后作图至 *D*、*E* 点和 *F* 点。尽管直升机总重远远低于其最大允许总重，但是 *F* 点落在重心包线范围之外，所以此时的重量与平衡不符合相应的限制要求。

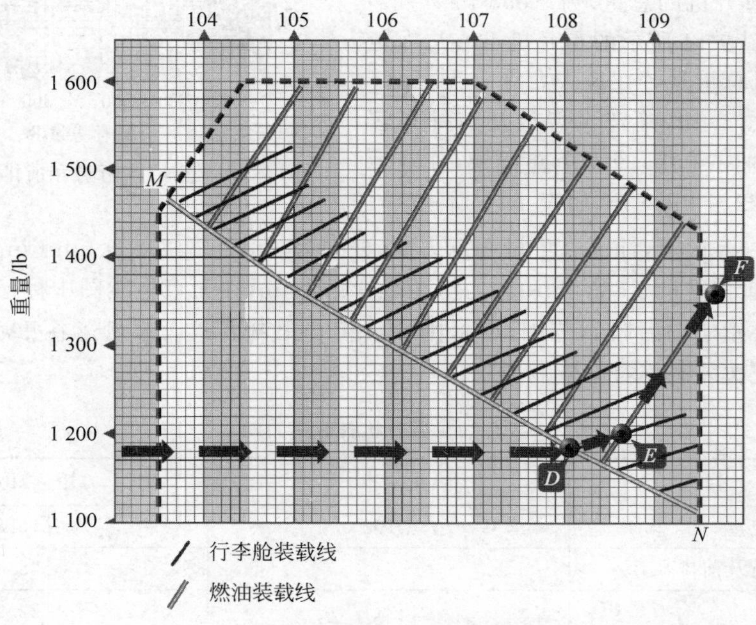

图 9-12 某直升机装载图

通过这个例题可以看到，直升机在运行中无论什么时候改变了装载情况，重新计算其平衡都是非常重要的。与大多数飞机不同，飞机乘客下机一般不会对重心造成不利的影响，但直升机乘客下机却可能使该直升机不能安全运行。直升机和飞机装载的另一个不同是燃油的装载位置。大多数小飞机都在机翼上装载燃油，燃油位置非常靠近重心。燃油消耗对飞机的重心几乎没有影响。直升机油箱通常在重心之后较远的位置，油箱在旋翼轴之后时，燃油消耗会导致直升机重心前移。根据惯例，应计算无燃油情况下的重量与平衡情况，以验证直升机在燃油消耗时仍然能够将重心保持在可接受的限制范围内。

以上两个例子所使用的装载图设计用于以图形方式计算装载后总的重心,并显示其是否在限制范围内,所有的工作都在一个图表中完成。还有一种类型的图表可用于计算每个站位的力矩,然后将这些力矩相加,并且用另一个图去确定总力矩是否在限制范围内。这种图表使用时步骤较多,但有时更方便。

例 9-13 已知某直升机装载情况为:基本空重为 1 102 lb,其对基准的力矩为 110.8 klb·in,飞行员及前排乘客总重为 340 lb,燃油重量为 211 lb,无行李。根据该直升机的载重平衡图表判定其装载是否符合限制要求?

解 计算步骤如下:

(1) 记录直升机基本空重和其力矩。

(2) 在载重和平衡表中记录飞行员、乘客、燃油和行李的重量。

(3) 计算直升机的总重,为 1 653 lb。

(4) 利用图 9-14 所示的直升机重心与力矩图,判定直升机总重是否在最大允许总重之内。

(5) 利用图 9-13,确定飞行员及前排乘客(340 lb)和燃油(211 lb)的力矩并记录,分别为 28.3 klb·in、22.9 klb·in,如表 9-10 所示。

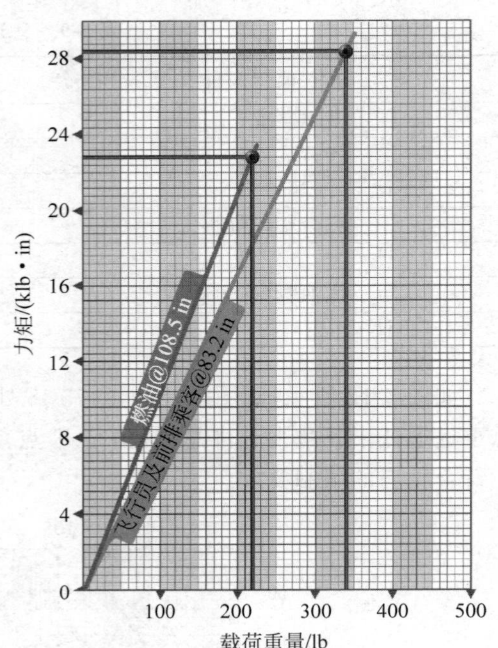

图 9-13 燃油、飞行员和前排乘客力矩

(6) 根据以上记录,计算总重量和总力矩,分别为 1 653 lb、162.0 klb·in。

(7) 根据起飞重量 1 653 lb 和合力矩 162.0 klb·in,在力矩包线图中标记出对应的点,见图 9-14,若在重心前后限制范围以内,则装载符合限制要求。本例落在重心前后限制范围以外,所以此次装载不符合限制要求。

表 9-10 直升机各载荷力矩

项　目	重量/lb	力矩/(klb·in)
基本空重	1 102	110.8
飞行员及前排乘客	340	28.3
燃油	211	22.9
总计	1 653	162.0

9.3.3 混合法

混合法通常使用计算法来计算直升机的重心和力矩,然后将这些数据画在图表上,用装载图表法判定是否在可接受的包线范围内。

例 9-14 某直升机各项重量及距离基准的力臂如表 9-11 所示,利用图 9-15,判定此次装载重心是否符合纵向重心限制要求。

	重量/lb	力矩/(klb・in)
基本空重	1 102	110.8
飞行员和前排乘客	340	28.3
燃油	211	22.9
行李		
总计	1 653	162.0

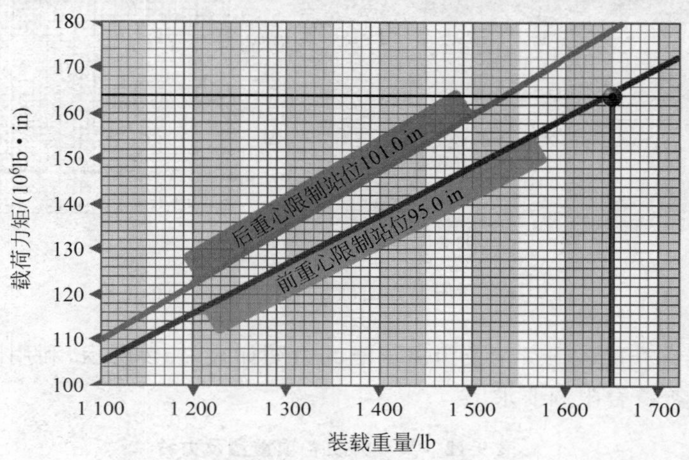

图 9-14　燃油、飞行员和前排乘客力矩

表 9-11　某直升机各项重量及力臂

项　　目	重量/lb	力臂/in
基本空重	1 400	107.75
飞行员	170	49.5
前排乘客	250	49.5
右前行李	0	44
左前行李	0	44
右后乘客	0	79.5
左后乘客	185	79.5
右后行李	50	79.5
左后行李	50	79.5
主油箱	184	106
辅助油箱	110	102

解　利用图 9-15 中的表格，填入直升机各项重量，分别计算其力矩；再计算无燃油重量和其合力矩，有燃油重量和其合力矩；通过合力矩定理，计算得到，直升机总重为 2 399 lb、合力矩为 225 022 lb・in 时，重心站位为 93.8 in。将这个重心站位和总重对应的点画在图 9-15 中的右侧图上，即 A 点。图 9-15 表明直升机装载后其重心在纵向重心限制范围内。

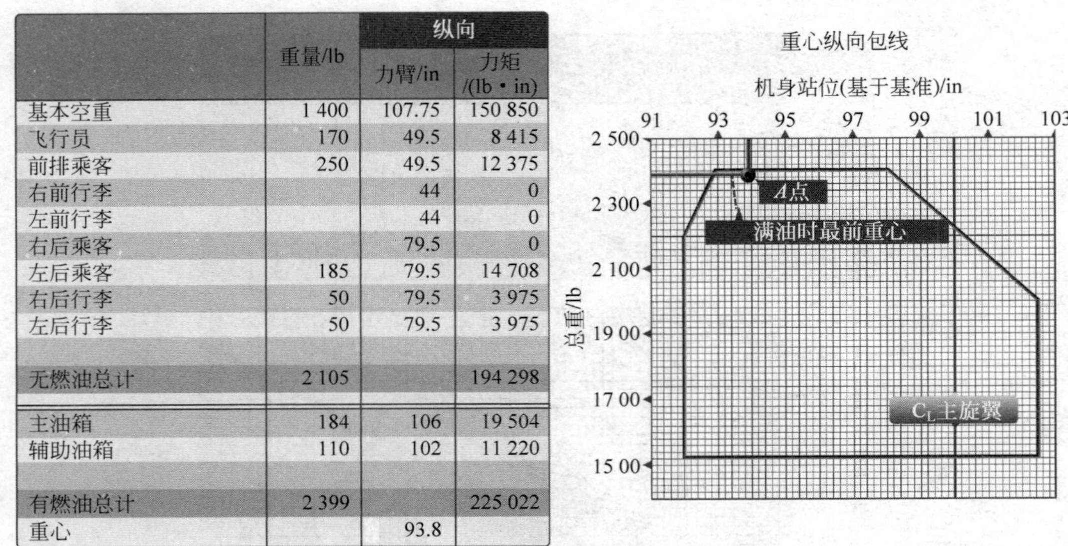

	重量/lb	纵向	
		力臂/in	力矩/(lb·in)
基本空重	1 400	107.75	150 850
飞行员	170	49.5	8 415
前排乘客	250	49.5	12 375
右前行李		44	0
左前行李		44	0
右后乘客		79.5	0
左后乘客	185	79.5	14 708
右后行李	50	79.5	3 975
左后行李	50	79.5	3 975
无燃油总计	2 105		194 298
主油箱	184	106	19 504
辅助油箱	110	102	11 220
有燃油总计	2 399		225 022
重心		93.8	

图 9-15　利用混合法确定直升机装载是否正确

例 9-15　某直升机各项重量及距离基准的力臂如表 9-12 所示，利用图 9-16，判定此次装载横向重心是否符合限制要求。

表 9-12　某直升机各项重量及力臂

项　　目	重量/lb	力臂/in	
		纵　　向	横　　向
基本空重	1 400	107.75	0
飞行员	170	49.5	12.2
前排乘客	250	49.5	−10.4
右前行李	0	44	11.5
左前行李	0	44	−11.5
右后乘客	0	79.5	12.2
左后乘客	185	79.5	−12.2
右后行李	50	79.5	12.2
左后行李	50	79.5	−12.2
主油箱	184	106	−13.5
辅助油箱	110	102	13

解　该例中除了计算直升机纵向重心外，还需要计算横向重心。计算横向重心与计算纵向重心类似，也是利用合力矩定理进行计算。需要注意的是，由于几乎总是将直升机的中心线定义为横向重心基准线，在计算时常会有负的重心位置和力矩。站位为负表示位于机身左侧，站位为正表示位于机身右侧。

通过计算可得，直升机的纵向重心站位为 93.8 in，横向重心站位为−1.6 in，即重心位于直升机中心线左侧 1.6 in 处(表 9-13)。

根据纵向和横向重心站位的值，将对应的点画在图 9-16 中，即 A 点。图 9-16 表明直升机装载后其横向重心在重心限制范围内。

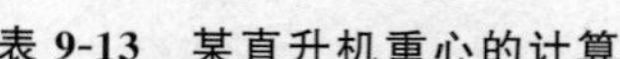

表 9-13 某直升机重心的计算

项　　目	重量/lb	纵向		横向	
		力臂/in	力矩/(lb·in)	力臂/in	力矩/(lb·in)
基本空重	1 400	107.75	150 850	0	0
飞行员	170	49.5	8 415	12.2	2 074
前排乘客	250	49.5	12 375	−10.4	−2 600
右前行李	0	44	0	11.5	0
左前行李	0	44	0	−11.5	0
右后乘客	0	79.5	0	12.2	0
左后乘客	185	79.5	14 708	−12.2	−2 257
右后行李	50	79.5	3 975	12.2	610
左后行李	50	79.5	3 975	−12.2	−610
无燃油总计	2 105		194 298		−2 783
主油箱	184	106	19 504	−13.5	−2 484
辅助油箱	110	102	11 220	13.0	1 430
有燃油总计	2 399		225 022		−3 837
重心		93.8		−1.6	

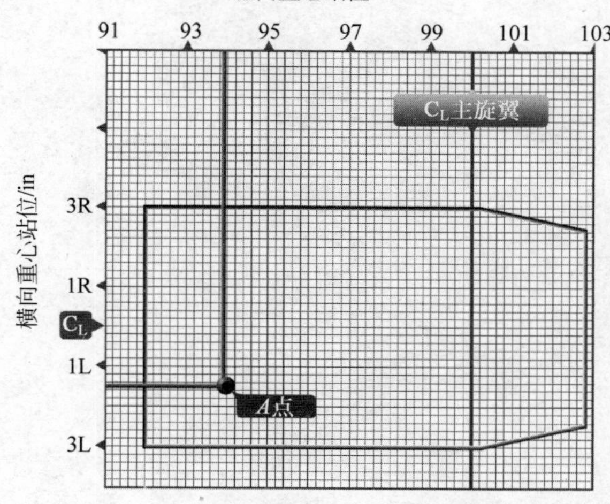

图 9-16 某直升机重心包线图

习题 9

1. 什么是合力矩定理？
2. 如何分析重量的增减和移动对重心的影响？
3. 如何通过重心包线检查直升机装载是否合理？

参考文献

[1] 曹义华.现代直升机旋翼空气动力学[M].北京：北京航空航天大学出版社,2015.

[2] 钱宇,刘小磊,陈曦光.直升机飞行原理与性能[M].北京：中国民航出版社,2018.

[3] 杨俊,杨军利,叶露.飞行原理[M].成都：西南交通大学出版社,2012.

[4] 钱翼稷.空气动力学[M].北京：北京航空航天大学出版社,2004.

[5] 高正.直升机飞行动力学[M].北京：科学出版社,2003.

[6] 招启军.先进旋翼设计空气动力学[M].北京：科学出版社,2020.

[7] 关立欣.直升机飞行指南[M].成都：西南交通大学出版社,2013.

[8] R.W.普拉蒂.直升机性能及稳定性和操纵性[M].高正,等,译.北京：航空工业出版社,1990.

[9] 王可,肖艳平,刘志强.重量平衡与飞行计划[M].成都：西南交通大学出版社,2017.

[10] WAGTENDONK W J. Principles of Helicopter Flight[M]. Newcastle, Washington, USA: Aviation Supplies & Academics, Inc., 2006.

[11] Federal Aviation Administration, U S Department of Transportation. Helicopter Flying Handbook (FAA-H-8083-21A). Createspace Independent, 2013.

[12] 国际民航组织.国际民用航空公约附件6——航空器的运行(第Ⅲ部分 国际运行——直升机),第24次修订,2022.